电石生产工艺与安全操作

DIANSHI SHENGCHAN GONGYI YU ANQUAN CAOZUO

姚海军 主编

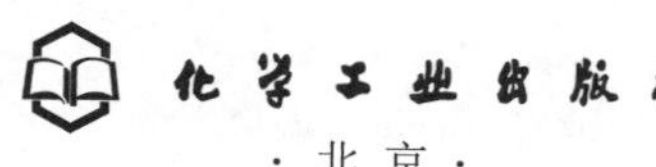

·北京·

内容简介

本书以电石生产工艺流程为主线，以三相圆形组合把持器密闭电石炉、炉气采用干法净化方式的操作与安全为基础，对电石生产涉及的相关基础知识，原材料特性及其检验，电石炉主体设备、公用通用设备结构与功能等做了较全面系统的介绍。特别是着重阐述了如何选择与计算电石炉参数，电石生产工艺原理及影响生产运行有害因素分析，电极操作管理与异常处置，密闭炉开停车操作管理、正常运行及异常处置，密闭生产过程中涉及的安全管理及电石生产方面法律、规范等内容。

本书可作为密闭电石生产基层管理人员、岗位操作人员专业技能培训教材，也可供专业院校教学参考用书。

图书在版编目（CIP）数据

电石生产工艺与安全操作 / 姚海军主编. 一北京：化学工业出版社，2021.11

ISBN 978-7-122-39564-1

Ⅰ. ①电… Ⅱ. ①姚… Ⅲ. ①碳化钙-安全生产 Ⅳ. ①TQ161

中国版本图书馆 CIP 数据核字（2021）第 143128 号

责任编辑：傅聪智 高璟卉　　装帧设计：王晓宇
责任校对：刘 颖

出版发行：化学工业出版社（北京市东城区青年湖南街 13 号 邮政编码 100011）
印　　装：三河市延风印装有限公司
710mm×1000mm 1/16 印张 22 字数 440 千字 2021 年 10 月北京第 1 版第 1 次印刷

购书咨询：010-64518888　　售后服务：010-64518899
网　　址：http://www.cip.com.cn
凡购买本书，如有缺损质量问题，本社销售中心负责调换。

定　　价：98.00 元

版权所有 违者必究

编写人员名单

主编：姚海军

参编：刘国强　刘延财　史彦勇　范智宏　申建成　郭　建

刘建国　陈　鹏　单建军　王奋中　王卫明　叶鹏云

薛红娟　李世强　张军锋

序

我国能源禀赋特点是“富煤、缺油、少气”，特别是西北地区煤炭资源丰富，电力供应充沛，因此发展以煤炭为原料的能源加工转化产业是促进我国工业化进程的必由之路。电石作为煤炭的衍生产物，是有机合成化学工业的基础原料之一。二十世纪末，在国家“以塑代钢”的号召下，我国树脂合成产业迎来了最为辉煌的时代，电石行业也随之步入了发展的快车道。

电石工业诞生于十九世纪末，发展到今天，生产工艺、技术装备、自动化水平均发生了翻天覆地的变化，但是与冶金、石化行业相比，由于行业的特殊性，其自动化、智能化、信息化建设滞后，导致电石工业技术革新进程缓慢，无法有力支撑国家工业转型升级和安全可持续发展。因此，构建电石工业高质量发展快车道，践行“绿水青山就是金山银山”的理念，成为全行业的历史使命和责任担当。

问渠哪得清如许，为有源头活水来。姚海军同志从事电石生产管理二十多年，孜孜不倦，潜心研究，将理论和实践相结合，在有关专家教授和一线工程技术人员的参与协助下，总结提炼二十多年工作经验，编写了《电石生产工艺与安全操作》一书。该书全面系统地阐述了电石生产工艺原理、主要装备结构与功能、电石炉参数的选择与计算、电石生产操作及异常处置等内容，提出了非常切合实际的观点和要求，集知识性、实用性于一体，文字通俗易懂，可操作性强，与生产实际结合紧密，对促进电石行业高速发展和安全生产具有高度的借鉴和指导意义。

“十四五”是我国碳达峰的关键期、窗口期，建设生态文明，功在当代，利在千秋。姚海军同志主编的《电石生产工艺与安全操作》一书邀我作序，我虽很惶恐，但还是欣然应允了，其实都是为了表达我对他们的感激之情。一代人有一代人的使命，立足生态优先、绿色发展，这也是北元人矢志不渝的初心，扛在肩头的使命。借此机会，我也代表陕西北元化工集团股份有限公司，向那些为电石事业发展作出贡献的人们表达崇高的敬意和衷心的感谢！

陕西北元化工集团股份有限公司董事长

刘国强

2021年8月

前　言

电石工业自十九世纪问世以来，经过一个多世纪的发展，先后经历了单相间歇式电石炉、连续式单相电石炉、三相圆形开放式电石炉、半密闭电石炉到全密闭电石炉等阶段。中国电石工业起步较晚，经过半个多世纪的发展，电石生产综合实力有了很大的提升。目前，随着国家产业政策的调整，过去的中小型开放炉、半密闭炉基本被淘汰，取而代之的是自动化程度相对较高的集约化、密闭化、智能化、节能环保的大型全密闭电石炉。但就行业特点来说，高温、有毒有害、易燃易爆、粉尘污染、劳动强度大等特点，导致大多数高学历人才不愿意涉足此道。从业人员文化程度相对较低，从业稳定性差，电石生产企业人员流动性大，技术力量薄弱，深度钻研电石生产技术更无从谈起。就目前行业现状来看，仍然存在着基层管理人员和一线操作人员电石生产知识欠缺、熟练操作工不足的局面，常因不了解生产工艺、不熟悉设备性能、操作不规范等引起各类生产安全事故，严重制约企业的安全稳定生产。近几年国内多家电石企业都不同程度地发生了火灾、爆炸、人员烧烫伤事故，甚至是较大人身伤亡事故。国家相关部门将电石行业划分为重点监管的危化行业，同时环保、节能减排也使企业面临着巨大的生存压力。因此，使岗位员工、基层管理人员多了解掌握电石生产工艺知识、设备性能用途、岗位操作风险及防范措施，提高一线员工安全生产操作技能，是笔者编写此书的初衷。

笔者从事电石生产操作管理二十年有余，从工艺条件简陋的小型开放炉，到现在的大型全密闭炉，从岗位操作、生产管理，到项目规划建设，耳闻目睹了各类安全事故。通过研读熊谟远先生编著的《电石生产及其深加工产品》以及学习其他行业专家、学者的先进管理经验，笔者受益匪浅。随着国家电石工业生产工艺技术、设备装置、自动控制系统等的不断革新，现场生产运行管理中存在的管理缺陷日益凸显。为了能启发基层员工系统学习电石生产原理，笔者结合多年生产实践经验，编写了这部《电石生产工艺与安全操作》。本书内容涵盖电气、化工、仪表基础知识，装置工艺设计，原辅材料特性及质量检验，电石生产工艺原理，主辅设备性能，电极管理，日常操作及异常处置，安全管理等，希望对密闭电石生产从业人员能有所帮助。在编著过程中学习参考了其他专家的论著，同时也得到了业内有关专家、教授的大力支持，他们提出了宝贵的意见和建议，在此表示衷心的感谢！如果本书能对电石生产从业者有所帮助的话，笔者将感到莫大的欣慰。

由于水平有限，书中疏漏之处在所难免，恳请各位专家、同仁批评指正，在此一并致谢！

姚海军
2021 年 8 月

目 录

第六章 密闭电石生产工艺 / 135

第七章 电石生产主要设备 / 151

第八章 公用工程 / 181

第十二章　密闭电石炉生产操作 / 257

第十三章　密闭电石生产安全管理 / 290

第一章
概述

第一节 电石简介

电石是商品名称，其主要成分是碳化钙，一般含量在 80%左右。工业电石是由碳素材料与生石灰在 2000～2200℃高温条件下、在矿热电炉内反应生成的。生产电石常用的碳素材料有焦炭、兰炭等，其主要成分为固定碳，含量在 85%以上，其余是挥发分和灰分等；生石灰中主要成分是氧化钙，含量在 90%以上，其余为镁、铁、铝、硅等的氧化物。电石在常温下为灰褐色固体，断面为紫色、天蓝色或灰色，遇水立即发生剧烈反应，生成乙炔气体，并放出热量。电石是重要的基础化工原料，主要用于钢铁脱硫、产生乙炔气等，乙炔气体主要用于有机合成、氧炔焊接等。

第二节 电石生产的发展历史

电石工业诞生于十九世纪末，当时的电炉容量都很小，只有几百千伏安，且是单相式电石炉，采用间歇式操作，生产技术处于萌芽时期。所生产的电石质量较低，主要用于矿场点灯，随后才用于金属的切割与焊接。

二十世纪初，石灰氮工业问世后，电石生产才有了进一步的发展，而后随着自焙电极和开放炉、半密闭炉的相继问世，电石炉的容量才得以扩大。电石乙炔法有机合成工业的兴起，促使电石工业又向前推进了一大步。第二次世界大战以后，随着有机合成工业的迅速发展，西方发达工业国家先后发明了埃肯型和德马格型密闭电石炉，随后世界上许多国家均采用这两种模式设计的电石炉。当时的美、德、日等国都是世界上电石工业较发达的国家，技术装备和技术经济指标都处于世界领先水平。

我国在新中国成立前几乎没有成规模的电石生产工业，只是在某些采矿场建有几座小型电石炉，容量只有几百千伏安，生产的电石也主要用于矿井点灯，与国外电石工业相比，相差约半个世纪。1948 年，在吉林建成了第一座容量为 1750kVA 的开放炉，年生产能力约为 3000t。新中国成立后，于 1951 年在吉林建成第二座电石炉，容量与第一座相同。两年后，又将这两座电石炉改造成 3000kVA 和 6000kVA 的容量。1957年，我国从苏联引进一座容量40000kVA的长方形三相半密闭炉，在吉林建成投产。这时候全国电石总产量接近10万吨。1958年，以电石乙炔为原料的有机合成工业在我国兴起以后，电石工业才在全国各地纷纷上马，许多城市开始建设电石厂。到1960年，全国共建成容量为10000kVA的三相圆形开放电石炉13座，全国年生产能力超过35万吨。

据1983年的不完全统计，全国共有电石炉433座，其中小型炉389座，中型炉41座，大型炉3座。在这433座电石炉中只有一座容量为40000kVA的长方形大型半密闭炉，电极按“一”字排列，其余都是三相圆形炉，电极按等边三角形排列。这些电石炉中除了两座大型炉采用冷却筒冷却电石外，其余均采用电石锅自然通风冷却电石。

“十二五”期间，我国新增电石产能2200多万吨，同时退出电石产能863多万吨，但从“十三五”开始，电石产能增速明显放缓，从2015年的4500万吨下降至2018年的4000万吨左右，下降了11%。2018年电石企业共计170余家，平均规模24万吨/家，其中年产能大于100万吨的有5家，大于50万吨小于100万吨的有20家，大于30万吨小于50万吨的有23家，大于10万吨小于30万吨的共67家，小于10万吨的有56家。据统计，截至2018年底，国内已建成的40500kVA密闭炉就有157台，产能达1144万吨。

我国是世界上最大的电石生产国和消费国，产能占世界总产能的90%以上。随着国内产业布局的调整和中西部地区丰富的煤炭资源的吸引，全国电石生产重心向中西部地区转移。从2016年产量的地域分布来看，内蒙古、新疆、宁夏、陕西、河南、甘肃六省（自治区）的电石产量均在100万吨以上，以上六省（自治区）产量占全国电石产量的89.49%。其中，内蒙古、新疆、宁夏等地集中了40500kVA等大型密闭式电石炉，保持了较高的开工率。

由于早期电石产能过度扩张，行业面临产能过剩。2011年8月以来，国内电石价格持续下降，从2011年最高的4100元/吨下跌至2016年的2200元/吨，下跌幅度高达41%。部分地区电石出厂价甚至跌破2000元/吨，创历史新低。但是从2016年6月开始，在PVC等下游产品行情持续回暖的带动下，电石价格强劲反弹，有了一个较大幅度的提升。

进入2020年，突如其来的新冠肺炎疫情使各行各业按下了暂停键，电石行业也受到了严重的冲击：产品运输受限，原材料采购收紧，产品滞销，致使电石价格一直处于极度低迷状态。好在经过党和人民的共同努力，疫情得到了及时有效的控制，随着2020年下半年复工复产，市场逐渐好转，加之落后装置陆续被淘汰，产能降低，截至2020年10月底，电石价格上涨至3000元/吨以上，举步维艰的电石市场又迎来了一个短暂的春天。

第二章

电石生产相关知识

电石生产属于高耗能危险化工行业。其中涉及的副产品一氧化碳气体属于易燃、易爆、有毒物质，产品电石遇湿放出易燃易爆气体乙炔；生产过程温度达 2000℃。因此，与之相关的系统内，设备对温度、压力、流量、液位等过程参数要求严格控制并实现自动化、智能化；当过程参数偏离严重，接近限值或发生异常情况时，要求系统能自动紧急停车，避免事故的发生等。因此，作为电石生产操作管理人员，掌握一定的电气、化工、仪表自动化相关知识，是确保安全、稳定、高效、低耗生产的基础。

第一节　电气基础知识

在电石生产经营过程中，影响生产成本的主要因素之一就是工艺电耗的高低，用电成本占据了电石成本约 45%～50%。生产过程的操作控制主要是控制电气运行参数，使之达到热效率与电效率的最佳工艺状态。因此，电石生产操作管理人员很有必要掌握一定的电气基础知识。

一、电压

1. 电压的概念

电压也叫作电势差或电位差，是衡量单位电荷在静电场中所产生的能量差的物理量，电压的方向规定为从高电位指向低电位的方向。

电势差的定义：电荷在电场中从 A 点移动到 B 点，电场力所做的功 W_{AB} 与电荷量 q 的比值，叫作 A、B 两点间的电势差（或电压），用 U_{AB} 表示，则有公式：

$$U_{AB}=\frac{W_{AB}}{q}$$

式中，W_{AB} 为电场力所做的功；q 为电荷量。

如果电压的大小及方向都不随时间变化，则称之为恒定电压或直流电压，用大写字母 U 表示；如果电压的大小及方向都随时间变化，则称为变动电压。一种最为常见的变动电压就是正弦交流电压，其大小和方向均随时间按正弦规律作周期性变化。交流电压的瞬时值用小写字母 u 或 $u(t)$ 表示。

在电路中提供电压的装置叫电源，是电路中自由电荷定向移动形成电流的动力源。

2．电压的单位

在国际单位制中电压的基本单位是伏特，简称伏，用符号 V 表示。1 伏等于 1 库仑的电荷做了 1 焦耳的功。常用单位还有微伏（μV）、毫伏（mV）、千伏（kV）等。

它们之间的换算关系是：$1\text{kV}=10^3\text{V}=10^6\text{mV}=10^9\mu\text{V}$。

二、电流

1．电流的概念

（1）电流的定义　导体中的自由电荷在电场力的作用下做有规则的定向移动就形成了电流。电荷是指导体中的自由电荷，金属导体中的电荷是质子和自由电子，酸、碱、盐的水溶液中电荷是正离子和负离子。电磁学上把单位时间里通过导体任一横截面的电量叫作电流强度，简称为电流，用符号 I 表示。将正电荷的运动方向规定为电流的方向，在闭合回路中，外部导体中电流的方向总是沿着电场力方向从高电势处指向低电势处，在电源内部由负极流回正极。

（2）电流的大小及单位　电流的大小用电流强度来描述，通过导体横截面的电荷量 Q 与通过这些电荷量所用的时间 t 的比值叫作电流强度，即 $I=Q/t$。如果在 1s 内通过导体横截面的电荷量是 1C，则导体中的电流就是 1A。在国际单位制中，电流强度的基本单位是安培，用符号 A 表示。

2．电流分类

（1）交流电　大小和方向都随时间发生周期性变化的电流。生产中的大部分电力拖动设备都使用的是交流电。如：生产中使用的风机、水泵等。

（2）直流电　方向不随时间发生改变的电流。如：生活中使用的手机电池（锂电池）、电动自行车电池（蓄电池）等可移动电源所提供的都是直流电。

3．电流的三大效应

（1）电流的热效应　导体中通过电流时会发热，这种现象叫作电流的热效应。在电石炉内就是依据这个原理将电能转换为生产电石所需的热能的。在单相交流电路中，电流通过导体所产生的热量与电流值的平方、导体本身的电阻值及通电时间成正比。即：

$$Q=I^2Rt$$

对于三相交流电路而言，其表达式为：

$$Q=\sqrt{3}UIt\cos\phi=\sqrt{3}I^2Rt\cos\phi$$

（2）电流的磁效应　任何通有电流的导体，都可以在其周围产生磁场的现象，称为电流的磁效应。

① 自感：当通过导体中的电流发生变化时，在导体周围的磁场也会随之发生变化，因而在导体内也会产生感应电动势。这种由电路自身的电流变化而引起的电磁

感应现象，称为自感。自感电动势的方向总是阻碍导体中电流的变化。

② 互感：一个导体中电流的变化使相邻的另外导体中产生感应电动势，这种电磁感应现象称为互感。电石炉变压器就是根据互感原理制成的。

③ 磁滞现象及损耗：磁滞现象是指铁磁性物理材料（例如：铁）在磁化和去磁过程中，当外加磁场施加于铁磁体时，其原子的偶极子按照外加场自行排列，即使外加场被撤销，部分排列仍保持，此时该材料被磁化，其磁性会继续保留。要消磁的话，只要施加相反方向的磁场就可以了。这亦是硬盘的记忆工作原理。

磁滞损耗是铁磁体等在反复磁化过程中因磁滞现象而消耗的能量。这部分能量转化为热能，使设备升温，效率降低。它是电气设备中铁损的组成部分，在交流电机一类设备中是不希望发生的。软磁材料的磁滞回线狭窄，其磁滞损耗相对较小。作为软磁材料的典型代表，硅钢片因此而广泛应用于电机、变压器、继电器等设备中。

④ 涡流现象及损耗：把一块导体放在变化着的磁场中或相对于磁场做切割磁力线运动时，由于导体内部可构成闭合回路，穿过回路的磁通量发生变化，所以在导体的圆周方向会产生感应电动势和感应电流，电流的方向沿导体的圆周方向旋转，就像一圈圈漩涡，这种在整块导体内部发生电磁感应而产生感应电流的现象称为涡流现象。导体的外周长越长，交变磁场的频率越高，涡流就越大。导体在非均匀磁场中移动或处在随时间变化的磁场中时，导体内的感应电流导致的能量损耗，叫作涡流损耗。

在电石炉设备中，电极柱周围的设备大多选用不锈钢材质并分制成几段再组合在一起，除为了检修安装方便之外，也是为了减少设备的涡流损耗。涡流损耗在电石炉设备中除了会消耗电能外，也会使设备的使用寿命大大缩短。下节把持器、电极密封套、下节料管、中心炉盖、布料器及料柱帽等全部选用防磁不锈钢材料制作或分割成多块再组装在一起，就是这个道理。

（3）电流的化学效应　电流的化学效应是电流中的带电粒子（电子或离子）参与化学反应而使得物质发生了化学变化。工业中的电解水或电镀等都是电流的化学效应。

4. 电流对人体伤害

在电石生产设备如电极壳、出炉烧穿母线、炉体炉盖、短网、电极等设备中，有部分导体是裸露的，生产过程中导体中通过的电流有上万安，工作电压达几百伏，操作人员稍有不慎，人体接触带电体就会造成触电事故。电流对人体伤害的大小与下列因素有关：

（1）通过人体电流的大小　根据电击事故分析得出：当工频电流为 0.5～1mA 时，人体就有手指、手腕发麻或疼痛的感觉；当电流增至 8～10mA 时，针刺感、疼痛感增强，人体因发生痉挛而抓紧带电体，但最终能摆脱带电体；当接触电流达到 20～30mA 时，会使人迅速麻痹不能摆脱带电体，而且导致血压升高，呼吸困难；

电流为 50mA 时，会使人呼吸麻痹，心脏开始颤动，数秒就可致命。通过人体的电流越大，人体生理反应越强烈，病理状况越严重，致命的时间就越短。

（2）通电时间的长短　电流通过人体的时间越长后果越严重。这是因为随着时间增长，人体的电阻会降低，电流增大。同时，人的心脏每收缩、舒张一次，中间有 0.1s 的间隙期。在这个间隙期内，人体对电流作用最敏感。所以，触电时间越长，与这个间隙期重合的次数就越多，造成的危害也就越大。

（3）电流通过人体的途径　当电流通过人体内部重要的器官时，后果就更严重。例如通过头部，会破坏脑神经，使人死亡；通过脊髓，会破坏中枢神经，使人瘫痪；通过肺部会使人呼吸困难；通过心脏，会引起心脏颤动或停止跳动而死亡。这几种伤害中，以心脏伤害最为严重。根据事故统计得出：通过人体途径最危险的是从手到脚，其次是从手到手，危险最小的是从脚到脚，但这可能导致二次事故的发生。

（4）电流的种类　电流可分为直流电、交流电，交流电可分为工频电和高频电。这些电流对人体都有伤害，但伤害程度不同。人体忍受直流电、高频电的能力比工频电强。所以，工频电对人体的伤害最大。

（5）触电者的健康状况　电击的后果与触电者的健康状况有关。根据资料统计，肌肉发达者摆脱电流的能力强，成年人比儿童摆脱电流的能力强，男性比女性摆脱电流的能力强。电击对患有心脏病、肺病、内分泌失调及精神病等疾病的患者更危险，他们的触电死亡率最高。另外，对触电有心理准备的人受到的触电伤害轻些。

三、电阻

1. 电阻的概念

电阻是描述导体导电性能的物理量。定义为导体两端的电压 U 与通过导体的电流 I 的比值，用 R 表示，即：

$$R=\frac{U}{I}$$

电阻是导体本身的一种属性，因此导体的电阻与导体是否接入电路、导体中有无电流、电流的大小等因素无关。当导体两端的电压一定时，电阻愈大，通过的电流就愈小；反之，电阻愈小，通过的电流就愈大。因此，电阻的大小可以用来衡量导体对电流阻碍作用的强弱，即导电性能的好坏。电阻的量值与导体的材料、形状、体积以及周围环境等因素有关。

电阻率是描述导体导电性能的参数。对于由某种材料制成的柱形均匀导体，其电阻 R 与长度 L 成正比，与横截面积 S 成反比，即：

$$R=\rho\frac{L}{S}$$

式中，ρ 为比例系数，由导体的材料和周围温度所决定，称为电阻率。它的国际单位是欧姆·米（Ω·m）。常温下，一般金属的电阻率与温度的关系为：

$$\rho = \rho_0(1 + \alpha t)$$

式中，ρ_0为0℃时的电阻率；α为电阻的温度系数；t为环境温度，℃。半导体和绝缘体的电阻率与金属不同，它们与温度之间不是按线性规律变化的。当温度升高时，它们的电阻率会急剧地减小，呈现出非线性变化的规律。超导体的电阻率为零，所以超导体电阻为零。

2. 电阻的单位

电阻的基本单位是欧姆，简称欧，用字母“Ω”表示。常用的电阻单位还有千欧姆（kΩ）、兆欧姆（MΩ）、毫欧姆（mΩ）、微欧姆（μΩ），它们的关系是：

$$1\text{M}\Omega = 10^3\text{k}\Omega = 10^6\Omega = 10^9\text{m}\Omega = 10^{12}\mu\Omega$$

在电路原理图中为了简便，一般将电阻值中的“Ω”省去，凡阻值在千欧以下的电阻，直接用数字表示；阻值在千欧以上的，用“k”表示；兆欧以上的用“M”表示。

3. 感抗

若把导体接入交流电路中时，由于电路中的电流是交变的，因而在导体中就会产生感应电动势，这个感应电动势是阻碍导体中电流变化的，称之为感抗，用X_L表示，单位也是欧姆。实验表明，感抗X_L与电感L和频率f的乘积成正比，即：

$$X_L = \omega L = 2\pi fL$$

式中，X_L为感抗，欧姆（Ω）；f为电源频率，赫兹（Hz）；ω为电源角频率，弧度/秒（rad/s）；L为电感，亨（H）。

感抗只是电感上电压和电流的有效值（或最大值）之比，而不是它们瞬时值之比。因为电感元件上的电压和电流不是同相位，端电压超前电流相位 90°，因此不能用同一瞬时的电压和电流来比较它们的大小关系。

四、电流、电压、电阻的规律

1. 欧姆定律

在电阻电路中，导体中通过电流的大小与导体两端的电压成正比，与导体两端的电阻成反比，这就是欧姆定律。这是电路中一条重要规律。用U表示电压，I表示电流，R表示电阻，则欧姆定律用公式表示为：

$$I = \frac{U}{R}$$

电阻不变时，增加或减少电路两端的电压，电路中的电流也将等比例地增加或减少。如果保持电压不变，增大或减小电路的电阻，电路中通过的电流将减小或增大。

我们在电石炉操作中，随时都在用欧姆定律指导生产。在电压基本不变时，当炉内炉料电阻增大时，电流就会减小，为了保持电石炉的额定功率，就需要将电极插入料层深一些，以增大电流；当炉内炉料电阻降低时，电流就会升高，为了保持电石炉额定功率，就需要将电极向上移动使其插入料层浅一些。这就要求生产操作者要想办法控制炉料电阻，使电极能适当地插入料层中，充分利用电热生产，降低热损失。

2. 串联电路规律

假设 n 个用电器串联，则有：

① 电流：$I_{总} = I_1 = I_2 = \cdots = I_n$（串联电路中，总电流与各支路的电流相等）；

② 电压：$U_{总} = U_1 + U_2 + \cdots + U_n$（总电压等于各支路电压之和）；

③ 电阻：$R_{总} = R_1 + R_2 + \cdots + R_n$（总电阻等于各支路电阻之和）。

3. 并联电路规律

假设 n 个用电器并联，则有：

① 电流：$I_{总} = I_1 + I_2 + \cdots + I_n$（并联电路中，总电流等于各支路电流之和）；

② 电压：$U_{总} = U_1 = U_2 + \cdots = U_n$（各支路两端电压相等并等于电源电压）；

③ 电阻：$\frac{1}{R} = \frac{1}{R_1} + \frac{1}{R_2} + \cdots + \frac{1}{R_n}$（总电阻倒数等于各支路电阻倒数之和）。

由上面的公式还可以得出一个结论：串联电路的总电阻大于其任意支路电阻，并联电路的总电阻小于其任意支路电阻。

五、电功及电功率

1. 电功

电能可以转化成多种其他形式的能量。电能转化成其他形式能量的过程也就是电流做功的过程。电流所做的功叫作电功。

电流做功的多少与通过导体两端电流的大小、电压的高低、通电时间长短有关。研究表明，加在导体两端的电压越高、通过的电流越大、通电时间越长，电流所做的功越多。电流在某段电路上所做的功等于电路两端的电压、电路中通过的电流和通电时间的乘积。用 U 表示电路两端的电压，I 表示电路中通过的电流，t 表示电路通电时间，W 表示电流所做的功，那么，电功用公式表达为：

$$W = UIt$$

在国际单位制中，电压的单位是 V，电流的单位是 A，时间的单位是 s，电功的单位是焦耳，简称焦（J）。

2. 电功率

电流在单位时间内所做的功叫作电功率。电功率用 P 来表示，则

$$P = \frac{W}{t} = UI$$

在单相交流电路中，当电路是纯电阻电路时，电源输出的功率全部被负载所吸收，即电阻吸收有功功率；在电感电路中，电感不消耗能量，在电感和电源之间进

行能量的交换，即电感吸收无功功率。因此，在电阻和电感串联的电路中，既有能量的消耗又有能量的转换。由上节可知，在单相交流电路中，总电压的有效值 U 与电流的有效值 I 的乘积既不是有功功率，也非无功功率，我们称之为视在功率，用符号 S 表示，单位是伏安（VA），则有式（2-1）：

$$S = UI \tag{2-1}$$

在电阻和电感串联的单相交流电路中，因电感元件上的电压和电流不是同相位，它们之间形成一个相位角 Φ。因此，电路的有功功率等于总电压的有效值 U 与电流有效值 I 及相位角 Φ 的余弦值三者的乘积，用符号 P 表示，单位是瓦特，简称瓦（W），如式（2-2）所示：

$$P = UI\cos\Phi \tag{2-2}$$

无功功率是指在具有电感的交流电路中，电场或磁场在一个周期的一部分时间内从电源吸收能量，另一部分时间则释放能量，在整个周期内平均功率是零，但能量在电源和电抗元件（电容、电感）之间不停地交换。交换率的最大值即为“无功功率”。单相交流电路中，其值等于电压有效值 U、电流有效值 I 和电压与电流间相位角 Φ 的正弦值三者之积，用符号 Q 表示，单位是乏（Var），如式（2-3）所示：

$$Q = UI\sin\Phi \tag{2-3}$$

需要说明的是无功功率绝不是无用功率，它的用处很大。电动机需要建立和维持旋转磁场，使转子转动。电动机的转子磁场就是靠从电源取得无功功率建立的。变压器也同样需要无功功率才能使变压器的一次线圈产生磁场，进而在二次线圈感应出电压。因此，没有无功功率，电动机就不会转动，变压器也不能变压输出功率，交流接触器也不会吸合。

在正常情况下，用电设备不但要从电源取得有功功率，同时还需要从电源取得无功功率。如果电网中的无功功率供不应求，用电设备就没有足够的无功功率来建立正常的电磁场，那么这些用电设备就不能维持在额定工况下工作，用电设备的端电压就要下降，从而影响用电设备的正常运行。

我们把有功功率、无功功率分别取平方后再相加，得：

$$P^2 + Q^2 = (UI\cos\Phi)^2 + (UI\sin\Phi)^2 = (UI)^2(\cos^2\Phi + \sin^2\Phi)$$

又因为：$\cos^2\Phi + \sin^2\Phi = 1$

将式（2-1）两边取平方得 $(UI)^2 = S^2$，整理得：

$$P^2 + Q^2 = S^2$$

$$S = \sqrt{P^2 + Q^2}$$

上式说明，S、P、Q 之间的关系可以用一个直角三角形来表示，叫作功率三角形。S 是直角三角形的斜边，P、Q 是直角三角形的两个直角边。

在电阻和电感串联的电路中，有功功率的大小不仅与电压、电流的大小有关，而且还与它们之间的相位差有关。如白炽灯泡、电阻炉等电阻负荷的功率因数为1。一般具有电感性负载的电路功率因数都小于 1。功率因数是电力系统的一个重要的技术数据，是衡量电气设备效率高低的参数。在交流电路中，电压与电流之间的相位差（Φ）的余弦叫作功率因数，用符号 $\cos\Phi$ 表示，在数值上，功率因数是有功功率与视在功率的比值，即：

$$\cos\Phi = \frac{P}{S}$$

3. 功率因数过低的危害

① 功率因数过低，电源设备的容量就不能被充分利用。如果电路中只有电阻负荷，电流与电压相位相同，Φ=0，$\cos\Phi$=1，这时 S=P。通过线路的只有有功功率，没有无功功率，变压器的容量得到了充分的利用。如果负荷中的感性负荷增加，电流与电压之间的相位角就会增大，$\cos\Phi$ 的数值就会减小，变压器输出的有功功率就要降低，其容量利用率就会降低。

由此可见，负荷的功率因数愈低，在保证变压器的输出电流不超过额定电流时，输出的有功功率愈小。也就是说，有相当一部分功率在电源与负载之间送过来，又送回去，但这部分功率又不做功。此时电源的利用率就大大降低了。

② 功率因数过低，在线路上将引起较大的电压降和功率损失。线路上要求输送的有功功率（$P = UI\cos\phi$）一定时，功率因数 $\cos\Phi$ 越低，说明线路上的无功功率越大，因而通过线路的电流也会越大。由于线路中具有一定的电阻和电感，线路中的电压降和功率损耗也越大。用户电压的降低会影响设备的正常工作，如灯光变暗、电机转速降低等。

因此，提高电力系统的功率因数能使发电、变电设备的容量得到充分地利用，同时也能大大节约电能，提高供电质量。我们应该采取各种办法来提高系统的功率因数，以达到节约能源的目的。

六、三相交流电路

1. 三相交流电的产生

三相交流电是由三相交流发电机产生的，由三个相同而独立的线圈彼此相差 120°绕制在一个圆柱形铁芯上在恒磁场中匀速转动产生。绕组的一端叫始端，用 A、B、C 表示，另一端叫末端，用 X、Y、Z 表示。AX、BY、CZ 构成了三相绕组，铁芯与绕组合称为电枢。

当电枢在磁感应强度按正弦规律分布的磁场内做均速旋转时，在绕组内产生的感应电动势也是随时间按正弦规律变化的。用三角函数式表示为：

$$e_{\mathrm{A}} = E_{\mathrm{Am}} \sin\omega t$$

$$e_{\mathrm{B}} = E_{\mathrm{Bm}} \sin\left(\omega t - 120^\circ\right)$$

$$e_C = E_{Cm}\sin\left(\omega t - 240^\circ\right)$$

从上式可以看出：

① 由于三相绕组的结构相同，所以其产生的感应电动势的最大值相等，用 E_m 表示，即：$E_m = E_{Am} = E_{Bm} = E_{Cm}$。

② 由于三相绕组以相同的角速度在磁场中转动，所以三相感应电动势的角频率相同。

③ 三相绕组在空间上相差 120°，所以三相感应电动势的相位差互为 120°。

像这样，三个感应电动势最大值相等、角频率相同、相位差为 120° 的电动势，叫作对称三相电动势。

在实际工作中，人们习惯使用 A、B、C 表示三相电动势的相序。即表示 A 相比 B 相超前 120°，B 相比 C 相超前 120°，C 相又比 A 相超前 120°。在发电机、变压器并联运行及三相电源的接线问题上，相序是一个很重要的问题。

2．三相交流电路的接线方式

通常把三个频率相同，相位互差 120° 的电路连接在一起的电路叫三相交流电路。三相交流电路有以下两种接线方式：

（1）星形连接　将电源的三相绕组（或负载）的末端 X、Y、Z 连接在一个公共点上，从三相绕组（或负载）的始端 A、B、C 引出三相线。这种接法叫作星形连接，如图 2-1 所示。

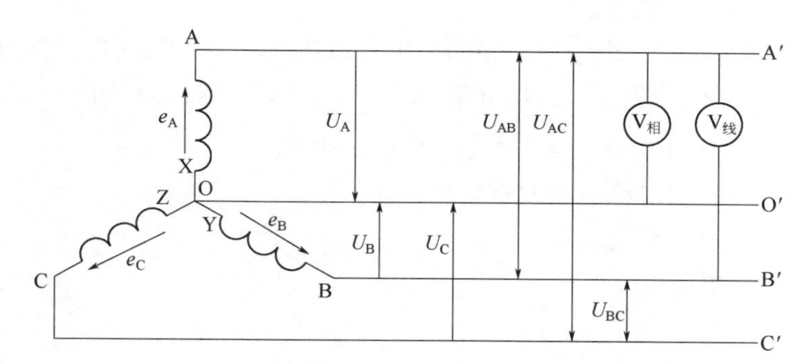

图 2-1　三相电流星形连接

在星形连接的电路中，三个末端连接在一起的点 O，叫中性点或零点，从 O 点引出的线叫中性线或零线，从始端引出的三根线叫相线。相线与中性线之间的电压叫相电压，分别用 U_A、U_B、U_C 表示，相线与相线之间的电压叫线电压，分别用 U_{AB}、U_{AC}、U_{BC} 表示。

在对称三相星形线路中，线电压是相电压的 $\sqrt{3}$ 倍，而线电流等于相电流。即式（2-4）：

$$U_{X-X} = U_{AB} = U_{BC} = U_{CA} = \sqrt{3}U_X \text{或} U_X = \frac{U_{X-X}}{\sqrt{3}} \quad (2\text{-}4)$$

$$I_{X-X}=I_X$$

（2）三角形连接　将电源的三相绕组（或负载）各相的末端 X、Y、Z 分别与相邻各相的始端 B、C、A 依次连接成一个三角形，再从三角形的三个端点 A、B、C 引出三相线。这种接法叫作三角形连接，如图 2-2 所示。

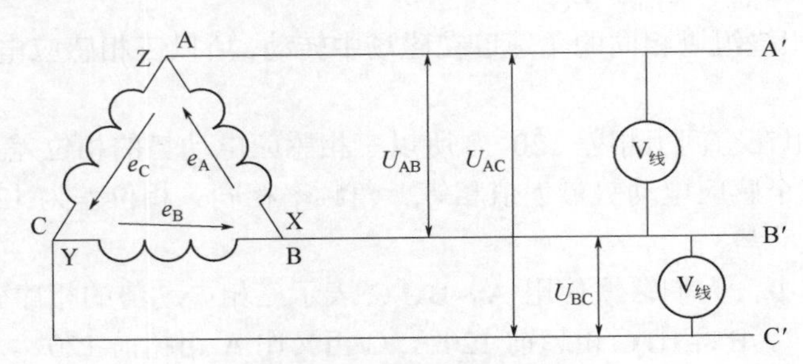

图 2-2　三相电流三角形连接

在三相对称角接状态下，线路中线电压等于相电压，线电流是相电流的 $\sqrt{3}$ 倍，即式（2-5）：

$$U_{X-X}=U_A=U_B=U_C=U_X \tag{2-5}$$

$$I_{X-X}=\sqrt{3}I_X \text{ 或 } I_X=\frac{I_{X-X}}{\sqrt{3}}$$

3. 三相交流电路的功率

当三相电路对称时，由于每一相的电压与电流都相等，阻抗角也相同，所以每一相电路的功率也相等。因此，三相电路的功率等于单相电路功率的 3 倍。如式（2-6）：

$$P=3P_X=3U_XI_X\cos\Phi_X \tag{2-6}$$

式中　P——三相对称电路的有功功率；

P_X——单相有功功率；

U_X——相电压；

I_X——相电流；

$\cos\Phi_X$——单相功率因数。

当三相电路对称且负载星形连接时，将式（2-4）代入式（2-6）得：

$$P_Y=3U_XI_X\cos\Phi_X=3\times\frac{1}{\sqrt{3}}U_{X-X}I_{X-X}\cos\Phi_X=\sqrt{3}U_{X-X}I_{X-X}\cos\Phi_X$$

式中，P_Y 表示负载接成星形时电路的三相有功功率。

同理，如果三相电路对称，负载连接成三角形时，将式（2-5）代入式（2-6）得：

$$P_\Delta=3U_XI_X\cos\Phi_X=3U_{X-X}\times\frac{1}{\sqrt{3}}I_{X-X}\cos\Phi_X=\sqrt{3}U_{X-X}I_{X-X}\cos\Phi_X$$

经过以上理论推导得知，对于三相对称电路，无论负载是三角形连接还是星形连接，计算其功率的公式是完全相同的。即：

有功功率：$P=\sqrt{3}U_{X-X}I_{X-X}\cos\Phi_X$

无功功率：$Q=\sqrt{3}U_{X-X}I_{X-X}\sin\Phi_X$

视在功率：$S=\sqrt{P^2+Q^2}=\sqrt{3}U_{X-X}I_{X-X}$

由此可知功率因数：$\cos\Phi=\dfrac{P}{S}$

式中　P——三相对称电路的有功功率，W；

Q——三相对称电路的无功功率，Var；

S——三相对称电路的视在功率，VA；

U_{X-X}——线电压，V；

I_{X-X}——线电流，A；

$\cos\Phi$——功率因数。

已知，电功是电流在单位时间内所做的功，也就是负载所消耗的电能，即：

$$W=Pt=\sqrt{3}U_{X-X}I_{X-X}\cos\Phi t$$

第二节　化工基础知识

一、化工过程与单元操作

在电石生产过程中，从原料的制备、输送、混合、投入到物料熔炼，生成电石、一氧化碳等主、副产品，都涉及一个共同问题，即整个生产过程中的各个环节，都与温度、压力、流量、物位等化工参数密不可分。若这些参数控制不当，偏离工艺要求，轻者会导致不合格品的产生，严重者会诱发工艺安全事故。因此，作为电石生产操作、管理人员，要掌握一定的化工基础知识，这样更有助于电石生产操作、指挥与安全管理，确保电石生产系统在“安、稳、长、满、优、低”状态下运行。

1. 化工生产过程

化工产品种类繁多，生产过程也十分复杂，每种产品的生产过程各不相同，但归纳起来均可总结为由“原料预处理、化学反应、反应产物后处理”三个基本环节组成。

2. 单元操作

一种产品的生产过程往往需要几个甚至十几个物理加工过程。根据这些物理过程的操作原理和特点，可归纳为若干个基本操作过程。如流体流动和输送、沉降、过滤、加热、冷却、蒸发、蒸馏、吸收、干燥、结晶及吸附等。工程上将这些具有共性的基本操作称为单元操作。单元操作包括过程原理和设备两部分。

（1）流体动力过程　遵循流体力学基本规律，以动量传递为理论基础的单元操作，包括流体流动与输送、非均相物系分离等。

（2）传热过程　遵循传热基本规律，以热量传递为理论基础的单元操作，包括传热、蒸发等。

（3）传质过程　遵循传质基本规律，以质量传递为理论基础的单元操作，包括蒸馏、吸收、吸附、膜分离等。

（4）热、质同时传递过程　遵循热质同时传递规律的单元操作，包括干燥、结晶等。

3. 操作中常用的基本概念

在计算和分析单元操作的问题时，经常会用到下列四个基本概念和一个观点：物料衡算、能量衡算、物系的平衡关系、过程传递速率和经济核算观点。

（1）物料衡算　根据质量守恒定律，进入与离开某一过程或设备的物料的质量之差应等于积累在该过程或设备中的物料质量，即：

$$\sum G_{入} - \sum G_{出} = G$$

式中，$\sum G_{入}$ 为输入物料量的总和；$\sum G_{出}$ 为输出物料量的总和；G 为积累的物料量。在进行物料计算时应注意以下几点：

① 确定衡算系统：计算时应首先确定衡算系统。既适合一个生产过程，也适合一个设备，甚至适合一个设备中的一个微元。

② 选定计算基准：一般选不再变化的量作为衡算基准。

③ 确定对象的物理量和单位：物料量可以用质量或物质的量表示，一般不用体积表示，因为体积会随温度和压强的变化而改变。另外，在衡算中单位应统一。

（2）能量衡算　本书中讨论的能量衡算主要为机械能和热能衡算，将在本章后面的相关内容中加以简要介绍。

（3）物系的平衡关系　指物系的传热或传质过程进行的方向和能达到的极限。如：当两物质温度不同，即温度不平衡时，热量就会从高温物质向低温物质传递，直到温度相等为止，此时传热过程达到极限，两物质间不再有热量的传递。

（4）过程传递速率　指过程进行的快慢，通常用单位时间内过程进行的变化量表示。如传热过程速率用单位时间内传递的热量或用单位时间内单位面积传递的热量表示；传质过程速率用单位时间内单位面积传递的物质量表示。显然，过程传递速率越大，设备生产能力越大，或在完成同样产量时设备的尺寸越小。工程上，过程传递速率问题往往比过程平衡问题更重要。过程传递速率通常可表示成以下关系式：

$$过程传递速率 = \frac{推动力}{阻力}$$

过程的推动力是指过程在某瞬间距平衡状态的差值。如传热推动力为温度差，传质推动力为实际浓度与平衡浓度之差。过程的阻力则取决于过程机理，如操作条件、物性等。显然提高推动力和减少过程阻力均可提高过程传递速率。

（5）经济核算　在设计具有一定生产能力的设备时，根据设备选型、材料不同，可提出若干不同的方案。对于同一设备，选用不同操作参数，则设备费和操作费也不同。因此，不仅要考虑技术水平，还要通过经济核算来确定最经济的设计方案，达到技术与经济的同步优化；不仅要考虑单一设备的优化，还必须满足过程的系统优化。

二、流体力学

1. 流体的基本性质

（1）连续介质的假定　处于流动状态的物质，无论是液体还是气体，都是由运动的分子所组成，这些分子之间有一定间隙，并且总是处于随机运动状态中。因此工程上将流体视为充满所占空间的、由无数彼此间没有间隙的流体质点组成的连续介质。这就是流体的连续介质假定。引入连续介质假定后，流体的物理性质和运动参数均具有连续变化的特性，从而可以利用连续函数工具，从宏观角度研究流体的运动规律。

（2）流体的压缩性　流体的压缩性反映流体的体积随压力变化的关系。如果流体的体积不随压力而变化，则该流体称为不可压缩流体；若体积随压力发生变化，则称为可压缩流体。一般液体的体积随压力的变化很小，可视为不可压缩流体，而气体的体积随压力的变化会发生较大变化，应视为可压缩流体。

（3）作用在流体上的力　流体所受的作用力可分为两种：质量力和表面力。

质量力是作用于流体每个质点上的力，其大小与流体的质量成正比。流体在重力场中所受的重力和在离心力场中所受的离心力都是典型的质量力。

表面力是通过直接接触而作用于流体表面的力，其大小与流体的表面积成正比。表面力可分为垂直于表面的法向力（压力）和平行于表面的切向力（剪切力）。

（4）压力　垂直作用在流体表面的力，其方向指向流体的作用面。通常单位面积上的压力称为流体的静压强，简称压强，习惯上称为压力（以后所提压力，如不特别说明，均指压强）。

① 压力的单位：在 SI 单位中，压力的单位是 N/m^2，也可称为帕斯卡，用 Pa 表示。此外，在实际生产或工程中，压力的大小间接地以液体柱高度表示，如用米水柱或毫米汞柱等表示。

若液体的密度为 ρ，则液柱高度 h 与压力 p 的关系为 $p=\rho gh$。由该式可知，同一压力用不同的液体表示时，其液柱高度不同。标准大气压有如下换算关系：

$$1\text{atm}=1.013\times10^5\text{Pa}=760\text{mmHg}=10.33\text{mH}_2\text{O}$$

② 压力的表示方法：压力的大小常以两种不同的基准来表示，一种是绝对真空，另一种是大气压力。基准不同，表示方法也不同。以绝对真空为基准测得的压力称为绝对压力，它是流体的真实压力；以大气压力为基准测得的压力称为表压或真空

度。若绝对压力高于大气压力，则高出部分称为表压。有：

表压＝绝对压力－大气压力

表压可由压力表测得并在表上直接读数。

若绝对压力低于大气压力，则低于部分称为真空度，即：

真空度＝大气压力－绝对压力

（5）剪切力与黏度　剪切力是平行作用于流体表面的力。流体与固体的主要差别在于它们对外力抵抗的能力不同。固体在剪切力的作用下将产生相应的变形以抵抗外力，而静止流体在剪切力的作用下将发生连续不断的变形，即流体具有流动性。

牛顿黏性定律：流体在流动时产生内摩擦力的性质，称为流体的黏性。实验证明，对于一定的流体，剪切力 F 与两流体层的速度差 $\mathrm{d}u$ 成正比，与两层之间的垂直距离 $\mathrm{d}y$ 成反比，与两层间的接触面积 A 成正比，如式（2-7）所示：

$$F=\mu A\frac{\mathrm{d}u}{\mathrm{d}y} \tag{2-7}$$

式中，F 为剪切力（内摩擦力），N；$\frac{\mathrm{d}u}{\mathrm{d}y}$ 为法向速度梯度，即在与流体流动方向相垂直的 y 方向上流体速度的变化率，1/s；μ 为比例系数，称为流体的黏度，Pa·s。工程上将单位面积上的内摩擦力称为剪应力，以 τ 表示，单位为Pa，则式（2-7）变为：

$$\tau=\mu\frac{\mathrm{d}u}{\mathrm{d}y} \tag{2-8}$$

式（2-7）和式（2-8）称为牛顿黏性定律，表明流体层间的剪应力（内摩擦力）与法向速度梯度成正比。

黏度是反映流体黏性的物理量，其单位是 $\mathrm{N \cdot s/m^2}$，即Pa·s。在一些工程上黏度的单位也使用cP（厘泊）表示，它们的换算关系是：

$$1\mathrm{cP}=10^{-3}\mathrm{Pa \cdot s}$$

2．流体静力学

（1）静压力特性　静止流体内部压力具有如下特性：

① 流体压力与作用面垂直，并指向该作用面；

② 静压力与其作用面在空间的方位无关，只与该点位置有关，即作用于任意点处不同方向上的压力在数值上均相等，静压力各向相同。

流体静压力的上述特性不仅适用于流体内部，而且也适用于与固体接触的流体表面，即无论器壁的形状、方向如何，静压力总是垂直于器壁，并且指向器壁。因此，测量某点压力时，不必选择测压管插入方向，只要在该点位置上测量即可。

（2）流体静力学基本方程　流体静力学基本方程是研究流体在重力场中处于静止时的平衡规律，描述静止流体内部的压力与所处位置之间的关系。

在密度为ρ的连续静止流体内部取一底面积为A、高度为dz的流体微元体，作用于其上、下底面的压力分别为p+dp和p。由于流体静止，故在垂直方向的作用力只有质量力和压力，且合力为零，即$pA=(p+\mathrm{d}p)A+\rho gA\mathrm{d}z$，整理可得$\mathrm{d}p+\rho g\mathrm{d}z=0$。对于不可压缩流体，$\rho$为常数，对上式积分得：

$$p+\rho gz=常数 \tag{2-9}$$

如在容器中装有密度为ρ的液体，则在静止液体中处于不同高度Z_1、Z_2平面之间的压力关系为

$$p_1+\rho gz_1=p_2+\rho gz_2 \tag{2-10a}$$

变形为

$$\frac{p_1}{\rho}+z_1g=\frac{p_2}{\rho}+z_2g \tag{2-10b}$$

如将平面取在容器的液面上，其上方的压力为p_0，则深度为h的平面处压力为：

$$p_2=p_0+\rho gh \tag{2-10c}$$

式（2-9）～式（2-10）均称为流体静力学基本方程。

流体静力学基本方程适用于在重力场中静止、连续的同种不可压缩流体，如液体。而对于气体来说，密度随压力变化，但若气体的压力变化不大，密度近似地取其平均值而视为常数时，上述方程仍然适用。

3．流体动力学

（1）流体的流量与流速

① 流体的流量：单位时间内流经管路任意截面的流体量称为流量，通常有两种表示方法，即体积流量和质量流量。

体积流量：单位时间内流经管路任意截面的流体体积称为体积流量，以q_v表示，单位为m^3/s或m^3/h。

质量流量：单位时间内流经管路任意截面的流体质量称为质量流量，以q_m表示，单位为kg/s或kg/h。

体积流量与质量流量的关系为：$q_m=q_v\rho$

② 流速：单位时间内流体质点在流动方向上所流经的距离。在工程计算中，为简便起见，常采用平均流速表征流体在该截面的速度。定义平均流速为流体的体积流量与管路截面积之比，单位为m/s。

$$u=\frac{q_v}{A}$$

质量流速：单位时间内流经单位截面积的流体质量称为质量流速。以G表示，单位为$\mathrm{kg/(m^2\cdot s)}$。质量流速与体积流速的关系为：$G=\frac{q_m}{A}=\frac{q_v\rho}{A}=u\rho$。

流量与流速的关系为：$q_m=q_v\rho=uA\rho=GA$。

一般化工管路为圆形，其内径的大小可根据流量与流速计算。流量通常由生产任务决定，而流速需综合各种因素进行经济核算进而合理选择。常用流速为：一般液体 1～3m/s，低压气体 8～12m/s，其他流体的适宜流速参见附件二。

（2）定态流动与非定态流动

流体流动系统中，若各截面上的温度、压力、流速等物理量仅随位置变化，则此种流动称为定态流动；若流体在各截面上的有关物理量既随位置变化，也随时间变化，则称为非定态流动。如图 2-3 所示，（a）中装置液位恒定，因而流速不随时间变化，为定态流动；（b）中装置在流动过程中液位不断下降，流速随时间而递减，为非定态流动。

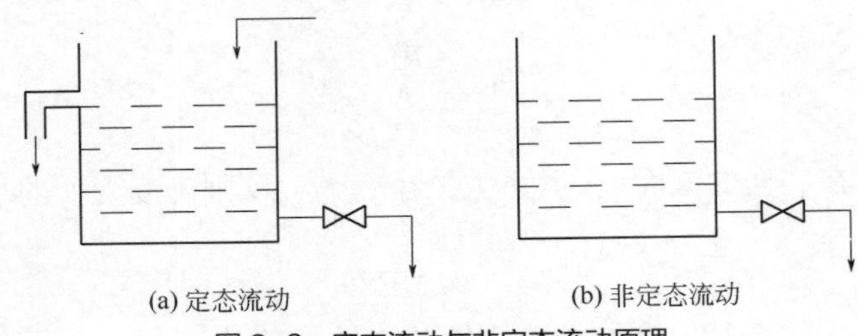

(a) 定态流动　　(b) 非定态流动

图 2-3　定态流动与非定态流动原理

在化工厂中，连续生产的开、停车阶段属于非定态流动，而正常连续生产时，均属于定态流动。本节讨论定态流动问题。

（3）定态流动系统的质量衡算

在图 2-4 所示的定态流动系统，流体连续地从 1—1 截面进入，从 2—2 截面流出，且充满全部管路。以 1—1、2—2 截面以及管内壁所围成的空间为衡算范围。对于定态流动系统，在管路中流体没有增加和漏失的情况下，根据质量守恒定律，单位时间内进入 1—1 截面的流体质量与单位时间内流出 2—2 截面的流体质量必然相等，即：

$$\rho_1 u_1 A_1 = \rho_2 u_2 A_2 \tag{2-11}$$

将式（2-11）推广至任意截面得：

$$q_m = \rho_1 u_1 A_1 = \rho_2 u_2 A_2 = \cdots = \rho u A = 常数 \tag{2-12}$$

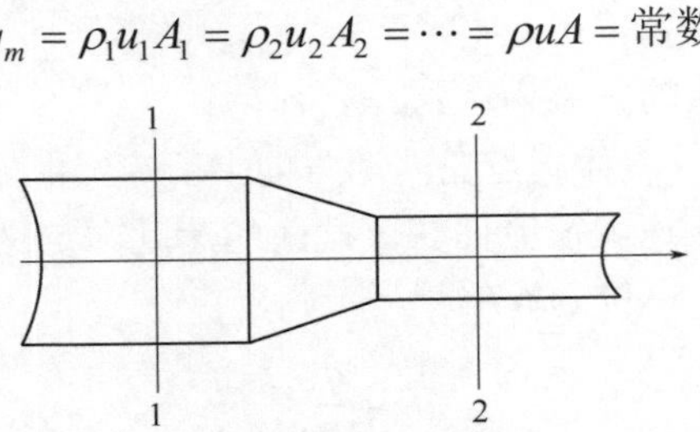

图 2-4　连续性方程推导

以上两式均称为连续性方程。表明在定态流动系统中流体流经各截面时质量流量恒定，而流速 u 随管路截面积 A 和密度 ρ 的变化而变化，反映了管路截面上流速的变化规律。对于不可压缩流体，ρ 等于常数，连续性方程可写成为：

$$q_v = u_1 A_1 = u_2 A_2 = \cdots = uA = \text{常数} \tag{2-13}$$

这表明不可压缩流体流经各截面时体积流量也不变，流速 u 与管路截面积成反比，截面积越小，流速越大；反之亦然。

对于圆形管路，式（2-13）可变形为：

$$\frac{u_1}{u_2} = \frac{A_2}{A_1} = \left(\frac{d_2}{d_1}\right)^2 \tag{2-14}$$

即不可压缩流体在圆形管路中任意截面的流速与管内径的平方成反比。

（4）定态流动系统的机械能衡算

① 理想流体的机械能衡算　理想流体是指没有黏性的流体，在流动过程中没有能量损失。在图 2-5 所示的定态流动系统中，理想流体从 1—1 截面流入，从 2—2 截面流出。衡算范围为 1—1、2—2 截面以及管内壁所围成的空间，衡算基准为 1kg 流体，基准水平面为 0—0 水平面。

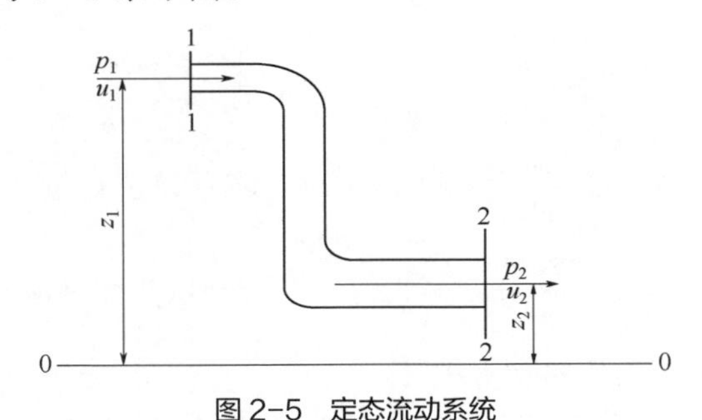

图 2-5　定态流动系统

流体的机械能有以下 3 种形式。

a．位能　流体受重力作用在不同高度所具有的能量称为位能。位能是一个相对值，随所选取的基准水平面的位置而定。在基准水平面之上位能为正，其下位能为负。将质量为 m kg 的流体自基准水平面 0—0 升举至高度为 z 处所做的功即为位能。位能 $= mgz$。例如，1kg 流体所具有的位能为 zg，单位为 J/kg。

b．动能　流体以一定速度流动便具有动能，动能 $=\frac{1}{2}mu^2$。1kg 流体所具有的动能为 $\frac{1}{2}u^2$，单位 J/kg。

c．静压能　与静止流体相同，流动着的流体内部任意位置也存在静压力。对于图 2-5 的流动系统，由于在 1—1 截面处流体具有一定的静压力，若使流体通过该截面进入系统，就必须对流体做功，以克服此静压力，这种能量称为静压能或流动功。

质量为 m、体积为 V_1 的流体通过 1—1 截面所需的作用力为 $F_1 = p_1 A_1$，流体推入管内所走的距离为 V_1/A_1，故与此功相当的静压能 $= p_1 A_1 \frac{V_1}{A_1} = p_1 V_1$，所以 1kg 流体所具有的静压能$=\frac{p_1V_1}{m}=\frac{p_1}{\rho_1}$，单位 J/kg。

以上 3 种能量均为流体在截面处所具有的机械能，三者之和称为某截面上流体的总机械能。

由于理想流体在流动过程中无能量损失，因此，根据能量守恒原则，对于划定的流动范围，其输入的总机械能必等于输出的总机械能。在图 2-5 中，对于 1—1 截面与 2—2 截面之间的衡算范围，无外加能量时，有：

$$z_1g+\frac{1}{2}u_1^2+\frac{p_1}{\rho_1}=z_2g+\frac{1}{2}u_2^2+\frac{p_2}{\rho_2} \tag{2-15}$$

对于不可压缩流体，密度 ρ 为常数。式（2-15）即为不可压缩理想流体的机械能衡算式，称为伯努利方程。式（2-15）是以单位质量流体为基准的机械能衡算式，各项单位均为 J/kg。若将其中各项同除以 g，可获得以单位重量流体为基准的另一种机械能衡算式。

$$z_1+\frac{1}{2g}u_1^2+\frac{p_1}{\rho g}=z_2+\frac{1}{2g}u_2^2+\frac{p_2}{\rho g} \tag{2-16}$$

上式中各项的单位均为$\frac{\mathrm{J/kg}}{\mathrm{N/kg}}=\mathrm{J/N}=m$，表示单位重量（1N） 流体所具有的能量。习惯上将 z、$\frac{u^2}{2g}$、$\frac{P}{\rho g}$分别称为位压头、动压头和静压头，三者之和称为总压头。式（2-16）也称为伯努利方程。

② 实际流体的机械能衡算　工程上遇到的都是实际流体，对于实际流体，除在截面上具有的位能、动能及静压能外，在流动过程中还存在通过其他外界条件与衡算系统交换的能量。因实际流体具有黏性，在流动过程中必然会消耗一定的能量，这些消耗的机械能转变为热能，无法利用，所以将其称为能量损失或阻力。将 1kg 流体的能量损失用 $\sum W_f$ 表示，单位为 J/kg。

在如图 2-6 中的实际流体管路系统中，流体输送机械（泵和风机）对流体做功。将 1kg 流体从流体输送机械所获得的能量称有效功，用 W_e 表示，单位是 J/kg。

在 1—1 截面与 2—2 截面之间进行机械能衡算，有

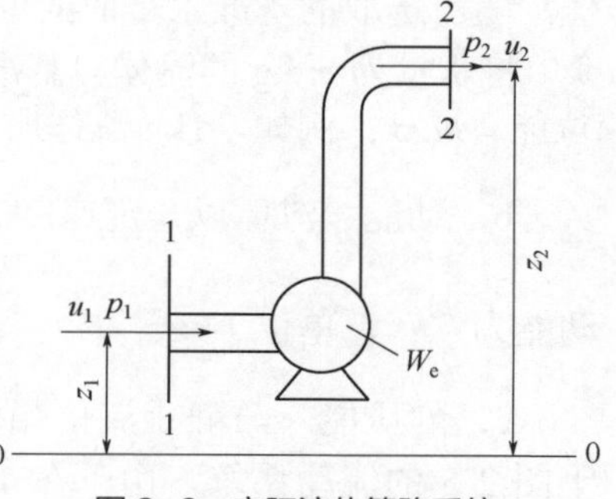

图 2-6　实际流体管路系统

$$z_1g+\frac{1}{2}u_1^2+\frac{p_1}{\rho}+W_e=z_2g+\frac{1}{2}u_2^2+\frac{p_2}{\rho}+\sum W_f \tag{2-17a}$$

或$$z_1+\frac{1}{2g}u_1^2+\frac{p_1}{\rho g}+H_e=z_2+\frac{1}{2g}u_2^2+\frac{p_2}{\rho g}+\sum h_f \tag{2-17b}$$

式（2-17a）和式（2-17b）为不可压缩实际流体的机械能衡算式，是理想流体伯努利方程的引申，习惯上也称之为伯努利方程。式（2-17b）中 $H_e=\frac{W_e}{g}$ 为单位重量流体从流体输送机械所获得的能量，称为外加压头或有效压头，单位是 m；$\sum h_f=\frac{\sum W_f}{g}$ 为单位重量流体在流动过程中损失的能量，称为压头损失，单位也是 m。

4. 流体流量测量仪表

（1）孔板流量计　孔板流量计属于差压式流量计，利用流体流经节流元件时产生的压力差来实现流量测量。孔板流量计的节流元件为孔板，即中央开有圆孔的金属板。将孔板垂直安装在管路中，以一定的取压方式测取孔板前后两端的压差，并与压力计相连，即构成孔板流量计。孔板流量计的流量与压差的关系式可由连续性方程和伯努利方程推导，得

$$\sqrt{u_0^2-u_1^2}=C\sqrt{\frac{2\Delta p}{\rho}}$$

式中　u_0——孔板流量计孔口流速，m/s；

u_1——孔板流量计入口前稳定段流速，m/s；

C——校正系数；

Δp——孔板前后压力差，Pa；

ρ——流体密度，kg/m^3。

孔板流量计安装时，在上、下游需要有一段内径不变的直管作为稳定段，上游长度应≥10D，下游直段长度应≥5D。孔板流量计结构简单，制造与安装方便是其优点，但缺点是能量损失较大，主要是流体流经孔板时产生了永久性压力降。

（2）文丘里流量计　为了减少能量损失，可采用文丘里流量计，即用一段渐缩、渐扩管代替孔板。文丘里流量计的测量原理与孔板流量计相同，也属于差压式流量计，其流量方程也与孔板相似，即：

$$q_v=C_V A_0\sqrt{\frac{2Rg\left(\rho_0-\rho\right)}{\rho}}。$$

式中，C_V为文丘里流量计的流量系数（约为 0.98～0.99）；A_0为喉管处截面积，m^2。文丘里流量计的缺点是加工较难，精度要求较高，因而造价高，安装时需占去一定管长位置。

（3）转子流量计　转子流量计由一段上粗下细的锥形玻璃管和管内一个密度大于被测流体的固体转子（称浮子）构成。流体自玻璃管底部流入，经过转子和管壁之间的环隙，再从顶部流出。其原理是当管内无流体通过时，转子沉于底部，当有流体通过时，在转子的上部和下部产生压力差，使转子浮起。当压差与浮子重量相

平衡时，转子悬在空中。随着流量的变化，产生的压差也随之发生变化，达到新的平衡。在玻璃管的外壁上刻有流量刻度，根据转子平衡时上面所对应的度量值，就可以读出此时的流量。

转子流量计的流量方程可根据转子的受力平衡导出。由伯努利方程和连续性方程整理得转子流量计的体积流量方程为：

$$q_v = C_R A_r \sqrt{\frac{2(\rho_f - \rho)V_f g}{\rho A_f}}$$

式中，A_r为转子上端面处环隙面积；转子流量计的流量系数C_R与转子的形状和流体流过环隙时的雷诺数（Re）有关，对于一定形状的转子，当Re达到一定的数值后，C_R为常数。

转子流量计必须垂直于水平面安装在管路上，其读数方便，流动阻力小，测量范围宽，对不同流体适应性广。缺点是玻璃管不能承受高温高压，在安装和使用过程中容易破碎。

5．流体输送机械

在电石生产中，常常需要将流体从一个地方输送至另一地方。当从低能位向高能位输送流体时，必须使用流体输送机械，为流体提供机械能，以克服流动过程中的阻力，补偿损失的能量。通常，用于输送液体的机械称为泵，用于输送气体的机械称为风机或压缩机。电石生产涉及的流体种类较多，且性质各异，对输送条件的要求也相差悬殊。为满足不同输送任务的要求，出现了多种形式的输送机械。依作用原理不同可分为表2-1中的几种类型。

表2-1　流体输送机械分类

类型		液体输送机械	气体输送机械
动力式（叶轮式）		离心泵、旋涡泵	离心式通风机、鼓风机、压缩机
容积式	往复式	往复泵、计量泵、隔膜泵	往复式压缩机
	旋转式	齿轮泵、螺杆泵	罗茨鼓风机、液环压缩机
流体作用式		喷射泵	喷射式真空泵

（1）离心泵　离心泵是化工生产中应用最广泛的泵，其特点是结构简单、流量均匀、操作方便、易于控制等。

① 离心泵的工作原理　如图2-7（a）所示，叶轮3安装在泵壳2内，并紧固在泵轴5上，泵轴由电机直接带动，泵壳中央的吸入口与吸入管路4相连，泵壳旁侧的排出口与排出管路1相连。离心泵启动前，应先向泵内充液，使泵壳和吸入管路充满液体。启动后，泵轴带动叶轮高速旋转，叶片间的液体也随之做圆周运动，同时在离心力的作用下，液体又由叶轮中心向外缘做径向运动，液体在此运动过程中获得能量，使静压能和动能均有所提高。液体离开叶轮进入泵壳后，由于泵壳中流

道逐渐加宽，流速逐渐降低，又将一部分动能转变为静压能，使液体的静压能进一步提高，最后由出口以高压沿切线方向排出。当液体从叶轮中心流向外缘后，叶轮中心呈现低压，贮槽内液体在其液面与叶轮中心压力差的作用下进入泵内，再由叶轮中心流向外缘。叶轮如此连续旋转，液体便会不断地吸入和排出，达到输送的目的。

若离心泵启动前未充液，则泵壳内存有空气，由于空气的密度远小于液体的密度，产生的离心力很小，因而叶轮中心处所形成的低压不足以将贮槽内液体吸入泵内，此时虽启动离心泵，但也不能输送液体，这种现象称为气缚，表明离心泵无自吸能力。因此，在启动前必须向泵内充液。

若离心泵的吸入口位于贮槽液面的上方，在吸入管路的进口处应安装带滤网的底阀［如图 2-7（a）中 6 所示］。该底阀为逆止阀，可防止吸入管路中的液体倒流，滤网可以阻拦液体中的固体物质被吸入而堵塞管路或泵壳。若离心泵的吸入口位于贮槽液面的下方，液体借位差自动流入泵内，则无需人工灌液。

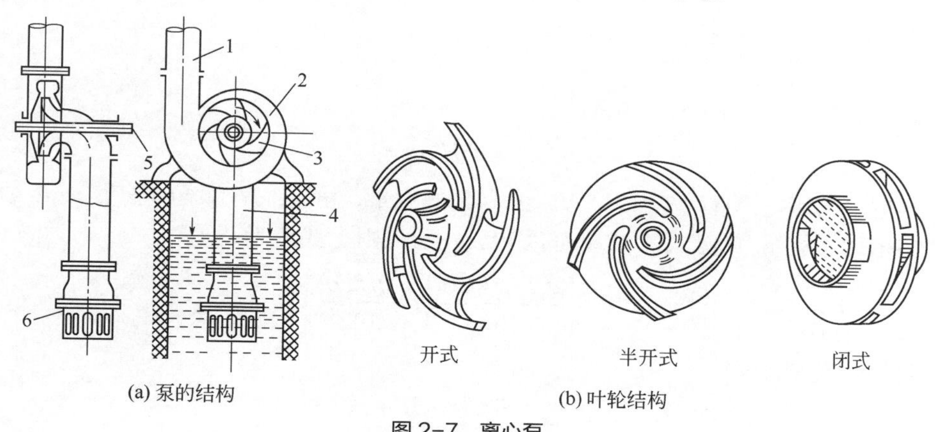

(a) 泵的结构　(b) 叶轮结构

图 2-7　离心泵

② 离心泵的性能参数　表征离心泵性能的主要参数有流量、压头、效率和轴功率，这些参数是评价其性能好坏和正确选用离心泵的主要依据。

a. 流量：离心泵的流量表示泵输送液体的能力，指离心泵单位时间内输送到管路系统的液体体积，以 q_V 表示，单位为 m^3/s 或 m^3/h，其大小取决于泵的结构、尺寸、转速以及所输送液体的黏度等。

b. 压头：又称为扬程，指单位重量的液体经离心泵后所获得的有效能量，以 H 表示，单位为 J/N 或 m。其值主要取决于泵的结构、转速和流量，也与液体的黏度有关。值得注意的是，离心泵的扬程与升扬高度是完全不同的概念，升扬高度是指离心泵将流体从低位送至高位时两液面间的高度差，即 Δ_z，而扬程表示的则是能量概念。

c. 效率：由于泵内有各种能量损失，泵轴从电机获得的功率无法全部传给液体，体现在以下 3 个方面。

i．容积损失：叶轮出口处高压液体由于机械泄漏返回叶轮入口造成泵实际排液量减少。

ii．水力损失：实际流体在泵内流动时有摩擦损失，液体与叶片及液体与壳体的冲击也会造成能量损失，使泵实际压头减少。

iii．机械损失：泵在运转时，机械部件接触处（如泵轴与轴承之间、泵轴与填料密封中的填料之间或机械密封中的密封环之间等）由于机械摩擦造成能量损失。

以上 3 种损失通过离心泵的总效率 η 反映。离心泵的总效率与泵的类型、大小、制造精度及输送液体的性质有关。一般小型泵的效率为 50%～70%，大型泵可达 90%左右。

d．轴功率：离心泵的轴功率是指由电机输入离心泵泵轴的功率，以 N 表示；有效功率是指液体实际上自泵获得的功率，以 N_e 表示，单位均为 W 或 kW。二者的关系为：

$$\eta = \frac{N_e}{N} \times 100\%$$

泵的有效功率可用下式计算：

$$N_e = q_v H \rho g$$

式中，N_e 为泵的有效功率，W；q_v 为泵的流量，m^3/s；H 为泵的压头，m；ρ 为流体的密度，kg/m^3。若功率的单位以 kW 表示，则上式变为：

$$N_e = \frac{q_v H \rho \times 9.81}{1000} = \frac{q_v H \rho}{102}$$

泵的轴功率为：

$$N = \frac{N_e}{\eta} = \frac{q_v H \rho}{102\eta}$$

③ 离心泵的特性曲线　离心泵的特性曲线是指离心泵的压头 H、轴功率 N 和效率 η 与流量 q_v 之间的关系曲线，通常由实验测定。离心泵的特性曲线均由生产厂家在出厂前测定，附于泵的说明书中，供用户参考。

例如：型号为 IS100-80-125 的离心泵在转速为 2900r/ min 时的特性曲线包括 3 条曲线。

a．H-q_v 曲线：离心泵的压头在较大流量范围内随流量的增大而减小。不同型号离心泵的 H-q_v 曲线的形状不同。

b．N-q_v 曲线：离心泵的轴功率随流量的增大而增大。当流量 q_v=0 时，泵轴消耗的功率最小。因此离心泵启动时应关闭出口阀门，使启动功率最小，以保护电机。

c．η-q_v 曲线：刚开始工作时，泵的效率随流量的增大而增大，达到一最大值后，泵的效率又随流量的增加而下降。这说明离心泵在一定转速下有最高效率点，该点称为离心泵的设计点。显然，泵在该点所对应的工况下工作最经济。一般离心泵出厂时铭牌上标注的性能参数均为最高效率点下的值。离心泵使用时，应在该点附近工作，通常为最高效率的92%左右，称为高效率区。需要指出的是离心泵的特性曲线与转速有关，因此，在特性曲线图上一定要标出泵的转速。

④ 离心泵的汽蚀现象　离心泵靠贮槽液面与泵入口处之间的压力差（P_0-P_1）吸入液体。若P_0一定，则泵安装位置离液面的高度（即安装高度H）愈高，P_1愈低。当安装高度达到一定值，使泵内最低压力P_k降至输送温度下液体的饱和蒸气压时，液体在该处气化或使溶解在液体中的气体析出而形成气泡。含气泡的液体进入叶轮的高压区后，气泡迅速凝聚或破裂。气泡的消失产生局部真空，周围液体以高速涌向气泡中心，产生压力极大、频率极高的冲击。尤其当气泡的凝聚发生在叶轮叶片表面附近时，液体犹如许多细小的高频水锤撞击着叶片致使叶轮表面受损。运转一定时间后，叶轮表面出现斑痕及裂缝，甚至呈海绵状脱落，使叶轮损坏，这种现象称为离心泵的汽蚀。离心泵一旦发生汽蚀，泵体将强烈振动并发出噪声，液体流量、压头（出口压力）及效率明显下降，严重时甚至无法吸入液体。汽蚀是泵损坏的重要原因之一，在设计、选用、安装时必须特别注意。

离心泵发生汽蚀的原因是泵内最低压力等于操作温度下液体的饱和蒸气压。导致泵汽蚀的原因是多方面的，如泵的安装高度过高、泵吸入管路阻力过大、所输送液体的温度过高、密闭贮液槽中的压力下降、泵的运行工况点偏离额定流量过远等。以下重点讨论如何确定泵合适的安装位置，以避免汽蚀现象的发生。

a．汽蚀余量：为防止发生汽蚀，泵入口处压力不能过低。究竟最低为多少，应留多大余量，每台泵均有各自的标准，这就是汽蚀余量。汽蚀余量分为有效汽蚀余量、临界汽蚀余量及必需汽蚀余量。

i．有效汽蚀余量：为保证不发生汽蚀，离心泵入口处液体的静压头与动压头之和必须大于操作温度下液体的饱和蒸气压，其超出部分称为离心泵的有效汽蚀余量，以$(\mathrm{NPSH})_\mathrm{a}$表示：

$$(\mathrm{NPSH})_\mathrm{a}=\frac{p_1}{\rho g}+\frac{u_1^2}{2g}-\frac{p_v}{\rho g} \tag{2-18}$$

式中，$(\mathrm{NPSH})_\mathrm{a}$为离心泵的有效汽蚀余量，m；$p_1$为泵入口处的绝对压力，Pa；$u_1$为泵入口处的液体流速，m/s；$p_v$为输送温度下液体的饱和蒸气压，Pa。有效汽蚀余量是指泵吸入装置给予离心泵入口处液体的静压头与动压头之和超出该操作温度下液体的饱和蒸气压的那一部分，其值仅与吸入管路有关，而与泵本身无关，故又称为装置汽蚀余量。

ii．临界汽蚀余量：当叶轮入口处的最低压力P_k等于输送温度下液体的饱和蒸气压p_v时，泵将发生汽蚀，相应泵入口处压力p_1存在一个最小值$p_{1,\min}$，此条件下的汽蚀余量即为临界汽蚀余量。

$$\left(\mathrm{NPSH}\right)_{\mathrm{c}}=\frac{p_{1,\min}}{\rho g}+\frac{u_1^2}{2g}-\frac{p_v}{\rho g} \tag{2-19}$$

临界汽蚀余量实际反映了泵入口处截面到叶轮入口处截面的压头损失，其值与泵的结构尺寸及流量有关。临界汽蚀余量由泵制造厂通过实验测定。实验时设法在泵流量不变的条件下逐渐降低 p_1，当泵内刚好发生汽蚀时测取 $P_{1,\min}$，再由式（2-18）计算出该流量下离心泵的临界汽蚀余量。

iii．必需汽蚀余量：必需汽蚀余量是指泵在给定的转速和流量下所必需的汽蚀余量，一般将所测得的$(\mathrm{NPSH})_{\mathrm{c}}$加上一定的安全量作为必需汽蚀余量$(\mathrm{NPSH})_{\mathrm{r}}$，并作为离心泵的性能列入泵产品样本中。当离心泵在一定管路中运行时，可根据有效汽蚀余量与必需汽蚀余量的大小判断泵运行状况。泵选定后，其必需汽蚀余量为已知。根据吸入管路的状况，可计算出有效汽蚀余量。若$(\mathrm{NPSH})_{\mathrm{a}}>(\mathrm{NPSH})_{\mathrm{r}}$，则泵可以正常运行，否则泵不应运行。一般要求有效汽蚀余量比必需汽蚀余量大 0.5m 以上，即$(\mathrm{NPSH})_{\mathrm{a}}\geqslant(\mathrm{NPSH})_{\mathrm{r}}+0.5\mathrm{m}$。

⑤ 离心泵的安装高度　在液槽吸入管路液面与泵吸入口截面间列伯努利方程，可得到泵的安装高度

$$H_g=\frac{p_0-p_1}{\rho g}-\frac{u_1^2}{2g}-\sum h_{f,0\text{-}1} \tag{2-20}$$

式中，H_{g}为离心泵安装高度，m；p_0为贮槽液面上方的绝压，Pa（贮槽敞口时，$p_0=p_{\mathrm{a}}$）；$\sum h_{f,0\text{-}1}$为吸入管路的压头损失，m。将式（2-18）代入式（2-20），整理得：

$$H_g=\frac{p_0-p_v}{\rho g}-\left(\mathrm{NPSH}\right)_{\mathrm{a}}-\sum h_{f,0\text{-}1} \tag{2-21}$$

随着安装高度 H_g 增加，有效汽蚀余量将减少，当其值减少到与必需汽蚀余量相等时，泵运行接近不正常，此时所对应的安装高度即为离心泵的允许安装高度。它指贮槽液面与泵的吸入口之间所允许的最大垂直距离，以 $H_{\mathrm{g,允}}$表示。

$$H_{g,\text{允}}=\frac{p_0-p_v}{\rho g}-\left(\mathrm{NPSH}\right)_{\mathrm{r}}-\sum h_{f,0\text{-}1} \tag{2-22}$$

根据离心泵样本中提供的必需汽蚀余量即可确定离心泵的允许安装高度。实际安装时，为安全可靠，应再降低 0.5～1m。也可以根据现场实际安装高度与允许安装高度比较，判断安装是否合适。若 $H_{\mathrm{g,实}}$低于 $H_{\mathrm{g,允}}$，则说明安装合适，不会发生汽蚀现象；否则，需调整安装高度。

必须指出，$(\mathrm{NPSH})_{\mathrm{r}}$与流量有关，且随流量的增加而增大，因此在计算泵的允许安装高度时，应以使用中可能达到的最大流量为依据。同时由式（2-22）可见，欲提高泵的允许安装高度，必须设法减小吸入管路的阻力。泵在安装时，应选用较大的吸入管径，管路尽可能短，减少吸入管路的弯头、阀门等管件，并将调节阀安装在排出管线上。

⑥ 离心泵的类型　离心泵的种类很多，按输送液体的性质及使用条件不同，可分为清水泵、耐腐蚀泵、油泵、液下泵、管道泵、磁力泵、杂质泵等。以下介绍几种主要类型的离心泵。

a. 清水泵（IS 型、D 型、Sh 型）：清水泵应用最广泛，适用于输送各种工业用水以及物理、化学性质类似于水的其他液体。最普通的清水泵是单级单吸式，系列代号为 IS。全系列流量范围为 4.5～360m^3/h，扬程范围为 8～98m。以 IS100 80-125 说明泵型号中各项含义：IS 表示国际标准单级单吸清水离心泵；100 表示吸入管内径，mm；80 为排出管内径，mm；125 表示叶轮直径，mm。

若要求的压头较高时，可采用多级离心泵，系列代号为 D。叶轮的级数通常为 2～9 级，最多可达 12 级。全系列流量范围为 10.8～850m^3/h，扬程范围为 14～351m。若要求的流量较大时，可采用双吸泵，系列代号为 Sh。全系列流量范围为 120～12500m^3/h，扬程范围为 9～140m。

b. 耐腐蚀泵（F 型）：输送酸、碱、浓氨水等腐蚀性液体时，必须用耐腐蚀泵。泵内与腐蚀性液体接触的部件都用各种耐腐蚀材料制造，如灰口铸铁、镍铬合金钢等，系列代号为 F。全系列流量范围为 2～ 400m^3/h，扬程范围为 15～195m。

c. 液下泵（FY 型）：液下泵为立式离心泵，通常安装在液体贮槽内，因此对轴封要求不高，可用于输送化工过程中的腐蚀性液体。

d. 屏蔽泵（PB 型）：屏蔽泵又称为无密封泵，是将叶轮与电机连为一体，密封在同一壳体内，不需要轴封装置，可用于输送易燃、易爆或剧毒的液体。

e. 管道泵（GD 型）：管道泵为立式离心泵，其吸入口、排出口中心线及叶轮在同一平面内，且与泵轴中心线垂直，可以不用弯头而直接连接在管路上。该泵占地面积小、拆卸方便，主要用于直接安装在设备上或管路上。如液体物料的输送泵、增压泵、循环泵等。

f. 磁力泵（CQ 型）：磁力泵是近年来出现的无泄漏离心泵，泵轴与电机轴靠磁力传递动力，因而较容易实现泵轴的动密封。该泵适用于输送易燃、易爆或剧毒的液体。

⑦ 离心泵的选用　离心泵的选用以能满足液体输送的工艺要求为前提，基本步骤如下：

a. 确定输送系统的流量和压头：一般液体的输送量由生产任务决定。如果流量在一定范围内变化，应根据最大流量选泵，并根据实际情况计算最大流量下管路所需的压头。

b. 选择离心泵的类型与型号：根据被输送液体的性质及操作条件确定泵的类型，如清水泵、油泵等；再按已确定的流量和压头从泵样本中选出合适的型号。若没有完全合适的型号，则应选择压头和流量都稍大的型号；若同时有几个型号的泵均能满足要求，则应选择其中效率最高的泵。

c. 核算泵的轴功率：若输送液体的密度大于水的密度，则要核算泵的轴功率，以选择合适的电机。

（2）往复式泵　往复式泵是往复工作的容积式泵，依靠活塞（或柱塞）的往复运动周期性地改变泵腔容积，将液体吸入与压出。

① 往复泵

a．结构与工作原理：往复泵由泵缸、活塞、活塞杆、吸入阀、排出阀以及传动机构等组成，其中吸入阀和排出阀均为单向阀。活塞由曲柄连杆机构带动做往复运动。比如当活塞自左向右移动时，泵缸内容积增大形成低压，吸入阀受泵外液体压力作用而被推开，将液体吸入泵缸，排出阀则因受排出管内液体压力而关闭；当活塞自右向左移动时，因活塞的挤压使泵缸内的液体压力升高，吸入阀受压而关闭，排出阀受压而开启，从而将液体排出泵外。往复泵正是依靠活塞的往复运动吸入并排出液体，完成输送液体的目的。由此可见，往复泵给液体提供能量是靠活塞直接对液体做功，使液体的静压力提高。

活塞在泵缸内两端点移动的距离称为冲程。活塞往复一次只吸液一次和排液一次的泵称为单动泵。由于单动泵的吸入阀与排出阀装在泵缸的同一端，故吸液和排液不能同时进行；又由于活塞的往复运动是不等速的，其瞬时流量不均匀。为了改善单动泵流量的不均匀性，可采用双动泵或三联泵。

b．往复泵的流量：往复泵的流量（输液量）取决于活塞扫过的体积，理论平均流量可按式（2-23）计算

单动泵：
$$q_{vt} = ASn \tag{2-23}$$

式中，q_{vt} 为往复泵的理论流量，m^3/min；A 为活塞的截面积，m^2；S 为活塞冲程，m；n 为活塞的往复次数，1/min。

双动泵：
$$q_{vt} = (2A - a)Sn \tag{2-24}$$

式中，a 为活塞杆的截面积，m^2。

由式（2-23）、式（2-24）可知，当活塞直径、冲程及往复次数一定时，往复泵的理论流量为一定值。但实际上由于活门启闭有滞后，活门、活塞、填料函等存在泄漏，实际流量 q_v 比理论流量 q_{vt} 小，也为常数，只有在压头较高的情况下才随压头的升高而略有下降。

c．压头：往复泵的压头与泵的几何尺寸无关，与流量也无关。只要泵的机械强度和原动机的功率允许，管路系统要求多高的压头，往复泵就能提供多大的压头。

d．往复泵的特性曲线与工作点：往复泵的压头与流量无关，因此往复泵的特性曲线为一 q_v 等于常数的直线。由此可见，往复泵的工作点随管路特性曲线的变化而变化。往复泵的流量仅与泵特性有关，而提供的压头只取决于管路状况，这种特性称为正位移特性，具有这种特性的泵称为正位移泵。

e．往复泵的流量调节：与离心泵不同，往复泵不能用出口阀门调节流量。这是因为往复泵的流量与管路特性无关，一旦出口阀门完全关闭，会造成泵缸内的压力

急剧上升，导致泵缸损坏或电机烧毁。往复泵的流量调节可采用以下方法。

i. 旁路调节：通过改变旁路阀的开度，即通过调节旁路的流量来达到调节主管路系统流量的目的。为保护泵和电机，旁路上还设有安全阀，当泵出口处的压力超过规定值时，安全阀会被高压液体顶开，液体流回进口处，使泵出口处减压。旁路调节方法简单，但不经济，适用于流量变化幅度小且需经常调节的场合。

ii. 改变活塞冲程或往复次数：由式（2-23）和式（2-24）可知，调节活塞的冲程 S 或往复次数 n 均可达到流量调节目的。当由电动机驱动活塞运动时，可改变电动机减速装置的传动比或直接采用可调速的电机方便地改变活塞的往复次数；对输送易燃、易爆液体的由蒸汽推动的往复泵，则可通过调节蒸汽的压力改变活塞的往复次数，从而实现流量调节。

往复泵的效率一般在 70%以上，适用于输送小流量、高压头、高黏度的液体，但不适于输送腐蚀性液体及有固体颗粒的悬浮液。

② 计量泵：计量泵是往复泵的一种，通过偏心轮将电机的旋转运动变成柱塞的往复运动。偏心轮的偏心距可以调整，以改变柱塞的冲程，从而控制和调节流量。若用一台电动机同时带动几台计量泵，可使每台泵的液体按一定比例输出，故这种泵又称为比例泵。计量泵适用于要求输送量十分准确的液体或几种液体按比例输送的场合。

③ 隔膜泵：当输送腐蚀性液体或悬浮液时可采用隔膜泵。隔膜泵是用一弹性薄膜将活柱与被输送的液体隔开，使泵缸、活柱等不受腐蚀。隔膜一侧为输送液体，与其接触部件均用耐腐蚀材料制成或涂有耐腐蚀物质。隔膜另一侧则充满水或油。当活柱做往复运动时，迫使隔膜交替地向两边弯曲，使液体经球形活门吸入和排出。

（3）旋转式泵　旋转式泵是旋转工作的容积式泵，依靠泵内一个或多个转子的旋转来吸入和排出液体，故又称为转子泵。

① 齿轮泵：齿轮泵的泵壳为椭圆形，其内有两个齿轮，一个是主动轮，由电动机带动旋转，另一个为从动轮，与主动轮相啮合向相反的方向旋转。吸入腔内两轮的齿互相拨开，形成低压而吸入液体。吸入的液体封闭于齿穴和壳体之间，随齿轮旋转而达到排出腔。排出腔内两轮的齿互相合拢，形成高压而排出液体。齿轮泵的流量小但压头高，适于输送黏稠液体甚至膏状物料，但不宜输送含有固体颗粒的悬浮液。

② 螺杆泵：螺杆泵由泵壳和一个或多个螺杆构成。单螺杆泵靠螺杆在具有内螺旋的泵壳中偏心转动，将液体沿轴向推进，最后挤压到排出口而排出。此外，还有双螺杆泵、三螺杆泵等。多螺杆泵的工作原理与齿轮泵相似，依靠螺杆间互相啮合的容积变化来排送液体。当所需的压头较高时，可采用较长的螺杆。螺杆泵的压头高、效率高、无噪声、流量均匀，尤其适用于高黏度液体的输送。

旋转式泵与往复式泵一样，具有正位移特性，因此也采用旁路调节或改变旋转泵的转速达到调节流量的目的。

（4）旋涡泵　旋涡泵是一种特殊类型的离心泵，也由叶轮与泵壳组成。其泵壳呈圆形，叶轮为一圆盘，四周铣有凹槽，呈辐射状排列。泵的吸入口与排出口由与叶轮间隙极小的间壁隔开。与离心泵的工作原理相同，旋涡泵也是借离心力的作用给液体提供能量。当叶轮在泵壳内旋转时，泵内液体随叶轮旋转的同时又在引水道与各叶片之间作反复的迂回运动，因而被叶片拍击多次，获得较高能量，压头较高。

旋涡泵的压头与功率随流量的增加而减少，因而启动旋涡泵时应使出口阀全开，并采用旁路调节来调节流量。由于泵内液体剧烈运动造成较大的能量损失，故旋涡泵的效率较低，一般为 20%～50%。旋涡泵适用于输送流量小、压头高且黏度不高的清洁液体。

（5）气体输送机械　气体输送机械的结构和原理与液体输送机械大体相同，但由于气体密度比液体密度小得多，同时气体又具有压缩性，因而气体输送机械具有与液体输送机械不同的特点。气体输送机械可按结构和原理分为离心式、旋转式、往复式等，也可根据其出口压力或压缩比（指出口与进口的绝对压力之比）进行分类，即

a．通风机：出口表压不大于 15kPa，压缩比不大于 1.15；

b．鼓风机：出口表压为 15～300kPa，压缩比为 1.15～4；

c．压缩机：出口表压大于 300kPa，压缩比大于 4；

d．真空泵：在容器或设备内造成真空，出口压力为大气压或略高于大气压力，其压缩比由真空度决定。

① 离心式通风机：离心式通风机的工作原理与离心泵完全相同，气体被吸入通风机后，借叶轮旋转时所产生的离心力将其压力提高而排出。根据所产生的风压不同，离心式通风机又可分为低压、中压和高压离心式通风机。离心式通风机的结构和单级离心泵相似，机壳也是蜗壳形，但壳内逐渐扩大的气体通道及出口截面有矩形和圆形两种，一般低压、中压通风机多用矩形，高压通风机多用圆形。通风机叶轮直径较大，叶片数目多且长度短，其形状有前弯、径向及后弯 3 种。在不追求高效率，仅要求大风量时，常采用前弯叶片。若要求高效率和高风压，则采用后弯叶片。

a．离心式通风机性能参数

i．流量（风量）：指单位时间内通风机输送的气体体积，以通风机进口处气体的状态计，用 q_V 表示，单位为 m^3/s 或 m^3/h。

ii．风压：指单位体积的气体流经通风机后获得的能量，以 p_T 表示，单位为 Pa。

离心式通风机的风压通常由实验测定。以单位质量的气体为基准，在风机进、出口截面间列伯努利方程，且气体密度取平均值，可得：

$$z_1 g+\frac{p_1}{\rho}+\frac{1}{2}u_1^2+W_e=z_2 g+\frac{p_2}{\rho}+\frac{1}{2}u_2^2+\sum W_f$$

式中，各项的单位为 J/kg。将上式各项同乘以 ρ，并整理可得：

$$p_T = \rho W_e = (z_2 - z_1)\rho g + (p_2 - p_1) + \frac{\rho}{2}(u_2^2 - u_1^2) + \Delta p_f$$

式中，各项的单位为$J/m^3 = N \cdot m/m^3 = N/m^2 = Pa$，各项意义为单位体积气体所具有的机械能。由于$(z_2-z_1)$较小，气体$\rho$也较小，故$(z_2 - z_1)\rho g$项可忽略；又因进、出口管段很短，$\Delta p_f$项可忽略；当空气直接由大气进入通风机时，$u_1$亦可忽略，则上式简化为：

$$p_T = (p_2 - p_1) + \frac{\rho}{2}u_2^2 = p_s + p_k$$

上式中（p_2-p_1）称为静风压，以p_s表示；$\frac{\rho}{2}u_2^2$称为动风压，以P_k表示。在离心泵中，泵进、出口处的动能差很小，可以忽略，但在离心通风机中，气体出口速度很大，故动风压不能忽略。离心式通风机的风压p_T为静风压p_s与动风压p_k之和，又称全风压。

iii．轴功率与效率：离心式通风机的轴功率与效率之间的关系为

$$N = \frac{p_T q_v}{1000\eta}$$

式中，N为轴功率，kW；q_v为风量，m^3/s；p_T为全风压，Pa；η为效率。

b．特性曲线：与离心泵一样，一定型号的离心式通风机在出厂前也必须通过实验测定其特性曲线，通常是以101.3kPa、20℃空气（ρ_0= 1.2kg/m^3）作为工作介质进行测定。离心式通风机的特性曲线包括全风压与流量（p_T-q_v）、静风压与流量（p_s-q_v）、轴功率与流量（N-q_v）和效率与流量（η-q_v）等4条线。动风压在全风压中占有相当大的比例。

c．离心式通风机的选用：与离心泵相仿，根据输送气体的风量与风压，由通风机的产品样本来选择合适的型号。但应注意，通风机的风压与密度成正比，当使用条件与通风机标定条件不符时，需将使用条件下的风压换算为标定条件下的风压。换算关系为：

$$p_{T,0} = p_T \frac{\rho_0}{\rho} = p_T \frac{1.2}{\rho}$$

式中，P_T为使用条件下的风压，Pa；$P_{T,0}$为标定条件下的风压，Pa；ρ_0为标定条件下空气的密度，kg/m^3；ρ为使用条件下空气的密度，kg/m^3。

在选用通风机时，应首先根据所输送气体的性质与风压范围确定风机类型；再根据输送系统的风量和换算为标定条件下的风压，从产品样本中选择合适的型号。

② 旋转式鼓风机　旋转式鼓风机形式较多，最常用的是罗茨鼓风机，其工作原理与齿轮泵相似。机壳内有两个特殊形状的转子，常为腰形或三星形。两转子之间、转子与机壳之间的缝隙很小，使转子能自由转动而无过多泄漏。两转子的旋转方向相反，使气体从机壳一侧吸入，另一侧排出。如改变转子的旋转方向，则可使吸入

口与排出口互换。罗茨鼓风机为容积式鼓风机，具有正位移特性，其风量与转速成正比，而与出口压力无关，一般采用旁路调节控制流量。罗茨鼓风机的出口处应安装气体稳压罐和安全阀，操作温度不能超过 85℃，以免转子受热膨胀而卡住。

三、传热

1. 概述

传热是指由于温度差引起的热能传递现象。由热力学第二定律可知，只要在物体内部或物体间有温度差存在，热能就必然以热传导、热对流和热辐射三种方式中的一种或多种从高温处向低温处传递。传热是电石生产中最常见的单元过程之一，相关问题的解决都需要传热学的基本知识。本节介绍传热学中的一些基本原理和基本方程，并讨论如何解决工业生产中的一些传热问题。

（1）传热在电石生产中的应用　在传热的众多应用领域中，传热与化工生产过程的关系尤为密切，作为最普遍存在的单元操作之一，传热在电石生产中的应用可概括为以下三方面：

① 加热或冷却，使物料达到指定的温度。如炭材烘干、物料加热、电石冷却等。

② 两种温度不同的流体间的换热或回收热能。如炉气净化系统散热。

③ 保温或隔热，减少设备的热能损失。如工艺气体管线保温、炉体隔热等。

不同的场合对传热过程的要求是不同的，在第①和第②种情形下，希望传热过程以尽可能高的速率来进行，即需要强化传热过程；而在第③种情形下则需要削弱传热过程。在传热设备中冷热流体的接触方式有多种，电石生产中常见的是间壁式换热。间壁式换热是工业生产中普遍采用的一种传热方式，在大多数情况下，参与传热的两种流体是不允许混合的。在换热过程中，两种流体用固体壁隔开，流过壁面时各有各的行程，通过固体壁面完成热交换过程。间壁式换热是比较简单的一种，一种流体在管内流动，而另一种流体在外管之间的环隙中流动，热量通过内管的管壁由热流体向冷流体传递。如果忽略热辐射，该热量传递过程由三个步骤组成，如图 2-8 所示。

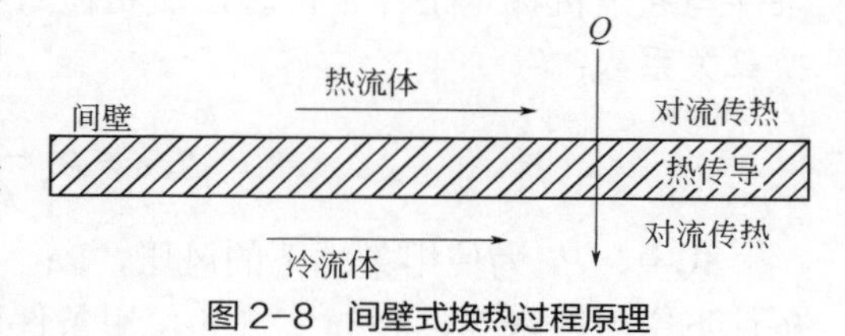

图 2-8　间壁式换热过程原理

① 热流体以对流传热的方式把热量传递给间壁的一侧；

② 热量从间壁的一侧以热传导方式传递至另一侧；

③ 壁面以对流传热方式将热量传递给冷流体。

在此，对流传热是指流动着的流体与固体壁面之间的传热，两种流体在间壁之间经过上述传热过程，热流体的温度从 T_1 降至 T_2，而冷流体的温度从 t_1 上升至 t_2。

（2）传热学中的基本概念

① 温度场、等温面和温度梯度：温度场是指物体或系统内各点温度分布的总和，

也就是说温度场中任一点的温度是其空间位置和时间的函数。若某温度场中任一点的温度不随时间而改变，则称之为定态温度场；相反，各点温度随时间而变的温度场称为非定态温度场。在温度场中，同一时刻所有温度相同的点组成的面称为等温面。由于空间任一点不可能同时有两个不同的温度，所以温度不同的等温面彼此不相交。两等温面的温度差 Δ_t 与其间的法向距离 Δ_n 之比，在 Δ_n 趋于零时的极限称为温度梯度，即

$$\lim_{\Delta_n \to 0} \frac{\Delta_t}{\Delta_n} = \frac{\partial t}{\partial n}$$

可见，温度梯度是指温度场内某一点在等温面法线方向上的温度变化率，是与等温面垂直的向量，其正方向规定为温度升高的方向。

② 定态传热与非定态传热：若所研究的传热过程是在定态温度场中进行的，则称为定态传热；反之，若所研究的传热过程是在非定态温度场中进行的，则称为非定态传热。

2. 热传导

（1）热传导机理　热传导是物体内部的分子、原子和电子微观运动的一种传热方式。在不同物体之间或同一物体内部不同部位存在温度差时，通过微观粒子的振动、位移和相互碰撞就会发生能量的传递，称之为热传导。不同相态的物质内部导热机理不尽相同。气体内部的导热主要是其分子做不规则热运动相互碰撞的结果；非导电固体中，分子在其晶格结构的平衡位置附近振动，将能量传给相邻的分子实现导热；金属固体的导热凭借自由移动的电子在晶格结构之间的运动完成；关于液体的导热则说法不一：一种观点认为它类似于气体，更多的研究者认为它接近于非导电固体的导热机理。总地来说，关于导热过程的微观机理，目前人们的认识还不完全清楚，且液体的导热机理在电石生产中用途甚微，这里只介绍导热过程的宏观规律。

（2）热传导速率　物体内部存在温度差时，发生导热过程。针对某一微元传热面，傅里叶定律给出了导热速率的表达式：

$$\mathrm{d}Q = -\lambda \mathrm{d}A \frac{\partial t}{\partial n}$$

式中，Q 为导热速率，W；A 为导热面积，m^2；λ 为热导率，W/(m·℃)。上式表明，导热速率与微元所在处的温度梯度成正比，其中负号的含义是传热方向与温度梯度的方向相反。

（3）热导率　热导率是单位温度梯度下的导热热通量，因而它代表物质的导热能力。工程上常用材料的热导率可在相关工程设计手册中查到。一般来说，金属的热导率最大，液体的较小，气体的最小。

3. 对流传热

工业生产中流体流过固体壁面时与其发生的传热过程，称为对流传热。对流传

热不同于一般意义上的热对流，是特指流动着的流体与固体壁面之间的热量传递过程。可分为：

① 流体无相变化，包括强制对流传热和自然对流传热；

② 流体有相变化，包括蒸汽冷凝对流传热和液体沸腾对流传热。

流体平行于壁面流过时，就对流传热而言，热量传递主要是通过该方向上的热传导来完成的。一般来说，流体的热导率较小，则层流情况下的对流传热速率一般不会很高；湍流时，从壁面至流体主体可按流体质点行为的不同划分为层流内层、过渡区和湍流主体三个区域。在湍流主体，流体质点剧烈运动和混合，传热基本上是通过热对流完成的，动量与热量传递比较充分，因而该区域内流体温度趋于均匀一致。在紧邻固体壁面的层流内层，流体质点只沿流动方向运动，在垂直于固体壁面的方向上没有脉动，故热能只能以热传导的方式通过该区域。尽管层流内层很薄，但由于其中发生的是借分子热运动的导热，且流体热导率往往不大，所以该区域热阻和温度梯度均很大。介于层流内层和湍流主体之间的过渡区，其质点行为特征也介于这两个区域之间，对流和导热对该区域内的传热贡献大体相当。不难想象，过渡区内的热阻和温度梯度大小也是介于层流内层和湍流主体之间的。

4. 辐射传热

任何物体，只要其绝对温度不是零，都会不停地以电磁波的形式向周围空间辐射能量，这些能量在空间中以电磁波的形式传播，遇到其他物体后被部分吸收，转变为能量；同时，该物体自身也不断吸收来自周围其他物体的辐射能。当某物体向外界辐射的能量与其从外界吸收的辐射能量不相等时，该物体就与外界产生热量传递，这种传播方式称为辐射传热。电磁波的波长范围很广，但能被物体吸收且转换为热能的只有可见光和红外线两部分，统称为热辐射线。

第三节 仪表自动化基础知识

电石生产过程涉及易燃易爆、有毒有害、有腐蚀刺激性的原料及中间体，并且大部分都是在高温、高压下进行的，属于危化行业，也具有危化行业的生产特点。在传质过程中需要对温度、流量、压力、物位及流体组分进行在线实时监测和自动调节。自动化的实现能从根本上改善工人的劳动条件，降低或消除人员操作过程中的潜在危险。因此，作为电石生产管理者、操作人员有必要掌握一定的仪表自动化基本知识，了解各测量仪表、控制系统、执行机构的工作原理，以提高安全生产管控水平与操作技能。

一、概述

为了实现生产过程自动化，化工过程一般包括自动检测、自动保护、自动操作和自动控制等几个方面。

1. 自动检测系统

利用各种检测仪表对主要工艺参数进行测量、指示或记录称为自动检测系统。它代替了操作人员对工艺参数的不间断观察与记录，起到了人的眼睛的作用。如电石生产过程中的电流、电压、电极位置、料仓料位；循环水的温度、压力、流量；一氧化碳泄漏报警，炉气中氧气、氢气、一氧化碳含量等参数的检测记录。

2. 自动信号和联锁保护系统

电石生产过程中，若受一些偶然因素的影响，工艺参数超出允许的变化范围，就有可能发生事故。为避免事故的发生，常对某些关键性参数设置自动联锁装置。当工艺参数超过允许范围，报警系统就会自动发出声光报警信号，提醒操作人员注意并及时采取措施。如果工艺参数偏离至限值时，联锁系统将立即自动采取紧急措施，打开安全阀或切断某些通路，必要时紧急停车，以防事故的发生和扩大，它是生产过程中的一种安全装置。如电石生产过程中的电流、电压与电石炉的联锁；循环水的温度、流量、压力与电石炉的联锁；炉气中氧、氢含量与电石炉、净化系统、气柜等之间的安全联锁等。

3. 自动操作及自动开停车系统

自动操作系统可以根据工艺流程按预先设定的程序自动地对生产设备进行某种同期性操作。如电石生产过程中电极压放自动操作是根据电极压放间隔时间及工艺要求编写顺序控制程序，计算机按程序进行自动操作；电极自动升降控制是根据预先设定好的额定功率或电流，由电流或功率测量仪表提供的监测数据与程序设定值进行比较，将计算结果传给液压执行机构，从而实现对电极的自动控制；炉底风机与炉底温度联锁自动开停机；炉气温度与空冷风机的自动开停机；低料位求料与上配料系统自动开停车等。

4. 自动控制系统

生产过程中各种工艺条件不可能是一成不变的。电石生产过程大多是连续性生产，各设备相互关联，其中任一设备的工艺条件发生变化，都可能引起其他设备中某些参数或多或少的波动，偏离正常的工艺条件。为此就需要有一套自动控制装置，对生产中某些关键性参数进行自动控制，使它们在受到外界干扰而偏离正常状态时，能自动地控制调节而回到规定的数值范围内，这就是自动控制系统。如电石生产过程中最典型的就是电石炉负荷的自动控制，炉气压力的自动控制等。

由以上所述可以看出，自动检测系统只能完成“了解”生产过程的任务；信号联锁保护系统只能在工艺条件进入某种极限状态时采取安全措施，以避免事故的发生；自动操作系统只能按照预先设定好的步骤进行某种周期性的操作；只有自动控制系统才能自动地排除各种干扰因素对工艺参数的影响，使它们始终保持在预先设定的数值上，保证生产维持在正常或最佳值的工艺操作状态。因此，自动控制系统是自动化生产中的核心部分。

二、自动控制系统

1. 自动控制系统的基本组成

自动控制系统一般包括检测、运算、执行三个过程。

① 测量元件与变送器：它的功能是将需要检测的工艺参数的测量值转化为一种特定、统一的输出信号（如气压信号、电压信号、电流信号等）；

② 自动控制器：它的功能是接受变送器送来的信号，与工艺需要保持的数值进行比较，得出差值并按照某种运算规律计算出结果，然后将此结果用特定的信号（如气压或电流）发送出去；

③ 执行器：通常指控制阀。它与普通阀门一样，不同的是它能自动地根据控制器送来的信号值改变阀门的开度。

2. 自动控制系统的表示形式

（1）方框图　方框图是控制系统或系统中每个环节的功能和信号流向的图解表示，也是控制系统进行理论分析、设计常用的一种形式。方框图由方框、信号线、比较点、引出点组成。其中每一个方框表示系统中的一个组成部分（也称为环节）。方框内文字表示其自身特性的数学表达式或文字说明；信号线是带有箭头的下线段，用来表示环节间的相互关系和信号的流向；比较点表示对两个或两个以上信号进行加减运算，“+”表示相加，“-”表示相减；引出点表示信号引出，从同一位置引出的信号数值和性质方面完全相同。作用于方框上的信号为该环节的输入信号，由方框送出的信号称为该环节的输出信号，如图 2-9 所示。

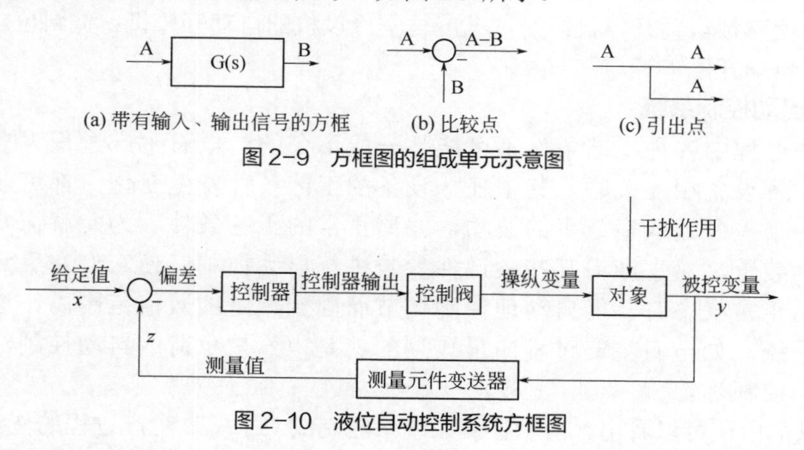

图 2-9　方框图的组成单元示意图

图 2-10　液位自动控制系统方框图

必须指出：方框图中的每一个方块都代表一个具体的装置。方框与方框之间的连线，只是代表方框之间的信号联系，不代表方框之间的物料联系。方框之间连线的箭头也只是代表信号作用的方向，与工艺流程图上的物料线是不同的。工艺流程图上的物料线是代表物料从一个设备进入另一个设备，而方框图上的线条及箭头方向并不一定与物料流向相一致。如图 2-10 所示。从图中也可以看出，自动控制系统的各个组成部分在信号传递关系上都形成一闭合的环路，其中任何一个信号，只要沿着箭头方向前进，通过若干个环节后，最终又会回到原来的起点。所以，自动控制系统是一个闭环系统。

（2）管道及仪表流程图　管道及仪表流程图（piping and instrumention diagram，PID）是自控设计的文字代号、图形符号在工艺流程图上描述生产过程控制的原理图，是控制系统设计、施工中采用的一种图示形式。管道及仪表流程图在工艺流程图的基础上，按流程顺序，标出相应的测量点、控制点、控制系统及自动信号与连锁保护系统等。

在绘制 PID 图中，图中所采用的图例符号要按有关的技术规定进行。可参见化工行业标准 HG/T 20505—2014《过程测量和控制仪表的功能标志及图形符号》。

3. 自动控制系统的分类

自动控制系统有多种分类方法，可以按照被控变量（如温度、压力、流量、液位等控制系统）来分类；可以按照控制器的控制规律（如：比例、比例积分、比例微分、比例积分微分等控制系统）来分类；也可以按照工艺过程需要控制的被控变量的给定值是否变化和如何变化来分类，如按定值控制系统、随动控制系统和程序控制系统等分类。

（1）定值控制系统　定值，就是恒定给定值的简称。工艺生产中，如果要求控制系统的作用是使被控制的工艺参数保持在一个生产指标上不变，或者说要求被控变量的给定值不变，那么就需要采用定值控制系统。如：电石炉负荷控制、温度控制等。

（2）随动控制系统　这类系统的特点是给定值不断变化，而且这种变化不是预先规定好的，即给定值是随机变化的。随动系统的目的就是使所控制的工艺参数准确而快速地跟随给定值的变化而变化。如炉压风机频率连锁调整就是属于随动控制。

（3）程序控制系统　也叫顺序控制系统，这类系统的给定值也是变化的，但它是一个已知的时间函数，即生产技术指标需要按一定的时间程序变化。这类系统在间歇生产过程中应用比较普通。如电极压放控制。

三、检测仪表与传感器

在工业生产过程中，为了正确地指导生产操作，保证生产安全，提高产品质量和实现生产过程自动化，一项必不可少的工作就是准确而及时地检测出生产过程中的各有关参数，如温度、压力、流量、物位等。用来检测这些参数的技术工具叫作检测仪表。用来将这些参数转换为确定且便于传送的信号的仪表通常称为传感器。当传感器的输出为单元组合仪表中规定的标准信号时，通常称为变送器。下节主要介绍压力、流量、物位、温度等参数的检测方法，检测仪表及相应的传感器或变送器。

四、测量过程与测量误差

测量过程在本质上都是将被测参数与其相应的测量单位进行比较的过程，而测量仪表就是实现这种比较的工具。

在测量的过程中，由于所使用的测量工具本身不够准确，加上测量者的主观性和环境等因素的影响，使得测量的结果不可能绝对准确。由仪表读取的被测值与其真实值总是存在一定差距，这个差值就叫作测量误差。

测量误差通常有两种表示方法：绝对误差和相对误差。

绝对误差在理论上是指仪表指示值 x_i 和被测量的真值 x_t 之间的差值，可表示为：

$$\Delta = x_i - x_t$$

1. 仪表的性能指标

一台仪表性能的优劣，在工程上可用如下指标来衡量。

（1）精确度　任何测量过程都存在一定的误差，因此，使用测量仪表时必须知道该仪表的精确程度，以便估计测量结果与真实值的差距。仪表的测量误差可以用绝对误差 Δ 来表示。但是，仪表的绝对误差在测量范围内的各点上是不相同的。因此，常说的“绝对误差”指的是绝对误差中的最大值 $\Delta_{\max}$ 。仪表的精度与仪表的测量范围也有关。两台测量范围不同的仪表，如果它们的绝对误差相等，测量范围大的仪表精度较测量范围小的仪表高。因此，工业上经常将绝对误差折合成仪表测量范围的百分数表示，称为相对百分误差 δ ，即：

$$\delta = \frac{\Delta_{\max}}{\text{测量范围上限值} - \text{测量范围下限值}} \times 100\%$$

仪表的测量范围上限值与下限值之差，叫作该仪表的量程。根据仪表的使用要求，规定一个在正常情况下允许的最大误差，叫允许误差，它用相对百分误差来表示，即一台仪表的允许误差是指在规定的正常情况下允许的相对百分误差的最大值，即：

$$\delta_{\text{允}} = \pm \frac{\text{仪表允许的最大绝对误差值}}{\text{测量范围上限值} - \text{测量范围下限值}} \times 100\%$$

仪表的 $\delta_{\text{允}}$ 越大，表示它的精度越低，反之亦然。国家规定将仪表的允许相对百分误差去掉“±”和“%”，来表示仪表的精度等级。目前，我国生产的仪表常用的精度等级有 0.005，0.02，0.05，0.1，0.2，0.4，0.5，1.0，1.5，2.5，4.0 等。仪表的精度等级一般可用不同的符号形式标示在仪表面板上。

（2）变差　指在外界条件不变的情况下，用同一仪表对被测量在仪表全部测量范围内进行正反行程测量时，被测量值正行和反行所得的两条特征曲线之间的最大偏差。变差的大小用在同一被测参数值下，正反行程间仪表指示值的最大绝对差值与仪表量程之比的百分数表示，即：

$$\text{变差} = \frac{\text{最大绝对差值}}{\text{测量范围上限值} - \text{测量范围下限值}} \times 100\%$$

注意，仪表的变差不能超出仪表的允许误差。

2. 灵敏度与灵敏限

仪表指针的线位移或角位移与引起这个位移的被测参数变化量之比称为仪表的

灵敏度，公式如下：

$$S=\frac{\Delta a}{\Delta x}$$

式中，S表示灵敏度；Δa表示指针的线位移或角位移；Δx引起Δa所需的被测参数的变化量。所以仪表的灵敏度在数值上等于单位被测参数变化量所引起的仪表指针移动的距离或转角。上述指标仅适用于指针式仪表，数字式仪表用分辨力来表示仪表的灵敏度。

（1）分辨力　对于数字式仪表，分辨力是指数字显示器最末位数字间隔所代表的被测参数的变化量。

（2）线性度　表征线性刻度仪表的输出量与输入量的实际校准曲线与理论直线的吻合程度。线性度通常用实际测得的输入—输出特性曲线与理论直线之间的最大偏差与测量仪表量程之比的百分数表示，即：

$$\delta_f=\frac{\Delta f_{\max}}{\text{仪表量程}}\times 100\%$$

（3）反应时间　用来衡量仪表反映出参数变化快慢的品质指标。反应时间长，说明仪表需要较长时间才能给出准确的指示值，对于变化频繁的参数就不宜选用反应时间长的仪表。因为，当仪表反映出指示值时，实际参数早已发生了改变，这时仪表反映出的指示值也不是参数的瞬时真实值。仪表反应时间的长短，实际上反映了仪表动态特性的好坏。

五、工业仪表的分类

工业仪表种类繁多，结构形式各异，根据不同的原则，可进行相应的分类。

① 按仪表使用的能源分类：分为气动仪表，电动仪表和液动仪表。

② 按信息的获得、传递、反映和处理的过程分类：检测仪表，显示仪表，集中控制仪表，控制仪表，执行器。

③ 按仪表的组成分类：基地式仪表，单元组合仪表。

六、压力检测与仪表

在工业生产中，压力是指由气体或液体均匀垂直地作用于单位面积上的力，是重要的操作参数之一。特别是在化工生产中，经常会遇到压力和真空度的测量。如果压力或真空度不符合工艺要求，不仅会影响生产效率，降低产品质量，有时还会造成严重的安全事故。而且压力的检测有时还不在于它本身，其他参数的测量如：物位、流量等还需要通过测量压力或差压进行。

1. 压强单位及测压仪表

由于压强是指由气体或液体均匀垂直地作用于单位面积上的力，因此可表达为：

$$p=F/S$$

式中，p 表示压强（俗称压力）；F 表示垂直作用力；S 表示受力面积。在国际单位制中，压强的单位是帕斯卡，简称帕，字母 Pa 表示，即：$1\text{Pa}=1\text{N/m}^2$。帕的单位较小，工程上经常使用千帕（kPa）、兆帕（MPa）表示，它们之间的关系是：

$$1\text{MPa}=10^3\text{kPa}=10^6\text{Pa}$$

在压强测量中常有表压、绝对压强、负压或真空度之分。工程上所使用的压强值大多是表压，表压是绝对压强减去大气压的差。即：$p_{表压}=p_{绝对压强}-p_{大气压}$

当被测量压强低于大气压时，常用负压或真空度表示，即：

$$p_{真空度}=p_{大气压}-p_{绝对压强}$$

压强或真空度的测量仪表很多，按转换原理的不同，可分为：液柱式压力计，弹性式压力计，电气式压力计，活塞式压力计等。

① 弹性式压力计是利用各种形式的弹性元件，在被测介质压力的作用下，使弹性元件受压后产生弹性变形的原理而制成的测压仪表。

② 电气式压力计是一种能将压力转换成电信号进行传输及显示的压力计。这种仪表的测量范围较广，可测 $7\times10^{-5}\text{Pa}$至$5\times10^2\text{MPa}$ 的压力，允许误差可低至 0.2%。由于可以远距离传输信号，所以在工业生产过程中，可以实现压力自动控制和报警。

压力传感器的作用是把压力信号检测出来并转换成电信号进行输出，当输出的电信号能够被进一步变换成标准信号时，压力传感器又叫压力变送器。标准信号是指物理量的形式或数值范围都符合国际标准的信号。例如：直流电流 4～20mA，空气压力 0.02～0.1MPa 都是当前通用的标准信号。

2. 压力计的选用及安装

(1)压力计的选用　应根据工艺对压力测量的要求，结合其他情况全面考虑分析。

① 仪表类型的选用：仪表类型的选用必须满足工艺生产的要求。如：是否需要远传、自动记录或报警；是否对测量仪表有特殊的要求；被测介质的物理化学特性、现场环境等。

② 仪表测量范围的确定：仪表测量范围是指该仪表可按规定的精度进行测量的范围，根据操作中需要测量的范围参数大小来确定。在测量稳定压力时，最大工作压力不应超过测量上限的 2/3；测量脉冲压力时，最大工作压力不应超过测量上限的 1/2；测量高压压力时，最大工作压力以不超过测量上限的 3/5 为宜。为保证测量值的准确度，所测的压力值不能太接近于仪表的下限值，亦即仪表的量程不能选得太大，一般被测压力的最小值不低于仪表满量程的 1/3。

③ 仪表精度等级的选用：仪表精度是根据工艺生产上所允许的最大测量误差来确定的。一般来说，所选用的仪表越精密，其测量结果越准确、可靠。但不能认为选用的仪表精度越高越好，因为越精密的仪表，价格越贵，操作维修费用越高。因此，在满足工艺要求的前提下，应尽可能选用精度等级较低、价廉物美的仪表。

（2）压力计的安装 压力计安装得正确与否，直接影响到测量结果的准确性和压力计的使用寿命。

① 测压点的选择：所选择的测压点应能反应被测压力的真实大小。为此必须注意以下几点：

a．要选在被测介质直线流动的管段部分，不要选在管路拐弯、分叉、死角或其他易形成漩涡的地方。

b．测量流动介质的压力时，应使取压点与流动方向垂直，取压管内端面与生产设备连接处的内壁应保持平齐，不应有凸出物和毛刺。

c．测量液体压力时，取压点应在管道下部，使导压管内不积存气体；测量气体压力时，取压点应在管道上部，使导压管内不积存液体。

② 导压管铺设也应注意以下问题：

a．导压管粗细要合适，一般内径在 6～10mm，长度应尽可能短，以减小压力指示的迟缓。

b．导压管水平安装时应保证有(1∶10)～(1∶20)的倾斜度，以利于积存于其中的液体（气体）的排出。

c．当被测介质易凝或冻结时，必须加保温伴热管线。

d．取压口至压力计之间应装有切断阀，以备检修时使用，切断阀应安装在位于靠近取压点的位置。

③ 压力计的安装

a．压力计应安装在易观察和检修的位置，显示盘面应朝向巡检通道。

b．安装地点应力求避免振动和高温影响。

c．测量蒸汽压力时应加装凝液管，以防高温蒸汽直接与测压元件接触；对于有腐蚀性介质的压力测量，应加装有中性介质隔离罐；总之要根据被测介质的物化性质采取不同的防护措施。

d．压力计的连接处应根据被测压力的高低和性质，选择合适的材料进行密封，以防泄漏。

e．当被测压力较小，而压力计与取压口又不在同一高度时，对由此高度引起的测量误差应按 $\Delta p = \pm H\rho g$ 进行修正。式中，H 为高度差；ρ 为导压管中介质的密度；g 为重力加速度。

f．为安全起见，测量高压的压力计除选用有通气孔的外，安装时表壳应朝向墙壁或无人通过之处，以防发生意外。

七、流量检测及仪表

1．概述

在化工生产过程中，为了有效地进行生产操作与控制，经常需要测量生产过程中各种介质（液体，气体和蒸汽）的流量，以便为生产操作和控制提供依据。所以介质流量是控制生产过程达到优质高产和安全生产及进行经济核算所必需的一个重要参数。

一般所讲的流量的大小是指单位时间内流过管道某一截面的流体数量的大小，是瞬时流量。而在某一段时间内流过管道的流体量的总和，称为总量。

流量和总量可以用质量来表示，也可以用体积来表示。单位时间内流过的流体以质量表示的称为质量流量，用 M 表示；以体积表示的称为体积流量，用 Q 表示。如果流体的密度是 ρ，则体积流量与质量流量之间的关系是：

$$M = Q\rho$$

如果以 t 表示时间，则流量与总量之间的关系是：

$$Q_{总} = \int_0^t Q\mathrm{d}t \quad 或 \quad M_{总} = \int_0^t M\mathrm{d}t$$

测量流体流量的仪表一般叫流量计，测量流体总量的仪表常称为计量表。但两者并不严格划分，在流量计上配以累积机构，也可以读出总量。

常用的流量单位有吨每小时（t/h），千克每小时（kg/h），千克每秒（kg/s），立方米每小时（m^3/h），升每小时（L/h），升每分（L/min）等。

2. 流量计的分类

测量流量的方法很多，测量原理与结构也各不相同，所以分类方法也不同。

① 速度式流量计：这是一种以测量流体在管道内流速作为测量依据来计算流量的仪表。如差压式流量计、转子流量计、电磁流量计、涡轮流量计、堰式流量计等。

② 容积式流量计：这是一种以单位时间内所排出的流体的固定容积的数目作为测量依据来计算流量的仪表。如椭圆齿轮流量计、活塞式流量计等。

③ 质量流量计：这是一种以测量流体流过的质量为依据的流量计。分为直接式和间接式两种。质量流量计具有测量精度不受流体温度、压力、黏度等变化影响的优点。

3. 流量测量仪表及性能

现将常用流量测量仪表的名称、测量精度、测量介质及使用工况等简要列于表 2-2。

表 2-2　常用流量测量仪表及性能

仪表名称	测量精度	主要应用场合	说明
差压式流量计	1.5	可测量液体、蒸汽和气体的流量	应用范围广，适应性强，性能稳定可靠，但安装要求较高，需一定的直管段
椭圆齿轮流量计	0.2～1.5	可测量黏性液体的流量和总和	计量精度高，范围宽，结构复杂，但一般不适用于高低温场合
腰轮流量计	0.2～0.5	可测量液体和气体的流量	精度高，无需配套的管道
浮子式流量计	1.5～2.5	可测量液体和气体流量	适用于小管径，低流速，没有上游直管道的要求，压力损失较小，注意使用液体与工厂标定流体不同时，要作流量示值修正

续表

仪表名称	测量精度	主要应用场合	说明
涡轮流量计	0.2～1.5	可测量基本洁净的液体和气体的流量和总和	线性工作范围宽，输出电脉冲信号，易实现数字化显示，抗干扰能力强，但可靠性受磨损的制约，弯道型不适于测量高黏度液体
电磁流量计	0.5～2.5	可测量各种导电液体和液固两相流体介质的流量	不产生压力损失，不受流体密度、黏度、温度、压力变化的影响，测量范围大，可用于各种腐蚀性流体及含固体颗粒或纤维的液体，输出线性；不能测气体、蒸汽和含气泡的液体及电导率很低的液体流量，不能用于高温或低温液体的测量
涡街流量计	0.5～2.0	可测量各种液体、气体、蒸汽的流量	可靠性高，应用范围广，输出与流量成正比的脉冲信号，无零点漂移，安装费用较低，测量气体时，上限流速受介质可压缩性变化的限制，下限流速受雷诺数和传感器灵敏度限制
超声波流量计	0.5～1.5	可测量液体、气体、浆体的质量流量	可测非导电性介质，是对非接触式测量的电磁流量计的一种补充，可用于大型圆管和矩形管道流量的测量，价格较高
质量流量计	0.5～1.0		热式质量流量计使用必能相对可靠，响应慢科氏质量流量计具有较高的测量精度

4. 流量测量仪表选型应考虑的因素

① 仪表性能：精度、重复性、线性度、范围度、压力损失、上下限流量、信号输出特性、响应时间等；

② 流体特性：流体的温度、压力、密度、黏度、化学性质、腐蚀性、是否结垢、脏污程度、磨损程度、气体压缩系数、等熵指数、比热容、电导率、热导率、多相流、脉动流等；

③ 安装条件：管道布置方向、流动方向、上下游管道长度、管道口径、维护空间、管道振动、防爆、接地、电、气源、辅助设施等；

④ 环境条件：环境温度、湿度，安全性，电磁干扰，维护空间等；

⑤ 经济因素：购置费，安装费，维修费，校验费，使用寿命，运行费等。

八、物位检测及仪表

1. 概述

在容器中液体介质的高低称为液位，容器中固体或颗粒状物质的堆积高度称为料位。测量液位的仪表称液位计，测量料位的仪表称为料位计，而测量两种密度不同液体介质的分界面的仪表称为界面计。以上三种仪表统称为物位仪表。

物位测量在现代工业生产自动化中具有非常重要的地位，它可以正确地获知容器设备中所储存物质的体积或质量，监视或控制容器内的介质物位，使它保持在一定的工艺要求范围内或对上、下限进行报警以及调节容器内进出物料的平衡等。如炉顶料仓料位监测、水池水位监测、灰仓料位监测等。

2. 物位仪表分类

按工作原理可将物位仪表分为以下几种：

① 直读式物位仪表：这类仪表主要有玻璃管液位计、玻璃板液位计等。

② 差压式物位仪表：利用液柱或物料堆积对某定点产生压力的原理而工作。

③ 浮力式物位仪表：利用浮子高度随液位变化而变化或液体对浸于液体中的浮子的浮力随液位高度的变化而变化的原理工作。

④ 电磁式物位仪表：使物位的变化转换为电量的变化，通过测出电量的变化来测知物位。它又可分为电阻式、电容式、电感式物位仪表。

⑤ 辐射式物位仪表：利用辐射透过物料时，其强度随物质层的厚度而变化的原理工作，目前应用较多的是γ射线。

⑥ 声波式物位仪表：物位的变化引起声阻抗的变化、声波的遮断和声波反射距离的不同。测出这些变化就可以测知物位。根据工作原理分为声波遮断式、反射式和阻尼式。

⑦ 光学式物位仪表：利用物位对光波的遮断和反射原理工作。根据利用光源种类的不同可以有普通白炽灯光或激光等。

此外还有微波式、机械接触式等以适应各种不同环境的检测要求。

3. 物位测量仪表及性能

现将常用物位测量仪表的名称、测量范围、应用场合及使用工况等简要列于表2-3。

表2-3　常用物位测量仪表及性能

仪表名称	测量范围/m	主要应用场合	说明
玻璃管液位计	＜2	主要用于直接指示的密闭或开口容器中的液位	就地指示
浮球式液位计	＜10	用开口或承压容器液位的连续监测	可直接指示液位也可输出4～20mA ADC信号
压力式液位计	0～0.4～200	可测较黏稠，有气雾、露等液体	压力式液位计主要用于开口容器测量；差压式主要用于密闭容器的液位测量
差压式液位计	20	应用于各种液体的液位测量	
电容式物位计	10	用于各种贮槽、容器液位，粉状料位的连续测量及控制报警	不适合测高黏度液体
运动阻尼式物位计	1～2～3.5～5～7	用于敞开式料仓内的固体颗粒料位的信号报警及控制	以位式控制为主
声波物位计	液体10～34 固体5～60 盲区0.3～1	被测介质可以是腐蚀性液体或粉状固体物料非接触测量	测量结果受温度影响
辐射式物位计	0～2	适用于各种料仓内容器内高温、高压，强腐蚀剧毒的固体、液态介质的物料，液位的非接触式连续测量	放射线对人体有害
微波式物位计	0～35	适于罐体和反应器内具有高温、高压、湍动、惰性、气体覆盖层及尘雾或蒸汽的液体、浆状、糊状或块状固体的物位测量，适于各种恶劣工况和易爆危险的场合	安装于容器外壁

续表

仪表名称	测量范围/m	主要应用场合	说明
雷达液位计	2～20	应用于工业生产过程中各种敞口或承压容器的液位控制和测量	测量结果不受温度压力影响
激光式物位计		不透明的液体粉末的非接触测量	测量不受高温、真空压力、蒸汽等影响
机电式物位计	可达几十米	恶劣环境下大料仓内固体及容器内液体的测量	

4. 物位测量仪表选型应考虑的因素

① 液面和界面测量应选用差压式、浮桶式和浮子式仪表。当不满足要求时，可选用电容式、射频导纳式、电阻式、声波式等仪表。料面测量应根据物料的粒度、物料的安息角、物料的导电性能、料仓的结构形式及测量要求进行选择。

② 仪表的结构形式应根据被测介质的特性来选择。

③ 仪表的显示功能应根据工艺操作及系统组成的要求确定。当要求信号传输时，可选择具有模拟或数字信号输出功能的仪表。

④ 仪表量程应根据工艺对象实际需要显示的范围或实际变化范围确定。除供容积计量用的物位仪表外，一般应使正常物位处于仪表量程的 50%左右。

⑤ 仪表精度应根据工艺要求选择。

⑥ 用于可燃气体、蒸汽及可燃粉尘等爆炸危险场所的电子式物位仪表应根据所确定的危险场所类别以及被测介质的危险程度，选择合适的防爆结构形式或采取其他的防爆措施。

九、温度检测及仪表

1. 概述

温度是表征物体冷热程度的物理量。在电石生产中温度的测量与控制有着极其重要的作用。任何一种化工生产过程都伴随着物质的物理性质和化学性质的变化，都有能量的交换和转化，其中最普遍的交换形式就是热交换。电石生产的工艺过程是在一定的温度下进行的，因此，温度的测量与控制是保证化学反应过程正常进行与设备安全运行的重要环节。

2. 温度的检测方法

温度不能直接测量，只能借助冷热不同的物体之间的热交换及物体的某些特性进行间接测量。温度的测量范围甚广，有的处于绝对零度以下，有的要在高达几千度的高温下进行，如此宽的测量范围，需要各种不同的测量方法和测温仪表。因此，按使用范围可分为 600℃以上的测温仪表（高温计）和 600℃以下的测温仪表（温度计）；按用途可分为标准仪表、实用仪表；若按工作原理分，可分为膨胀式温度计、压力式温度计、热电偶温度计、热电阻温度计和辐射高温计五类。若按测量方式分，可分为接触式与非接触式测温仪表。

3. 温度测量仪表及性能

现将常用温度测量仪表的名称、分类、测量范围、特点及应用场合等参数汇总，如表 2-4 所示。

表 2-4　常用温度测量仪表及性能

测温原理		温度计名称	温度范围	特点及应用场合
膨胀式	固体热膨胀	双金属温度计	−50～+600℃	结构简单，使用方便，与玻璃液体温度计相比，坚固耐震，耐冲击，体积小，但精度低。广泛应用于有振动且精度要求不高的机械设备上，可直接测量气体、液体、蒸汽的温度
	液体热膨胀	玻璃液体温度计	−30～+600℃（水银） −100～+150℃（有机液体）	结构简单，使用方便，价格便宜，测量准确，但结构脆弱易坏，不能自动记录和远传。适用于生产过程和实验室中各种介质温度就地测量
	气体热膨胀	压力式温度计	0～+500℃（液体型） 0～+200℃（蒸汽型）	机械强度高不怕振动，输出信号可以自动记录的控制，但热惯性大，维修困难。适于测量对铜合金无腐蚀作用的各种介质的温度
热电阻	金属热电阻	铜电阻，铂电阻	−200～+650℃（铂电阻） −50～+150℃（铜电阻） −60～+180℃（镍电阻）	测温范围宽，物理化学性能稳定，测量精度高，输出信号易于远传和自动记录。适于生产过程中各种液体、气体、蒸汽介质温度测量
	半导体热电阻	锗、碳、金属氧化物热敏电阻	−90～+200℃	变化灵敏，响应时间短，力学性能强，但复现性和互换性差，非线性严重。常用于温度补偿元件
热电偶	金属热电偶	铂铑 30-铂铑 6 铂铑-铂， 镍铬-镍硅， 铜-康铜等	−200～+1600℃	测量精度较高，输出信号易于远传和自动记录，结构简单，使用方便，测量范围宽，但输出信号和温度示值呈非线性关系，下限灵敏度较低，需冷端温度补偿。广泛应用于化工、冶金、机械等液体、气体、蒸汽等介质温度测量
	难熔金属热电偶	钨铼，钨-钼 镍铬-金铁热电偶	0～+2200℃ −270～0℃	钨铼，钨-钼系热电偶可用于超高温的测量，镍铬-金铁热电偶可用于超低温的测量，但未进行标准化，因而使用时需特别标定
辐射测量	亮度法	光学高温计	+800～+2000℃	用于不能直接测量的高温场合

4. 温度测量仪表分类

（1）热电偶温度计　热电偶温度计是以热电效应为基础的测温仪表。它的测量范围很广，结构简单，使用方便，测温准确可靠，便于信号的远传、自动记录和集中控制，因此在电石生产中应用极为普遍。它由感温元件、测量仪表、补偿导线三部分组成。工业上常用的几种热电偶介绍如下：

① 铂铑 30-铂铑 6 热电偶：分度号为 B，以铂铑 30 为正极，铂铑 6 为负极，测量范围在 300～1600℃，在高温下更稳定，适用于在氧化性和中性介质环境中使用，

但产生的热电势小，价格贵。

② 铂铑 10-铂热电偶：分度号为 S，以铂铑 10 为正极，纯铂丝为负极，测量范围在−20～+1300℃，适于在氧化性和中性介质环境中使用。其优点是耐高温，不易氧化，有较好的化学稳定性，具有较高测量精度，可用于精密温度测量和作基准热电偶。

③ 镍铬-镍硅热电偶：分度号为 K，以镍铬为正极，镍硅为负极，测量范围在−50～+1000℃，适于在氧化性和中性介质环境中使用。其热电势大，线性好，测温范围宽，造价低，应用很广。

④ 镍铬-康铜热电偶：分度号为 XK，镍铬为正极，康铜为负极。适宜于还原性和中性介质中使用。测量范围在−50～+600℃，其热电势大，比镍铬-镍硅热电偶高一倍左右，价格便宜。缺点是测温上限不高，在很多情况下不适应，康铜合金易被氧化，国内已被镍铬-铜镍（分度号为 E）热电偶所取代。

⑤ 还有应用于特殊环境的热电偶，如红外线接收热电偶；用于 2000℃高温测量的钨铼热电偶；用于超低温测量的镍铬-金铁热电偶；非金属热电偶等。

（2）热电阻温度计　热电阻温度计是利用金属导体的电阻值随温度的变化而变化的特性（电阻温度效应）来进行温度测量的。在+500℃以下的中、低温测量时，因热电偶热电势小，测量就会不准。因此，中低温测量宜用热电阻温度计。对于呈线性特性的电阻来说，其电阻值与温度关系如下：

$$R_t = R_{t_0}\left[1+\alpha\left(t-t_0\right)\right] \quad \Delta R_t = R_t - R_{t_0} = \alpha R_{t_0} \times \Delta t$$

式中，R_t 是温度为 t 时的电阻值；R_{t_0} 是温度为 t_0（通常为 0℃）时的电阻值；α 是电阻温度系数；Δt 是温度的变化值；ΔR_t 是电阻值的变化量。

由此可见，热电阻与热电偶的测量原理是不同的。热电阻适用于测量在−200～+500℃范围内的液体、气体、蒸汽及固体表面的温度，也可实现远传、自动记录和实现多点测量。另外，热电阻的输出信号大，测量准确。具体如下：

① 铂电阻：在氧化性介质中，甚至在高温下其物理、化学性质都非常稳定，但在还原介质中，特别是在高温下很容易被沾污，使铂丝变脆，并改变其电阻与温度的关系。

② 铜电阻：电阻温度系数很大，且电阻与温度呈线性关系，在测温范围（−50～+150℃）内具有很好的稳定性，缺点是温度超过 150℃后易被氧化，失去良好线性特性。

③ 光纤温度传感器：采用光纤作为敏感元件或能量传输介质。有接触式和非接触式等多种形式，其特点是灵敏度高，电绝缘性能好，可适用于强电磁干扰、强辐射的恶劣环境，体积小，重量轻，可弯曲，可实现不带电的全光型探头等。光纤温度传感器由光发送器、光源、光纤、光接收器、信号处理系统和各种连接件等组成。

④ 液晶光纤测温：液晶光纤温度传感器是利用液晶的“热色”效应而工作的，其精度约为0.1℃，温度测量范围可在−50～+250℃之间。

⑤ 荧光光纤测温：荧光光纤温度传感器是利用荧光材料的荧光强度随温度变化特性工作的，其测量范围在−50～+250℃之间。

⑥ 半导体光纤测温：半导体光纤温度传感器是利用半导体的光吸收响应随温度变化的特性工作的，其测量范围在−30～+300℃之间。

⑦ 光纤辐射测温：光纤辐射温度计与普通辐射测温仪表类似，可以接近或接触目标进行测温。典型的光纤辐射温度计测量范围在 200～4000℃之间，分辨力可达0.01℃。

⑧ 电动温度变送器：与各类热电偶、热电阻配合使用，将温度或两点间的温差转换成 4～20mA 和 1～5V 的统一标准信号；又可与具有毫伏输出作用的各种变送器配合，使温度或两点间温差转换成 4～20mA 和 1～5V 的统一标准信号，再和显示单元、控制单元配合，实现对温度或温差及其他各种参数进行显示、控制。常用的有 DBW 型温度或温差变送器。

⑨ 一体化温度变送器：所谓一体化温度变送器就是变送器模块与测温模块组合成一个整体的温度变送器。它可以直接安装在工艺设备上，输出统一的标准信号，具有体积小，质量轻，现场安装方便等优点。

⑩ 智能式温度变送器：智能式温度变送器可采用 HART 协议通信方式，也可采用现场总线通信方式。前者技术比较成熟，产品门类较多；后者近几年才问世，国内尚处于研制开发阶段。

5. 测温仪表的选用与安装

（1）仪表的选用

① 精度等级：一般工业用温度计选用 1.5 级或 1.0 级；精密测量选用 0.5 级或0.25 级。

② 测量范围：最高测量值不大于仪表测量范围上限值 90%，正常测量值在仪表测量范围上限值的 50%左右；压力式温度计测量值应在仪表测量范围上限值的50%～75%之间。

③ 双金属温度计在满足测量范围、工作压力和精度的要求时，应优先选用就地显示。

④ 压力式温度计适于 4～20mA 和 1～5V 的统一标准信号以下低温、无法近距离观察、有振动及精度要求不高的就地或就地盘显示。

⑤ 玻璃温度计仅用于测量精度较高、振动较小、无机械损伤、观察方便的特殊场合，不得使用玻璃水银温度计。

（2）温度检测元件的选用

① 根据温度测量范围参照表 2-5 选用相应分度号的热电偶、热电阻或热敏热电阻。

② 铠装式热电偶适用于一般场合，铠装式热电阻适用于无振动场合，热敏热电阻适用于测量反应速度快的场合。

（3）特殊场合适用的热电偶、热电阻

① 温度高于 870℃、氢含量大于 5%的还原性气体、惰性气体及真空场合，选用钨铼热电偶或吹气热电偶。

② 设备、管道外壁和转体表面温度选用端式、压簧固定式或铠装热电偶、热电阻。

③ 含坚硬固体颗粒介质需选用耐磨热电偶。

④ 在同检测元件保护管中，要求多点测量时，选用多点（支）热电偶。

⑤ 为了节省特殊保护管材料，提高响应速度或要求检测元件弯曲安装时，可选用铠装热电偶、热电阻。

⑥ 高炉、热风炉温度测量，可选用高炉、热风炉专用热电偶。

（4）温度检测元件参数　常用温度检测元件的名称、分度号、测量范围等参数如表 2-5 所示。

表 2-5　常用温度检测元件参数表

检测元件名称	分度号	测量范围/℃	备注
铜热电阻 R_0=50Ω	Cu50	−50～+150	R_{100}/R_0=1.248
铜热电阻 R_0=100Ω	Cu100		
铂热电阻 R_0=10Ω	Pt10	−200～+650	R_{100}/R_0=1.385
铂热电阻 R_0=50Ω	Pt10		
铂热电阻 R_0=100Ω	Pt10		
镍铬-镍硅热电偶	K	−200～+1300	
镍铬硅-镍硅热电偶	N	−200～+900	
镍铬-康铜热电偶	E	−200～+900	
铁-康铜热电偶	J	−200～+800	
铜-康铜热电偶	T	−200～+800	
铂铑 10-铂热电偶	S	0～1600	
铂铑 13-铂热电偶	R	0～1600	
铂铑 30-铂铑 6 热电偶	B	0～1800	
钨铼 5-钨铼 26 热电偶	WR_{e5}～WR_{e26}	0～2300	
钨铼 3-钨铼 25 热电偶	WR_{e3}～WR_{e25}	0～2300	

（5）测温元件的安装

① 一般按下列要求安装测温元件。

a. 在测量管道温度时，应保证测温元件与流体充分接触，以减小测量误差。因此，安装时测温元件应迎着被测介质流向插入，至少与被测介质正交，切勿与被测介质形成顺流。

b．测温元件的感温点应处于管道中流速最大处。一般来说，热电偶、铂电阻、铜电阻保护套管的末端应分别越过流束中心线 5～10mm、50～70mm、25～30mm。

c．测温元件应有足够的插入深度，以减小测量误差。因此，测温元件应斜插安装或在弯头处安装。

d．若工艺管道过小，安装测温元件处应接装扩大管。

e．热电偶、热电阻的接线盒面盖应向上，以避免雨水或其他液体、脏物进入接线盒中，影响测量结果。

f．为防止热量散失，测温元件应插在有保温层的管道或设备处。

g．测温元件安装在负压管道中时须保证其密封性，以防外界冷空气进入使读数降低。

② 测温元件的安装对布线有如下要求。

a．按照规定的型号配用热电偶的补偿导线，注意热电偶的正、负极与补偿导线的正、负极，不要接错。

b．热电阻的线路电阻一定要符合所配二次仪表的要求。

c．为了保护连接导线与补偿导线不受外力损伤，应使导线穿钢管或走线槽。

d．补偿导线不应有中间接头，否则应加装接线盒并应有良好的绝缘，最好与其他导线分开敷设。

e．导线应尽力避开交流动力电线，禁止与交流输送线合用一根穿线管，以免引起感应。

十、可编程序控制器

1．概述

可编程序控制器（programmable logic controller，PLC）是一种专门为工业环境下的应用而设计的可以编制程序的存储器。自 1969 年研制出了第一台可编程序控制器以来，主要用来解决工艺生产中大量的开关控制问题。与过去的继电器系统相比，它的最大特点是可根据工艺控制要求编写逻辑程序，通过改变软件来改变控制方式和逻辑规律。用来执行存储逻辑运算和顺序控制、定时、计数和算术运算等操作的指令，并通过数字或模拟信号的输入和输出（I/O）接口，控制各种类型的机械设备和生产过程。PLC 是在电器控制技术和计算机技术的基础上发展起来的，并逐渐发展成为以微处理器为核心，把自动化技术、计算机技术、通信技术融为一体的新型工业控制装置。PLC 已被广泛应用于各种生产机械和生产过程的自动控制中，成为一种最重要、最普及、应用场合最多的工业控制装置。其功能丰富、可靠性强，可组成集中分散系统或纳入局部网络。它的优点是语言简单，编程简便，面向用户，面向现场，使用方便，现已应用于化工等各个行业。

PLC 在电石生产系统各个装置中的应用十分普遍，如炉气净化系统控制，除尘系统脉冲喷吹、定时定量排灰，粉尘气力输送系统，出炉机器人控制系统，炭材烘干系统，气烧石灰窑系统，工业循环水制备系统，空分制氮装置，上配料系统的逻辑控制系统等，都得到了大量而广泛的应用。

2. PLC 的分类

（1）按容量分类，PLC 大致可分为大、中、小三种类型。

① 小型 PLC：I/O 点总数一般为 20～128 点。这类 PLC 的主要功能有逻辑运算、定时计数、移位处理等，采用专用简易编程器。小型 PLC 通常用来代替继电器控制，价格低，体积小，是生产和应用较多的产品。如 OMRON 的 CPM1A、CPM2A、CQM 系列，SIMENS 的 S7-200 系列。

② 中型 PLC：I/O 点总数一般为 129～512 点，内存在 8K 以下，适合开关量逻辑控制和过程变量检测及连续控制。主要功能除具有小型 PLC 功能外，还具有算术运算、数据处理、A/D 转换、D/A 转换、联网通信、远程 I/O 等功能，可用于比较复杂过程的控制。如 OMRON 的 C200P/H 和 SIMENS 的 S7-300 系列。

③ 大型 PLC：I/O 点总数在 513 点以上。除了具有中、小型 PLC 的功能外，还具有 PID 运算及高速计数等功能。编程可采用梯形图、功能表图及高级语言等多种形式。如 OMRON 的 C500P/H、C1000P/H，SIMENS 的 S7-400 系列。

（2）按硬件结构分类，可分为整体式 PLC、模块式 PLC、叠装式 PLC 三类。

① 整体式 PLC：它是将 PLC 各组成部分集装在一个机壳内，输入、输出接线端子及电源进线分别在机箱的上、下两侧，并有相应的发光二极管显示输入、输出状态。面板上留有编程器插座、EPROM 存储器插座、扩展单元的接口插座等。编程器和主机是分离的，程序编写完毕后即可拔下编程器。它结构紧凑，体积小，价格低。一般小型 PLC 采用整体式结构。

② 模块式 PLC：输入、输出点数较多的大型、中型和部分小型 PLC 采用模块式结构。模块式 PLC 采用积木搭接的方式组成系统，便于扩展。其 CPU、输入、输出、电源等都是独立的模块，有的 PLC 的电源包含在 CPU 模块之中。PLC 由框架和模块组成，各模块插在相应的插槽上，通过总线连接。各厂家备有不同槽数的框架供用户选择。用户可选用不同档次的 CPU 模块、品种繁多的 I/O 模块和其他特殊模块，硬件配置灵活，维修更换方便。如 SIMENS 的 S5 系列、S7-300 系列、S7-400 系列，OMRON 的 C500、C1000H、C2000H 以及 CQM 系列。

③ 叠装式 PLC：整体式、模块式两种结构各有特色。整体式输入、输出点不能被充分利用，大小尺寸不一，安装不整齐；模块式尺寸较大，很难与小型设备连成一体。为此开发了叠装式 PLC，它吸收了前两种 PLC 的优点，其基本单元、扩展单元等高等宽，不用基板，仅用扁平电缆连接，紧密拼装后组成一个整齐而体积小巧的长方体，且输入、输出点数配置相当灵活。如三菱公司的 FX2 系列。

3. PLC 的基本组成

可编程序控制器的主体由四部分组成，主要包括中央处理器（CPU），存储系统，输入、输出模块和编程器，如图 2-11 所示。

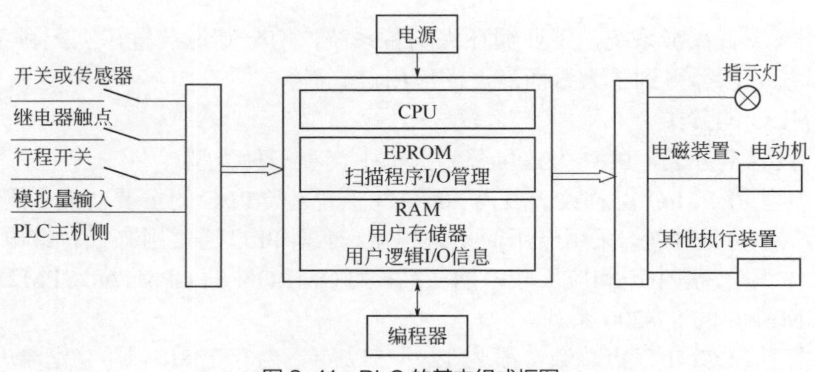

图 2-11　PLC 的基本组成框图

（1）中央处理器　中央处理器（CPU）的主要作用是解释并执行用户及系统程序，通过运行用户及系统程序完成所有控制、处理、通信以及所赋予的其他功能，控制整个系统协调一致地工作。常用的 CPU 主要有通用微处理器、单片机和双极型位片机。

（2）存储系统　存储系统一般需要关注存储器类型和存储区分配。

① 存储器类型：目前 PLC 常用的存储器有 RAM、ROM、EPROM、E2PROM 等；RAM 随机存取存储器用于存储 PLC 内部的输入、输出信息，并存储内部继电器、移位寄存器、数据寄存器、定时器/计数器以及累加器等工作状态，还可以存储用户正在调试和修改的程序以及各种暂存的数据、中间变量等。ROM 用于存储系统程序。EPROM 主要用来存放 PLC 的操作系统和监控系统，如果用户程序已完全调试好，则也将固化在 EPROM 中。

② 存储区分配：PLC 的存储器使用时可分为两类，即 PLC 系统存储区存储器和用户程序存储区存储器。如表 2-6 所示：

表 2-6　存储区分配类别

系统存储区	系统程序存储区
	内部工作状态存储区
用户程序存储区	数据存储区
	用户程序存储区

a．系统程序存储区：存放 PLC 永久存储的程序和指令，如继电器指令、块移动指令、算术指令等。

b．内部工作状态存储区：该区为 CPU 提供临时存储区，用于存放相对少量的供内部计算用的数据。一般将快速访问的数据放在这一区域，以节省访问时间。

c．数据存储区：存放与控制程序相关的数据，如定时器/计数器预置数、其他控制程序、和 CPU 使用的常量与变量、读入的系统输入状态和输出状态。

d．用户程序存储区：存入用户输入的编程指令、控制程序。

（3）输入、输出模块　PLC 是一种工业控制计算机系统，它的控制对象是工业生产过程。与 DCS 相似，它与工业生产过程的联系也是通过输入、输出接口模块（I/O）实现的。I/O 模块是可编程序控制器与生产过程相联系的桥梁。

PLC 连接的过程变量按信号类型可分为开关量、模拟量和脉冲量等，相应输入输出模块可分为开关量输入输出模块、模拟量输入输出模块和脉冲量输入输出模块等。

（4）编程器　编程器是 PLC 必不可少的重要外部设备。编程器将用户所希望的功能通过编程语言送至 PLC 的用户程序存储器。编程器不仅能对程序进行写入、读出、修改，还能对 PLC 的工作状态进行监控。

① 编程器的工作方式：编程器有两种编程方式，即在线编程方式和离线编程方式。在线编程方式是指编程器与 PLC 上的专用接口相连，程序可直接写入 PLC 的用户程序存储器中，也可先在编程器的存储器内存放，然后再下装到 PLC 中。在线编程方式可对程序进行调试和修改，并可监测 PLC 内部器件的工作状态，还可强迫某个器件置位、复位，强迫输出。离线编程方式是指编程器先不与 PLC 相连，编制的程序先存放在编程器的存储器中，程序编写完毕，再与 PLC 连接，将程序送至 PLC 存储器中。离线编程不影响 PLC 工作，但不能实现对 PLC 的监测。

② 编程器的分类：现在使用的编程器主要有便携式编程器和通用计算机。

4. PLC 的编程语言

PLC 目前常用的编程语言有以下几种：梯形图语言、助记符语言、功能表图和某些高级语言。手持编程器多采用助记符语言，一般多采用梯形图语言，也可采用功能表图语言。

（1）梯形图语言　梯形图是使用最多的一种编程语言，在形式上类似于继电器的控制电路，二者的基本构思是一致的，只是使用符号和表达方式有所区别，因此，是非常形象、易学的一种编程语言。

① 梯形图从上而下按行编写，每一行则从左至右按顺序编写。CPU 将按自左到右、从上而下的顺序执行程序。梯形图的左侧竖直线称为母线。梯形图的左侧安排输入触点（如果有若干个触点，相并联的支路应安排在最左端）和中间继电器触点（运算中间结果），最右边必须是输出元素。

② 梯形图中的输入触点只有两种：常开触点和常闭触点。这些触点可以是 PLC 的外接开关的内部影像触点，也可以是 PLC 内部继电器触点或内部定时、计数器的状态。每一个触点都有自己特殊的编号，以示区别。同一编号的触点可以有常开和常闭两种状态，使用次数不限。因此，梯形图中使用的“继电器”对应 PLC 内的存储区某字节或某位，所用的触点对应于该位的状态，可以反复读取，故人们称 PLC 有无限对触点。梯形图中的触点可以任意地串联、并联。

③ 梯形图中的输出线圈对应 PLC 内存的相应位，输出线圈不仅包括中间继电器线圈、辅助继电器线圈以及计数器、定时器，还包括输出继电器线圈，只有线圈

接通后，对应的触点才可能发生逻辑动作。用户程序运算结果可以立即为后续程序所利用。

（2）助记符语言　助记符语言又称命令语句表达式语言，常用一些助记符来表示PLC的某种操作。助记符语言类似计算机中的汇编语言，但比汇编语言更直观易懂。用户可以很容易地将梯形图语言转换成助记符语言。

这里要说明的是不同厂家生产的PLC所使用的助记符各不相同，因此同一梯形图写成的助记符语句可能不相同。用户在将梯形图转换为助记符时，必须先弄清PLC的型号及内部各器件编号、使用范围和每一条助记符的使用方法。

十一、计算机控制系统

现代科学技术领域中，计算机技术和自动化技术被认为是发展最快的两个分支，计算机控制技术是这两个分支相结合的产物。目前，从简单的工业装置至大型的工业生产过程和装置，都希望采用计算机进行自动控制和管理，其应用的广泛性，已经渗透到工业生产的各个环节。

计算机控制系统已广泛应用在新建或改扩建电石项目中生产过程管理的各个环节。如电石炉配料，电石炉负荷自动控制，电极压放，炉气净化系统与电石炉联锁控制与保护，有毒气体泄漏报警与紧急切断，火灾报警与消防系统联锁控制，炉气组分、温度、压力、流量、物位等与生产过程联锁控制，生产报表管理，等等。

1. 计算机控制系统的组成

所谓计算机控制系统就是利用计算机实现工业生产过程的自动控制系统。在计算机控制系统中，计算机的输入、输出信号都是数字信号。因此，在典型的计算机控制系统中需要输入与输出的接口装置（I/O），实现模拟量与数字量的转换，其中包括模/数转换器（A/D）和数/模转换器（D/A）。计算机控制系统的工作过程可以归纳为三个步骤：数据采集、控制决策与控制输出。数据采集就是实时监测来自传感器的被控变量瞬时值；控制决策就是根据采集到的被控变量按一定的控制规律进行分析和处理，产生控制信号，决定控制行为；控制输出就是根据控制决策实时地向执行器发出控制信号，完成控制任务。

2. 计算机控制系统中各组成部分的主要作用

① 传感器：将过程变量转换成计算机所接受的信号，如4～20mA或1～5V。

② 过程输入通道：包括采样器、数据放大器和模/数转换器。接受传感器传送来的信号并进行相关处理，转换成数字信号。

③ 控制计算机：根据采集的现场信息，按照事先存储在内存中，依据数学模型编写好的程序或固定的控制算法计算出控制输出，通过过程输出通道传送给相关的接收装置。控制计算机可以是小型通用计算机，也可以是微型计算机。计算机一般由运算器、控制器、存储器以及输入、输出接口等部分组成。

④ 外围设备：主要为了扩大主机的功能而设置，用来显示、打印、存储及传送

数据。一般包括光电机、打印机、显示器、报警器等。

⑤ 操作台：进行人机对话的工具。操作台一般设置键盘与操作按钮，通过它可以修改被控制量的设定值，报警的上下限，控制器的参数值以及对计算机发出指令等。

⑥ 过程输出通道：将计算机的计算结果经过相应的变换送往执行机构，对生产过程进行控制。

⑦ 执行机构：接受由多路开关送来的控制信号，执行机构产生相应的动作，改变控制阀的开度，从而达到控制生产过程的目的。

3. 计算机控制系统的特点

① 随着生产规模的扩大，模拟控制盘越来越长，这给集中监测和操作带来困难；而计算机采用分时操作，一台计算机可以代替许多台常规仪表，在一台计算机上操作与监测方便了许多。

② 常规模拟式控制系统的功能实现和方案修改比较困难，常需要进行硬件重新配置调整和接线更改；而计算机控制系统，所实现功能软件化，复杂控制系统的实现或控制方案的修改可能只需修改程序、重新组态即可实现。

③ 常规模拟控制无法实现各系统之间的通信，不便全面掌控和调度生产情况；计算机控制系统可以通过通信网络而互通信息，实现数据和信息共享，使操作人员及时了解生产情况，改变生产控制和经营策略，使生产处于最佳状态。

④ 计算机具有记忆和判断功能，能综合生产中各方面信息，在生产发生异常情况下，及时做出判断，采取适当措施并提供针对故障的准确指导，缩短系统维护和故障排除时间，提高系统运行的安全性，提高生产效率，这是常规仪表所达不到的。

十二、集散控制系统

集散控制系统（DCS）以多台微处理机分散应用于过程控制，通过通信网络、CRT 显示器、键盘、打印机等设备又实现高度集中的操作、显示和报警管理。这种实现集中管理、分散控制的新型控制系统，在电石行业得到了广泛的应用。

1. 集散控制系统的特点

集散控制系统具有集中管理和分散控制的显著特征，与模拟仪表控制系统和集中式工业控制计算机系统相比具有显著特点：

① 控制功能丰富：DCS 具有多种运算控制算法和其他数学、逻辑运算功能，如四则运算、逻辑运算、PID 控制、前馈控制、自适应控制和滞后时间补偿等，还有顺序控制和各种联锁保护、报警功能。可以通过组态把以上这些功能有机地组合起来，形成各种控制方案，满足系统要求。

② 监视操作方便：DCS 通过 CRT 显示器和键盘、鼠标操作可以对被控对象的变量值及其变化趋势、报警情况、软硬件运行情况等进行集中监视，实施各种操作，画面形象直观。

③ 信息和数据共享：DCS 的各站独立工作时，通过通信网络传递各种信息和数据以协调工作，使整个系统信息共享。DCS 通信采用国际标准通信协议，符合 OSI 七层体系，具有极强的开放性，便于系统间的互联，提高了系统的可用性。

④ 系统扩展灵活：DCS 采用标准化、模块化设计，可以根据不同规模的工程对象要求，在硬件设计上采用积木搭接方式进行灵活配置，扩展灵活。

⑤ 安装维护方便：DCS 采用专用的多芯电缆、标准化插接件和规格化端子板，便于装配和维修更换。DCS 具有强大的自诊断功能，为故障判别提供准确的指导，维修迅速准确。

⑥ 系统可靠性高：集散控制系统管理集中而控制分散，使得危害分散，故障影响面小。系统的自诊断功能和采用的冗余措施等支持系统无中断工作，平均无故障时间可达十万小时以上。

2. 集散控制系统的基本组成

集散控制系统的基本组成通常包括现场监控站（监测站和控制站）、操作站（操作员站和工程师站）、上位机和通信网络等部分。

① 现场监测站又叫数据采集站，直接与生产过程相连接，实现对过程变量进行数据采集。它完成数据采集和预处理，并对实时数据进一步加工，为操作站提供数据，实现对过程变量和状态的监视和打印，实现开环监视或为控制回路运算提供辅助数据和信息。现场控制站也直接与生产过程相连接，对控制变量进行检测、处理，并产生控制信号驱动现场的执行机构，实现生产过程的闭环控制。它可控制多个回路，具有极强的运算和控制功能，能够自主地完成回路控制任务，实现连续控制、顺序控制和批量控制等。

② 操作站是操作人员进行过程监视、过程控制操作的主要设备。操作站提供良好的人机交互界面，用以实现集中显示、集中操作和集中管理功能。有的操作站可以进行系统组态的部分或全部工作，兼具工程师站的功能。工程师站主要用于对 DCS 进行离线的组态工作和在线的系统监督、控制与维护。

③ 上位机用于全系统的信息管理和优化控制，它通过网络收集系统中各单元的数据信息，根据建立的数学模型和优化控制指标进行后台计算、优化控制等功能。

④ 通信网络是集散控制系统的中枢，它连接 DCS 的监测站和控制站、操作站、工程师站、上位机等部分。各部分之间的信息传递均通过通信网络实现，完成数据、指令及其他信息的传递，进行数据和信息共享。

可见，由操作站、工程师站、上位机构成集中管理部分，由现场监测站、现场控制站构成分散控制部分，通信网络是连接集散系统各部分的纽带，是实现集中管理、分散控制的关键。

十三、现场总线控制系统、网络控制系统简介

现场总线是顺应智能现场仪表而发展起来的一种开放型的数字通信技术，其发

展的初衷是用数字通信代替模拟传输技术，把数字通信网络延伸到工业过程现场。随着现场总线技术与智能仪表一体化的发展，这种开放型的工厂底层控制网络构造了新一代的网络集成式全分布计算机控制系统，即现场总线控制系统（fieldbus control system，FCS）现场总线是一种计算机网络，这个网络上的每个节点都是智能化仪表。现场总线采用数字信号传输取代模拟信号传输。它允许在一条通信线上挂多个现场设备，而不需要A/D、D/A等I/O组件。现场总线控制系统的技术特点是：全数字化、全网络化、全分散式、可互操作和全开放型。现场总线控制系统、网络控制系统是控制系统发展的方向。

第三章

密闭电石生产装置工艺设计

实践证明，电石生产各项经济指标的优劣，除了与原材料的质量、设备完好率、操作精细程度有关外，很大程度上还取决于电石生产工艺装置各参数的设计与选择是否合理匹配。合理的参数是“安、稳、长、满、优、低”的前提。因此，在新、改扩建电石项目时，必须根据电石炉容量、炉型并结合生产经验加以分析研究，计算出最佳参数，应用到设计当中。这样建成的装置才比较理想，生产效果才会好。因此，本章主要讨论密闭电石生产装置设计中各参数的选择与应用。

第一节　产能确定

在新建电石项目时，电石产能是企业在电石生产装置建设规划前期就需要确定的年产量目标，以此来确定装置规模，即生产装置的单机容量和数量。在原有装置的基础上进行技改时，受厂房几何尺寸的限制，应依据原有电石炉容量及建（构）筑物几何尺寸进行综合评估，来确定最佳方案。

一、产能计算数据

要想确定装置规模，必须提供以下数据：

① 电石装置年生产能力，吨/年。

② 电石工艺单耗，kW · h/t（2014 版电石行业准入标准规定的工艺电耗优秀值为 3050kW · h/t，准入值是 3250kW · h/t，这里我们取 3150kW · h/t）。

③ 电石发气量，折标：300L/kg。

④ 装置年定期检修保养系数［每月计划维保时间 32h：停电处理料面每周 1 次，每次约 4h，共计 16h；月度保养 1 次，每次 16h。全年合计 384h，全年日历时间为 8760h，即 a_1=（8760−384）/8760=0.956］。

⑤ 装置年中期检修系数［每 6 个月中修一次，每次 48h，全年 96h，全年时间为 8760h，即 a_2=（8760−96）/8760=0.989］。

⑥ 装置大修检修系数［每 5 年（即 1 个炉龄）大修 1 次，每次大修历时 60 天，每个炉龄 1825 天。即 a_3=（1825−60）/1825=0.967］。

⑦ 装置容量利用系统（a_4=0.98）。

⑧ 电石炉自然功率因数（密闭炉取 cosϕ=0.88～0.65）。

⑨ 补偿后功率因数（密闭炉取 cosϕ≥0.92）。

二、电石炉容量的确定

（1）电石炉的容量（规模）是根据项目总产能确定的。其计算经验公式如下：

$$S_n = \frac{AQ}{8760 a_1 a_2 a_3 a_4 \cos\phi}$$

式中　S_n——电石炉标称容量，kVA；

A——年生产能力，t；

Q——产品单位工艺电耗，kW・h/t；

a_1——装置定期检修系数，0.956；

a_2——装置中修系数，0.989；

a_3——装置大修系数，0.967；

a_4——装置容量利用系数，0.98；

$\cos\phi$——装置自然功率因数，0.88～0.65。具体参数见表 3-1。

代入各系数整理得：

$$S_n = \frac{AQ}{7849 \cos\phi}$$

表 3-1　各型密闭电石炉最佳自然功率因数、最佳运行有功功率、变压器实际运行视在功率等参数

电石炉标称容量 S_n /kVA	最佳自然功率因数 $\cos\theta$	最佳运行有功功率 P_a /kW	补偿后功率因数 $\cos\theta_{补}$	变压器实际运行视在功率 S_a /kVA	额定负载损耗功率 $P_{损}$/kW
30000	0.87	26100	0.92	28511	130
33000	0.86	28380	0.92	31002	142
36000	0.85	30600	0.92	33427	153
40500	0.84	34020	0.92	37163	170
48000	0.82	39360	0.92	42996	197
54000	0.80	43200	0.92	47191	216
63000	0.76	47880	0.92	52303	239
81000	0.73	59130	0.92	64593	296

（2）确定了密闭炉单机容量，则可由装置容量计算单机产能：

$$A = \frac{7849 S_n \cos\phi}{Q}$$

第二节 电石炉电气参数的计算与选择

在确定了单台电石炉容量之后，接下来首先需计算确定电石炉的电气参数。电石炉的电气参数主要包括：电石炉变压器容量、一次电压、一次电流、二次侧线电压、二次侧线电流、电极电流、电极电压、电流电压比等。

一、电石炉变压器额定容量的确定

① 一般情况下大家习惯于把电石炉变压器的总容量确定为同容量单台电石炉的容量。但从实际运行情况来看，由于采用了无功补偿装置，当电石炉建成投运后，变压器绝大部分未能达到在额定视在功率下满负荷运行，变压器容量的利用率很低，造成容量的浪费。此外，以前行业中习惯将电石炉变压器容量设计为长期超负荷运行 20%～30%，既增加了变压器投资，也使变压器与电石炉不匹配。比如，33000kVA 密闭炉中，当电石炉有功功率达到 28500kW 左右，功率因数补偿至 0.9 以上时，它的实际视在功率只有 31600kVA 左右；再比如 40500kVA 密闭炉，当电石炉有功功率达到 32000kW，功率因数补偿至 0.9 以上时，它的实际视在功率只有 36000kVA 左右。因此，为了最大程度地提高变压器容量的利用率并且与电石炉容量相匹配，应该按照电石炉容量的最佳有功功率与补偿后的功率因数来确定电石炉变压器的容量，这样才能有效地发挥电石炉变压器和电石炉的作用。但为了电石炉变压器的安全稳定运行，可适当预留一定比例的裕度。

② 电石炉变压器实际运行参数的计算：根据表 3-1 中所列常见密闭电石炉炉型容量并结合实践经验，经过推算，选择与电石炉容量相匹配的电石炉变压器，得到电石炉最佳自然功率因数、最佳有功功率、变压器实际视在功率等。计算结果见表 3-1 所示，计算公式如下：

最佳运行有功功率为：$P_a = S_n \cos\phi_{佳}$

额定负载损耗约为：$P_{损} = 0.5\% P_a$

实际运行视在功率为：$S_a = \left(P_a + P_{损}\right) \div \cos\phi_{补}$

二、电石炉变压器高压侧电压等级、接线方式的确定

① 电石炉变压器高压侧额定电压的确定：高压侧额定电压等级的选择与当地供电条件有关。但从供电可靠性、稳定性、供电损耗来说，宜选择较高的电压等级。一般可选择的电压等级有 110kV、220kV 等。

② 变压器高压侧接线方式的确定：电石炉变压器高压侧接线方式有两种，一种是“星形接法”，另一种是“三角形接法”。接线方式还与有载分接开关的调压能力，制造能力有关。如果有载分接开关的调压能力可以满足生产工艺的要求，质量可靠，可以选择一种接线方式来满足生产异常或正常情况下的电压调节。但也有部分电石

炉设计时选择“星形-三角”可切换的接线方式，这主要是为了满足更多的电压调节需求，以便处理非正常情况下的炉况和电石炉在启动过程中的电压需求。“三角形接法”或“星形-三角”可切换的接线方式只是在变压器设计时，需将电石炉变压器高压侧中性点套管设计成线电压等级的，即“全绝缘变压器”；但如果采用“星形接法”，电石炉变压器高压侧中性点套管则可以降低一个电压等级。

三、电石炉变压器高压侧额定线电流的计算

在确定了电石炉变压器容量、高压侧线电压等级及连接级别后，电石炉变压器高压侧线电流可以根据如下公式计算：

$$I_{1,AB}=\frac{S_a}{\sqrt{3}U_{1,AB}}$$

式中 S_a——变压器实际运行容量，kVA；

$U_{1,AB}$——一次侧实际线电压，kV；

$I_{1,AB}$——一次侧实际线电流，A。

在计算一次电流时，所选择的一次电压的设计值是关键。一次电压应按照供电电压的实际值而不是理论额定一次电压值来计算。这样在将来投入使用时，输出电流、电压才能与设计值相匹配。比如，采用一次电压 110kV 系统供电，理论值是 110kV，可实际供电线路电压高于或低于额定电压，这样就得按照实际供电电压来计算设计，如果仍然使用额定电压 110kV 来计算，会导致将来二次输出电压会偏高或偏低。

当供电电压超过额定电压（110kV），而设计者仍按 110kV 设计时，电石炉变压器长期在超压状态下运行，在操作过电压下，变压器使用寿命及烧毁风险也会提高。

四、电石炉变压器低压侧额定线电压的计算

确定了电石炉变压器的视在功率，则变压器低压侧线电压可按下列公式计算：

$$U_{2,AB}=K_u\sqrt[3]{S_n}$$

式中 $U_{2,AB}$——低压侧额定线电压，V；

S_n——变压器标称容量，kVA；

K_u——电压系数。一般根据电炉容量的不同，取 6.0～7.5 为宜。不同容量的电石炉，其电压系数也不相同。具体见表 3-2 所示。

表 3-2 变压器容量与二次电压关系

电石炉容量/kVA	电压系数	电石炉容量/kVA	电压系数	电石炉容量/kVA	电压系数
25500	6.12	36000	6.29	54000	6.60
30000	6.19	40500	6.37	63000	6.74
33000	6.24	48000	6.51	81000	7.03

根据操作经验结合计算得知，电石炉变压器容量在40500kVA（含）以下时，有载分接开关选用35级；电石炉变压器容量在40500kVA以上时，有载分接开关选用45级；在实际生产中，为了满足电网上一次电压的波动，在系统电压偏低的情况下，仍然使得电石炉变压器能在额定容量下工作，或者当原材料质量，设备完整性，操作水平条件较好时，则可以使用较高的二次电压，在变压器各项指标允许的情况下，适当超负荷运行。实践证明，在一定的范围内电石炉在超负荷状态下运行，各项指标更经济些，故在额定电压的基础上再向上延伸 20%～30%的调节能力。额定电压挡位以下应为恒流输出，以上为恒容输出。总体要求是当电石炉达到额定功率运行时，恒容挡位输出达到全覆盖。

电石炉变压器低压侧额定电压一经确定，则需要确定有载调压的级差，一般是按照等差数列进行取值的。根据生产经验得知，随着电石炉容量的不同，每级电压差在3.0～4.0V 之间较为合理。如果级差电压过大，则在生产过程中容易引起电石炉操作困难，将来在调整二次电压时会引起电流电压比的较大变化，电极上下波动严重。

五、电石炉变压器低压侧额定线电流的计算

① 确定了电石炉变压器的视在功率和低压侧额定线电压，则低压侧额定线电流可按以下公式计算：

$$I_{2,\mathrm{AB}}=\frac{S_{\mathrm{a}}}{\sqrt{3}U_{2,\mathrm{AB}}}\times 1000$$

式中：$I_{2,\mathrm{AB}}$——变压器低压侧线电流，A；

$U_{2,\mathrm{AB}}$——低压侧额定线电压，V；

S_{a}——变压器实际运行视在功率，kVA。

② 电石炉负荷控制有两种操作方式：一种是恒容量（恒功率）操作，即当二次电压偏低时，需要适当提高二次电流，当二次电压偏高时，需要适当降低二次电流，电石炉变压器的功率不变；另一种是恒流操作，即当二次电压变化时，二次电流不变，电石炉变压器的容量随二次电压的升降而升降。

六、电极额定相电流、相电压

1. 电极额定相电流

在三相交流电路中，理论上讲，电极电流是电极线电流的$\frac{1}{\sqrt{3}}$倍，可通过下式计算，即：

$$I_{\mathrm{A}}=\frac{I_{\mathrm{AB}}}{\sqrt{3}}$$

另一种做法就是在电石炉短网母线铜管上安装特制的大电流互感器，用以测量真实流过短网的电流，属于实测值，这个测量值更接近于相电流真实值。

2. 电极额定相电压

电极相电压在理论上讲，是电极线电压的$\frac{1}{\sqrt{3}}$倍，即：

$$U_A = \frac{U_{AB}}{\sqrt{3}}$$

但在实际生产当中，电极相电压通过测量电极对炉底中性点电压得到，属于实测电压值。

七、电石炉的流压比

电石炉电流电压比是电极上通过的电流与电极端头至炉底中心点电压的比值。这个参数可以反映出电石反映区体积的大小和电极深入炉料的情况。因三相电极对炉底来说是“星形”回路，所以用变压器二次线电压除以$\sqrt{3}$来代替电极至炉底中心点的电压，用变压器二次线电流除以$\sqrt{3}$代替电极电流来估算，可以保证其真实性。生产实践中大家习惯于使用变压器的二次线电流除以二次线电压，也是相对合理的。

大量生产实践证明，要想做到优质、高产、低耗，其流压比须随着电石炉变压器容量的增加而增大。对于各种容量变压器的最佳电流电压比，其归纳公式为：

$$\mathrm{LY} = \frac{I_A}{U_A}, \quad K_g = \frac{I_A}{U_A \sqrt[4]{S_a}}$$

式中，K_g为流压比系数，一般取31～33.5。

对于同容量的电石炉，电流电压比偏大，会使电极向下运动，电极更容易深入料层而进行闭弧操作，热效率高；但若电流电压比过大，电极就会插入过深，这样就会压缩熔池内的电弧长度和体积导致产量降低，同时电石炉的功率因数与电效率也会降低，炉底容易烧穿。实践证明，热效率对总效率的影响比电效率更大，所以正确的操作方法是努力提高炉料的比电阻。在确保电极能适当地深入料层而实现闭弧操作的前提下，适当提高二次电压，使电流电压比不至于过大。在较高的热效率下，同时得到较高的电效率，从而使电石炉总的效率达到最佳。

第三节 电石炉几何参数的计算与选择

电石炉几何参数的计算与选择是根据电气参数来计算的。电石炉几何参数主要包括：电极直径、电极同心圆直径、炉膛内径、炉膛深度、炉壳内径、炉壳高度等。

一、电极直径的选择与计算

电极直径选择的合理性直接关系着将来电石炉运行的安全性、稳定性以及各项经济指标的优劣，也是其他几何参数的基础。

电极直径的大小取决于电极电流密度的选择，而允许的电极电流密度又与所使用的电极糊质量有关，根据生产实践得知，一般大容量电石炉电极电流密度选择0.065～0.075A/mm^{2}为宜。经过上节中计算得知电石炉变压器低压侧线电流后，则可按下列公式计算电极直径：

$$D_e = 2\sqrt{0.3183\frac{I_{2,AB}}{I_\Delta}}$$

式中 D_e——电极直径，mm；

$I_{2,AB}$——电极线电流，A；

I_Δ——电极电流密度。

电极电流密度选择过大，则电极直径偏小，会增加电极电阻，电极容易过烧而发生硬断，同时也会缩小电石炉的熔池；电极电流密度选择过小，则电极直径偏大，虽可以扩大熔池，但是电极不易深入炉料内，会增加热损耗，且电极焙烧不足容易发生软断。所以在对待电极电流密度和电极直径的选择时要慎重。

二、电极同心圆直径的选择与计算

1. 电极同心圆直径

电极同心圆直径是一个非常重要的几何参数，其选择的合理与否直接关系到将来电极深入炉层情况、三相熔池通畅情况以及炉膛直径的大小等，是电石炉生产运行效果好坏的前提。它与电极直径、电流电压比、电极间距、电位梯度及电石炉反应区电能强度有关，首先取决于电极直径，其计算公式如下：

$$D_c = K_c D_e$$

式中 D_c——电极同心圆直径，mm；

K_c——电极同心圆系数，一般取2.50～3.50；不同容量电石炉同心圆系数具体见表3-3所示。

D_e——电极直径，mm。

生产实践证明，理想的电极同心圆直径应当等于电极下面熔池的直径。电极同心圆直径计算的关键在于同心圆系数的选择。

表3-3 电石炉容量与电极同心圆系数

电石炉容量/kVA	30000	33000	36000	40500	48000	54000	63000	81000
同心圆系数	2.75	2.80	2.83	2.89	2.97	3.03	3.12	3.22

2. 知识拓展

电石是在电石炉内利用电能转换为热能把炉料加热至其反应温度而制得的。这说明在电石生产的过程中，既有能量转换过程，又有原料间化学变化的过程，所以说电石生产的工艺过程是比较复杂的。乍一看，电石的生产过程并不复杂，甚至有些操作也很简单，但这只是表面现象。事实上炉料在电石炉内发生着各种复杂的物理、化学变化，过程中经历着由固态到液态再到气态的各个相变，进行着大量而复杂的反应，还需要将大量的电能转换成热能，促使电石炉内部的情况变得更加复杂多变。

电极同心圆直径的大小与电弧产生的高温所能作用到的区域有关。这个区域在电极端头至炉底从上到下按模型可划分为电弧区，反应区和熔融区，如图 3-1 所示：

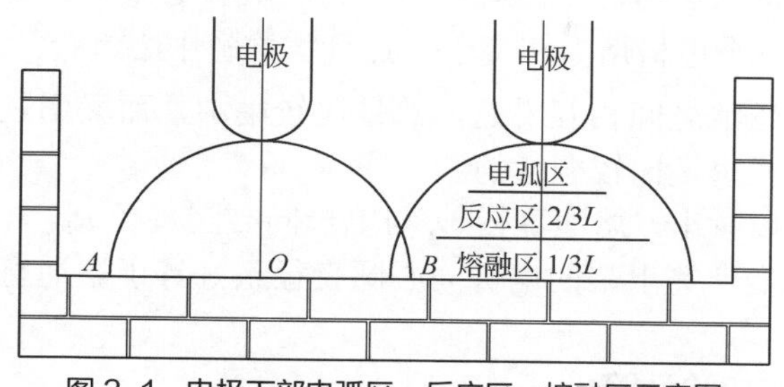

图 3-1　电极下部电弧区、反应区、熔融区示意图

电弧作用区是一个半球体，电极端头到炉底的距离 L 就是球体的半径。其中电弧区和反应区的高度之和约为 $2/3L$，熔融区的高度约为 $1/3L$。这个半球体与炉底 A、B 两点相接，圆弧 AB 就是熔池的壁，OA 或 OB 就是熔池的半径。

为了便于大家研究问题，将电极下部的电弧作用区定义为电极熔池。用字母 D_R 表示；把三个电极熔池的外切圆定义为理想的炉膛内径，用字母 D_L 表示；两相电极中心点之间距离定义为电极中心距，用字母 L_{ez} 表示；电极直径用字母 D_e 表示，电极同心圆半径用 R_{DC} 表示，如图 3-2 所示：

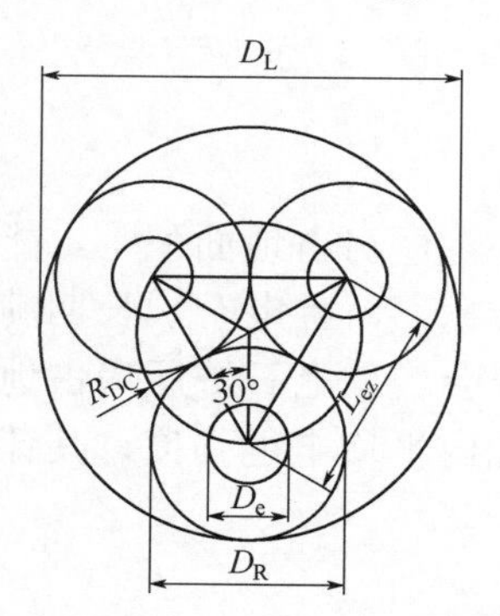

(a) 三相电极熔池相切

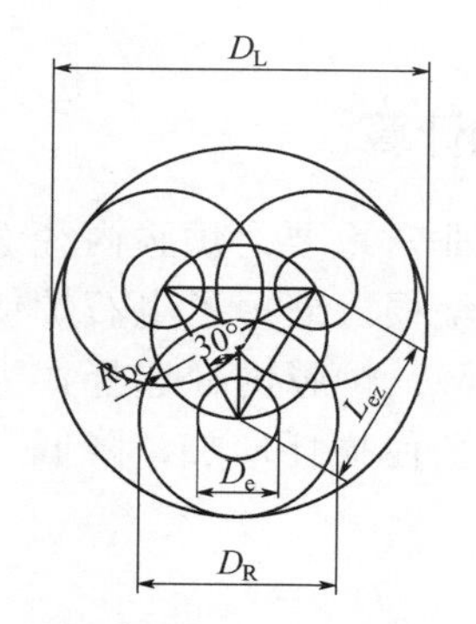

(b) 三相电极熔池相交且重叠较多

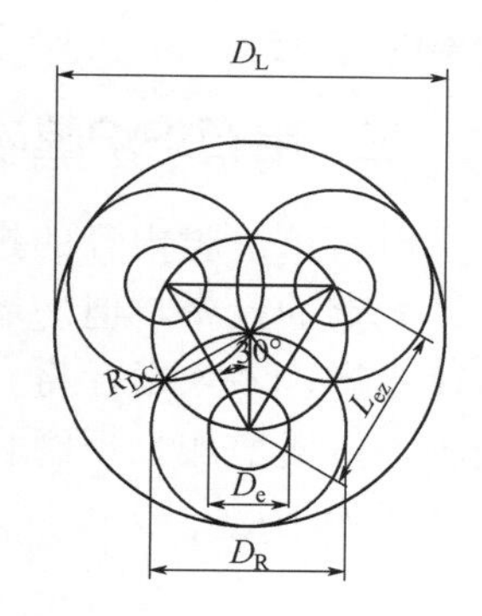

(c) 三相电极熔池相交且中心重合

图 3-2　同心圆直径与熔池之间的关系

从图 3-2 中可以看出：

① （a）表示三个电极熔池圆周相切。即当 $L_{ez}=D_R=\sqrt{3}R_{DC}$ 时，表示三相电极熔池相切，三个熔池在炉中心形成一个“死区”，中心热量不够集中。正常生产时，这个熔池有些偏小，说明电极同心圆直径偏大，生产不够理想；另一种情况是

$L_{ez} = \sqrt{3}R_{DC} > D_R$，表示三相电极熔池相离，容易造成三个熔池互不贯通，这种状态下电炉无法正常运行。

② (b)表示三个电极熔池相交且相互重叠较多，即当电极中心距 $L_{ez} \ll D_R = \sqrt{3}R_{DC}$ 时，在熔池中心形成一个过度集中的高温区。这样会降低电极之间的电阻，增加支路电流，电极不易深入炉内，反而对生产不利，说明电极同心圆直径太小了。

③ (c)表示三个电极熔池相交于一点且与炉膛中心重合，即 $L_{ez} < D_R = \sqrt{3}R_{DC}$ 时，此时三个电极熔池之间相互贯通，热量比较集中，而又不过热，这样的熔池比较理想，同心圆直径也是比较合适的。

从以上推导可以看出，熔池直径 D_r 与电极同心圆直径 R_{DC} 相等。这就是说在设计电石炉时，当我们计算出来的电极同心圆直径正好等于熔池直径时，就是最理想的状态。

3. 熔池直径的校验计算

根据长期操作电石炉的经验，得出计算电石炉熔池半径的经验公式：

$$D_r = 2\sqrt{\frac{P_a}{3\pi P_r}} \times 10 = 2\sqrt{0.1061\frac{P_a}{P_r}} \times 10$$

式中　D_r——熔池直径，mm；

P_a——电炉最佳运行有功功率，kW；

P_r——熔池单位面积上的功率强度，kW/cm^2，P_r=0.090～0.097kW/cm^2。

通常熔池内单位面积上的功率强度是随电石炉容量的大小而变化的，同时也与功率因数有关。

三、电石炉炉膛内径的计算

电石炉炉膛内径的选择也非常重要，炉膛内径选择小，厂房占地面积小，能节约一定的投资，但炉墙容易烧损，缩短了电石炉使用寿命，而且电石炉长期满负荷生产，各项指标将有所下降；炉膛内径选择太大，则会增加电石炉厂房占地面积，投资增加且短网长度增长使损耗增加，降低了炉膛内平均电能强度，其计算公式如下：

$$D_{LT} = K_{DLT} D_e$$

式中　D_{LT}——炉膛内径，mm；

K_{DLT}——炉膛内径系数，一般取 6.45～8.75；

D_e——电极直径，mm。

炉膛内径除了用以上公式计算外，还需要使用炉底电能强度来做最后的校验。

四、电石炉炉膛深度的计算

炉膛深度太浅，料层太薄，会使蓄热困难，表面热损失增大，不但会降低电石产量，且电极距炉底距离太近，电弧过于集中炉底，容易烧坏炉底耐火材料，使电石炉炉底穿孔，也会迫使电极上抬，出现明弧，热损失增加；炉膛太深则会降低电石反应区的电能强度，热量不够集中，增加出炉难度。根据生产经验，电石炉炉膛深度可由下列公式计算：

$$H_{LT} = K_{HLT} D_e$$

式中 H_{LT}——炉膛深度，mm；

K_{HLT}——炉膛深度系数，一般取 2.20～2.30；

D_e——电极直径，mm。

同样，炉膛深度除了用以上公式计算外，还需要使用炉膛电能强度来做最后的校验。

五、电石炉炉壳内径与炉壳高度的选择

电石炉炉壳内径的选择也是比较关键的一环。据资料介绍，国外在对电石炉炉壳内径的选择上采取较小的尺寸，国内某些设计单位也选择较小的炉壳内径。理由是选择较小的炉壳内径可以节约投资，降低成本，可以缩小炉体的占地面积，从而减小电石炉厂房结构；另一方面也可缩短出炉口至熔池距离，出炉较容易。但生产实践中暴露出的问题显示该种做法弊远大于利。当电石炉达到或接近满负荷生产时，炉墙烧坏严重，炉壳发红甚至烧穿，被迫降负荷生产，设计产能无法有效释放；而且大大降低了电石炉的炉龄，增加了大修成本。从国内了解的情况得知，有很大一部分电石炉在当初设计时，炉膛内径选择偏小，炉壳内径选择也过小，炉墙厚度只有 450mm，除去隔热保温层后，实际的炉墙厚度也只有 400mm，且是单层结构耐火砖。生产中表现出来的问题是炉墙极易烧损，炉壳外三角区温度在 300℃以上，炉眼周围温度达到 450℃。炉门口局部炉墙耐火材料常有烧损，炉壳极易发红甚至穿孔，不得不停炉进行修补。即使能勉强维持生产，但炉体表面温度过高，热损失大，工艺单耗居高不下。有的新建电石炉在首个炉龄开车期内，炉体就烧损严重，不得不提前进行修补，造成了很大的损失。

生产实践证明，炉墙厚度不宜小于 600mm，采取内外双层耐火材料错缝砌筑为佳，选择改进型隔热保湿材料，可大大降低热损失，延长炉体使用寿命，从而间接地降低生产成本。

同理，炉底高度也是同样的道理。从国内各电石企业了解得知，电炉的炉底厚度也有些偏薄，且大多采用黏土砖加三层碳砖结构，每层碳砖厚度在 345～400mm 之间，总厚度在 1035～1200mm 之间。正常生产时，炉底温度过高，热损失过大；当电极深入炉内较好时，炉底温度会更高，甚至有发红穿孔的事故发生。

多次检修、生产实践证明，电石炉炉底厚度宜选择较厚一点，对减少电石炉的热损失、延长炉底寿命都有好处。只是初期投资要高些，但从生产效果来看，还是比较经济的。

综合以上分析得出：

① 炉墙厚度宜选择在600～650mm，耐火材料厚度不小600mm，并且采取内外两层耐火材料，内外错缝砌筑，选择较大体积的耐火砖，以减少砌筑缝。计算公式如下：

$$D_{LK} = D_{LT} + 1300$$

式中　D_{LK}——炉壳内径，mm；

D_{LT}——炉膛内径，mm。

② 炉底厚度较薄，炉底温度较高。炉底厚度宜选择在2100mm以上，碳砖厚度在1380mm以上，且分四层碳砖结构，每层不小于345mm，使碳砖层厚度下延。

第四节　电石炉电气-几何参数的计算与校核

电石炉的电气-几何参数包括：电极运动电阻、炉底平均电能强度、炉膛平均电能强度、同心圆平均电能强度、电极间电位梯度等。这些参数既和电炉几何参数有关，又和电气参数有关。所以叫作电气-几何参数。

在已确定的有关电气、几何参数下，设计或改造电石炉几何参数时，不仅要根据电气参数来计算几何参数，而且还要以电气-几何参数来校验所计算的几何参数是否合理。相反，现有电石炉几何参数也为选择电气参数提供基本的数据。所以掌握这方面的知识对于设计、改造电石炉具有十分重要的意义。

一、电极的运动电阻

电极的运动电阻通过电极端头至炉底中心点电压除以电极电流，再乘以电极的周长来计算，其计算公式为：

$$R_{ev} = \frac{U_A}{I_A} \times \pi \frac{D_e}{10}$$

式中　R_{ev}——电极的运动电阻，Ω·cm；

U_A——电极端头至炉底中心点电压，V；

I_A——电极电流，A；

D_e——电极直径，mm。

电极运动电阻的物理意义是：电极直径相同时，如果选择较小的电流电压比运行，也就是电极的运动电阻较大，则电极要向上运动；如果选择较大的电流电压比运行，也就是电极的运动电阻较小，则电极要向下运动。使用相同的电流电压比时，电极直径越大，电极运动电阻越大，电极就向上运动；电极直径越小，电极运动电阻越小，电极就向下运动。

为了能使电极维持在合适的位置运行，就必须使电极的运动电阻与电极直径相匹配。经实践证明，电极的运动电阻控制在0.4～0.6Ω·cm为佳。

二、炉底平均电能强度

炉底平均电能强度是指炉底单位面积上的平均电功率，单位为 kW/m^2。它的物理意义是：炉底电能强度合理，说明能充分发挥炉底面积的作用，既能保证一定数量的电石产量，又能使炉底面积较为紧凑，从而减少电石炉的建筑面积和缩短短网的长度，达到节能降耗的效果；炉底电能强度过大，说明炉底面积过小，会缩短电石炉使用寿命；炉底电能强度过小，则说明电石炉炉底面积过大，利用率不高，建筑面积要大，短网要长些。其计算公式如下：

$$P_s = \frac{4P_a}{\pi D_{LT}^2}$$

式中　P_s——炉底平均电能强度，kW/m^2；

P_a——变压器最佳有功功率，kW；

D_{LT}——电石炉炉膛内径，m。

一般电石炉炉底电能强度以 450～600kW/m^2 为宜。电石炉的容量越大，炉底电能强度也越大，所以大型电石炉的炉底砌筑质量的技术要求标准更高。

三、电石炉炉膛平均电能强度

炉膛的平均电能强度是指电石炉炉膛内单位体积上的平均电功率数，单位是 kW/m^3。它的物理意义是：合理的炉膛电能强度说明电石炉变压器所提供的有功功率和电石炉炉膛体积大小匹配合理，能使两者充分发挥作用。如果炉膛电能强度太小，就不可能生产出优质的电石；炉膛电能强度太大，虽然能生产出优质电石，但产量不高，浪费了部分能源，另外也容易烧坏炉底和炉墙。其计算公式如下：

$$P_V = \frac{4P_a}{\pi H_{LT} D_{LT}^2}$$

式中　P_V——炉膛平均电能强度，kW/m^3；

P_a——变压器最佳有功功率，kW；

H_{LT}——炉膛深度，m；

D_{LT}——电石炉炉膛内径，m。

电石炉炉膛电能强度一般以 145～160kW/m^3 为宜。

四、电极同心圆的电能强度

电极同心圆电能强度是指电极同心圆单位面积上所承受的电功率数。同心圆电能强度大，说明能产生高温，是生产优质电石的基本条件。但电能强度过大，会使电极不能适当插入炉料，热损失增加；过小的强度则会导致三相熔池不能很好连通，操作困难。当电极同心圆直径等于熔池直径时，在满负荷运行状态下，其电能强度较合适。计算公式如下：

$$P_{DC}=\frac{4P_a}{\pi D_C^2}$$

式中　P_{DC}——电极同心圆面积的电能强度，kW/m^2；

D_C——电极同心圆直径，m；

P_a——变压器最佳有功功率，kW。

电极同心圆电能强度一般以2500～3000kW/m^2为宜。

五、电位梯度与电极间距

1. 电位梯度

（1）电位梯度是指在电石炉上两相电极之间单位厘米长度上所受的电压强度。其计算公式如下：

$$E_d=\frac{U_{AB}}{B}$$

式中　E_d——电位梯度，V/cm；

U_{AB}——二次电压，V；

B——电极之间的距离，cm。

（2）电位梯度的用途

① 在正常生产时，电位梯度可用于衡量电石炉的操作成绩。电位梯度过大，容易造成电极位置上移，产生明弧操作，使炉况恶化，最终表现是生产经济指标下降。反之，电位梯度过小，则会把三相电石炉的熔池分成三个单独的熔池，互不连通，以致出炉困难，熔池上移，炉底温度下降，炉况也会恶化，同样会使生产经济指标下降。因此，选择一个合适的电位梯度对电石生产是十分重要的。

② 电位梯度的另一个用途是在设计电石炉时，用以计算电石炉的几何尺寸。根据各种电石炉长期运行的经验，可以得知各种容量电石炉都有最佳电位梯度，用这个电位梯度值和二次电压就可以算出电极的距离，进一步用电极间距求电极同心圆直径、炉膛内径和深度等。

（3）电位梯度的选择　根据前面所述，电位梯度过大或过小都不利于电石生产，只有最合适的电位梯度才是生产操作中最需要的。选择合适的电位梯度，首先要知道电位梯度与电石炉变压器容量有关，即电石炉变压器的容量越大，电位梯度也越大。其次是电位梯度与电流电压比有关。当我们采用的电流电压比较大时，电位梯度也可以稍微大些。电位梯度选择合适的电石炉有个共同点：电极能适当地插入料层内，做到闭弧操作；电气参数与电炉几何参数匹配得好，电炉能均衡、稳定运行；炉料加工处理得好，符合工艺条件。总之，影响电石生产的因素很多，电位梯度是重要的因素之一，需要慎重选用。

2. 电极间距

电极间距是指两相电极之间通过电极截面圆心与外壳相交，两交点之间的距离。

这与电极中心距是有区别的。电极间距等于电极中心距减去电极直径。电极间距对电炉操作的影响也比较大，炉内电力的分布，炉料的直线下降速度，热、电损失都取决于电极间距的大小。当电极互相接近时，电极之间难以下落的黏料减少，为气体从反应区排出创造了有利条件，且改善了热交换情况。但是如果电极间距过小，就会使电极间电位梯度过大，导致炉膛上层部分的电极支路电流增大，引起电石炉熔池的这部分炉料温度升高，促使这一区域形成结瘤，最后导致此区域炉料电阻降低和炉内气体难以从反应区排出。但如果电极间距过大，又会把电石炉熔池分成三个独立的坩埚，三个熔池互不相通，对生产也是非常不利的。因此，选择最佳的电极间距是电石炉正常稳定生产的必要条件。

六、电石炉内的电路

一般认为电流在电石炉内分两类进行流动，第一类是电流从某一电极下端经过电弧区、熔融区，再穿过另一熔池的熔融区、电弧区而到达另一相电极；第二类是电流通过电极侧表面，经过炉料相互扩散区而到达另一相电极。第一类电流回路所产生的热能是使炉内反应进一步完成的主要热源，可称为主回路。它在电炉内通过熔池电阻，呈星形连接。第二类电流所产生的热能在电石生成反应的过程中起到辅助作用，可称之为辅回路，它们在电炉内通过炉料电阻，呈三角形连接。

1. 操作电阻

电石炉操作电阻的大小可用有效相电压与电流的比值来表示。根据前面分析，电石炉内的电流路径可分为两个：一路是主回路，通过熔池；另一路是辅回路，通过料层。正常情况下，主回路电阻很小，因此大部分电流通过它。辅回路电阻较大，电流通过也较少。因此，操作电阻可以看作是由熔池电阻与炉料电阻混联而成的。

（1）熔池电阻　电极端头下面电弧区、反应区、熔融区的电阻。这个电阻很小，决定于电极端头至炉底的距离，反应区直径的大小以及该区域的温度。熔池电阻用$R_{池}$表示。

（2）炉料电阻　炉料区与相互扩散区的电阻。这个电阻的大小决定于炉料的组成，电极插入炉料的深度，电极间距，也与该区域温度有关。正常情况下，炉料电阻要比熔池电阻大得多，所以来自电极的电流只有少部分通过它。这一电阻可以理解为电石炉三角形回路的相位间电阻，与熔池电阻并联。炉料电阻用符号$R_{料}$表示。

（3）电石炉的操作电阻　上述两个电阻并联的等效电阻。操作电阻是一个可变值，也是一个非常活跃的电气参数，它对电石生产操作起到非常关键的作用。有以下几点：

① 控制好操作电阻，就可以使电极能适当地插入炉层内，实现真正的闭弧操作，降低料面温度。

② 控制好操作电阻，不但有良好的电效率，还可以得到良好的热效率，提高电石炉总的效率。

2. 提高操作电阻的方法

① 使用比电阻较高的原料；

② 使用合适粒度的原料，在不影响炉料透气性的前提下，尽力降低原料粒度；

③ 降低料面温度；

④ 勤松动炉料，使其保持疏松，以减小支路电流；

⑤ 按时出炉，出好炉，尽量减少炉内积存的电石。

七、电石炉的电效率及热效率

电石生产中，在原料合格，操作工艺正确合理的条件下，生产效果的好坏取决于电炉的电效率和热效率。因为在额定视在功率下，只有在较高的功率因数下运行，才能有效提高电效率，电炉的有功功率才会提高，损耗才会降低，产品的单位电耗才能相应地降低。且只有电石炉的热效率高，才能将从电能转换来的总热能充分用于电石生产。

（1）电炉功率因数　功率因数低的根本原因是电感性负载的存在。从功率三角形及其相互关系式中不难看出，在视在功率不变的情况下，功率因数越低（ϕ角越大），有功功率就越小，同时无功功率却越大。功率因数表示总功率中有功功率所占的比例，显然在电感性负载存在的情况下功率因数永远小于1。其计算公式如下：

$$\cos\phi = \frac{R_{总}}{Z_{总}} = \frac{R_{操} + R_{损}}{Z_{总}}$$

从上式中可以看出，降低设备的感抗或提高操作电阻都可以提高功率因数。一般情况下，设备的感抗是固定不变的，只有操作电阻是可变的。同时，电石炉二次电压越高，功率因数也越大。但是二次电压过高，又会引起电极运动电阻、电位梯度的较大变化。电极不能很好地插入料层内，造成明弧操作，对生产反而不利。因此，在二次电压较为合适的情况下，只有提高操作电阻，才能得到较高的电石炉功率因数。

（2）电效率　电石炉的电效率可由下式计算：

$$\eta = \frac{R_{损}}{R_{操} + R_{损}}$$

式中　$R_{操}$——操作电阻，mΩ；

$R_{损}$——设备每相电阻，mΩ；

η——电效率，%。

从上式可以看出，降低设备的电阻可以提高电效率，而提高操作电阻也可以提高电效率。由此可见，提高操作电阻既可以提高功率因数，也可以提高电效率。

（3）热效率　电石炉的热效率可由下式计算：

$$\eta = \frac{Q_C}{Q_S} = \frac{Q_C}{Q_C + Q_W}$$

式中 η——热效率，%；

Q_C——生产电石所需热量，kcal；

Q_S——入炉有功转换成的热能，kcal；

Q_W——生产过程的热损失，kcal。

从上式可以看出，降低生产过程中的热损失，可以提高热效率。

第五节 计算举例

通过前几节中关于电石炉各类参数的讨论，现以 48000kVA 三相圆形组合式把持器电极电石炉为例，具体介绍各参数计算过程：

1. 装置产能的确定

① 电石工艺单耗≤3150kW·h/t；

② 电石发气量≥300L/kg（折标）；

③ 装置年定期检修系数 a_1=0.956；

④ 装置年中期检修系数 a_2=0.989；

⑤ 装置大修检修系数 a_3=0.967；

⑥ 装置容量有效利用系数 a_4=0.98；

⑦ 补偿后功率因数 $\cos\phi \geqslant 0.92$；

⑧ 最佳自然功率因数 $\cos\phi=0.82$。

$$A = \frac{S_n \cos\phi \times 7849}{Q} = \frac{48000 \times 0.82 \times 7849}{3150} \approx 98075(\text{t/a})$$

则单台电石炉需日产电石：$98075 \div 327 \approx 300(\text{t/d})$。

式中，327 为由 $365a_1a_2a_3a_4$ 计算所得的实际有效生产时间。

2. 电气参数的计算

① 变压器容量的计算

最佳入炉有功功率：$P_a = S_n \cos\phi_{佳} = 48000 \times 0.82 = 39360(\text{kW})$

额定负载损耗：$P_{损} = P_a \times 0.5\% = 39360 \times 0.5\% \approx 197(\text{kW})$

实际运行视在功率：$S_a = (P_a + P_{损}) \div \cos\phi_{补} = (39360 + 197) \div 0.92 \approx 42997\text{kVA}$

② 电石炉变压器高压侧供电系统的一次标称额定线电压为110kV，这里实际电压取115kV。

③ 变压器高压侧额定线电流的计算：

$$I_{1,\mathrm{AB}}=\frac{S_{\mathrm{a}}}{U_{1,\mathrm{AB}}\times\sqrt{3}}$$

$$=\frac{42997}{115\times1.732}\approx216(\mathrm{A})$$

④ 变压器低压侧额定线电压计算：

$$U_{2,\mathrm{AB}}=K_{\mathrm{U}}\times\sqrt[3]{S_{\mathrm{n}}}$$

$$=6.40\times\sqrt[3]{48000}\approx233(\mathrm{V})$$

在此，电石炉变压器有载分接开关选用45级，在额定电压的基础上再向上延伸约20%的调节能力，则额定容量下的挡位是10级，其中1～10级为恒功率输出，11～45级为恒电流输出。每级电压差按3.5V计算，则所得的有载调节各级电压如表3-4所示。

表3-4　48000kVA电石炉各级对应二次电压输出参数

输出模式	有载调节	电压/V	输出模式	有载调节	电压/V	输出模式	有载调节	电压/V
恒容输出	1级	271.5	恒流输出	16级	219.0	恒流输出	31级	166.5
	2级	268.0		17级	215.5		32级	163.0
	3级	264.5		18级	212.0		33级	159.5
	4级	261.0		19级	208.5		34级	156.0
	5级	257.5		20级	205.0		35级	152.5
	6级	254.0		21级	201.5		36级	149.0
	7级	250.5		22级	198.0		37级	145.5
	8级	247.0		23级	194.5		38级	142.0
	9级	243.5		24级	191.0		39级	138.5
	10级	240.0		25级	187.5		40级	135.0
	11级	236.5		26级	184.0		41级	131.5
	12级	233.0		27级	180.5		42级	128.0
恒流输出	13级	229.5		28级	177.0		43级	124.5
	14级	226.0		29级	173.5		44级	121.0
	15级	222.5		30级	170.0		45级	117.5

⑤ 变压器低压侧额定线电流计算：

$$I_{2,\mathrm{AB}}=\frac{S_{\mathrm{a}}}{U_{2,\mathrm{AB}}\times\sqrt{3}}\times1000$$

$$=\frac{42997}{233\times1.732}\times1000\approx106545(\mathrm{A})$$

⑥ 电极额定相电流计算：

$$I_{A}=\frac{I_{2,AB}}{\sqrt{3}}$$
$$=\frac{106545}{1.732}\approx 61516(A)$$

⑦ 电极额定相电压计算：

$$U_{A}=\frac{U_{2,AB}}{\sqrt{3}}$$
$$=\frac{233}{1.732}\approx 135(V)$$

3. 电石炉几何参数的计算

① 电极直径的计算：

$$D_{e}=2\sqrt{0.3183\frac{I_{2,AB}}{I_{\Delta}}}$$
$$=2\sqrt{0.3183\times\frac{106545}{0.068}}\approx 1413(mm)\quad（取 1415mm）$$

② 电极同心圆直径的选择与计算：

$$D_{C}=K_{C}D_{e}$$
$$=2.97\times 1413\approx 4197(mm)\quad（取 4200mm）$$

③ 电石炉炉膛内径的计算：

$$D_{L}=K_{DL}D_{e}$$
$$=7.425\times 1415\approx 10506(mm)\quad（取 10500mm）$$

④ 电石炉炉膛深度计算：

$$H_{L}=K_{HL}D_{e}$$
$$=2.25\times 1415\approx 3183(mm)\quad（取 3200mm）$$

⑤ 电石炉炉壳内径与炉壳高度的选择：

$$D_{I}=D_{i}+1300$$
$$=10500+1300=11800(mm)$$

炉壳高度需根据炉膛深度、炉底碳砖层厚度、保护耐火砖厚度、出炉嘴长度和安装角度、出炉锅车高度等因素综合考虑，但应当保证炉底碳砖层的厚度不小于1380mm，四层结构较合适，炉底耐火材料总厚度不小于 2100mm 为佳，因此炉壳高度为 5000mm。

4. 电气-几何参数的计算与校核

① 电石炉炉底平均电能强度计算：

$$P_S = \frac{4P_a}{\pi D_L^2} = \frac{4\times 39360}{3.14\times 10.5^2} \approx 456(\text{kW/m}^2)$$

② 电石炉炉膛平均电能强度计算：

$$P_V = \frac{4P_a}{\pi H_L D_L^2} = \frac{4\times 39360}{3.14\times 3.2\times 10.5^2} \approx 143(\text{kW/m}^3)$$

③ 电极同心圆电能强度计算：

$$P_{DC} = \frac{4P_a}{\pi D_C^2} = \frac{4\times 39360}{3.14\times 4.2^2} \approx 2842(\text{kW/m}^2)$$

④ 熔池直径的校验：

$$D_r = 2\sqrt{\frac{P_a}{3\pi P_r}}\times 10 = 2\sqrt{0.1061\times\frac{39360}{0.094}}\times 10 \approx 4215(\text{mm})$$

⑤ 电石炉的流压比计算：

$$\text{LY} = \frac{I_A}{U_A} = \frac{61516}{135} \approx 456(\text{A/V})$$

$$K_g = \frac{I_A}{U_A\sqrt[4]{S_a}} = \frac{61516}{135\times\sqrt[4]{42997}} \approx 31.6$$

经过上述对 48000kVA 电石炉各电气、几何等参数的计算并优化后，列表见表 3-5 所示：

表 3-5 48000kVA 电石炉各参数

项目	参数值	项目	参数值
电石炉视在功率/kVA	48000	自然功率因数	0.82
有功功率/kW	39360	一次线电压/kV	115
一次线电流/A	216	二次额定线电压/V	233

续表

项目	参数值	项目	参数值
二次额定线电流/A	106545	有载调节	45 级
电极直径/mm	1415	电极同心圆直径/mm	4200
炉膛内径/mm	10500	炉壳外径/mm	11800
炉膛深度/mm	3200	炉底平均电能强度/（kW/m^2）	456
炉膛平均电能强度/（kW/m^3）	143k	同心圆平均电能强度/（kW/m^2）	2842
熔池直径（理论）/mm	4215	流压比系数	31.6

第六节　密闭电石炉生产工艺安全联锁

1. 加料系统联锁

从配料站上振动给料机→称量料斗→下振动给料机→混料胶带输送机→炉顶分料胶带输送机→圆盘加料机→炉顶料仓

① 正常启动时按照原料输送方向逆向联锁启动，正向停止。

② 当系统中某一设备故障停车（或跑偏、拉绳、限位等安全装置动作）时，它的下级所有设备可以正常运行，上级所有设备联锁全部停车。

③ 炉顶料仓料位降至 2800mm 时加料信号发出，联锁打开相应的刮板并启动圆盘加料机以及上料输送设备。加料顺序：以发出求料信号的先后顺序依次进行加料，一个料仓只能自动加入一批炉料；当料仓料位降至 2000mm 时紧急加料信号及报警信号发出，则优先给紧急求料信号及报警信号发出的料仓加料，该料仓加料完毕，料位达到高料位时，再按顺序给其他料仓加料。当任一料仓料位降至 1500mm 时，自控系统联锁电石炉停车。

根据生产实践并结合计算得知，电石炉每批炉料为 1000kg 生石灰配以 600kg 左右焦炭，混合后根据堆积密度算得每次加入料仓的高度在 700～800mm 之间。因此料仓的加料信号应在料仓上沿向下 1000mm 的位置安装或设定；紧急加料并报警信号应在料仓上沿向下至 1800mm 的位置安装或设定；紧急联锁停车信号应在料仓上沿向下 2500mm 的位置安装或设定。经多方查阅图纸得知，一般炉顶料仓直桶段总高度在 3800～4200mm 之间，为了确保炉顶料仓料封安全可靠，因此联锁停车料位以下应始终保持不小于 1500mm 的安全料封，以确保炉气不因料仓放空而上溢，发生人员中毒或闪爆事故。

以上料位数据是以料仓直径 1500mm、直筒高度 3800mm、每批料以 1t 生石灰配以 0.6t 炭材为例计算设置的（仓底锥部不计算在内），如料仓高度、直径不同时，可通过计算做适当调整。

④ 配料系统设备启停顺序联锁应在现场设声光报警提示。

2. 电石炉联锁

① 炉压联锁：炉气压力设定为±10Pa，当炉压≤−10Pa 时联锁降低净化风机频率，每次 1～2Hz 为宜；当炉压达到 5Pa 时联锁增加净化风机频率（同前）；当炉压＞100Pa 时，联锁打开直排放散烟道蝶阀，进行泄压；当炉压下降至≤10Pa 时联锁关闭直排放散烟道蝶阀，辅以净化风机频率调节，并设声光报警提示。炉压信号二选一方案。

② 炉气温度联锁：炉气温度（空冷前温度）≤800℃时为正常，＞800℃时报警，＞1000℃时联锁停车；当除尘器布袋仓温度≥260℃时联锁报警，当布袋仓温度≥270℃时联锁关闭净化烟道蝶阀，净化系统联锁停车并关闭净化送气阀，同时联锁打开直排放散烟道蝶阀及电石炉联锁停车，设声光报警提示。温度信号二选一。

③ 炉气氢含量联锁：炉气中氢含量的高低用来判断炉内原料含水量或炉内设备是否漏水，因此设定炉气中氢含量应根据所使用不同类型的炭材决定。使用的炭材以焦炭为主时，H_2≤12%为正常；当 H_2 含量在 12%＜H_2≤15%之间波动时报警提示；当氢含量＞15%时，延时 120s 后，如氢含量继续上升而未下降，则联锁电石炉停车，并联锁关闭净化烟道蝶阀，停止净化系统运行，关闭净化送气阀，同时联锁打开直排放散烟道蝶阀；使用的炭材以兰炭为主时，H_2≤15%为正常；当 H_2 含量在 15%＜H_2≤18%之间波动时，报警提示；当 H_2 含量＞18%时，延时 120s 后，如氢含量继续上升而未下降，则联锁电石炉停车，其他同上。氢气含量在线分析信号二选一。

④ 炉气氧含量联锁：电石炉在正常生产时，炉气中氧气含量＜0.1%为正常；当氧气含量≥0.1%时联锁报警；当氧含量≥0.5%时联锁打开电石炉直排阀，同时联锁电石炉净化系统停车并关闭净气烟道阀门，关闭净化送气阀，微量打开氮气进行保护置换，同时联锁电石炉炉停车，设声光报警提示。氧气含量在线分析信号二选一。在电石炉停车后重新启动时，应退出氧含量自动联锁，在置换过程中，当系统中氧含量＜1%时即可送电启动，当系统中氧含量＜0.5%时，联锁即可投入使用。

⑤ 直排放散烟道蝶阀应为事故常开阀，当此阀驱动失压或阀门故障时，该阀应自动打开（故障开），同时联锁停止净化系统运行并关闭净气烟道阀，关闭净化送气阀。净化烟道蝶阀应为事故常关阀，当此阀驱动失压或阀门故障时，该阀应自动关闭（故障关），同时联锁停止净化系统运行，关闭净化送气阀并联锁打开电石炉直排烟道阀。设声光报警提示。

⑥ 当电石炉二次电流瞬时超过额定电流的 120%或低于额定电流的 50%时，联锁电石炉停车，同时联锁关闭净化进气阀，停止净化系统运行，关闭净化送气阀。同时联锁打开电石炉直排阀。

⑦ 当回水总管温度＞50℃时报警，当给水温度＞40℃时报警；当给水总管压力＜0.25MPa 时报警，＜0.2MPa 时联锁电石炉停车。

⑧ 当炉面 CO 浓度＞34.28mg/m^3（30ppm）时，联锁启动排风机。

⑨ 电气联锁按照电石炉特种变压器继电保护要求进行联锁。

3. 电石炉自动控制

（1）电极自动压放控制

电极自动压放控制程序是根据电极压放工艺流程及安全要求编制的。现以 A 项电极 8 组压放装置为例说明。

首先应设定一个电极压放间隔周期，一般情况下应间隔 35～60mm 压放一次（根据电极消耗情况确定）。在自动压放投入运行前，应首先分别设定每相电极的压放周期时间，然后切换为自动压放模式，此时计算机程序开始计时。当达到压放开始时间时，第 1 组压放装置的夹紧油缸动作，松开夹钳，时间为 2s；接着升降油缸动作，压放缸升起，时间 3s；之后夹紧油缸动作，夹钳恢复收紧，时间 2s；延时 3s 后，第 2 组压放装置按第一组动作程序完成压放装置动作，依次类推。当第 8 组压放油缸升起程序完成时，这时 8 组压放油缸同时动作，油缸同步下降共同将电极压下，时间为 5s。这时 A 相电极压放完成并开始计时下一次压放时长，压放本相电极共耗时 85～90s。

A 相电极压放完成后，自动或手动调整该相电极电流在略小于额定电流状态下运行 300s 无异常后，B 相、C 相电极执行相同的程序完成压放。三相电极全部完成压放总计需要耗时 855～870s。

注意事项：

① 电极带电运行期间，任何条件下都禁止两相及以上电极同时压放！在实际运行过程中有可能出现三相电极循环计时重叠现象，这时按先后顺序压放，时间顺延。

② 各相电极压放前应在最后一组压放装置执行的同时，同步将该相电极上升 20～30mm，以防压放电极后过电流，压放后电流控制在略小于额定电流下运行 5min 以上，无异常后再升至额定电流。

③ 在压放电极过程中或完成之后，如果发现电流异常，应紧急停电处理。

（2）电极升降（负荷）自动控制

电极升降（负荷）自动控制有恒电流控制和恒功率控制两种模式。恒电流控制模式就是当电石炉达到额定负荷时，二次电压基本保持不变，给定一个额定基准电流值，再设定一个允许偏差电流值，程序将实际电流值与设定电流值相比较，将电流控制在给定值范围内。当实际电流值大于上限时，将电极向上提起一点，当实际电流值小于下限时，将电极下降一点，上升或下降的幅度根据油缸升降线位移速度调整。这要根据实际情况确定，也就是电磁阀流量控制。电极上下波动的频繁程度由电流偏差值范围决定，偏差值较大时，电极上下波动少，偏差值较小时，电极上下波动多，这需要根据炉料电阻、料面支路电流、料层结构、炉料下降速度、三相熔池贯通情况、出炉情况等因素综合评估决定。在恒电流模式下，电石炉功率随电流的升降而升降。恒功率模式下，当电石炉达到额定负荷（功率）时，也要设定一个基准功率和一个功率偏差值，程序根据负荷情况，结合电极入炉深度、二次电压高低、功率因数综合判断进行调整：或调整二次电压，电流基本不变；或调整电流，电压基本不变；或两者同时调整，以达到额定功率。恒功率模式下，功率基本保持不变，但电流与电压成反比例变化。

需要注意事项：

① 电流的瞬时变化超过一定比例时应判断为电极异常，停止电极自动跟进或联锁停车。

② 应设定电极上、下极限位置。

③ 炉内布料器应尽量完好，料面要求整体平整。

④ 保持出炉相对定时定量，不得忽多忽少、时长时短，引起熔池忽高忽低剧烈变化。

第四章

原、辅材料特性及质量指标

电石生产所涉及的原料及产品，大多具有腐蚀、有毒、易燃易爆等特性，在生产过程中因为不了解其性质、危害、防护措施等，有时会造成一定的安全事故和人身伤害。因此，了解掌握所涉及的原料、产品特性很有必要。密闭炉电石生产所使用或涉及的原、辅材料及公用介质有：石灰石、生石灰、熟石灰、碳素材料、一氧化碳、氮气、压缩空气、乙炔及电石等，下面分别予以介绍。

第一节　石灰石的特性

1. 石灰石简介

石灰石俗称青石、灰岩，是矿物的集合体。石灰石的主要成分是 $CaCO_3$，主要矿物成分是方解石，其次常含有白云石、菱镁矿及其他碳酸盐类矿物。纯石灰岩的化学成分接近 $CaCO_3$ 理论成分，其中 CaO 含量约占 56.04%，CO_2 占 43.96%。

石灰石以方解石微晶呈现，晶体形态复杂，常呈偏三角面体及菱面体，浅灰色或青灰色的致密块状、粒状、结核状及多孔结构状，在 825～896℃之间分解为 CaO 和 CO_2，遇稀酸发生泡沸并溶解。

石灰石主要应用于水泥烧制、塑料制造、橡胶生产、建筑涂料、造纸业及食品添加剂等，也是许多化工工业的重要原料。石灰石可直接烧制成生石灰用于电石生产。

石灰石在自然界储藏量很大，是国民经济中应用量最为广泛的非金属之一，其分布约占我国国土面积的 35.8%以上，因此全国各地几乎都有这类矿床。我国石灰石资源占世界总储量的 64%以上，是具有绝对优势的天然资源。据国家有关部门统计，安徽省探明石灰岩储量 98.63 亿吨，为全国之冠；其次为河南、陕西、山东、广东、内蒙古、河北 6 省各约 50.30～73.46 亿吨；湖南、广西、四川均超过 40 亿吨。

2. 碳酸钙的物理性质

碳酸钙（$CaCO_3$）是一种无机化合物，呈中性，白色固体状，无味、无臭，有无定形和结晶型两种形态。结晶型中又可分为斜方晶系和六方晶系，呈柱状或菱形，难溶于水和醇，溶于氯化铵溶液。与稀酸反应时，放出二氧化碳，为放热反应。

中文名：碳酸钙　英文名：calcium carbonate
别称：石灰石，石灰粉　化学式：$CaCO_3$
分子量：100.09　CAS 登录号：471-34-1
EINECS 登录号：207-439-9　熔点：1339℃
水溶性：不溶于水　外观：白色固体
密度：2.93g/mL（25℃）　电解质：强电解质
吸潮能力：有轻微的吸潮能力　酸碱性：碱性
遮盖力：有较好的遮盖力
应用：用于造纸、冶金、玻璃、制碱、橡胶、医药、颜料、有机化工等部门
含其他物质含量：二氧化硅 0.07%～1%、三氧化二铝 0.02%～1%、三氧化二铁 0.03%～1%、氧化钙 48%～55.22%、氧化镁 0.08%～1%。

3. 碳酸钙的化学性质

① 遇稀酸发生暴沸并溶解。在一个大气压下将碳酸钙加热到 850℃会分解成生石灰和二氧化碳（工业制取 CO_2）：

$$CaCO_3 \xlongequal{\text{高温}} CaO + CO_2 \uparrow$$

② 混有 $CaCO_3$ 的水通入过量二氧化碳，生成碳酸氢钙。

$$CaCO_3 + CO_2 + H_2O \xlongequal{} Ca(HCO_3)_2$$

4. 健康危害

从事开采、加工的工人常出现上呼吸道炎症、支气管炎，或伴有肺气肿。X 射线胸片上出现淋巴结钙化，肺纹理增强。硅沉着病主要与本品中所含的二氧化硅杂质有关。

5. 质量指标

因电石生产用石灰石经过煅烧后与炭材参与化学反应生成电石，因此其质量指标要求比其他工业建筑要求要高。质量指标要求见表 4-1。

表 4-1　电石生产用石灰石质量指标

检测项目	指标要求	检测项目	指标要求
外观	灰色或深灰色，纹理均匀，不得有铁红或明显硅、铝类杂质	粒度	15～50mm（回转窑） 30～80mm（立式窑，不同窑型） 合格率≥90%
$CaCO_3$	≥95%	CaO*	≥52%
MgO*	≤0.8%	SiO_2*	≤1%
Fe_2O_3	≤0.5%	Al_2O_3	≤0.5%
P	≤0.008%	S	≤0.1%

注：1．本表质量指标参照 YB/T 042—2014《冶金石灰》标准制定。
2．本表中带*号项目为进厂原料必检项，其他为抽检项。
3．质量检验参照 YB/T 042—2014《冶金石灰》标准进行。
4．可露天堆放或库棚统一储存，防止机械碾压。

第二节　生石灰的特性

1. 生石灰简介

生石灰的主要成分是氧化钙。氧化钙是一种无机化合物，呈白色粉末状，不纯者为灰白色，含有杂质时呈淡黄色或灰色，具有极强吸湿性。生石灰可用作原料制造电石、纯碱、漂白粉、冶金助熔剂、水泥速凝剂等，也用于建筑材料、耐火材料、干燥剂等的生产。

2. 氧化钙的物理性质

中文名：氧化钙
英文名：calcium oxide
别 称：生石灰；煅烧石灰
化学式：CaO
分子量：56.077
CAS 登录号：1305-78-8
EINECS 登录号：215-138-9
熔点：2572℃（2845K）
沸点：2850℃（3123K）
水溶性：与水反应，生成氢氧化钙
密度：$3.350g/cm^3$
外观：白色固体
燃点：不可燃
应用：干燥剂、电石等生产过程
安全性描述：较为安全
管制信息：不受管制

3. 氧化钙的化学性质

① 氧化钙为碱性氧化物，对湿敏感，易从空气中吸收二氧化碳及水分，与水反应生成氢氧化钙并产生大量热，有腐蚀性。

$$CaO + H_2O \xlongequal{} Ca(OH)_2$$

② 氧化钙是一种强碱，能与各类酸发生中和反应，生成盐。

$$CaO+2HCl \xlongequal{} CaCl_2+H_2O \qquad CaO+H_2SO_4 \xlongequal{} CaSO_4+H_2O$$

③ 氧化钙与碳素材料在高温条件下生成碳化钙（电石）

$$CaO+3C \xlongequal{} CaC_2+CO\uparrow \quad \text{（电石生成原理）}$$

④ 活性度：表征生石灰水化反应速度的指标。标准大气压下 10min 内，50g 生石灰溶于 40℃恒温水中使生石灰水化产生的 $Ca(OH)_2$ 被 4mol/L 的 HCl 水溶液刚好中和所消耗的盐酸的体积（毫升）就定义为生石灰的活性度。

生石灰的活性度与石灰的组织结构与煅烧温度和煅烧时间密切相关。影响生石灰活性度的组织结构包括体积密度、气孔率、比表面积和 CaO 矿物的晶粒尺寸。晶粒越小，比表面积越大，气孔率越高，生石灰活性就越高，化学反应能力就越强。目前生石灰活性度平均值一般可以超过 330mL。

4. 制备方法

工业上将石灰石在窑炉内高温煅烧，分解生成生石灰并放出二氧化碳气体。

5. 安全措施

① 呼吸系统防护：可能接触其粉尘时，建议佩戴自吸过滤式防尘口罩。

② 眼睛防护：必要时，佩戴化学安全防护眼镜。

③ 躯体防护：穿防酸碱工作服。

④ 手防护：戴橡胶手套。

⑤ 其他：工作场所禁止进食和饮水，饭前要洗手，工作完毕需淋浴更衣，注意个人清洁卫生。

⑥ 泄漏防护：隔离泄漏污染区，限制出入。建议应急处理人员戴自吸过滤式防尘口罩，穿防酸碱工作服，不要直接接触泄漏物。小量泄漏时避免扬尘，将泄漏物收集于干燥、洁净、有盖的容器中；大量泄漏时喷雾状水控制粉尘，保护工作人员。

6. 注意事项

① 生石灰长时间在空气中暴露会吸收空气中的水分生成熟石灰。因此生石灰最好现买（或现产）现用，若暂时不用应遮盖并密封保存。

② 生石灰不能和漂白粉、强氯精等卤素类药物混用。

③ 生石灰忌与敌百虫同时施用。

④ 不宜与有机络合物混用。

⑤ 不能和硫酸铜等同时使用，也不能和钙、镁等重金属盐混用。

7. 储存运输

① 运输注意事项：起运时包装要完整，装载应稳妥。运输过程中要确保容器不泄漏、不倒塌、不坠落、不损坏。严禁与易燃物或可燃物、酸类、食用化学品等混装混运。运输时运输车辆应配备泄漏应急处理设备。雨天不宜运输。

② 储存注意事项：储存于阴凉、通风的库房。库内湿度最好不大于 70%。包装必须完整密封，防止吸潮。应与易（可）燃物、酸类等分开存放，切忌混储。储存区应有合适的材料以备收容泄漏物。

8. 生石灰的质量指标

生石灰直接与炭材混合进入电石炉内，在高温条件下反应生产电石，因此对电石生产用生石灰的质量指标要求也比较高。具体指标见表 4-2。

表 4-2　电石生产用生石灰质量指标

检测项目	指标要求		检测项目	指标要求	
	一级指标	二级指标		一级指标	二级指标
外观	白色块状固体		粒度	5～50mm，合格率≥90%	
CaO*	≥90%	≥88%	Fe_2O_3	≤1%	≤1.5%
MgO*	≤1.2%	≤1.5%	Al_2O_3	≤1%	≤1.5%
SiO_2	≤1.5%	≤2.0%	P	≤0.01%	≤0.015%
S	≤0.15%	≤0.2%	生过烧率*	≤5%	≤8%
活性度*	≥350	≥330			

注：1. 本表质量指标参照 YB/T 042—2014《冶金石灰》标准制定。

2. 本表中带*号项目为进厂原料必检项，其他为抽检项。

3. 质量检验参照 YB/T 042—2014《冶金石灰》标准进行。

4. 必须储存于阴凉干燥、通风的库棚或桶仓内，应防潮防水，防止机械碾压。

第三节　熟石灰的特性

1. 熟石灰简介

熟石灰或消石灰是俗名，是生石灰遇水或潮湿空气发生反应的产物。其主要成分为氢氧化钙，是一种无机化合物，化学式 $Ca(OH)_2$，白色粉末状固体。加水溶解静置后，呈上下两层，上层水溶液称作澄清石灰水，下层悬浊液称作石灰乳或石灰浆。上层澄清石灰水可以检验二氧化碳，下层浑浊液体石灰乳是一种建筑材料。氢氧化钙是一种强碱，具有杀菌与防腐作用，对皮肤，织物有强腐蚀作用。氢氧化钙在工业中有广泛的应用。它是常用的建筑材料，也用作杀菌剂和化工原料等。但在电石生产过程中，入炉熟石灰对生产是有害的。

2. 氢氧化钙的物理性质

中文名：氢氧化钙　英文名：calcium hydroxide

别称：熟石灰、消石灰　化学式：$Ca(OH)_2$

分子量：74.096　CAS 登录号：1305-62-0

EINECS 登录号：215-137-3　熔点：580℃

沸点：2850℃　水溶性 1.65g/L(20℃)(微溶)

密度：2.24g/mL(25℃)　外观：白色粉末状固体

应用：用于建材、化工原料；水溶液可用作杀菌剂。　危险性符号：C/Xi

危险性描述：腐蚀性、刺激性　危险品运输编号：UN 3262 8/PG 3

摩尔质量：74.096g/mol　酸碱性：碱性

3. 氢氧化钙的化学性质

① 氢氧化钙是强碱，对皮肤、织物有腐蚀作用。

② 紫色石蕊试液遇氢氧化钙显蓝色，无色酚酞试液遇氢氧化钙显红色。

③ 氢氧化钙与二氧化碳反应：$CO_2+Ca(OH)_2 = CaCO_3\downarrow+H_2O$。

④ 氢氧化钙与酸反应，生成盐和水。如：$2HCl+Ca(OH)_2 = CaCl_2+2H_2O$。

⑤ 氢氧化钙与某些盐反应，生成另一种碱和另一种盐。

4. 毒理学数据

急性毒性：大鼠经口 LD_{50} 为 7340mg/kg；小鼠经口 LD_{50} 为 7300mg/kg。

属强碱性物质，有刺激和腐蚀作用。吸入粉尘，对呼吸道有强烈刺激性，可引起肺炎。眼接触亦有强烈刺激性，可致灼伤。

5. 安全措施

（1）健康危害　氢氧化钙粉尘或悬浮液滴对黏膜有刺激作用，能引起喷嚏和咳嗽，和碱一样能使脂肪皂化，从皮肤吸收水分、溶解蛋白质、刺激及腐蚀组织。吸入石灰粉尘可能引起肺炎。人体过量服食或吸入氢氧化钙会导致呼吸困难、内出血、肌肉瘫痪、低血压，并阻碍肌球蛋白和肌动蛋白系统，增加血液的 pH 值，导致内脏受损等。

（2）急救措施

① 皮肤接触：应立即用大量水冲洗，再涂上3%～5%的硼酸溶液。

② 眼睛接触：立即提起眼睑，用流动清水或生理盐水冲洗至少15min或用3%硼酸溶液冲洗，及时就医。

③ 吸入：迅速离开现场至空气新鲜处。必要时进行人工呼吸，及时就医。

④ 食入：尽快用蛋白质类（牛奶、酸奶等奶制品）液体清洗干净口中毒物。患者清醒时立即漱口，口服稀释的醋或柠檬汁，及时就医。

（3）危害防治

① 呼吸系统防护：必要时佩戴防毒口罩。

② 眼睛防护：佩戴化学安全防护眼镜。

③ 躯体防护：穿工作服（防腐材料制作）。

④ 手防护：戴橡胶手套。

⑤ 其他：工作后，淋浴更衣。注意个人清洁卫生。

6. 储存运输

① 运输注意事项：起运时包装要完好，装载应稳妥。运送过程中要保证容器不泄漏、不坍毁、不掉落、不损坏。严禁和易燃物或可燃物、酸类、食用化学品等混装混运。雨天不宜运送。

② 储存注意事项：贮存于阴凉、通风的仓库。库内湿度不大于70%为最佳。包装应完好密封，避免吸潮。应与易（可）燃物、酸类等分隔寄存，切忌混储。存储区应该有适宜材料以备收容泄漏物。

第四节 炭材的特性

1. 焦炭（冶金焦）

焦炭是固体燃料的一种，是煤在约1000℃的高温条件下经干馏而获得。主要成分为固定碳，其次为灰分，所含挥发分和硫分均甚少。呈银灰色，具有金属光泽，质硬而多孔。其发热量大多为26380～31400kJ/kg。按用途不同，有冶金用焦炭、铸造用焦炭和化工用焦炭三大类。主要用于冶炼电石、钢铁和其他金属，亦可用于制造水煤气，作煤气化等化学过程的原料。

焦炭按粒度不同分为块焦、碎焦、焦屑。电石生产中要求焦炭的固定碳越高越好，灰分越少越好。其粒度对冶炼有很大影响，粒度大的焦炭比电阻小，电极下插困难，反应表面积也小，还原能力相应较低，故粒度大的焦炭加入炉内会使炉况恶化；粒度小的焦炭比电阻大，接触面积大，使电极下插容易，反应快，但粒度过小又会降低炉料的透气性。所以焦炭应有一定的合适粒度。粒度的大小与炉子容量有关，大型电石炉用的焦炭粒度稍大，小型电石炉用的焦炭粒度较小。配料过程中，应经常检验焦炭中各项指标，进行炉料配比的校正，使电石炉稳定运行。

（1）焦炭的物理性质

焦炭的物理性质与其常温机械强度、热强度及化学性质密切相关。焦炭的主要物理特性如下：

真密度：1.8～1.95g/cm^3　　视密度：0.88～1.08g/cm^3

气孔率：35%～55%　　散密度：400～500kg/m^3

平均比热容：0.808kJ/(kg・K)（100℃），1.465kJ/(kg・K)（1000℃）

热导率：0.733W/(m・℃)（常温），1.919W/(m・℃)（900℃）

着火温度（空气中）：450～650℃

干燥无灰基低热值：30～32kJ/g

（2）焦炭的力学性质

焦炭力学性质是指用材料力学方法测量和研究焦炭所得的焦炭性质，有焦炭抗压强度、焦炭抗拉强度、焦炭显微强度和焦炭杨氏模量等。这些性质与焦炭气孔壁强度、焦炭气孔结构、焦块中的裂纹直接相关。

（3）质量评价

焦炭是高温干馏的固体产物，主要成分是碳，具有裂纹和不规则的孔孢结构。裂纹的多少直接影响焦炭的力度和抗碎强度，其指标一般以裂纹度（指单位体积焦炭内的裂纹长度）来衡量。衡量孔孢结构的指标主要用气孔率（指焦炭气孔体积占总体积的比例）来表示，它影响焦炭的反应性和强度。不同用途的焦炭，对气孔率的要求不同，一般冶金焦气孔率要求在 40%～45%。焦炭裂纹度与气孔率的高低，与炼焦所用煤种有直接关系。如以气煤为主炼得的焦炭，裂纹多，气孔率高，强度低；而以焦煤作为基础煤炼得的焦炭裂纹少、气孔率低、强度高。焦炭强度通常用抗碎强度和耐磨强度两个指标来表示。焦炭的抗碎强度是指焦炭能抵抗外来冲击力而不沿结构的裂纹或缺陷处破碎的能力；焦炭的耐磨强度是指焦炭能抵抗外来摩擦力而不产生剥离形成碎屑或粉末的能力。

2. 兰炭（半焦）

兰炭又称半焦，是利用神府煤田优质侏罗纪无黏结性或低黏结性的高挥发分烟煤在中低温条件下干馏热解而得到的，具有较低挥发分的固体炭质产品。作为一种新型碳素材料，其以固定碳含量高、比电阻高、化学活性好、含灰分少、低硫、低磷的特性，已逐步取代冶金焦而广泛运用于电石、铁合金、碳化硅等产品的生产，成为一种不可替代的碳素材料。

（1）兰炭的质量指标

① 灰分：灰分含量一般在 8%以下，兰炭灰分少可减少在电石生产中灰分对最终产品的影响，提高产品品质，降低能耗。

② 挥发分：挥发分含量一般要求在 6%以下，低挥发分可降低电耗和减少炉料黏结。

③ 固定碳：兰炭的固定碳含量一般在85%以上，固定碳在冶炼过程中除了有提供热量的作用外，还起着还原剂的作用。同时在混合炉料中还具有骨架的作用，可以增加料层的透气性。

④ 全硫：全硫的含量基本处于 0.3%以下，低硫含量可以保证在生产过程中降低有害成分对电石产品、环境的污染，也可减少煤气的脱硫量，提高煤气品质。

⑤ 磷含量：磷含量为 0.005%以下，磷是铁合金冶炼过程中的有害元素，在铁合金生产中会凝固偏析，影响合金凝固过程，引起晶格开裂，影响合金力学性能和使用寿命，尤其是镍铁合金的冶炼。兰炭中低磷含量在合金的冶炼中起着非常关键的作用。

⑥ 铝含量：铝含量一般小于 2.0%，兰炭中铝含量低可明显降低电石炉冶炼时还原铝氧化物的电耗，实现节能，从而降低冶炼成本，提高经济效益。

⑦ 比电阻（ρ）：兰炭的比电阻 $\rho>3500\mu\Omega\cdot m$，较高的比电阻可以提高电石炉冶炼的效率，使电石炉运行更经济节能。

⑧ 化学活性：兰炭结构疏松，孔隙结构发达，比表面积大，在电石生产中具有很好的化学反应活性。

⑨ 初始水分：初始水分 < 15%。

⑩ 热值：兰炭的热值一般都在 7500kcal（31393.89kJ）以上。

（2）兰炭粒度的分类

兰炭结构为块状，可分为大料、中料、小料及焦面。大料粒度为 26～40mm，中料粒度介于 13～25mm，小料粒度介于 5～12mm，焦面粒度小于 5mm。电石生产中所使用的粒度应以中、小料为宜。

（3）主要用途

兰炭可代替焦炭（冶金焦）而广泛用于化工、冶炼、造气等行业，在生产金属硅、铁合金、硅铁、硅锰、化肥、电石等高耗能产品中得到广泛应用。

3. 兰炭与焦炭的区别

① 原料不同：一般焦炭产品原料主要以具有较强黏结性的焦煤、肥煤等炼焦煤种为主；兰炭以无黏结性或低黏结性的高挥发分烟煤单一煤种生产。

② 品质不同：相比一般意义的焦炭产品，兰炭具有固定碳含量高、比电阻高、化学活性高及灰分低、低硫、低磷、低水分等“三高四低”的优点，但同时兰炭的强度和抗碎性能相对比较差。

③ 用途不同：一般意义的焦炭产品多用于高炉炼铁和铸造等冶金行业，而由于强度和抗碎性能相对较差，兰炭不能用于高炉生产。但在铁合金、电石、化肥等行业，兰炭完全可以代替一般焦炭，并且质量优于冶金焦、铸造焦和铁合金专用焦的多项标准。因而兰炭在提高下游产品质量档次、节约能源、降低生产成本、增加产量等方面，具有更高的应用价值。

④ 技术工艺不同：一般焦炭产品生产多以高温干馏为主，干馏温度通常需要达

到1000℃左右。经过多年发展，目前大型化焦炭炉设备及技术工艺相对成熟，已经具备提高设备单产从而达到大规模生产的条件，近年新建的焦炭炉，每座产量可达50万吨/年左右，最高甚至可超过100万吨/年。兰炭生产多以中、低温干馏为主，干馏温度一般在600℃左右。由于起步较晚，目前兰炭低温干馏炉设备的单炉年产量多数在5万吨/年上下，10万吨/年以上规模的兰炭低温干馏炉设备尚处于探索和试验阶段，大型化设备的技术工艺仍不成熟，仅能运用一炉多门等组合技术实现集中化大规模生产。现在电石生产过程中所使用的碳素材料大部分为兰炭，有时在新开炉过程中在兰炭中掺用部分冶金焦，比例不超过50%。

4. 兰炭的质量指标

电石生产用兰炭质量指标见表4-3。

表4-3　电石生产用兰炭质量指标

检测项目	指标要求	检测项目	指标要求
外观	黑色块状固体	粒度	5～25mm，合格率≥90%
固定碳*	≥85%	挥发分*	≤4%
灰分*	≤8%	初始水分	≤15%
全硫含量	≤0.5%	入炉水分*	≤1%
磷含量	≤0.04%	其他要求	机械强度适中，活性好。

注：1. 本表质量指标参照GB/T 25212—2010《兰炭产品品种及等级划分》标准制定。
2. 本表中带*号项目为进厂原料必检项，其他为抽检项。
3. 质量检验参照GB/T 212—2008《煤的工业分析方法》标准进行。
4. 必须储存于阴凉干燥、通风的库棚或桶仓内，应防潮防水，防止机械碾压，远离火源。

5. 炭材烘干工艺

对于密闭电石炉生产来说，炭材原料的烘干是一个必不可少且极其重要的环节。入炉前炭材所含水分的高低直接影响着电石生产的安全、稳定及产品质量。因此必须高度重视炭材烘干系统设备的运行管理。

（1）炭材干燥工艺原理

干燥是指在化学工业中，借助热能使物料中水分（或溶剂）气化，并由惰性气体带走的过程。例如干燥固体时，水分（或溶剂）从固体内部扩散到表面再从固体表面气化。干燥可分为自然干燥和人工干燥两种。

在电石生产中，炭材干燥通常是指用沸腾炉燃烧产生的热烟气在干燥机内加热湿炭材颗粒，使其中所含的水分（或溶剂）气化而除去，尾气通过收尘器净化后排空。干燥属于热质传递过程的单元操作。干燥的目的是使物料满足下一步生产加工的需要。

干燥系统包括上料系统、热风发生系统、烘干主机、出料系统、引风收尘系统等。除烘干主机外，其他设备均为通用设备。

（2）烘干传热方法

① 直接传热式：适用于被干燥物料对高温不敏感及不怕烟尘污染的情况。其特

点是烟气与被烘干的物料直接接触，热效率高，流体阻力小。电石生产所需炭材烘干属于直接传热式。

② 间接传热式：适用于被干燥物料对高温气体敏感或怕烟尘污染，或用于易扬尘的粉状物料的烘干。其特点是烟气与物料不直接接触，传热效率及烘干效率比较低，已经很少使用。

③ 复合传热式：适用于不能与高温气体接触，不怕污染的烘干过程。其特点是高温烟气不与物料相接触，温度降低后的烟气与物料直接接触，热效率介于上述二者之间，流体阻力较大。

（3）干燥窑内物料与气体的流动方向

① 顺流式：物料与气流的运动方向一致，物料与烟气由同一端进入回转干燥窑窑体内，含水分较多的物料与温度高、湿度低的气体首先接触，此时物料温度很快上升到气体的湿球温度，而烟气与物料表面水汽的浓度差较大。由于两者温差较大，热交换急剧，所以干燥的速度很快。随着物料和烟气在窑内不断前进，干燥不断进行，物料的水分会逐渐减少，同时温度会逐渐升高，而烟气的温度会逐渐降低，湿度逐渐升高。

② 逆流式：物料与气流在窑内的运动方向相反，湿物料和高温低湿的气体分别由两端进入窑内且相向流动。将要烘干的物料进入窑内与温度低、湿度高的气体接触，这样形成了开始阶段干燥速度不太快而结束阶段干燥速率不太慢的现象，因此在整个过程中干燥速率比较均匀。

一般工业上所烘干的原料，都不希望温度过高。有的温度过高时会发生晶化而失去活性；有的会失去化学结合水，降低其可塑性；有的会燃烧，失去挥发分。这些变化对生产都不利，甚至是危险的，因此一般不用逆流式干燥窑。

（4）炭材干燥窑的分类

电石生产用炭材干燥窑大致可分为两类：一类是运动式，另一类是静止式。运行式又可分为回转窑式和阶梯振动给料式。下面分别介绍一下回转窑和立式窑。

① 回转干燥窑　回转干燥窑在冶金行业中应用最为广泛，问世已逾百年，尤其在有色金属生产中更是占有重要的地位，用来对矿石、精矿、中间产物进行加热脱水处理。回转干燥窑与其他干燥设备相比，具有许多优点：生产能力大，可连续操作；结构简单，操作方便；故障少，维修费用低；适用范围广，流体阻力小，可以用它干燥颗粒状物料，对于那些附着性大的物料也很有利，但其使用过程中的高能耗一直是困扰企业的难题。

回转干燥窑由一套传动装置通过减速机小齿轮带动烘干机窑筒上的大齿轮，使之不停地匀速转动。筒体由两组或更多组托轮支撑并有一定倾角。物料从筒体略高一端进入，从另一端排出；同时热风由筒体入料口送入，与筒内翻滚物料进行充分热交换后，由筒体尾部引风系统抽出，从而完成干燥或冶炼过程。由于窑内完成的过程不同，因此处理数量不等、窑体的直径和长度差异极大。如图 4-1 所示：

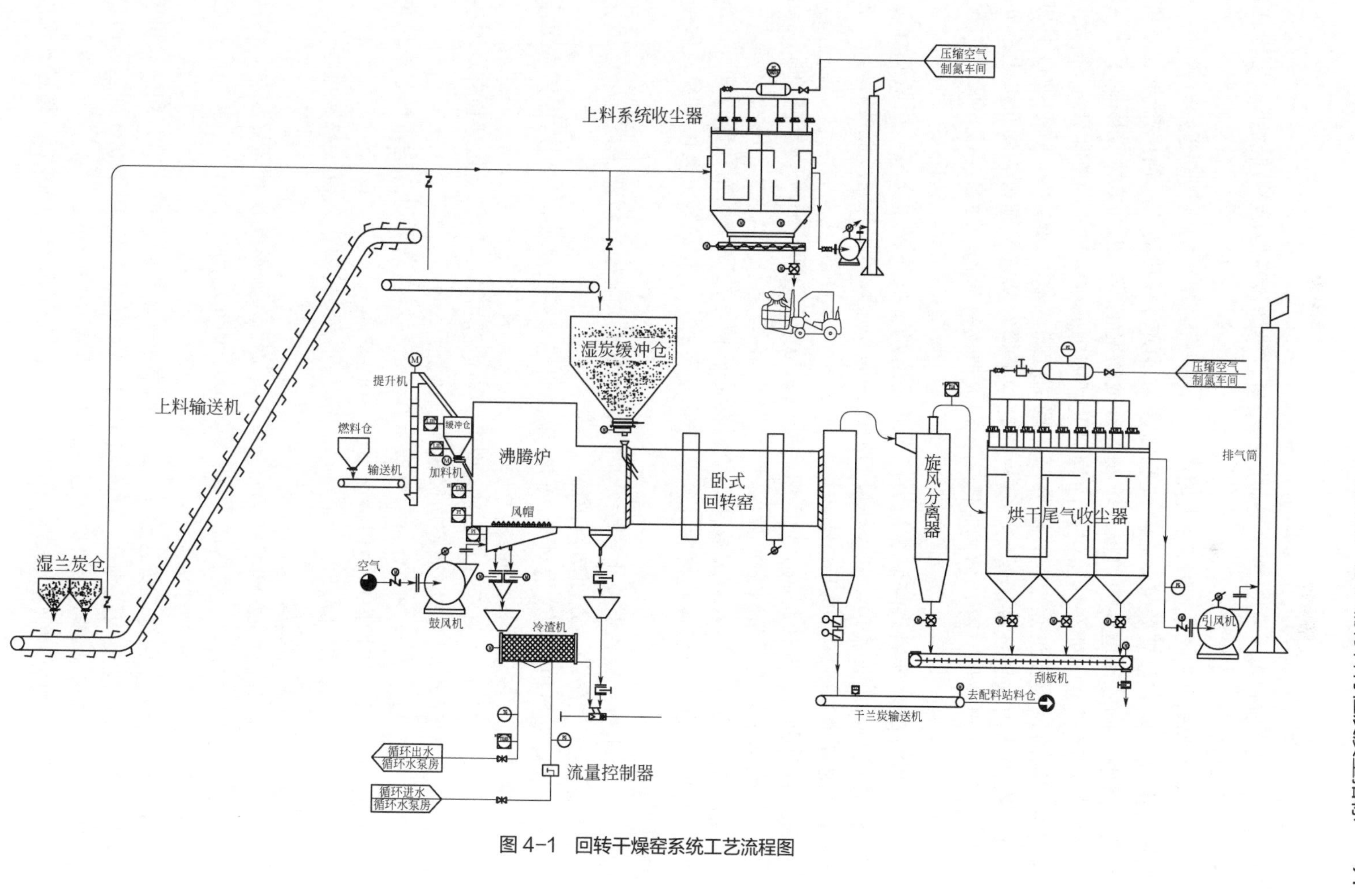

图 4-1　回转干燥窑系统工艺流程图

a．提高回转干燥窑工作效率的方法

i．提高气流温度：在提高炉温对产品质量、操作没有影响的前提下，可以通过适当提高炉温，强化生产。

ii．增加物料与热气流的接触表面积与接触时间：增大物料与烟道热气的接触表面积对提高产能有显著效果。在干燥窑内，物料随窑身转动，沿筒壁抬升一定高度便向下滑动，同时缓慢地向前推进，物料分散情况很差，因而大大地限制了热气流与物料的接触机会。处在料层里面的物料，其周围的水蒸气不易被带走，降低了干燥速度。同时，物料受热不均，容易产生局部过热现象，对受热分解的物料不利。因此，在筒体内安装各种形式的扬料板。有些干燥窑从窑尾到窑头的长度上都安装有扬料板，使用效果良好。但同时因为扬料板把物料扬起，随窑尾废气带走的粉尘量也大大增加。

iii．做好隔热保温，降低热损失：主要是给烘干机外表面安装一层隔热保温材料，以降低筒体内外温差，减少热量的散失，提高热效率，从而降低能耗。

b．沸腾炉与干燥机的开车操作

i．启动引风机并控制风机频率或启动后调整风门开度，使炉内呈微负压状态。

ii．启动干燥机不带料空负荷运转。

iii．在沸腾炉内加入一定数量的床料覆盖风帽，约高出风帽顶部 20～30cm，然后启动送风机，调整风量观察床层流化态是否均匀。经观察，流化态合适后停止送风机。

iv．在床料上放入适量干木柴并点燃，待木柴全部燃透为红热木炭后，用单钩工具将燃透木炭敲碎，方便均匀预热。

v．启动鼓风机，调整送风量，同时配合调整引风机风量，使炉内保持微负压状态，微微沸腾，预热床料升温。

vi．当炉内温度上升至 500℃时，根据炉内情况可人工加入适量煤粉并适时搅拌床料，根据沸腾和温度情况调整送风量和引风量。

vii．当温度上升至 800℃时，可改用圆盘给料机自动加煤，适量调整送风量，适当加大引风量，使炉内压力保持在−100～0Pa 之间。

viii．当干燥机尾部温度≥100℃时，开始向干燥机内投入湿炭材，过程中严格控制布袋除尘器进口温度。

ix．控制炉膛温度在 800～950℃之间，根据温度变化情况调整燃煤量、湿炭材投入量，稳定生产负荷，炉内压力保持在−100～0Pa 之间。

c．具体操作方法和注意事项

i．沸腾炉必须保持微负压操作。通过调节引风机风门（或频率）和鼓风机风门（或频率）来保证炉膛内压力在−100～0Pa 之间。炉膛压力低于−100Pa 或正压时应通过调整引风机风量或调整鼓风机风量来调节，保证炉内微负压。

ii．沸腾炉温度控制在 850～950℃之间，最高不得超过 1000℃，超过此温度时应立即减少进煤量或停止加燃煤和人工向炉膛内补充适量冷床料降温，也可通过加大引风机风量和鼓风机风量控制温度在指标范围内。

iii．调节生产增加负荷时必须先增加送风量，后增加燃煤量，使加入炉内的燃煤有足够的风量及氧气使其燃烧充分；同时要增加引风量，严防出现炉内正压喷火喷料现象。

iv．炉膛内送风压力必须稳定控制在指标范围内（4.5～5.5kPa），在引风机、鼓风机正常工作的情况下，通过排出炉膛内的炉渣来控制送风压力。当鼓风风压达到5.5kPa 时应及时排渣，将风压降至 5kPa。现场根据炉内料层沸腾情况控制下渣量，保证炉内料层沸腾效果。

v．燃煤粒度稳定控制在＜8mm 范围。

② 静止立式烘干窑 立式烘干窑的干燥原理与回转窑相同，所不同的是，在实际生产中物料从竖直的筒体顶部加入，在重力作用下自上而下自由下落，从底部排出；热风从炭材在筒体夹层中形成的"幕墙"一侧穿透到另一侧，高温烟气与炭材进行热交换，从而将湿炭材中的水分气化带走，达到烘干的目的。其工艺流程如图 4-2 所示：

a．结构：烘干主机是由三个直径不同的同心圆组合成内、中、外三层的圆柱筒体。其中内、中层由网状材料制成，外层由钢板制成。中、外层之间用钢板沿圆周等分为 N 段，每段形成一个炭材通道，作为一个室，每个室下部安装有一个液压推料装置，筒体底部设有卸料缓冲料仓。热风炉送来的高温烟气通过管道首先进入烘干机内筒，再经过中筒炭材"幕墙"层，最后从外筒汇合，由尾气回收管道送至除尘器。主机炭材各室安装有不同层面的热电阻，实时在线监测主机内各室温度情况，并据此来确定下部推料阀的动作频率。

b．烘干温度：与回转窑不同，回转窑是利用高温烘干，主机入口温度在 800℃以上，而立式窑采用的是中低温烘干，其入口温度在 450℃左右。而沸腾炉产生的烟气温度为 900℃左右，所以在进入立式烘干机主机前需要配入冷风降温。根据生产实践，最好是能配入惰性气体，这样可以降低混合烟气中的含氧量，以降低高温炭材发红着火的风险。

c．立式窑与回转窑的优缺点

i．从占地投资来说，回转窑占地多，生产线较长，但投资较少；立式窑占地省，但投资大。

ii．从结构来说，回转窑结构简单，运行稳定，故障少，检修方便，周期长；立式窑结构复杂，窑内通风筛板在高温下容易变形，检修难度大，周期短，检修时间长。

iii．从过程损耗来说，回转窑是高温烘干，原料不停翻动，破损率高，达 15%以上；立式窑属中低温烘干，原料相对运动幅度小，破损率低，大约 10%以下。

③ 振动立式烘干窑 振动立式烘干窑由窑体与内部分层振动筛组成，物料从顶部加入后逐层下降，与底部进来的热烟气进行逆流换热，尾气从顶部抽出，干物料从底部排出。其工艺流程如图 4-3 所示：

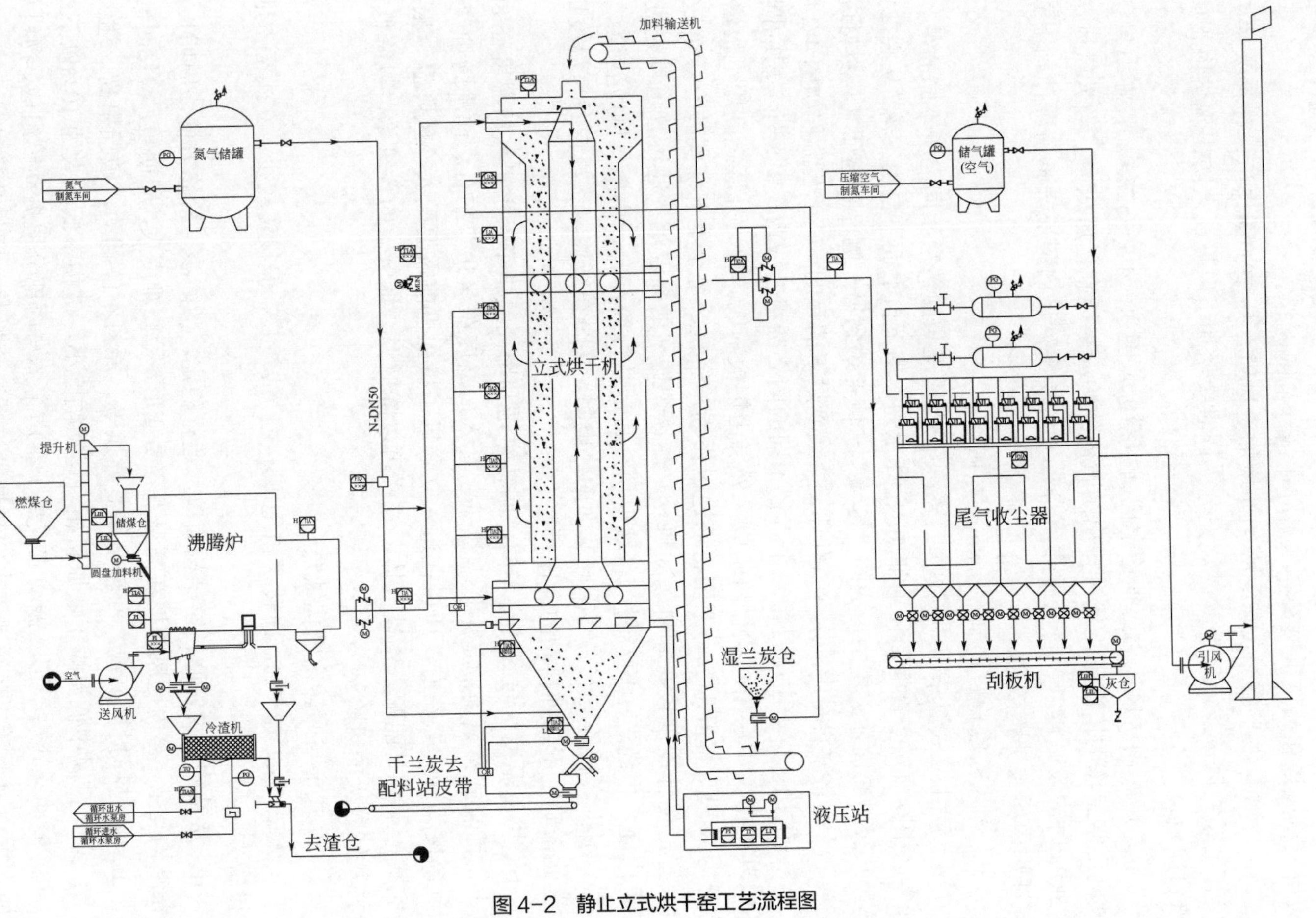

图 4-2　静止立式烘干窑工艺流程图

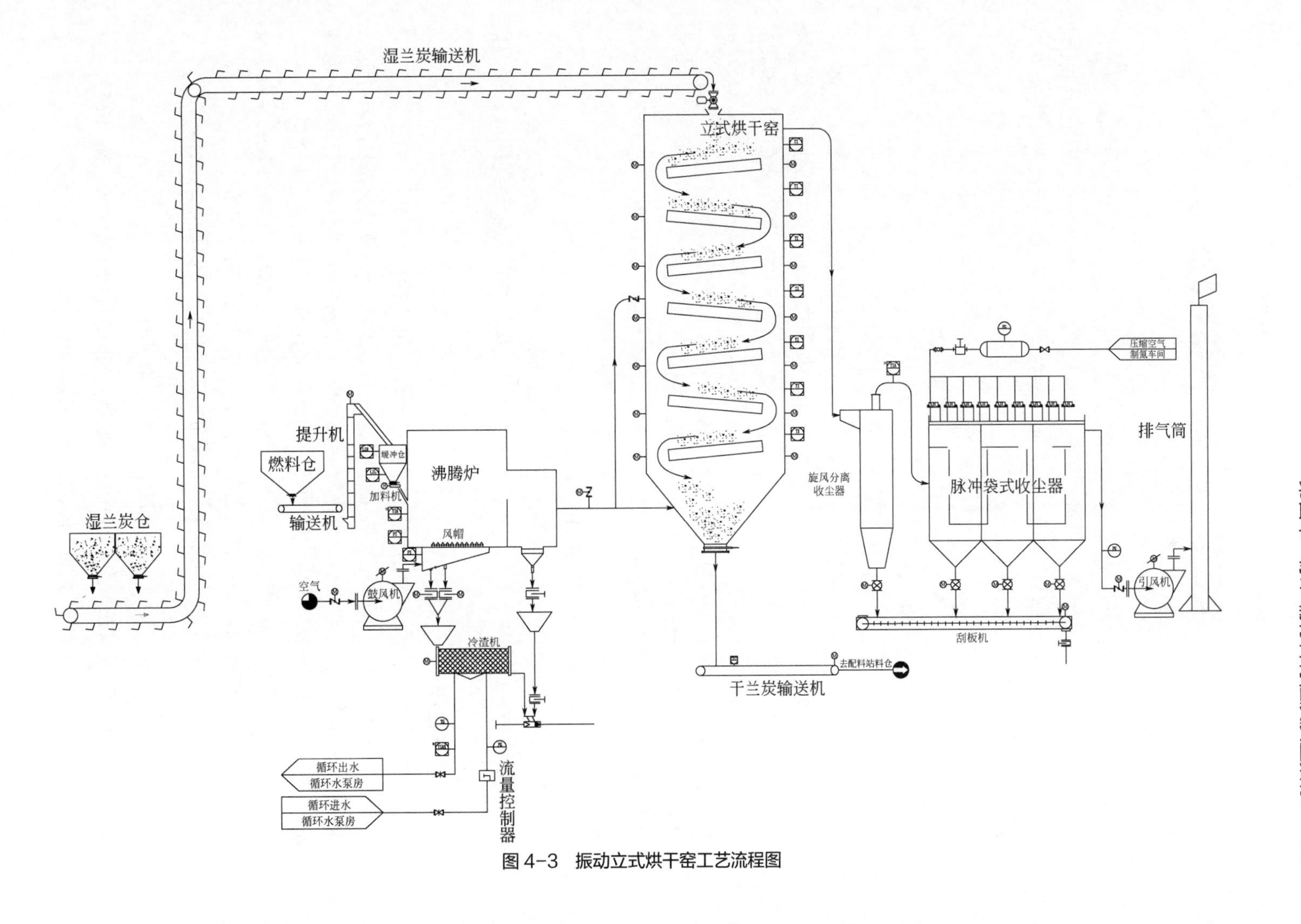

图 4-3　振动立式烘干窑工艺流程图

第五节　一氧化碳的特性

1. 物理性质

一氧化碳是一种碳氧化合物，标准状况下为无色、无臭、无刺激性的可燃气体。其不易液化和固化，在空气中燃烧时为蓝色火焰，较高温度下分解产生二氧化碳和碳，在血液中极易与血红蛋白结合，形成碳氧血红蛋白，使血红蛋白丧失携氧能力，造成组织缺氧，甚至窒息，严重时死亡。

中文名：一氧化碳　　英文名：carbon monoxide

分子式：CO　　分子量：28

CAS 登录号：630-08-0　　EINECS 登录号：211-128-3

熔点：−205.1℃　　沸点：−191.5℃（101.325kPa）

水溶性：微溶于水　　外观：无色、无臭、无刺激性的气体

闪点：<−50℃　　应用：制甲酸钠，在冶金工业中作还原剂

安全性描述：S45；S53　　危险性符号：R12；R23；R61；R48/20

危险品运输编号：21005　　气态密度：1.2504g/L（0℃，101.325kPa）

液态密度：789g/L（−191.5℃，101.325kPa）　　禁配物：强氧化剂、碱类

临界压力：3.499MPa　　临界温度：−140.2℃

爆炸极限：12.5%～74.2%　　相对密度（水=1）：0.793（液体）

自燃点：608.89℃　　稳定性：稳定

燃烧热：283.0kJ/mol（1.01×10^4kJ/kg）

分解产物：400～700℃间分解为碳和二氧化碳

危险特性：易燃易爆气体，与空气混合能形成爆炸性混合物，遇明火、高温能引起燃烧爆炸

2. 化学性质

化学性质有：可燃性、还原性、毒性、极弱的氧化性。

（1）一氧化碳分子中碳元素的化合价是+2 价，能进一步被氧化成+4 价，因此一氧化碳具有可燃性和还原性。一氧化碳能够在空气中或氧气中燃烧，生成二氧化碳。燃烧时发出蓝色的火焰，放出大量的热，因此一氧化碳可以作为气体燃料。

（2）一氧化碳作为还原剂，高温或加热时能将许多金属氧化物还原成金属单质，因此常用于金属的冶炼。如：将黑色的氧化铜还原成红色的金属铜。

（3）一氧化碳可以和氢气化合，生成简单的有机物，表现其氧化性。

$$CO + 2H_2 \xlongequal{\text{高温催化}} CH_3OH$$

（4）一氧化碳可以在冶金工业中作还原剂，如工业还原氧化铁（制备铁）。

$$3CO + Fe_2O_3 = 2Fe + 3CO_2 \uparrow$$

3. 反应机理及污染来源

CO是不完全燃烧的产物之一。若能组织良好的燃烧过程，即具备充足的氧气、充分的混合，足够高的温度和较长的滞留时间，中间产物CO最终会燃烧生成CO_2。因此，控制CO的排放不是企图抑制它的形成，而是努力使之完全燃烧。

在工业生产中会接触到CO的作业不下70余种，如冶金工业中炼焦、炼铁、锻冶、铸造和热处理过程；化学工业中合成氨、丙酮、光气、甲醇、电石等的生产；矿井煤矿作业；碳素石墨电极制造；生产及使用含CO的可燃气体，都可能接触CO。此外，炸药或火药爆炸后的气体中含CO约30%～60%，使用柴油、汽油的内燃机废气中也含约1%～8%的CO。

CO是煤、石油等含碳物质不完全燃烧的产物，几乎不溶于水，在空气中不易与其他物质发生化学反应，故可在大气中停留2～3年之久。如局部污染严重，对人体健康将有一定危害。如交通运输、工矿企业，采暖和茶炊炉灶以及一些自然灾害等事件，会造成局部地区CO浓度的增高。大气对流层中的CO本底浓度约为0.115～2.3mg/m^3（0.1～2ppm），这种含量对人体无害。

4. 中毒机理及表现

（1）中毒机理：CO中毒是CO与血红蛋白可逆性结合引起缺氧所致。一般认为CO与血红蛋白的亲和力比氧与血红蛋白的亲和力大230～270倍，故CO把血液内氧合血红蛋白中的氧排挤出来，形成CO血红蛋白。又由于CO血红蛋白的离解速度是氧血红蛋白解离速度的1/3600，故CO血红蛋白较之氧血红蛋白更为稳定。CO血红蛋白不仅本身无携氧功能，它的存在还影响氧血红蛋白的离解，于是组织受到双重的缺氧作用，最终导致组织缺氧和二氧化碳滞留，产生中毒症状。

（2）CO中毒主要症状

① 一般接触反应：接触CO后出现头痛、头昏、心悸、恶心等症状，吸入新鲜空气后症状即可迅速消失者，属一般接触反应。

② 轻度中毒：接触CO后出现剧烈的头痛、头昏、心跳、眼花、四肢无力、恶心、呕吐、烦躁、步态不稳、轻度至中度意识障碍等症状，医学上称为轻度中毒。如能及时脱离中毒环境，吸入新鲜空气，症状可迅速缓解，并逐渐完全恢复。

③ 中度中毒：接触CO后出现反应迟钝，除头晕、头痛、恶心、呕吐、心悸、乏力、嗜睡等症状外，还出现面色潮红，口唇呈樱红色，脉搏增快，昏迷，瞳孔对光反射、角膜反射及腱反射迟钝，呼吸、血压发生改变等症状，医学上称为中度中毒。及时脱离中毒场所并经抢救后可逐渐恢复，一般无明显并发症或后遗症。

④ 重度中毒：接触CO后出现深度昏迷，各种反射减弱或消失，肌张力增高，大小便失禁等症状，医学上称为重度中毒。此时，中毒者意识障碍严重，呈深度昏迷或植物状态。常见瞳孔缩小，对光反射正常或迟钝，四肢肌张力增高，牙关紧闭，或有阵发性去大脑强直，腱反射及提睾反射一般消失，腱反射存在或迟钝，并可出现大小便失禁。脑水肿继续加重时，表现为持续深度昏迷，连续去脑强直发作，瞳

孔对光反应及角膜反射迟钝，体温升高达 39～40℃，脉搏快而弱，血压下降，面色苍白或发绀，四肢发凉，出现潮式呼吸。有的患者眼底检查可见视网膜动脉不规则痉挛，静脉充盈，或见乳头水肿，提示颅内压增高并有脑疝形成的可能。但不少患者眼底检查阴性，甚至脑脊液检查压力正常，而病理解剖仍证实有严重的脑水肿。此外，重度中毒者中还可出现其他脏器的缺氧性改变或并发症。部分患者心律不齐，出现严重的心肌损害或休克，并发肺水肿者肺中出现湿啰音，呼吸困难。

5．应急处理

（1）人员处置　改善组织缺氧状况，保护重要器官。

① 立即将患者移至通风、空气新鲜处，解开领扣，清除呼吸道分泌物，保持呼吸道通畅；如出现心跳或呼吸骤停，必要时进行人工呼吸和心肺复苏按压并立即向 120 求救，冬季应注意保暖。

② 吸氧，以加速碳氧血红蛋白的离解。有条件者进行高压氧治疗，效果较佳。鼻导管吸氧的氧流量为 8～10L/min。

（2）一氧化碳泄漏的应急处理　应急处置人员必须佩戴齐全安全可靠的个人防护用具（防毒面罩或正压式空气呼吸器等），迅速疏散泄漏污染区人员至上风处，对中毒人员进行必要的应急处置并送医；立即将下风侧不小于 300m，其他区域不小于 150m 区域隔离，严格限制出入并做好环境监测；立即设法切断泄漏源，将漏点有效隔离，封闭空间合理通风，加速扩散；给泄漏源喷雾状水稀释、溶解，如有可能，将漏出气用防爆排风机送至空旷地方；漏气容器要妥善处理，修复、检验合格后方可再次使用。

（3）一氧化碳火灾的应急处理　应立即疏散无关人员至安全区，应急处置人员必须佩戴齐全安全可靠的个人防护用具，立即切断气源，将漏点隔离。若不能切断气源，则不允许熄灭泄漏处的火焰，应喷水冷却容器，严防火灾扩大、发生次生灾害和二次污染。灭火剂可使用雾状水、泡沫、二氧化碳、干粉。

6．防护措施

① 公共防护：在生产场所中应加强自然通风，防止输送管道和阀门漏气。在使用或可能产生一氧化碳的生产装置、公共场所等处应在适当位置加装一氧化碳报警设备。进入 CO 浓度较高的环境内，须佩戴供氧式防毒面具进行操作。

② 呼吸系统防护：空气中浓度超标时，佩戴自吸过滤式防毒面具（半面罩）。紧急事态抢救或撤离时，必须佩戴空气呼吸器、一氧化碳过滤式自救器等。

7．职业接触限值

① PC-TWA（时间加权平均容许浓度）20mg/m^3；PC-STEL（短时间接触容许浓度）30mg/m^3。

② 一氧化碳的浓度（参考值）与健康成年人中毒的可能症状：

a．57.5mg/m^3（50ppm）：健康成年人在 8h 内可以承受的最大浓度；

b．230mg/m^3（200ppm）：2～3h 后轻微头痛、头晕、恶心、乏力；

c．460mg/m^3（400ppm）：1～2h 内前额痛；3h 后威胁生命；

d．920mg/m^3（800ppm）：45min 内眼花、恶心、痉挛；2h 内失去知觉；2～3h 内死亡；

e．1840mg/m^3（1600ppm）：20min 内头痛、眼花、恶心；1h 内死亡；

f．3680mg/m^3（3200ppm）：5～10min 内头痛、眼花、恶心；25～30min 内死亡；

g．7360mg/m^3（6400ppm）：1～2min 内头痛、眼花、恶心；10～15min 死亡；

h．14720mg/m^3（12800ppm）：1～3min 内死亡。

第六节　氮气的特性

1. 氮气简介

氮气，通常状况下是一种无色无味的气体，密度比空气小，氮气占空气总量的78.08%（体积分数），是空气的主要成分之一。在标准大气压下，氮气冷却至−195.8℃时变成无色液体，冷却至−209.8℃时液态氮变成雪状固体。氮气的化学性质不活泼，常温下很难跟其他物质发生反应，所以常被用来制作防腐剂。但在高温、高能条件下可与某些物质发生化学反应，用来制取对人类有用的新物质。

2. 氮气的物理特性

化学式：N_2　　分子量：28.013

CAS 登录号：7727-37-9　　EINECS 登录号：231-783-9

熔点：−210℃（63.15K）　　沸点：−195.8℃（101.325kPa，77.35K）

临界压缩系数：0.292　　临界温度：−147.05℃（126.1K）

气体相对密度（空气=1）：0.967　　液体密度：0.729g/cm^3（−180℃）

气体密度：1.160kg/m^3（101.325kPa，21.1℃）

液体黏度：0.038mPa·s(−150℃)　　气体黏度：175.44×10^{-7}Pa·s(25℃)

在水中的溶解度：25℃时，$17.28\times10^{-6}(w)$

气体热导率：0.02475W/(m·K)(25℃)

液体热导率：0.0646W/(m·K)(−150℃)

3. 氮气的化学性质

① 正价氮呈酸性，负价氮呈碱性。

② 氮气分子中存在氮氮三键，键能很大（941kJ/mol），以至于加热到 3273K 时仅有 0.1%离解，氮气分子是已知双原子分子中最稳定的。只有在高温高压并有催化剂存在的条件下，氮气才可以和氢气反应生成氨。

③ 氮气是 CO 的等电子体，在结构和性质上有许多相似之处。

④ 不同活性的金属与氮气的反应情况不同。氮气与碱金属在常温下直接反应；与碱土金属一般需要在高温下才能发生化合反应；与其他族元素的单质反应则需要更高的反应条件。

4. 氮气用途

① 应用于化工合成过程中，人类能够有效利用氮气的主要途径是合成氨。

② 是合成纤维（锦纶、腈纶），合成树脂，合成橡胶等的重要原料。

③ 氮是一种营养元素，还可以用来合成化肥，如：碳酸氢铵、硝酸铵等。

④ 氮气可用作易燃易爆气体的保护性气体。

5. 制备方法

（1）制氮工艺

① 现场制氮是指用户自购制氮设备制氮，工业规模制氮有三类：即深冷空分制氮、变压吸附制氮和膜分离制氮，是利用空气组分的各沸点不同，通过液态空气分离法，将氧气和氮气分离。

② 实验室制法：制备少量氮气的基本原理是用适当的氧化剂将氨或铵盐氧化。

（2）工业规模制氮方法

① 深冷空分制氮：它是一种传统的空分技术，已有上百年的历史。它的特点是产气量大，产品氮气纯度高，无须再纯化便可直接应用于磁性材料。但其工艺流程复杂，占地面积大，需专门的维修力量，操作人员较多，产气慢，适宜于大规模工业制氮。

② 变压吸附制氮：变压吸附（简称 PSA）气体分离技术，是非低温气体分离技术的重要分支。二十世纪七十年代成功开发了碳分子筛，为 PSA 空分制氮工业化铺平了道路。变压吸附制氮是以空气为原料，用碳分子筛作吸附剂，利用碳分子筛对空气中的氧和氮选择吸附的特性，运用变压吸附原理（加压吸附，减压解吸使分子筛再生）在常温下使氧气和氮气分离而制取氮气。

③ 变压吸附制氮与深冷空分制氮相比，具有显著特点：吸附分离在常温下进行，工艺简单，设备紧凑，占地面积小，开停车方便，启动迅速，产气快（一般在 30min 左右），能耗小，运行成本低，自动化程度高，操作维护方便，氮产品纯度可在一定范围内调节，产氮量≤$2000m^3/h$，氮气纯度为 99.5%以上的普氮即可满足电石生产需要。

6. 氮气纯化方法

（1）加氢除氧法　在催化剂作用下，普氮中残余氧和加入的氢发生化学反应生成水，再通过后级干燥除去水分，即获得下列主要成分的高纯氮：N_2≥99.999%，O_2≤$5×10^{-6}$，H_2≤$1500×10^{-6}$，H_2O≤$10.7×10^{-6}$。

（2）加氢除氧、除氢法　此法分三级，第一级加氢除氧，第二级除氢，第三级除水，获得下列组成的高纯氮：N_2≥99.999%，O_2≤$5×10^{-6}$，H_2≤$5×10^{-6}$，H_2O≤$10.7×10^{-6}$。

（3）碳脱氧法　在碳载型催化剂作用下（在一定温度下），普氮中的残氧和催化剂本身提供的碳发生反应，生成 CO_2。再经过后级除 CO_2 和 H_2O 获得下列组成的高纯氮气：N_2≥99.999%，O_2≤$5×10^{-6}$，CO_2≤$5×10^{-6}$，H_2O≤$0.7×10^{-6}$。

7. 危险性

氮气危险性类别是第2.2类 非易燃、无毒气体。

① 健康危害：空气中氮气含量过高，使吸入氧气分量下降，引起缺氧窒息；吸入氮气浓度不太高时，患者最初感觉胸闷、气短、疲软无力；继而有烦躁不安、极度兴奋、乱跑、叫喊、神情恍惚、步态不稳症况，称之为“氮酩酊”，可进入昏睡或昏迷状态；吸入高浓度氮气，患者可迅速昏迷、因呼吸和心跳停止而死亡；若从高压环境下过快转入常压环境，体内会形成氮气气泡，压迫神经、血管或造成微血管阻塞，发生“减压病”。

② 吸入处置：（浓度较高时）迅速脱离现场至空气新鲜处。保持呼吸道通畅，如呼吸困难，给输氧。呼吸心跳停止时，立即进行人工呼吸和胸外心脏按压术并就医。

③ 危险特性：若遇高热，容器内压增大，有开裂和爆炸的危险。

④ 灭火方法：本品不燃。尽可能将容器从火场移至空旷处，直至灭火结束。用雾状水保持火场中容器冷却，但不可使用水枪射至液氮。

8. 注意事项

（1）应急处理　迅速疏散泄漏污染区人员至上风处，隔离泄露污染区，严格限制出入。应急处理人员须佩戴正压式呼吸器，尽可能切断泄漏源，合理通风，加速氮气扩散。漏气容器要妥善处理，修复、检验合格后方可使用。

（2）操作注意事项　密闭操作，提供良好的自然通风条件，操作人员必须经过专门培训，严格遵守操作规程，防止气体泄漏到工作场所空气中。搬运时轻装轻卸，防止钢瓶及附件破损，配备泄漏应急处理设备。

（3）储存注意事项　储存于阴凉、通风的库房。远离火种、热源，库温不宜超过30℃。储区应备有泄漏应急处理设备。

（4）接触控制

① 工程控制：密闭操作，提供良好的自然通风条件。

② 呼吸系统防护：一般不需要特殊防护。当作业场所空气中氧气浓度低于18%时，必须佩戴空气呼吸器、长管面具等。

③ 其他防护：避免高浓度吸入。进入罐、受限制空间或其他高浓度区作业，必须佩戴空气呼吸器且须有人监护。

9. 运输信息

① 危险货物编号：22005。

② UN编号：1066。

③ 包装标志：不燃气体。

④ 包装类别：O53。

⑤ 包装方法：钢质气瓶；安瓿瓶外普通木箱。

⑥ 运输注意事项：采用钢瓶运输时必须盖好钢瓶上的安全帽。钢瓶一般平放，并应将瓶口朝向同一方向，不可交叉；高度不得超过车辆的防护栏板，并用三角木

卡牢，防止滚动。严禁与易燃物或可燃物等混装混运。夏季应早晚运输，防止日光曝晒。铁路运输时要禁止溜放。

10. 氮气的质量指标

①N_2纯度≥99.5%；②氧含量≤0.5%；③压力0.4～0.6MPa；④露点：北方≤-40℃。

第七节　空气的特性

1. 空气简介

空气是我们每天都呼吸着的“生命气体”，是指地球大气层中的气体混合物。它主要由氮气、氧气、稀有气体、二氧化碳以及其他物质（如水蒸气、杂质等）组合而成。其中，氮气的体积分数约为78%，氧气的体积分数约为21%，稀有气体的体积分数约为0.934%，二氧化碳的体积分数约为0.04%，其他物质（如水蒸气、杂质等）的体积分数约为0.002%。空气的成分不是固定的，随着高度、气压的改变，空气的组成比例也在改变。

2. 空气的质量等级

据相关资料介绍，空气中恒定组成部分的含量百分比，在离地面100km高度以内几乎是不变的。一般说来，空气的成分是比较固定的。但随着现代化工业的发展，排放到空气中的有害气体和烟尘，改变了空气的成分，造成了对空气的污染。被污染了的空气严重损害人体的健康，影响作物的生长，对自然资源造成破坏。

排放到空气里的有害物质，可以分为以下几类：粉尘类（如炭粒等），金属尘类（如铁、铝等），湿雾类（如油雾、酸雾等），有害气体类（如一氧化碳、硫化氢、氮的氧化物等）。从世界范围来看，排放量较多、危害较大的有害气体是二氧化硫和一氧化碳。二氧化硫是煤、石油在燃烧中产生的。从全球估计，一氧化碳的排出量超过二氧化硫的排出量。

根据国家环保部门的统一规定，我国空气质量分为5级。其具体标准如下：当空气污染指数达0～50时为1级；51～100时为2级；101～200时为3级；201～300时为4级；300以上时为5级。其中，3级属于轻度污染，4级属于中度污染，5级则属于重度污染。2012年2月，国务院同意发布新修订的《环境空气质量标准》，其中增加了$PM_{2.5}$监测指标。$PM_{2.5}$是指大气中直径小于或等于2.5μm的颗粒物，也称为可入肺颗粒物。$PM_{2.5}$指标表示每立方米空气中这种颗粒的含量，这个值越高，代表空气污染越严重。

3. 空气的物理性质

常温下的空气是无色无味的气体，液态空气则是一种易流动的浅黄色液体。在0℃及1个标准大气压下，空气密度为1.293kg/m^3。把气体在0℃和1个标准大气压下的状态称为标准状态。空气在标准状态下可视为理想气体，其摩尔体积为22.4L/ mol。空气的比热容与温度有关，温度为250K时，空气的定压比热容

C_p=1.003kJ/（kg·K）；300K 时，空气的定压比热容 C_p=1.005kJ/(kg·K)。空气的阻抗约为 377Ω，分子量为 28.96。标准状态下空气中的声速为 331.5m/s，空气对可见光的折射率约为 1.00029。相对湿度通常用于表示湿度的高低，反映空气接近饱和状态的能力。湿度越大，表示空气越接近饱和状态；相反湿度越小，空气越干燥。

4. 空气的作用

空气是地球上动植物生存的必要条件，动物呼吸、植物光合作用都离不开空气；大气层可以使地球上的温度保持相对稳定，如果没有大气层，白天温度会很高，而夜间温度会很低；臭氧层可以吸收来自太阳的紫外线，保护地球上的生物免受过强紫外线的伤害；大气层可以阻止来自太空的高能粒子过多地进入地球，阻止陨石撞击地球，因为陨石与大气摩擦时既可以减速又可以燃烧；风、云、雨、雪的形成都离不开大气；声音的传播要利用空气；降落伞、减速伞和飞机也都利用了空气的作用力。

5. 压缩空气

空气具有可压缩性，经空气压缩机做功使体积缩小、压力提高的空气叫压缩空气。压缩空气是一种重要的动力源，与其他能源比具有明显的特点：清晰透明，输送方便，没有特殊的有害性能，没有起火危险，能在许多不利环境下工作。空气在地面上到处都有，取之不尽。

（1）压缩空气的作用　压缩空气是仅次于电力的第二大动力能源，又是具有多种用途的工艺气源，其应用范围遍及各行各业。主要用于驱动气缸，产生直线运动；驱动气动马达，产生旋转运动；压缩空气储存能量；利用其携带某些物质，完成工作。例如喷砂打磨；喷药喷漆等。

（2）不理想因素　压缩空气中含有相当数量的杂质，主要有：

① 固体微粒：在一个典型的大城市环境中每立方米大气中约含有 1 亿 4000 万个微粒，其中大约 80%在尺寸上小于 2μm，空压机吸气过滤器无力消除。此外，空压机系统内部也会不断产生磨屑、锈渣和油的碳化物，它们将加速用气设备的磨损，导致密封失效。

② 水分：大气中相对湿度一般高达 65%以上，经压缩冷凝后，即成为湿饱和空气，并夹带大量的液态水滴。它们是设备、管道和阀门锈蚀的根本原因，冬天结冰还会阻塞气动系统中的小孔通道。值得注意的是：即使是分离干净的纯饱和空气，随着温度的降低，仍会有冷凝水析出。大约每降低 10℃，其饱和含水量将下降 50%，即有一半的水蒸气转化为液态水滴。所以在压缩空气系统中采用多级分离过滤装置或将压缩空气预处理成具有一定相对湿度的干燥气是很有必要的。

③ 油分：高速、高温运转的空压机采用润滑油可起到润滑、密封及冷却作用，但污染了压缩空气。采用自润滑材料发展的少油机、半无油机和全无油机虽然降低了压缩空气中的含油量，但也随之产生了易损件寿命降低，机器内部和管路系统锈蚀以及空压机在磨合期、磨损期及减荷期含油量上升等副作用。这对于追求高可靠性的自动化生产线来说，无疑是一种威胁。此外还应强调指出，从空压机带到系统

中的油在任何情况下都没有益处。

（3）仪用压缩空气　仪用压缩空气是一种驱动各类仪表所用的一般性油润滑压缩气体，其品质包括3个方面的指标：

① 干湿程度用露点表示；

② 含尘量用尘埃粒径和浓度表示；

③ 含油量用单位体积压缩空气中的含油质量表示。

（4）质量标准与质量等级规定（ISO 8573.1）如下：

① 压力露点（即干湿程度）可通过干燥器来控制。1级：−70℃；2级：−40℃；3级：−20℃；4级：2℃。

② 残余含尘量通过过滤器来控制。1级：0.1mg/m^3（对应粒径为0.1μm）；2级：1.0mg/m^3（对应粒径为1.0μm）；3级：5.0mg/m^3（对应粒径为5.0μm）；4级：40.0mg/m^3（对应粒径为40.0μm）。

③ 残余含油量通过过滤器来控制。1级：0.01mg/m^3；2级：0.1mg/m^3；3级：1.0mg/m^3；4级：5.0mg/m^3。因仪用压缩空气质量的高低直接影响投资和生产费用的多少，所以应该避免过高的质量要求。

（5）电石生产工艺各气动仪表用气标准　建议标准如下：

① 露点（北方）：−40℃。

② 残余含尘2级：1.0mg/m^3（对应粒径为1.0μm）。

③ 残余含油量2级：0.1mg/m^3。

④ 压力：0.4～0.8MPa。

第八节　工艺循环水特性

纯净的水是一种无色、无臭、无味、透明的液体，不易导电。在1个标准大气压下，水的凝固点（冰点）是0℃，沸点是100℃，在4℃时，1cm^{3}的水的质量为1g，此时密度最大。将水冷却到0℃，可以结成冰而体积增加，体积变为原来的1.09倍；如果加热到100℃，使水变成水蒸气，体积增加1600多倍。水对很多物质的溶解能力很强，水中含有溶解的空气，水中生物的生存依靠的就是溶解在水中的氧气。

1. 水的物理特性

① 比热容：4.186kJ/(kg·℃)。

② 密度：水的密度在4℃时最大，为1×10^3kg/m^3。水在0℃时，密度为0.99987×10^3kg/m^3。冰在0℃时，密度为0.9167×10^3kg/m^3。

③ 热导率：在20℃时，水的热导率为0.6W/(m·℃)，冰的热导率为2.3W/(m·℃)，在雪的密度为0.1×10^3kg/m^{3}时，雪的热导率为0.029W/(m·℃)。

2. 水的分类

按用途分类，可分为生产用水和生活用水。

（1）生产用水　直接用于工业生产的水，叫作生产用水。生产用水包括间接冷却水、工艺用水、锅炉用水。

① 间接冷却水：在工业生产过程中，为保证生产设备能在正常温度下工作，用来吸收或转移生产设备的多余热量所使用的冷却水。此冷却用水与被冷介质之间由热交换器壁或设备隔开，称为间接冷却水。

② 工艺用水：在工业生产中，用来制造、加工产品以及与制造、加工工艺过程有关的这部分用水称为工艺用水。工艺用水中包括产品用水、洗涤用水、直接冷却水和其他水。

（2）生活用水　厂区和车间内职工生活用水及其他用途的杂用水统称为生活用水。

3. 浓缩倍数

循环冷却水的浓缩倍数是该循环冷却水的含盐量与其补充水的含盐量之比。

提高循环冷却水的浓缩倍数，可以降低补充水的用量，降低排污水量，还可以节约水处理剂的消耗量，从而降低冷却水使用的成本。但是，过多地提高浓缩倍数，会使循环冷却水中的硬度、碱度和浊度升得太高，水的结垢倾向增大过多，使循环冷却水中的腐蚀性离子（例如 Cl^-和 SO_4^{2-}）和腐蚀性物质（例如 H_2S、SO_2和 NH_3）的含量增加，水的腐蚀性增强；过多地提高浓缩倍数还会使药剂在冷却水系统内的停留时间增长而水解。因此，冷却水的浓缩倍数并不是愈高愈好。一般热电系统可控制在 5～8 倍，化工、炼油控制在 2～4 倍。

循环冷却水是电石生产用水中的大项，用水量占企业用水总量的 80%～90%。受浓缩倍数的制约，在运行中必须要排出一定量的浓水和补充一定量的新水，使冷却水中的含盐量、pH 值、有机物浓度、悬浮物含量控制在一个合理的允许范围。对这部分排放的浓水进行具体处理，回收利用具有重要的意义。不但能提高水的重复利用率，节约水资源，而且能极大地改善循环冷却水的整体状况。

主要成分及指标：工业水，pH 值 7～9，总铁含量≤1mg/L，电导≤2000μS/cm，浊度≤10NTU，浓缩倍数≤4。

第九节　电石的特性

1. 电石的物理性质

（1）外观　常温下化学纯的 CaC_2 几乎为无色透明的晶体；含量极纯的 CaC_2 为天蓝色大结晶体，色泽颇似淬火钢；工业电石为不规则块状体，色泽与纯度有关，有灰色的、棕黄色的、黑色的，CaC_2 含量较高时呈紫色，若暴露在潮湿的空气中则逐渐呈灰白色。

（2）相对密度　电石的相对密度决定于电石中碳化钙的含量。电石的纯度越高，相对密度越小，一般在 2.25～2.75g/cm^3 之间。纯碳化钙的密度为 2.22g/cm^3。

（3）熔点　电石的熔点随电石中 CaC_2 含量而改变，纯 CaC_2 熔点为 2300℃。电石中 CaC_2 含量一般在 80%左右，其熔点在 2100℃左右。CaC_2 含量为 69%时，熔点最低为 1750℃。碳化钙含量继续减少时，其熔点反而升高，但随着含量再继续减少，其熔点又降至 1800℃，此时碳化钙含量约 35%左右。在两个最低共熔点之间有一个最高温度值 1980℃，其相当于含碳化钙 52.5%。而后随着其含量的进一步减少，熔点又升高了。可见，影响电石熔点的因素不仅是 CaC_2 的含量，其他杂质（如氧化铝、氧化硅、氧化镁等）对电石熔点也有影响。

（4）溶解度　电石易溶于水，与水发生剧烈化学反应。

（5）导电性　电石导电性与其纯度有关，CaC_2 含量越高，导电性能越好。当 CaC_2 含量下降到 65%～70%之间时，其导电性能达到最低值，通常比电阻约 $120k\Omega/cm^3$。CaC_2 含量为 94%时，比电阻通常为 $450\Omega/cm^3$。电石的导电性能与温度也有关系，温度越高，导电性能越好。

（6）其他物理性质

中文名：碳化钙	英文名：calcium carbide
别称：电石、乙炔钙	化学式：CaC_2
分子量：64.10	CAS 登录号：75-20-7
EINECS 登录号：200-848-3	熔点：2300℃
水溶性：受潮或遇水分解	密度：$2.22g/cm^3$
外观：白色晶体	闪点：−17.8℃
应用：生产乙炔	危险性符号：F，T
危险性描述：易燃，有毒	危险品运输编号：UN 1402 4.3/PG 2

2. 电石的化学性质

电石的化学性质很活泼，能与多种气体、液体发生反应。

① 电石遇水分解成乙炔和氢氧化钙：

$$CaC_2 + 2H_2O = C_2H_2 + Ca(OH)_2$$

该反应是在水过剩的情况下进行的。当 CaC_2 过剩时，除上述反应外还有如下反应：

$$CaC_2 + Ca(OH)_2 = 2CaO + C_2H_2$$

CaC_2 是一种强脱水剂，用饱和水蒸气分解 CaC_2 时，也像用水分解它时一样。电石在空气中能吸收环境中的水分而逐渐分解，放出乙炔气。

② 粉状电石与氮气在加热条件下反应生成氰氨化钙（石灰氮）：

$$CaC_2 + N_2 = CaCN_2 + C$$

3. 电石的用途

① 粉状电石与氮气在加热时，反应生成氰氨化钙（石灰氮），石灰氮是一种优良的碱性化学肥料。石灰氮还可以继续深加工，是生产氰化物的原料。

② 电石遇水生成乙炔。乙炔与氧气混合燃烧产生的高温用于金属的切割与焊接。

③ 乙炔高温裂解生成乙炔炭黑，可制造干电池。

④ 乙炔为有机合成的重要原料，如：乙醛、乙酸、乙烯、聚氯乙烯、合成橡胶、合成树脂、合成纤维等均以乙炔为主要原料。

⑤ 电石还可直接用作钢铁工业的脱硫剂，生产优质钢。

近年来电石又有了许多新用途，是工业生产中重要的原料之一。

4. 电石破碎、包装与运输

① 电石需冷却至80℃以下，方可进行破碎。一般粗破碎至80～100mm，进行包装。

② 电石装于专用电石铁桶中，并用氮气进行保护。每桶电石的重量在 100kg±0.5kg。

③ 电石的运输分为桶装运输和散装运输。桶装运输适宜于长途远距离输送，而散装运输是厂内倒运。无论采用何种方式，都需要使用专用危险货物运输车辆。

5. 危害

① 健康危害：损害皮肤，引起皮肤瘙痒、炎症、“鸟眼”样溃疡、黑皮病。皮肤灼伤表现为创面长期不愈及慢性溃疡。

② 燃爆危险：本品遇湿易燃，干燥时不燃。遇水或湿气能迅速生成高度易燃的乙炔气体，在空气中达到一定的浓度时，可发生爆炸性灾害。与酸类物质能发生剧烈反应，燃烧（分解）产物为乙炔、一氧化碳、二氧化碳。

6. 急救措施

① 皮肤接触：立即脱去被污染的衣物，用大量流动清水冲洗至少 15min 并及时就医。

② 眼睛接触：立即提起眼睑，用大量流动清水或生理盐水彻底冲洗至少 15min，及时就医。

③ 吸入：脱离现场至空气新鲜处，保持呼吸道通畅。如呼吸困难则给输氧，如呼吸停止，立即进行人工呼吸并就医。

7. 应急处理

① 隔离泄漏污染区，限制出入，切断火源。建议应急处理人员佩戴防火、防尘防护服，不要直接接触泄漏物。小量泄漏用砂土、干燥石灰混合，使用无火花工具收集于干燥、洁净、有盖的容器中，转移至安全场所。大量泄漏用塑料布、帆布覆盖，与有关技术部门联系，确定清除方法。

② 禁水禁火，遇水应尽快与水脱离。

8. 灭火方法

① 须用干燥石灰粉或其他干粉（强吸湿剂）灭火。禁止用水或泡沫灭火。二氧化碳灭火无效。

② 隔离水源。

9. 储存

储存于阴凉、干燥、通风良好的库房，远离火种、热源。相对湿度保持在 75%

以下。包装必须密封，切勿受潮。应与酸类、醇类等分开存放，切忌混储。储存区应备有合适的材料收容泄漏物。

10．电石的质量指标

电石质量指标见表 4-4 所示。

表 4-4　电石质量指标

项目		质量指标		
		优等品	一等品	合格品
发气量（20℃，101.3kPa）/（L/kg）	≥	300	280	260
乙炔中磷化氢的体积分数/%	≤	0.06	0.08	
乙炔中硫化氢的体积分数/%	≤	0.10		
粒度（5～80mm）*的质量分数/%	≥	85		
筛下物（2.5mm 以下）*的质量分数/%	≤	5		

注：1．带*括号内的数值可由供需双方协商。

2．本标准按照 GB 10665—2004《碳化钙》制定，检验方法按 GB 10665—2004 进行。

第五章

主要原料及产品质量检验

电石生产过程中所涉及的原料主要有石灰石、生石灰、焦炭（兰炭）、电极糊，产品有电石。生产过程工艺、质量指标分析内容主要包括：炉气中氢、氧含量测定，空间氧含量测定，空间易燃有毒气体测定，工业循环水指标测定等。

第一节　术语及相关标准

一、术语和定义

① 手工取样：用人力手工操作取样工具采集样品的方法。

② 批：在相同条件下加工或生产的一定质量的产品。

③ 批量：为实施取样检查而定义的一批产品的质量。

④ 编号：代表被取样检查批的代号。

⑤ 份样：由每批产品中的一个点或一个部位按规定量取出的样品。

⑥ 混合样：从一个编号内取得的全部份样，经充分混合后按规定缩分而得的样品。

⑦ 试样和封存样：将混合样均分为两份，一份为试验样品，用作质量检验或监督；另一份为封存样，密封贮存，以备复检或仲裁。

二、引用相关标准

① GB/T 2007.1—1987　散装矿产品取样、制样通则　手工取样方法

② GB/T 2007.2—1987　散装矿产品取样、制样通则　手工制样方法

③ YB/T 105—2014　冶金石灰物理检验方法

④ GB/T 601—2016　化学试剂　标准滴定溶液的制备

⑤ GB/T 602—2002　化学试剂　杂质测定用标准溶液的制备

⑥ GB 10665—2004　碳化钙（电石）

⑦ GB/T 3286.1—2012　石灰石、白云石化学分析方法　第 1 部分：氧化钙和氧化镁含量的测定 络合滴定法和火焰原子吸收光谱法

⑧ GB/T 25212—2010　兰炭产品品种及等级划分

⑨ GB 11901—1989　水质 悬浮物的测定 重量法
⑩ YB/T 5215—2015　电极糊
⑪ YB/T 042—2014　冶金石灰

第二节　溶液的配制与标定

在电石生产过程中，要想达到“安全、稳定、优质、低耗”的生产指标，就必须对所使用的原辅材料，中间产品及公用水、气等物料的技术指标有一个较严格的要求。这些技术指标的合格与否需要通过分析检验得出。分析检验前首先需要配制标准溶液，当用标准溶液代替样品进行测试时，得到的结果应该与已知标准溶液的浓度相符。如果检验结果相符，则说明检验操作正确。如果结果与标准值存在任何明显的误差，则说明存在错误，需要进行分析。因为并不是所有物质都符合基准物质的选用条件，如某些溶液很容易挥发，某些固体溶质易吸收空气中的水、二氧化碳等。他们都不能直接配制标准溶液。一般先将这些物质配制成近似所需浓度的溶液，再用基准物质测定其浓度，这一操作叫作标定。只有检验所使用的标准溶液标定准确，分析检验出的结果才能真实反应物质组分，以利在生产过程中及时、准确地做出调整，确保生产的安全、稳定、优质、低耗。

一、普通溶液配制

（1）CO_2吸收液（40%氢氧化钾溶液）　称取120g氢氧化钾，加300mL纯水使其溶解，摇匀，冷却至室温。有效期为7天。

（2）O_2吸收液　称取100g氢氧化钾，加250mL蒸馏水使其溶解（溶液①）；称取16g焦性没食子酸，加50mL蒸馏水使其溶解（溶液②）；将溶液①和②混合，摇匀，冷却至室温，有效期为7天。

（3）CO吸收液　称取62.5g氯化铵溶于188mL热水中，冷却后加50g氯化亚铜，待溶解后将该溶液倒入装满铜丝圈的下口瓶中，再加入376mL氨水，摇匀，静止24h后使用，有效期为7天。

（4）H_2吸收液（10%硫酸）　量取60mL浓硫酸，在不断搅拌下缓慢加入到940mL纯水中，冷却至室温，有效期为7天。

（5）NH_3吸收液封闭液（5%硫酸）　量取30mL浓硫酸，在不断搅拌下加入到970mL纯水中，冷却至室温，有效期为7天。

（6）氢氧化钠（25%）　称取25g氢氧化钠，加75mL水溶解，摇匀。溶液储存于聚乙烯塑料瓶中，有效期2个月。（配制时必须用玻璃烧杯。）

（7）氨缓冲溶液（pH≈10）　称取54g氯化铵溶于200mL水中，加350mL氨水，用蒸馏水定容至1000mL。储存于玻璃试剂瓶中，有效期2个月。

（8）盐酸（1∶1）　量取100mL盐酸加100mL蒸馏水，摇匀。储存于玻璃试剂瓶中，有效期为 2 个月。

（9）氨水（1∶1）　量取 100mL 氨水加 100mL 蒸馏水，摇匀。储存于玻璃试剂瓶中，有效期为 2 个月。

（10）甲基红（0.2%）　称取 0.2g 甲基红指示剂，加入 100mL 无水乙醇，溶解摇匀。储存于白色滴瓶中，有效期为 2 个月。

（11）硝酸银（1%）　称取 1g 硝酸银溶于 100mL 蒸馏水，溶解摇匀，储存于茶色滴瓶中，有效期为 2 个月。若出现挂壁、浑浊现象，应重新配制。

（12）铬黑 T（0.5%）　称取 0.5g 铬黑 T 加 2g 盐酸羟胺，在研钵中磨匀，混合后溶于 100mL 无水乙醇。储存于茶色滴瓶中，有效期为 2 个月。

（13）钙指示剂　称取 0.1g 钙指示剂与 105～110℃下烘干的纯氯化钠 9.9g 研磨，混匀后置于茶色磨口瓶中，有效期为 6 个月。

（14）三乙醇胺（1∶1）　量取 100mL 三乙醇胺加 100mL 蒸馏水，摇匀。储存于棕色玻璃瓶中，有效期为 2 个月。

（15）氯化铵饱和溶液　加氯化铵于蒸馏水中，加到氯化铵不再溶解为止。储存于玻璃试剂瓶中，有效期为 2 个月。

（16）盐酸（20%）　量取 126mL 浓盐酸，定容至 250mL。储存于玻璃试剂瓶中，有效期为 2 个月。

（17）氨水（10%）　称取 25%氨水 100g，加蒸馏水 150mL，摇匀。储存于玻璃试剂瓶中，有效期为 2 个月。

（18）酚酞（1%）　称取 1g 酚酞，加入 100mL 的无水乙醇（95%）溶解，再用 0.05mol/L 的氢氧化钠溶液中和至稳定的微红色。储存于白色滴瓶中，有效期为 2 个月。

（19）甲基橙（0.1%）　称取 1g 甲基橙溶解于 100mL 蒸馏水中，定容至 1L。储存于白色滴瓶中，有效期为 2 个月。

（20）甲基红-亚甲基蓝指示剂　准确称取 0.125g 甲基红和 0.085g 亚甲基蓝，在研钵中研磨均匀后，溶于 100mL 的无水乙醇（95%）中。储存于茶色滴瓶中，有效期为 2 个月。

（21）酸性铬蓝 K（0.5%）　称取 0.5g 酸性铬蓝 K 与 4.5g 盐酸羟胺混合，加 10mL 氨-氯化铵缓冲溶液和 40mL 蒸馏水，溶解后用无水乙醇（95%）稀释至 100mL。储存于棕色滴瓶中，有效期为 2 个月。

（22）硫酸（1mol/L）　量取 15mL 浓硫酸加入到纯水中并且稀释至 500mL。储存于玻璃试剂瓶中，有效期为 2 个月。

（23）氨-氯化铵缓冲溶液（pH≈10）　称取 4g 氯化铵溶于约 100mL 蒸馏水中，加入 3mL 氨水，定容至 200mL。储存于玻璃试剂瓶中，有效期为 2 个月。（水质分析使用）

（24）柠檬酸铵（10%）　称取 100g 柠檬酸铵溶于少量蒸馏水中，定容至 1000mL。储存于玻璃试剂瓶中，有效期为 2 个月。

（25）中性红指示剂（0.005%）　称取 0.05g 中性红溶于蒸馏水中并稀释到 1L。

储存于玻璃试剂瓶中，有效期为2个月。

（26）氢氧化钠（2mol/L） 称取80g氢氧化钠溶于800mL蒸馏水中，加水稀释到1L。储存于聚乙烯塑料瓶中，有效期为2个月。

（27）硼砂缓冲溶液 称取2.5g氢氧化钠，溶于920mL蒸馏水中，加硼酸24.8g，使其溶解即可。储存于玻璃试剂瓶中，有效期为2个月。

（28）钼酸铵 称取6g钼酸铵溶于500mL蒸馏水中，加入0.2g酒石酸锑钾，缓缓加入83mL浓硫酸，冷却后用水稀释至1L，摇匀。储存于棕色试剂瓶中，有效期为2个月。

（29）抗坏血酸 称取17.6g抗坏血酸溶于50mL纯水中，加入0.2g乙二胺四乙酸二钠及8mL甲酸，用蒸馏水稀释至1L，摇匀。储存于棕色试剂瓶中，储存期为1个月。（必须冷藏）

（30）过硫酸铵（2.4%） 称取2.4g过硫酸铵溶于纯水中并且稀释至100mL。储存于棕色试剂瓶中，有效期15天。（必须冷藏）

（31）硝酸（1∶300） 量取1mL硝酸加入300mL蒸馏水，摇匀。有效期为2个月。

（32）氢氧化钠（2g/L） 称取（2.0000±0.0002）g氢氧化钠于玻璃烧杯中，加水使其溶解，定容至1L。有效期为2个月。

（33）盐酸（1∶5） 称取1体积浓盐酸以5体积水稀释。有效期为2个月。

（34）氟化钾溶液（150g/L） 称取15g氟化钾（$KF \cdot 2H_2O$）放在塑料杯中，溶于50mL水中，用水稀释至100mL。贮存于塑料瓶中，有效期为2个月。

（35）乙酸-乙酸钠缓冲溶液（pH=4.3） 称取42.3g无水乙酸钠溶于水中，加入80mL冰醋酸，然后加水稀释至1L，摇匀，用pH计或精密pH试纸检验其pH值。有效期为2个月。

（36）磺基水杨酸钠指示剂（100g/L） 称取10g磺基水杨酸钠溶于100mL水中。有效期为2个月。

（37）PAN指示剂溶液（2g/L） 称取0.2g PAN ［1-(2-吡啶偶氮)-2-萘酚］溶于100mL无水乙醇中。有效期为2个月。

（38）氟化钾溶液（20g/L） 称取20g氟化钾（$KF \cdot 2H_2O$）溶于1L水中。贮存于塑料瓶中，有效期为2个月。

（39）氟化钾溶液（150g/L） 称取15g氟化钾（$KF \cdot 2H_2O$）放在塑料杯中，溶于50mL水中，用水稀释至100mL。贮存于塑料瓶中，有效期为2个月。

（40）氯化钾溶液（50g/L） 将5g氯化钾溶于100mL水中。有效期为2个月。

（41）氯化钾-乙醇溶液（50g/L）称取50g氯化钾溶于500mL水中，用95%（体积比）无水乙醇稀释至1L。有效期为2个月。

（42）CMP（钙黄绿素-甲基百里香酚蓝-酚酞）混合指示剂（1∶1∶0.2） 准确称取1g钙黄绿素，1g甲基百里香酚蓝，0.2g酚酞，与50g已在105～110℃下烘干过的硝酸钾混合研细，贮存于磨口瓶中。有效期为2个月。

（43）酸性铬蓝 K-萘酚绿 B 混合指示剂（1∶2.5）　称取 1g 酸性铬蓝 K，2.5g 萘酚绿 B 与 50g 已在 105～110℃下烘干过的硝酸钾混合研细，贮存于磨口瓶中。有效期为 2 个月。

（44）酚酞指示剂（10g/L）　称取 1g 酚酞溶于 100mL 无水乙醇中。有效期为 2 个月。

（45）氨-氯化铵缓冲溶液（pH≈10）　称取 67.5g 氯化铵溶于水中，加 570mL 氨水，然后用水稀释至 1L。有效期为 2 个月（分析白灰、石灰石时使用）。

（46）酒石酸钾钠溶液（100g/L）　称取 10g 酒石酸钾钠溶于 100mL 水中。有效期为 2 个月。

（47）三乙醇胺（1∶2）　量取 1 体积三乙醇胺以 2 体积水稀释。有效期为 2 个月。

（48）氢氧化钾溶液（200g/L）　称取 20g 酒石酸钾钠溶于 100mL 水中。有效期为 2 个月。

（49）盐酸（4mol/L）　准确量取 35mL 盐酸定容至 100mL。

（50）硫酸溶液（1∶3）　量取 1 体积盐酸以 3 体积水稀释。有效期为 2 个月。

（51）氨-氯化铵缓冲溶液　称取 20g 氯化铵溶于 200mL 水中，加入 50mL 浓氨水稀释至 1L。取 20mL 缓冲溶液与 20mL 酸性靛蓝二磺酸钠储备溶液混合，测定其 pH。若 pH 大于 8.5，可用硫酸溶液（1∶3）调节 pH 至 8.5。反之，若 pH 小于 8.5，可用 10%氨水调节 pH 至 8.5。根据加酸或氨水的体积，往其余 980mL 缓冲溶液中加入所需的酸或氨水，以保证之后配制的氨性靛蓝二磺酸钠缓冲溶液的 pH 均为 8.5。（分析溶解氧使用）

二、标准溶液配制

1. EDTA 标准溶液的配制与标定

（1）EDTA 标准溶液的配制

① EDTA 标准溶液的配制（0.05mol/L）　将去离子水煮沸 10min 后冷却至室温，准确称取乙二胺四乙酸二钠（19.0000±0.0002）g，加水 1L 使之溶解，摇匀，静置过夜。有效期为 2 个月。

② EDTA 标准溶液的配制（0.02mol/L）　将去离子水煮沸 10min 后冷却至室温，准确称取乙二胺四乙酸二钠（8.0000±0.0002）g，加水使之溶解，并且稀释至 1L，摇匀，静置过夜。有效期为 2 个月。

③ EDTA 标准溶液的配制（0.015mol/L）　称取 5.6g 乙二胺四乙酸二钠置于烧杯中，加约 200mL 水，加热溶解，过滤，用水稀释至 1L。

（2）EDTA 标准溶液的标定

① EDTA 标准溶液的标定（0.05mol/L）　准确称取在 800℃灼烧 1h 至恒重的基准氧化锌（1.0000±0.0002）g，用少量蒸馏水润湿，加 20%盐酸溶液至样品溶解，移入 250mL 容量瓶中，用水稀释至刻度，摇匀，静置过夜。移取 25mL 基准氧化锌

溶液，加入 70mL 水，用 10%氨水溶液中和至 pH 为 7～8，加入 10mL、pH≈10 的氨-氯化铵缓冲溶液，加 3～5 滴 0.5%铬黑 T 指示剂，用配制好的 EDTA 滴定至溶液由紫色变为纯蓝色。同时做空白实验。

② EDTA 标准溶液的标定（0.02mol/L）　准确称取在 800℃灼烧 1h 至恒重的基准氧化锌（0.4000±0.0002）g，用少量蒸馏水润湿，加 20%盐酸溶液至样品溶解，移入 250mL 容量瓶中，用水稀释至刻度，摇匀，静置过夜。移取 25mL 基准氧化锌溶液，加入 70mL 水，用 10%氨水溶液中和至 pH 为 7～8，加 10mL、pH≈10 氨-氯化铵缓冲溶液及 3～5 滴 0.5%铬黑 T 指示液，用配制好的 EDTA 滴定至溶液由紫色变为纯蓝色。同时做空白实验。

③ EDTA 标准溶液的标定（0.015mol/L）

a．配置碳酸钙的基准溶液：称取 0.6g 已于 105～110℃下烘干 2h 的碳酸钙（精确至 0.0001g），置于 400mL 烧杯中，加入约 100mL 水，盖上表面皿，沿杯口加入 5～10mL 盐酸（1∶1）至碳酸钙全部溶解，加热煮沸 2min，冷却至室温，移入 250mL 容量瓶中，用水稀释至刻度，摇匀。

b．吸取 25mL 碳酸钙基准溶液，放入 400mL 烧杯中，用水稀释至约 200mL。加入适量的 CMP 混合指示剂，在搅拌下滴加 200g/L 氢氧化钾溶液，至出现绿色荧光后再过量 5～6mL（如用甲基百里香酚蓝指示剂，在滴加 200g/L 氢氧化钾溶液至呈蓝色后，再过量 0.5～1mL），以 0.015mol/L EDTA 标准滴定溶液滴定至绿色荧光消失并转变为粉红色（如用甲基百里香酚蓝为指示剂，则滴定至蓝色消失）为止。EDTA 标准溶液浓度按下式计算：

$$C=\frac{m}{V}\times\frac{1}{1.0009}$$

式中　C——EDTA 标准溶液的浓度，mol/L；

V——滴定时消耗 EDTA 标准溶液的体积，mL；

m——配置碳酸钙标准溶液碳酸钙的质量，g；

1.0009——碳酸钙的摩尔质量，mg/mol。

c．EDTA 标准滴定溶液与碳酸钙标准滴定溶液的体积比（K）按下式计算：

$$K=\frac{V}{25}$$

式中，V、25 分别为 EDTA 标准溶液和碳酸钙标准溶液的体积，mL。

d．注意事项：乙二胺四乙酸二钠在水中溶解较慢，溶解至均匀状态较慢，可加热溶解或放置过夜；EDTA 标准溶液应可选用硬质玻璃瓶或聚乙烯瓶贮存，避免与橡皮塞、橡皮管等接触。

2．硫酸标准溶液的配制与标定

（1）硫酸标准溶液的配制（0.1mol/L）　量取 3mL 浓硫酸，缓缓注入到 1L 蒸馏水中，冷却，摇匀。有效期为2个月。

（2）硫酸标准溶液的标定

方法一：准确称取在270～300℃温度下灼烧1h至恒重的基准无水碳酸钠（0.2000±0.0002）g。溶于50mL蒸馏水中，加2滴甲基红-亚甲基蓝指示剂，用待标定的0.1mol/L硫酸溶液滴定至溶液由绿色变为紫色（pH≈5），煮沸2～3min，紫色褪去。冷却后继续滴定至紫色。同时做空白实验。

硫酸标准溶液的摩尔浓度的计算：

$$C=\frac{m}{(V_1-V_2)\times 0.05299}$$

式中 m——无水碳酸钠的质量，g；

V_1——滴定无水碳酸钠消耗硫酸溶液的体积，mL；

V_2——空白实验消耗硫酸溶液的体积，mL；

0.05299——每毫摩尔无水碳酸钠的质量，g。

方法二：量取20mL待标定的硫酸（0.1mol/L）溶液，加60mL不含CO_2的蒸馏水（或新制备的除盐水），加2滴1%酚酞指示剂，用0.1mol/L氢氧化钠标准溶液滴定，至溶液呈粉红色。

硫酸标准溶液的摩尔浓度的计算：

$$C=\frac{V_1-C_1}{V}$$

式中 V_1——滴定硫酸消耗氢氧化钠溶液的体积，mL；

V——硫酸标准溶液的体积，mL；

C_1——氢氧化钠标准溶液的浓度，mol/L；

C——硫酸标准溶液的浓度，mol/L。

3. 硝酸银标准溶液的配制与标定

（1）硝酸银标准溶液的配制（0.1mol/L） 准确称取预先在280～290℃下灼烧并已恒重的硝酸银（16.9000±0.0002）g，溶于约500mL水中，转移至1L棕色容量瓶中，用水稀释至刻度，摇匀，避光保存。有效期为2个月。

（2）硝酸银标准溶液的标定

① 氯化钠溶液的配制（0.1mol/L）：氯化钠先在580～585℃温度下灼烧，新买的基准氯化钠需灼烧4h，如是之前烘干后存于干燥器内的氯化钠，则灼烧2h即可。准确称取已灼烧至恒重的基准氯化钠5.8443g，加水溶解后，移入1L容量瓶中，用水稀释至刻度，摇匀（需静置3～7天）。

② 将0.1mol/L氯化钠标准溶液用滴定管转移出30mL于锥形瓶中，加10mL淀粉溶液（10g/L），用配制好的硝酸银标准溶液滴定，滴定近终点时加荧光黄指示剂（5g/L），滴定至砖红色（浅色）。

③ 硝酸银标准溶液浓度的计算：

$$C=\frac{V_1-C_1}{V}$$

式中　V_1——转移的 30mL 氯化钠标准溶液的体积，mL；

V——滴定时消耗硝酸银标准溶液的体积，mL；

C_1——氯化钠标准溶液的浓度，mol/L；

C——硝酸银标准溶液浓度，mol/L。

4. 氢氧化钠标准溶液的配制与标定

（1）氢氧化钠标准溶液的配制（0.15mol/L）称取 3.7g 硫酸铜（$CuSO_4 \cdot 5H_2O$）溶于水中，加 4～5 滴硫酸（1∶1），用水稀释至 1L，摇匀。

（2）氢氧化钠标准溶液的标定（0.15mol/L）

① 准确称取 0.6g 苯二甲酸氢钾，置于 400mL 烧杯中，加入约 150mL 新煮沸过并已用氢氧化钠溶液中和至酚酞呈微红色的冷水，搅拌使其溶解。然后加入 2～3 滴 10g/L 酚酞指示剂溶液，用配好的氢氧化钠标准滴定溶液滴定至微红色。

② 氢氧化钠标准溶液浓度的计算：

$$C=\frac{1000m}{204.2V}$$

式中　C——氢氧化钠标准溶液的浓度，mol/L；

m——苯二甲酸氢钾的质量，g；

V——滴定时消耗氢氧化钠标准滴定溶液的体积，mL；

204.2——苯二甲酸氢钾的摩尔质量，g/mol。

5. 硫酸铜标准溶液的配制

（1）硫酸铜标准溶液的配制（0.015mol/L）　称取 3.7g 硫酸铜（$CuSO_4 \cdot 5H_2O$）溶于水中，加 4～5 滴硫酸溶液（1∶1），用水稀释至 1L，摇匀。

（2）硫酸铜标准溶液的标定　从滴定管缓慢放出 10～15mL（V_1）0.015mol/L EDTA 标准滴定溶液于 400mL 烧杯中，用水稀释至约 200mL，加 15mL 乙酸-乙酸钠缓冲溶液（pH=4.3），加热至沸，取下稍冷。加 5～6 滴 2g/L PAN 指示剂溶液，以硫酸铜标准滴定溶液滴定至亮紫色，消耗体积 V_2。具体硫酸铜浓度不进行计算，只计算 K 值。

EDTA 标准滴定溶液与硫酸铜标准滴定溶液的体积比（K）按下式计算：

$$K=\frac{V_1}{V_2}$$

式中　V_1——滴定管中放出 EDTA 的体积，mL；

V_2——滴定时消耗硫酸铜的体积，mL。

6. 磷酸盐标准溶液的配制与标定

① 磷酸盐标准贮备液的配制（0.5mg/mL）　准确称取预先在 100～105℃下干

燥至恒重的磷酸二氢钾（0.7165±0.0002）g，置于烧杯中，加水溶解后，移入 1L 容量瓶中，用水稀释至刻度，摇匀。1mL 溶液含有 0.500mg PO_4^{3-}，储存于棕色玻璃试剂瓶中，有效期为 2 个月（必须冷藏）。

② 磷酸盐标准工作溶液（0.02mg/mL） 准确吸取 20mL 磷酸盐标准贮备液于 500mL 容量瓶中，用水稀释至刻度，摇匀。1mL 溶液含有 0.020mg PO_4^{3-}，储存于棕色玻璃试剂瓶中，有效期为 2 个月。

第三节 主要仪器设备操作

一、电子天平

① 调整水平：天平开机前，应观察天平水平仪内的水泡是否位于圆环的正中央，否则需通过调整天平的支腿调平螺栓使之平衡。

② 开机预热：天平在初次接通电源或长时间断电后再开机时，至少需要 30min 的预热时间。因此，在通常情况下，实验室电子天平不要经常切断电源。

③ 按下 ON/OFF 键，接通显示器等待仪器自检，当显示器归零后，自检结束，天平可进行称量。

④ 给托盘放置称量纸，按显示屏侧的 Tare 键去皮，待显示器归零时，再将称量物轻轻置于称量纸上。

⑤ 读取数据并记录，称量完毕，取走称量物，按 ON/OFF 键，关闭显示器，做好天平防护。

二、分光光度计

① 接通电源，使仪器预热 20min。

② 用“功能”键将测试方式设置至 T（透过率）状态。

③ 用波长选择旋钮设置所需的分析波长。

④ 用黑体进行校准：按功能键至 A，再按“100%”键，当显示器上为 0.000 状态时，在样品室内放入黑体。按功能键至 T，再按“0%”键，当显示器上为 000.0 状态时，取出黑体，校准成功。

⑤ 将被测样品倒入比色皿中依次放入样品室内。

⑥ 按功能键至 A，再按“100%”键，当显示为 0.000 状态时，将被测样品依次拉入光路，此时可从显示器上分别得到被测样品的浓度值。

三、电热鼓风/恒温干燥箱

① 把需要干燥处理的物品放入干燥箱内，关好箱门，启动烘箱，同时打开干燥鼓风机。

② 温度设定：根据所需加热温度设定，设定时先按控温仪的功能键“SET”进入温度设定状态，按移位键配合加减键操作，设定结束按下功能键“SET”确认。

③ 定时设定：当 PV 窗（用于表示温控器所检测的环境温度）显示 T1 时，进入定时设定，可用移位键配合加减键把 SV 窗（用于表示设定的环境所需温度）设定。设定结束后，按“SET”键确认退出。

④ 设定结束后，数据长期保存，此时干燥箱进入升温状态，达到设定温度后，自动控制进入恒温状态。

⑤ 根据物品潮湿程度不同，选择不同的干燥时间。

⑥ 干燥结束后，关闭电源及鼓风开关，打开箱门取物品。

四、高温炉/马弗炉

① 使用前需要检查箱体及配件是否齐全，接线端子是否松动，注意是否有断路或漏电现象。

② 根据所测样品成分不同，设定不同的温度。

③ 待设备已达到设定温度并恒温后，戴好耐高温手套，使用专用夹钳迅速将称有试样的灰皿放入炉内恒温区，关上炉门并记录灼烧时间。

④ 达到规定灼烧实验时间后，先关闭电源，再打开炉门，取出样品置于耐热板上冷却。

五、台式精密酸度计

① 向塑料烧杯中加入约 100mL 的待测水样，用该水样清洗电极，然后倒掉。重复清洗电极至少 2 遍。

② 用步骤①的方法再取待测水样，将电极插入烧杯，等待测量值稳定。

③ 当判稳指示显示稳定后（约 1min），即可读出测量值。

④ 测量完后，重复步骤①，用除盐水至少清洗电极 2 遍后，将电极浸泡在除盐水中，以备下次使用。

六、台式电导率仪

① 用待测水样清洗电极，然后倒掉。重复清洗电极至少 2 遍。

② 再取待测水样，将电极插入烧杯，等待测量值稳定（约 30s）。

③ 当判稳指示显示稳定后，即可读出测量值。

④ 测量完后，重复步骤①，用除盐水清洗电极至少 2 遍，后将电极浸泡在除盐水中，以备下次使用。

七、铁离子含量分析仪

（1）待测水样的要求

① 水样温度：10～40℃。

② 不受振动，无腐蚀性气体。

（2）待测水样的显色

① 取100mL水样移入250mL的锥形瓶中，加入4mL盐酸（1∶1），加热浓缩到略小于50mL，放入水浴锅中冷却至30℃左右。

② 加入2mL盐酸羟胺（10%）摇匀，等待5min。

③ 加入10mL邻菲罗啉溶液（0.1%），摇匀。

④ 在锥形瓶中加入一小块刚果红试纸，慢慢滴加氨水，使刚果红试纸恰好由蓝色转变为紫红色，此时pH值为3.8～4.1。

⑤ 加入10mL乙酸-乙酸铵溶液，摇匀。

⑥ 用高纯水稀释至100mL即可进行测量。

（3）测量水样的方法

① 空白校准：将光标移动到“空白校准”位置，根据提示倒入除盐水，按“确认”键，进入空白校准菜单。

② 其他步骤与硅酸根离子测量仪方法相似。

八、浊度含量分析仪

① 开机后，用待测液冲洗样品瓶2～3次。

② 将待测液注入样品瓶至刻度线并拧上瓶盖。

③ 用无尘布清洗样品瓶外壁。

④ 将样品瓶的标示线与样品池标线对齐。

⑤ 盖上样品池盖，等待显示值稳定。

⑥ 按下“存储”按钮保存测量数据。

九、硅酸根含量分析仪

1. 待测水样要求

① 水样温度不低于15℃；

② 水样允许固体成分不大于5μm（不允许有胶状物出现）。

2. 待测水样显色

① 取水样100mL注入塑料杯中，加入3mL酸性钼酸溶液，混匀后放置5min；

② 加入3mL10%草酸（或酒石酸）溶液，混匀后放置1min；

③ 加入2mL 1,2,4-酸还原剂，混匀后放置8min，水样显色完毕。

3. 对仪器进行空白校准

① 在主菜单里将光标移动到“空白校准”位置，在此状态下，根据提示倒入除盐水，按“确认”键，进入空白校准菜单。

② 空白校准的主要作用是校正仪器的电气漂移、光学漂移和温度漂移，以保证测量数据的准确性。仪表根据“曲线校准”时所测量的除盐水的吸光度与本次空白

校准测量的除盐水的吸光度的差值来平移坐标系，保证测量的有效性和准确度。

4. 测量过程

① 用除盐水冲洗三次比色池，观察数值（电压值）稳定后，按“存储”键，保存校准结果，同时自动排液，返回主菜单。[中间的数字表示仪器测量的除盐水的电压值，只需要观察此数据是否稳定（±3mV）即可。如果不稳定，则需要多冲洗几次比色池。]

② 按“返回”键，回到上一页。

③ 仪器处于测量画面状态下，倒入显色后的待测水样，有溢流后按“排污”键排掉污水。

④ 再倒入显色水样，待该数据稳定且确认为有效后，记录测量数据。

⑤ 测量完成后，按“排污”键排掉测量水样，用除盐水清洗分析仪器至少两遍。

⑥ 待清洗干净后，倒入除盐水并观察至有溢流后，待下一次使用。

5. 注意事项

① 每次测量最好分两次注入被测水样，并以第二次显示数值为准。

② 每次测量完成后，必须用除盐水将比色池清洗干净，并注满除盐水。

③ 在测量水样时，根据仪表的准确程度选择是否对仪器进行空白校准，如仪器运行比较稳定可适当地减少空白校准次数。

第四节 分析检验操作法

一、生石灰的常规测定方法

本方法按照 YB/T 042—2014《冶金石灰》进行分析检测。

制样方法：将试样进行破碎，以四缩分法取至 500g，再破碎至粒径 0.5～1mm，以四缩分法取 1.5g 左右，然后进行碎磨，全部通过 100 目筛备用。

1. 氧化钙的测定

（1）测定原理　在 pH=12～14 溶液中，钙离子与钙指示剂作用生成红色络合物。用 EDTA 滴定，钙离子被 EDTA 络合成更稳定的络合物，使指示剂游离呈纯蓝色。

三乙醇胺（1∶1）（其作用是用来掩蔽铁、铝、锰等金属离子对指示剂的影响）。

（2）测定步骤

① 准确称取(0.5000±0.0002)g 制好的生石灰样品［石灰石(1.0000±0.0002)g］置于烧杯中，加入 20mL 盐酸（1∶1），煮沸 2～3min。加入 0.2%甲基红指示剂至溶液呈红色，之后加氨水（1∶1）至有黄色沉淀，再加入 10mL 氯化铵饱和溶液，煮沸 3～5min。用定性滤纸过滤至 250mL 容量瓶中，用热蒸馏水洗涤至没有氯离子为止，冷却至室温，定容至刻度线，摇匀备用。（使用 $AgNO_3$ 检验氯离子是否洗涤干净。）

② 滤液冷却后，准确移取 25mL，注入 250mL 锥形瓶中，加蒸馏水 50mL，加入 2.5mL 氢氧化钠（25%），加钙指示剂约 0.1g，在不断振荡下，用 0.05mol/L EDTA

标准溶液滴定至溶液由红色变为纯蓝色。氧化钙含量计算公式如下：

$$X=\frac{W\left(V_2-V_1\right)\times 0.05608}{\frac{25}{250}G}\times 100\%$$

式中　W——EDTA 标准溶液浓度，mol/L；

V_1——空白实验时滴定消耗 EDTA 的标准溶液体积，mL；

V_2——滴定消耗 EDTA 的标准溶液体积，mL；

G——试样重量，g；

0.05608——CaO 毫摩尔质量，g/mmol。

（3）注意事项

① 钙指示剂加入量应适当，否则对结果有影响。

② 溶液的 pH 值一定要控制在 12～14。

③ 氧化钙平行样误差不能超过 0.30%。

2．氧化镁的测定

（1）测定原理　在 pH=10 的溶液中，钙、镁离子与铬黑 T 指示剂作用生成红色络合物。用 EDTA 滴定，钙、镁离子将先后被 EDTA 络合成更稳定的络合物而使指示剂游离呈纯蓝色，由钙、镁总量减去钙含量即得到镁的含量。

（2）测定步骤　准确移取 25mL 滤液，注入 250mL 三角瓶，加蒸馏水 50mL，加入 pH≈10 氨缓冲溶液 15mL，加铬黑 T 指示剂 5 滴左右。在不断振荡下，用 0.05mol/L EDTA 标准溶液滴定至溶液由酒红色变为纯蓝色。

氧化镁含量计算公式如下：

$$X=\frac{W\left(V_2-V_1\right)\times 0.04031}{\frac{25}{250}G}\times 100\%$$

式中　W——EDTA 标准溶液的浓度，mol/L；

V_1——测定 CaO 时，滴定消耗 EDTA 标准溶液体积，mL；

V_2——滴定消耗 EDTA 标准溶液体积，mL；

G——试样质量，g；

0.04031——MgO 毫摩尔质量，g/mmol。

（3）注意事项

① 快到滴定终点时，滴定速度要慢，并充分振荡。终点颜色变化比较迟钝，若太快容易滴定过量，引起镁的结果偏高。

② 做白灰样称 0.5g 或称 1g 样品时，加的药品要比做石灰石样时多些。

③ 指示剂的加入要适量。加入过多会使底色加深，影响对滴定终点的观察；加入过少，终点的颜色变化不明显。

④ 滴定镁含量时应该在加入缓冲溶液之后及时滴定，防止时间过长，溶液中的

硅酸会影响滴定终点时的颜色变化。

⑤ 氧化镁平行样误差不能超过 0.30%。

⑥ 如果取样时发现石灰石被雨雪浸泡，需要将原样经过烘箱 105℃烘干 30min 后再继续制样。

3. 白灰中生过烧总量的测定

（1）测定原理　一定质量的白灰加水消化反应后，其未分解部分经挑选、烘干，分别称量生烧和过烧的质量，进行计算。

（2）测定步骤　称取 1kg 白灰，破碎成 1cm 以下粒度，放置于反应容器中，加入约 5L 水，在铁桶中充分振荡冲洗，使白灰与水充分反应（约 10～15min）。充分反应后，通过 2mm 铁板筛将未反应分解的残渣滤出，再用适量水将残渣表面黏附的熟石灰洗净沥水后，将残渣转移于小搪瓷盘中，置于 105℃烘箱中烘干（约 30min），然后称其质量。先用目测鉴别其生、过烧，难于鉴别者，可以用（1∶1）盐酸滴在其上，有气泡产生的是生烧，无气泡产生的是过烧。

计算：

$$W=\frac{m_1}{m}\times 100\%$$

式中　m_1——生过烧质量，g；

m——试样质量，g。

4. 白灰活性度的测定

（1）白灰活性度测定的原理　将试样用(40±1)℃左右的蒸馏水消化，以酚酞为指示剂，开动搅拌仪，边搅拌边用 4mol/L 盐酸标准溶液（4N-HCl）滴定消化液至红色刚好完全消失，记录 10min 时所消耗的盐酸标准溶液的总体积。

（2）手动测定步骤

① 准确称取粒度为 1～5mm 的试样 50g 于干燥烧杯中，置于干燥器中备用。

② 量取稍高于 40℃的蒸馏水 2000mL 于 3000mL 烧杯中，开动搅拌仪并用温度计测量水温。

③ 待水温降到(40±1)℃时，加 1%酚酞指示剂 8～10 滴，将试样一次性倒入水中消化并开始记录时间。

④ 当消化液开始呈红色时，用 4mol/L 的盐酸标准溶液滴定，直到混合液中红色刚好消失时止，待又出现红色时再继续使用盐酸标准液滴定。整个过程中都要保证溶液滴定至红色刚刚消失时止，记录滴定 10min 时消耗盐酸的总体积。

（3）结果计算

① 同一试样两次独立测定结果如不大于允许误差，则取其算术平均值作为检测结果：如大于允许误差，则按照 YB/T 10—2014 附录中有关规定执行。

② 允许误差：同一试样两次独立测定结果差值的绝对值不大于平均值的 4%。

计算：

$$W=\frac{CV}{4}\times 5$$

式中 W——活性度，mL；

C——盐酸标准溶液的浓度，mol/L；

V——试样质量，g。（规定称取 50g 水样量取 2L）

二、石灰石全分析

电石生产中所使用的石灰石全分析项目包括：三氧化二铁，三氧化二铝，二氧化硅，烧失量四项，氧化钙，氧化镁。测定方法同生石灰常规测定方法。

（1）试样溶液的制备（代用法） 称取约 0.5g 试样，精确至 0.0001g，置于银坩埚中，加入 6～7g 氢氧化钠，在 650～700℃的高温下熔融 20min。取出冷却，将坩埚放入已盛有 100mL 近沸腾水的烧杯中，盖上表面皿，于电热板上适当加热，待熔块完全浸出后，取出坩埚，用水冲洗坩埚和盖。在搅拌下一次性加入 25～30mL 盐酸，再加入 1mL 硝酸。用热盐酸（1∶5）洗净坩埚和盖，将溶液加热至沸，冷却，然后移入 250mL 容量瓶中，用水稀释至标线，摇匀。此溶液供测定二氧化硅、三氧化二铁、三氧化二铝、氧化钙、氧化镁、二氧化钛用。

（2）二氧化硅的测定（氟硅酸钾容量法） 吸取 50mL 溶液，放入 250～300mL 塑料杯中，加入 10～15mL 硝酸，搅拌，冷却至 30℃以下。加入氯化钾，仔细搅拌至饱和并有少量氯化钾析出，再加 2g 氯化钾及 10mL（150g/L）氟化钾溶液，仔细搅拌（如氯化钾析出量不够，应再补充加入），放置 15～20min。用中速滤纸过滤，用 50g/L 氯化钾溶液洗涤塑料杯及沉淀 3 次。将滤纸连同沉淀取下，置于原塑料杯中，沿杯壁加入 10mL 30℃以下的 50g/L 氯化钾-乙醇溶液及 1mL（10g/L）酚酞指示剂溶液，用氢氧化钠标准滴定溶液［$c_{(NaOH)}$=0.15mol/L］中和未洗尽的酸，仔细搅动滤纸并随之擦洗杯壁直至溶液呈红色。向杯中加入 200mL 沸水（煮沸并用氢氧化钠溶液中和至酚酞呈微红色），用氢氧化钠标准滴定溶液［$c_{(NaOH)}$=0.15mol/L］滴定至微红色。

计算：

$$SiO_2 = \frac{5T_{SiO_2}V}{1000m} \times 100\%$$

式中 T_{SiO_2}——每毫升氢氧化钠标准滴定溶液相当于二氧化硅的质量，mg/mL；

V——滴定时消耗氢氧化钠标准滴定溶液的体积，mL；

5——全部试样溶液与所分取试样溶液的体积比；

m——试料的质量，g。

（3）三氧化二铁的测定 从已制备好的试样溶液中吸取 25mL 溶液放入 300mL 烧杯中，加蒸馏水稀释至约 100mL。用氨水（1∶1）和盐酸（1∶1）调节溶液 pH 至 1.8～2.0（用精密 pH 试纸检验）。将溶液加热至约 70℃，加 10 滴 100g/L 磺基水杨酸钠指示剂溶液，用 0.015mol/L EDTA 标准滴定溶液缓慢地滴定至呈亮黄色（滴定终点时溶液温度应不低于 60℃）。保留此溶液供测定三氧化二铝用。

计算：

$$Fe_2O_3 = \frac{5T_{Fe_2O_3}V}{1000m} \times 100\%$$

式中　$T_{Fe_2O_3}$——每毫升 EDTA 标准滴定溶液相当于三氧化二铁的质量，mg/mL；

V——滴定时消耗 EDTA 标准滴定溶液的体积，mL；

5——全部试样溶液与所分取试样溶液的体积比；

m——试料的质量，g。

（4）三氧化二铝的测定　将测定铁后的溶液用蒸馏水稀释至约 200mL，加 1～2 滴 1g/L 溴酚蓝指示剂溶液，用氨水（1∶1）中和至溶液出现蓝紫色后，再滴加盐酸（1∶1）溶液变为黄色，加入 15mL 乙酸-乙酸钠缓冲溶液（pH=3），微沸并保持 1min，加入 10 滴 EDTA-Cu 溶液及 2～3 滴 2g/L PAN 指示剂溶液，以 0.015mol/L EDTA 标准滴定溶液滴定至红色消失，继续煮沸，滴定，至紫红色不再出现，呈稳定的亮黄色为止。

计算：

$$Al_2O_3 = \frac{5T_{Al_2O_3}V}{1000m} \times 100\%$$

式中　$T_{Al_2O_3}$——每毫升 EDTA 标准滴定溶液相当于三氧化二铝的质量，mg/mL；

V——滴定时消耗 EDTA 标准滴定溶液的体积，mL；

5——全部试样溶液与所分取试样溶液的体积比；

m——试料的质量，g。

（5）烧失量的测定　称取约 1.0000g 试样，精确到 0.0001g，置于已灼烧至恒量的瓷坩埚中，将盖斜置于坩埚上，放在高温炉内从低温开始逐渐升高温度，在(950±25)℃下灼烧 1h，取出坩埚置于干燥器中冷却至室温，称量。反复灼烧，直至恒量。

计算：

$$W_{LOI} = \frac{m - m_1}{m} \times 100\%$$

式中　W_{LOI}——烧失量的质量分数，%；

m——试料的质量，g；

m_1——灼烧后试料的质量，g。

三、电极糊的测定方法

本方法按照 YB/T 5215—2015《电极糊》规定的标准进行分析检测。

（1）制取方法　将采回的样品粉碎至 5mm 左右，以四缩分法取 20g，研磨至全部通过 80 目筛，装入样品袋以备分析，样品带注明日期、数量。

（2）水分的测定

① 水分的测定是检验样品外水的含量。

② 分析步骤：在已知重量的瓷皿中，称取 10g 试样，置于干燥箱内，在 105～110℃恒温干燥 2h，取出放在干燥器内冷却约 30min（至室温），称量（烘瓷皿 2 次，每次 30min）。

水分含量计算：

$$M_{ad} = \frac{m - m_1}{m} \times 100\%$$

式中　M_{ad}——水分的百分含量，%；

m——试样质量，g；

m_1——干燥后试样质量，g。

（3）灰分的测定　称取样品(1.0000±0.0002)g 置于已恒重的灰皿中（铺平），放在（850±20）℃高温炉前边缘上进行预热，除掉水分和低挥发分后，逐渐将灰皿移入高温炉恒温区中灼烧 2h，取出坩埚，在空气中冷却 5min，再放入干燥器中冷却至室温，恒重。

灰分含量计算：

$$A_{ad}=\frac{m_1}{m}\times100\%$$

式中　A_{ad}——灰分的含量，%；

m_1——坩埚内灼烧后残渣质量，g；

m——试样质量，g。

（4）挥发分的测定　挥发分的测定是检验制品在隔绝空气加热条件下材料重量的损失。先在预先恒重的瓷坩埚内，称取试样(3.0000±0.0002)g，在坩埚内铺平，盖上盖子放在坩埚架上。当高温炉的温度达到(850±20)℃时，迅速放入炉内恒温区，加热 7min，取出，在空气中冷却 5min 后，将坩埚放入干燥器内冷却至室温，称重。（细缝糊试样测定时，用 20mL 瓷坩埚称取 1g 试样，灼烧 10min。）

挥发分含量计算：

$$V_{ad}=\frac{m_0-m_1}{m}\times100\%$$

式中　m——电极糊试样质量，g；

m_0——灼烧前试样质量，g；

m_1——灼烧后试样质量，g；

V_{ad}——挥发分的含量，%。

（5）固定碳的算法　用已测出的水分含量、灰分含量和挥发分含量进行计算，求得固定碳含量。

固定碳含量计算：

$$FC_{ad}=100\%-M_{ad}-A_{ad}-V_{ad}$$

式中　FC_{ad}——炭材试样中固定碳含量，%；

M_{ad}——炭材试样中空气干燥基水分含量，%；

A_{ad}——炭材试样中灰分含量，%；

V_{ad}——炭材试样中挥发分含量，%。

四、焦炭（兰炭）的测定方法

本方法按照 GB/T 2001—2013《焦炭工业分析测定方法》进行分析检测。水分测定有全水分测定法和空气干燥基水分测定法，根据电石生产实际需要选择全水分测定法。

（1）全水分的测定

① 用已知质量的干燥、清洁的浅盘称取粒度小于 13mm 的炭材试样 500g±10g，精确至 0.1g，平摊在浅盘中。

② 将装有试样的浅盘放入预先加热到 170~180℃的干燥箱中，在鼓风条件下干燥 1h。

③ 将浅盘取出，冷却 5min，称量，精确到 0.1g。

④ 进行检查性干燥，每次 10min，直到连续两次试样的质量差不超过 1g 或质量增加时为止，计算时取最后一次的质量，若有增重则取增重前一次的质量为计算依据。

水分含量计算：$$M_t = \frac{m - m_1}{m} \times 100\%$$

式中 M_t——材炭试样全水分的质量百分数，%；

m——干燥前炭材试样的质量，g；

m_1——干燥后炭材试样的质量，g。

试验结果取两次试验结果的算术平均值。

（2）灰分的测定 称取一定质量的炭材试样，在预热至 815℃±10℃的马弗炉中灰化并灼烧至质量恒定，以其残留物的质量占炭材试样质量的质量百分数来表示。其测定方法也有两种，这里选择仲裁法：

① 用预先灼烧至质量恒定的灰皿中，称取粒度小于 0.2mm 并搅拌均匀的炭材试样 1g±0.05g，精确至 0.0001g，均匀地使试样铺平于灰皿中，使其每平方厘米的质量不超过 0.10g。

② 将盛有试样的灰皿放入温度为(815±10)℃的马弗炉炉门口，在 10min 内逐渐将其移入炉内恒温区，关闭炉门并使炉门预留约 15mm 的缝隙，同时打开炉门上的通气小孔和炉后烟囱。在温度为(815±10)℃恒温下灼烧 1h。

③ 从炉中取出灰皿，置于石棉板上在空气中冷却约 5min 左右，再移入干燥器内冷却至室温（约 20min），称量。

④ 进行检查性灼烧，温度为(815±10)℃，每次 15min，直到连续两次灼烧后的质量变化不超过 0.001g 或质量增加时为止，计算时取最后一次的质量，若有增重则取增重前一次的质量为计算依据。

⑤ 炭材的空气干燥基灰分计算：$A_{ad} = \frac{m_1}{m} \times 100\%$

式中 A_{ad}——空气干燥基灰分的质量分数，%；

m_1——灼烧后灰皿内残留物的质量，g；

m——称取的空气干燥基炭材试样的质量，g。

（3）挥发分的测定 称取一定质量的炭材试样，放在带盖的瓷坩埚内，在(900±10)℃隔绝空气加热 7min，以减少的质量占试样质量的质量分数，减去该炭材试样的空气干燥基水分含量作为炭材挥发分含量。

① 在预先于(900±10)℃温度下灼烧至质量已恒重的带盖瓷坩埚内，称取粒度小于 0.2mm 搅拌均匀的炭材试样 1g±0.01g，精确至 0.0001g，然后轻振坩埚使试样铺平，盖上盖子，放在坩埚架上。（注：如试样不足 6 个，应在坩埚架空位上用空坩埚补位）

② 当马弗炉的温度达到(900±10)℃时，打开炉门并迅速将放有坩埚的坩埚架放入炉内恒温区，立即关闭炉门并开始计时，准确加热 7min。坩埚和架子放入后，炉温会有所下降，要求炉温必须在 3min 内恢复到(900±10)℃，并继续保持此温度到试

验结束，否则此次试验作废。(注：加热时间包含温度恢复时间在内，加热过程中炉门小孔一直处于关闭状态)

③ 加热到 7min 时立即从炉内取出坩埚，在空气中冷却 5min，再移入干燥器中冷却至室温（约 20min），称重。

④ 空气干燥基挥发分计算：$V_{ad}=\dfrac{m-m_1}{m}\times100\%$

式中　m——空气干燥基炭材试样的质量，g；

m_1——炭材加热后残渣的质量，g；

V_{ad}——空气干燥挥发分的质量分数，%。

（4）固定碳的计算　用已测出的水分含量、灰分含量和挥发分含量进行计算，求得固定碳含量。

炭材的干基固定碳计算：$FC_{ad}=100\%-A_{ad}-V_{ad}$

式中　FC_{ad}——空气干燥基固定碳的质量分数，%。

五、水质的测定方法

1. 总硬度测定方法

（1）原理　在 pH 值为 10.0±0.1 的缓冲溶液中，用铬黑 T 作指示剂，以乙二胺四乙酸二钠盐（EDTA）标液滴定至纯蓝色为终点。根据消耗的 EDTA 的体积，即可计算出水中的钙、镁含量。本法有两种测定方法：第一法适于测定硬度大于 0.5mmol/L 的水样，第二法适于测定硬度在 1～500μmol/L 的水样。

（2）测定方法

第一测定法（硬度大于 0.5mmol/L 的水样）：量取透明水样 100mL 注入 250mL 锥形瓶中，加入 5mL 缓冲溶液及两滴 0.5%铬黑 T 指示剂，在不停震荡下，用 0.02mol/L EDTA 标准溶液滴定至溶液由酒红色变为蓝色，记下消耗 EDTA 的体积 a。

第二测定法（硬度在 1～500μmol/L 的水样）：量取透明水样 100mL 注入 250mL 锥形瓶中，加入 3mL 缓冲溶液及 2 滴 0.5%酸性铬蓝 K 指示剂，在不停震荡下，用 0.001mol/L EDTA 标准溶液用微量滴定管滴定至蓝紫色，记下消耗 EDTA 的体积 a。

计算：

第一测定法：$\mathrm{YD}=\dfrac{0.02\times2\times10^3}{100}\times a=0.4a(\mathrm{mmol/L})$

第二测定法：$\mathrm{YD}=\dfrac{0.001\times2\times10^3}{100}\times a=0.02a(\mathrm{mmol/L})$

式中，a 为滴定时消耗 EDTA 的体积，mL。

2. 总碱度测定方法

（1）原理　水的碱度是指水中能接受氢离子的物质的量。例如氢氧根、碳酸盐、重碳酸盐、磷酸盐、磷酸氢盐、硅酸盐、硅酸氢盐、亚硫酸盐、腐植酸盐和氨等，都是水中常见的碱性物质，它们都能与酸进行反应。因此可用适宜的指示剂以标准酸溶液对它们进行滴定。

（2）测定方法 碱度可分为酚酞碱度和全碱度两种。酚酞碱度是以酚酞作指示剂时所测出的量，其终点的 pH 约为 8.3；全碱度是以甲基橙作指示剂时测出的量，终点的 pH 约为 4.2；若碱度小于 0.5mmol/L，全碱度宜以甲基红-亚甲基蓝作为指示剂，终点的 pH 约为 5.0。

第一测定法：适用碱度较大的水样，如澄清水、冷却水、生水等，单位以 mmol/L 表示。

① 取 100mL 透明水样注于锥形瓶中，加入 2～3 滴 1%酚酞指示剂，此时若溶液显红色，则用 0.05mol/L 或 0.1mol/L 硫酸标准溶液滴定至恰好无色，记录滴定时消耗硫酸标准溶液的体积 A。

② 在上述锥形瓶中加入 2 滴甲基橙指示剂，继续用硫酸标准溶液滴定至溶液呈橙红色为止，记录第二次滴定时消耗的体积 B。

第二测定法：适用于碱度小于 0.5mmol/L 的水样，例如除盐水、给水等，单位以μmol/L 表示。

① 取 100mL 透明水样注于锥形瓶中，加入 2～3 滴 1%酚酞指示剂，此时若溶液显红色，则用 0.01mol/L 硫酸标准溶液滴定至恰好无色，记录耗酸体积 A。

② 在上述锥形瓶中加入 2 滴甲基红-亚甲基蓝指示剂，用硫酸标准溶液滴定至溶液由绿色变为紫色，记录第二次耗酸体积 B。

计算：$(\mathrm{JD})=\left(C\dfrac{A}{V}\right)\times 10^{3}$ 或 $(\mathrm{JD})=\left(C\dfrac{A}{V}\right)\times 10^{6}$

$$(\mathrm{JD})_{全}=\left(C\frac{A+B}{V}\right)\times 10^{3} \text{ 或 } (\mathrm{JD})_{全}=\left(C\frac{A+B}{V}\right)\times 10^{6}$$

式中 C——硫酸标准溶液的浓度，mol/L；

A、B——滴定碱度所消耗硫酸标准溶液的体积，mL；

V——水样体积，mL；

JD——水的酚酞碱度；

$(\mathrm{JD})_{全}$——水的全碱度。

3. 氯离子的测定方法

分析方法中除特殊规定外，只应使用分析纯试剂和符合《分析实验室用水规格和试验方法》（GB/T 6682—2008）中三级水的规格。

分析方法中所需标准溶液、制剂及制品，在没有注明其他规定时，均按《化学试剂 标准滴定溶液制备》（GB/T 601—2016）、《化学试剂 试验方法中所用制剂及制品的制备》（GB/T 603—2002）之规定制备。

（1）原理 本方法以铬酸钾为指示剂，在 pH 值为 5～9 的范围内用硝酸银标准滴定溶液直接滴定。硝酸银与氯化物作用生成白色氯化银沉淀，当有过量的硝酸银存在时，则与铬酸钾指示剂反应，生成砖红色铬酸钾，表示反应达到终点。

离子反应方程式为：$Ag^{+}+Cl^{-}$ ══ $AgCl\downarrow$（白色）

$2Ag^{+}+CrO_4^{2-}$ ══ $Ag_2CrO_4\downarrow$（砖红色）

（2）分析步骤

用移液管移取100mL水样于250mL锥形瓶中，加入2滴酚酞指示剂溶液，用氢氧化钠溶液和硝酸溶液调节水样的pH值，使红色刚好变为无色。

加入1mL铬酸钾指示剂溶液，在不断摇动的情况下，用硝酸银标准溶液滴定，直至出现砖红色为止。记下消耗的硝酸银标准溶液的体积（V_1）。同时做空白试验，记下消耗的硝酸银标准溶液的体积（V_0）。

（3）氯离子含量的计算

$$X_1=\frac{(V_1-V_0)\ C\times 0.03545}{V}\times 10^6$$

式中　V_1——滴定水样试验消耗的硝酸银标准滴定溶液的体积，mL；

V_0——空白试验时消耗的硝酸银标准滴定溶液的体积，mL；

V——水样的体积，mL；

C——硝酸银标准滴定溶液的浓度，mol/L；

X_1——氯离子含量，mg/L。

1.00mL硝酸银标准滴定溶液（1.000mol/L）中银离子与氯离子完全反应时所需氯的质量（以克为单位）。

（4）允许误差　取平行测定结果的算术平均值为测定结果，平行测定结果的允许差不大于0.75mg/L。

4．有机磷测定方法

（1）原理：在酸性介质中，磷酸盐和亚磷酸在硫酸和过硫酸铵存在下，加热，氧化成磷酸。利用钼酸铵、酒石酸锑钾和磷酸反应生成锑磷钼酸配合物，以抗坏血酸还原成“锑磷钼蓝”，用吸光光度法测定总磷酸盐含量（以PO_4^{3-}计）；然后再减去正磷酸的含量（以PO_4^{3-}计），计算出有机磷含量。

（2）分析步骤

① 总磷含量的测定：吸取20mL水样于50mL比色管中，加入1mL硫酸溶液、5mL过硫酸铵溶液，在沸水浴中加热30min，取下冷却至室温，然后全部移至50mL容量瓶中，加入5mL钼酸铵溶液、3mL抗坏血酸溶液。用水稀释至刻度，摇匀，在25～30℃下放置10min。使用分光光度计，用1cm比色皿，在710nm波长处，以试剂空白为参比，测定其吸光度。

② 正磷含量的测定：吸取20mL水样于50mL容量瓶中，加入20mL水、5mL钼酸铵溶液、3mL抗坏血酸溶液，用水稀释至刻度，摇匀。在25～30℃下放置10min。使用分光光度计，用1cm比色皿，在710nm波长处，以试剂空白为参比，测定其吸光度。

（3）计算

① 水样中总磷酸盐（以PC_4^{3-}计）含量（X_0）按下式计算：

$$X_0 = \frac{a}{V} \times 1000$$

式中　a——从工作曲线查得试液中总磷酸盐的量，mg；

V——吸取水样的体积，mL。

② 水样中正磷酸盐（以PC_4^{3-}计）含量（X_1）按下式计算：

$$X_1 = \frac{a_1}{V} \times 1000$$

式中　a_1——从工作曲线查得试液中正磷酸盐的量，mg；

V——吸取水样的体积，mL。

③ 水样中有机磷（以PC_4^{3-}计）含量（X_2）按下式计算：

$$X_2 = X_0 - X_1$$

（4）允许差：取平行测定结果的算术平均值为测定结果，两次平行测定结果的绝对值不大于 0.30%。

5. 电导率

① 用待测水样清洗电极，然后倒掉。重复该步骤清洗电极至少两遍。

② 再取待测水样，将电极插入烧杯，等待测量值稳定（约 30s）。当判稳指示显示稳定后，即可读出测量值。

③ 测量完后，重复步骤①，用除盐水至少清洗电极两遍，后将电极浸泡在除盐水中，以备下次使用。

④ 注意事项

a．如果水样的电导率值较大，电极清洗两遍即可；如果电导率值较小，建议多清洗几遍电极，最大限度地减小干扰，以便获得更加准确的测量值。

b．严格禁止超限测量。如果水样的电导率值超过所使用电极的测量范围，将会引起电极极化，使电极测量精度下降，导致电极损坏。

6. 浊度的测定方法

（1）对仪器进行基线校准

① 在仪器处于测量界面状态下，倒入待测水样，有溢流后按“排污”键排掉。

② 再倒入待测水样，待该数值稳定且认为有效后，即可读取该数据。按“Enter”键存储该数据，并排污。

③ 排污阀关闭后，倒入除盐水冲洗 2～3 遍，最后再倒满除盐水。

（2）硅酸根含量的测定

① 取水样 100mL 于塑料杯中，加入 3mL 酸性钼酸铵溶液，混匀后放置 5min。

② 加 3mL 10%草酸（或酒石酸）溶液，混匀后放置 1min。

③ 加 2mL 1,2,4-酸还原剂，混匀后放置 8min 即可进行测量。

7. 亚铁离子含量的测定方法

① 取 100mL 试样移入 250mL 锥形瓶中，加入 4mL 盐酸（1∶1），加热浓缩到略小于 50mL，放入水浴锅中冷却至 30℃左右；

② 加入 2mL（10%）盐酸羟胺摇匀，等待 5min；再加入 10mL（0.1%）邻菲罗啉溶液，摇匀；

③ 在锥形瓶中加入一小块刚果红试纸，慢慢滴加氨水，使刚果红试纸恰由蓝色转变为紫红色，此时 pH 值为（3.8～4.1）；

④ 加入 10mL 乙酸-乙酸铵溶液，摇匀；

⑤ 用高纯水稀释至 100mL 即可进行测量。

8. 浓缩倍数

检测生水硬度和循环水硬度，然后用循环水硬度除以生水硬度就是循环水的浓缩倍数；也可用需检测生水电导率和循环水电导率，循环水电导率除以生水电导率就是循环水的浓缩倍数。

六、气体的测定方法

1. 六瓶法气体测定

（1）使用仪器　QF-1904 奥氏气体分析仪

（2）用途　QF-1904 奥氏气体分析器适用于电石炉尾气、焦化炉尾气等分析煤气、半水煤气、变换气、原料气中 CO_2、C_nH_m（碳氢化合物）、O_2、CO、CH_4、H_2 及 N_2 等成分。当分析 CO_2、C_nH_m（碳氢化合物）、O_2、CO 时用吸收法测定；当分析 CH_4、H_2 时用爆炸燃烧法测定，爆炸燃烧法的特点是分析所需时间最少，最适合生产控制分析（炉前分析）。

（3）分析测定原理　第一个吸收瓶的作用是吸收二氧化碳。因为氢氧化钾溶液可以吸收 CO_2 及少量 H_2S 等酸性气体，而对其他组分无干扰，故排在第一。第二个吸收瓶的作用是吸收不饱和烃。不饱和烃在硫酸银的催化下，能和浓硫酸发生加成反应而被吸收。第三个吸收瓶的作用是吸收氧气。焦性没食子酸碱性溶液能吸收 O_2，同时也能吸收酸性气体（如 CO_2），所以应该把 CO_2 等酸性气体排除后再吸收 O_2。第四、五、六个吸收瓶的作用是吸收一氧化碳。氯化亚铜氨溶液能吸收 CO，但此溶液与二氧化碳、不饱和烃、氧气都能作用，因此应放在最后。吸收过程中，氯化亚铜氨溶液中的 NH_3 会逸出，所以 CO 被吸收完毕后，需用 5%的硫酸溶液除去残气中的 NH_3。煤气中 CO 含量高，故应使用两个 CO 吸收瓶。

反应方程式如下：

$$CO_2 + 2KOH = K_2CO_3 + H_2O$$

$$C_6H_3(OH)_3 + 3KOH = C_6H_3(OK)_3 + 3H_2O$$

$$2C_6H_3(OK)_3 + \frac{1}{2}O_2 = C_6H_2(OK)_3 + H_2O$$

$$2CuCl + CO + 2H_2O + 4NH_3 = 2Cu + 2NH_4Cl + (NH_4)_2CO_3$$

$$H_2SO_4 + 2NH_3 = (NH_4)_2SO_4$$

（4）分析操作步骤

① 检查分析仪器的密封情况。关闭所有旋塞观察 3min，如果液面没有变化说明不漏气。

② 将样气送入量气管然后全部排出，置换 3 次，确保仪器内没有空气。

③ 准确量取样气 100mL 为 V_1。读数时保持封闭液瓶内液面与量气管内液面水平。

④ 将样气送入二氧化碳吸收瓶，往返吸收最少 8 次，然后将样气送入量气管读数，再往返吸收两次后重新读数。如果两次度数一致，说明二氧化碳被完全吸收，读数记为 V_2。

⑤ 将样气送入不饱和烃吸收瓶，往返吸收最少 18 次，然后将样气送入量气管读数，再往返吸收两次后重新读数，吸收至读数不变时记为 V_3。

⑥ 将样气送入氧气吸收瓶，往返吸收最少 8 次，然后将样气送入量气管读数，再往返吸收两次后重新读数，吸收至读数不变，记为 V_4。

⑦ 将样气送入第一个 CO 吸收瓶往返吸收最少 18 次，再用第二个 CO 吸收瓶往返吸收最少 8 次，送入硫酸吸收瓶往返吸收最少 8 次，然后将样气送入量气管读数，再往返吸收两次后重新读数，吸收至读数不变，记为 V_5。

⑧ 将样气送入第六个吸收瓶，取剩余样气的 1/3 送入量气管，在中心三通旋塞处加氧气，将中心三通旋塞按顺时针旋转 180°，将氧气送入量气管，混合后量气管读数为 100mL，再将中心三通旋塞按顺时针旋转 45°。把量气管内气体分四次使用高频火花器点火进行爆炸；第一次爆炸体积为 10mL 左右，第二次爆炸体积为 20mL 左右，第三次爆炸体积为 30mL 左右，第四次将剩余气体全部爆炸。冷却后将全部气体送入量气管中，记下量气管读数 V_6。

⑨ 将剩余气体送入二氧化碳吸收瓶，往返吸收最少 8 次，然后将样气送入量气管读数，再往返吸收两次后重新读数，吸收至读数不变，记为 V_7。

⑩ 通过上述的吸收及燃烧法测定后，剩余的气体体积为 V_{N_2}。最后排除残余气体，仪器恢复工作状态。

（5）测定结果计算

$$\varphi_{CO_2} = (V_1 - V_2)/V_1 \times 100\%$$

$$\varphi_{C_mH_n} = (V_2 - V_3)/V_1 \times 100\%$$

$$\varphi_{O_2} = (V_3 - V_4)/V_1 \times 100\%$$

$$\varphi_{CO} = (V_4 - V_5)/V_1 \times 100\%$$

$$\varphi_{CH_4} = (V_6 - V_7) \times 3/V_1 \times 100\%$$

$$\varphi_{H_2} = \{2 \times 3[100 - 2(V_6 - V_7)]\}/(3 \times V_1) \times 100\%$$

$$\varphi_{N_2} = 1 - \varphi_{CO_2} - \varphi_{C_mH_n} - \varphi_{O_2} - \varphi_{CO} - \varphi_{CH_4} - \varphi_{H_2}$$

（6）注意事项

① 气体分析仪各部件连接用胶皮管接严不漏气，并与梳形管之间不留有间隙。

② 在旋塞上涂润滑油时，首先用脱脂棉将旋塞擦干净，再把少量的真空考克（活塞）油涂在上面，然后旋转旋塞，使油形成透明薄膜。

③ 氧气和一氧化碳吸收剂的表面上需加液体石蜡少许，以隔绝氧气失效。

④ 爆炸瓶外面需包裹铜丝网，以确保安全。

⑤ 读取量气管读数时，水准瓶与量气管的液面必须成水平，否则会造成误差。每次吸收后至读数前的等水时间前后应该一致，各吸收瓶的液面必须保持在旋塞下的一定位置。关旋塞时各部分气体都应保持平压。

⑥ 进行没食子酸钾吸收氧气时，室温应保持在 15℃以上，温度下降会使氧吸收剂效率降低，必要时采取适当措施。

⑦ 吸收瓶内易存气泡，但必须赶尽。赶气泡的时间前后要一致，否则吸收瓶内留有气泡或蒸气时间不一将使结果不准确。

⑧ 使用压缩空气时，压力不可太大，分析时间不可调节。

⑨ 吸收需按顺序进行，不可颠倒，吸收剂应保存良好的吸收效率，按规定（或发现效率下降时）更换新品。一般没食子酸钾一周换一次。

⑩ 正常情况下爆炸瓶不爆炸的原因：

a. 铂金丝有油污；

b. 铂金丝距离过大或过近；

c. 电路不通，接触不良；

d. 爆炸瓶内混合气体未达到爆炸界限。

2. 手提式四合一气体分析仪使用方法

① Power 键：电源键、返回键。长按 5s 开机，开机后长按 5s 关机。

② PUMP 键：泵的开关键。开启泵进行测量。

③ 待数值稳定后记录数值。

七、碳化钙（电石）的测定方法

本方法按照 GB 10665—2004《碳化钙（电石）》标准技术要求进行测定。

（1）电石发气量测定方法

① 测定原理：碳化钙与水反应生成乙炔气体，根据气体计量器测得生成气体的体积，按公式计算碳化钙的发气量。

② 气密性的检查：开启排气阀，使气体计量器与大气相通，缓慢拉下配重锤（注意 U 型压力计压差），使钟罩上的指针上升到标尺的 2/3 处，关闭排气阀，使气体计量器与标准器相通，调节配重锤使气体计量器内产生约 0.98kPa（100mm H_2O）正压差，10min 后，若指针及压差基本无变化，则认为气密性合格。

③ 操作步骤：在乙炔发生器内加入 2L 自来水，调好零点，关闭严实排气阀，

打开发生器与计量器之间的联络阀，称取 5～12mm 的试样（50.0±0.2）g 放入乙炔发生器上部暂存室内，立即关闭密封盖并旋紧，转动翻板手柄，将试样完全投入发生器水中，待试样与水完全分解后（约 10～15min）平衡其压力（U 型压力计压差为 0），水平读取标尺数值，记录当时大气压力及气体计量器内的温度。同一试样加一次水连续操作 3 次，第一次的结果不计，取第二、第三次试验结果分别计算后，取平均值作为本批次试样的最终发气量。（注：两次平行测定结果的绝对值不能大于 4L/kg。）

计算：

$$G=\frac{ah\left(P-P^{1}\right)\times 293.2}{101.325\left(273.2+t\right)}$$

式中　a——气体计量器校正值，L/(kg·mm)；

P——大气压力，kPa；

P^{1}——按表查出在温度 t 时饱和食盐水蒸气压，kPa；

h——气体计量器标尺读数，mm；

t——测定时钟罩内温度，℃。

（2）乙炔中磷化氢的测定方法（检测管法）

① 原理：检测管中填充涂有化学试剂的活性硅胶，当含有磷化氢的乙炔气体通过检测管时，与硅胶所载的化学试剂反应，生成色柱，色柱的高度与磷化氢含量成正比。

② 分析步骤：用 100mL 注射器吸取乙炔样品 100mL，切开检测管两端，将检测管的进气端用胶管与注射器连接，使乙炔的样气按检测管要求的速度均匀地注入检测管，根据色柱高度，直接读取磷化氢含量的体积分数。

（3）乙炔中硫化氢的测定方法（检测管法）

① 原理：检测管中填充吸附有乙酸铅指示剂的活性硅胶，当含有硫化氢的气体以一定速度通过检测管时，硫化氢与指示剂作用生成黑褐色色柱，气体中硫化氢的浓度与色柱高度成正比。

② 分析步骤：用 100mL 注射器定量吸取测定发气量结束后的试样气体 100mL，切开检测管的两端，将检测管的进气端用胶管与注射器连接，使被测的乙炔气样按检测管要求的速度均匀地全部注入检测管，根据色柱高度直接读取硫化氢含量的体积分数。

第六章

密闭电石生产工艺

第一节 电石生产工艺原理

一、电石反应原理

工业电石的生产是以生石灰和碳素材料（焦炭、兰炭、石油焦等）为原料按照一定的比例混合均匀后，在电石炉内凭借电弧热和电阻热在2000～2200℃左右的高温下熔融反应而生成的。电石生成的化学反应方程式如下：

$$CaO + 3C \xlongequal{高温} CaC_2 + CO\uparrow - 465.9kJ$$

从方程式中可以看出这是一个吸热反应，要想完成此反应就必须供给大量的热量，而这个热量就来源于电能。当生产1t发气量为300L/kg的电石时，根据反应方程式，消耗于电石生成反应的电能为：

$$CaO + 3C \xlongequal{高温} CaC_2 + CO\uparrow - 465.9kJ$$

分子量：56　　36　　64　　28

$$\frac{1000\times0.806\times465.9\times10^3}{64\times3600} = 1629.8(kW\cdot h)$$

式中　0.806——发气量为300L/kg的电石中CaC_2含量，%；

3600——1kW·h电能完全转化成热能的量，kJ/(kW·h)；

64——CaC_2的分子量。

但在工业生产上，由于多种因素的影响，生产1t商品电石所消耗的工艺电能远大于理论计算值，每吨商品电石的实际工艺电耗在3000kW·h以上，可见有大量的能量被损失了，这些损失的电能主要有以下几类：

① 在电石反应过程中，同时还进行着有许多杂质参与的化学反应，属于副反应。这些副反应大多是吸热反应，不仅消耗大量的电能，且要消耗一部分炭材，同时还影响电石生成的反应过程，对生产是十分有害的。

② 电石尾气（温度约在600～800℃）和出炉熔融电石带走的显热（2000℃左右）。

③ 消耗在变压器，短网及电极本体上的电阻热。

④ 炉盖、炉体等通水冷却设备热交换带走的热量。

⑤ 电石炉炉体的辐射热。

⑥ 其他热损失。

实际上，电石生产的反应过程是相当复杂的，电石炉不单是一个化学反应的场所，也是电磁感应和能量交换的场所。电石反应是可逆反应，根据可逆化学反应原理，增加任一反应物的浓度或减小任一生成物的浓度，有利于反应向正方向进行。因此，在配比上生石灰是略微过量的。反应生成的 CO 气体要被及时抽出，生成的电石也要定时定量地排出，就是这个道理。如果长时间不出炉，炉内积存的电石越来越多，电石的生成速度就会降低，同时生成的碳化钙也会大量被还原。

此反应在宏观上说明了电石反应的生成机理，但在微观上到目前为止，还没有一套成熟的理论，大家各执一词。现将其中比较适合于生产实际的理论作简单介绍。

（1）以固态反应生成碳化钙，认为按下列方程连续反应进行：

$$\mathrm{CaO}+\mathrm{C}=\!=\!=\mathrm{CaO}\cdot\mathrm{C}\text{（相互扩散态）}$$

$$\mathrm{CaO}\cdot\mathrm{C}\text{（相互扩散态）}=\!=\!=\mathrm{Ca}\text{（气态）}+\mathrm{CO}$$

$$\mathrm{Ca}\text{（气态）}+2\mathrm{C}=\!=\!=\mathrm{CaC_2}$$

并认为在 1760℃时有一个转折点，除了 $CaO+3C =\!=\!= CaC_2+CO$ 反应外，还有如下反应：

$$m\mathrm{CaC_2}+n\mathrm{CaO}=\!=\!=m\mathrm{CaC_2}\cdot n\mathrm{CaO}$$

$$m\mathrm{CaC_2}\cdot n\mathrm{CaO}=\!=\!=(m-1)\mathrm{CaC_2}\cdot(n-2)\mathrm{CaO}+3\mathrm{Ca}+2\mathrm{CO}$$

（2）混合炉料在电石炉高温区，CaO 首先被熔化成液态，再与固态的炭材接触，在表面生产碳化钙（因碳在 3000℃以上时还是固态）。

$$\mathrm{CaO}\text{（固态）}\xlongequal{\text{高温}}\mathrm{CaO}\text{（液态）}$$

$$\mathrm{CaO(液态)}+3\mathrm{C(固态)}=\!=\!=\mathrm{CaC_2(液态)}\cdot\mathrm{CaO(液态)}+\mathrm{CO液(气态)}$$

上述反应在不停地循环进行，生成的碳化钙与熔融的氧化钙处于共熔状态，同时生成的碳化钙与氧化钙共熔体也在不停地进行互熔和扩散再提纯，从而得到质量均匀的熔融物，并逐渐向炉底熔池沉降。其质量的高低决定于炉料配比，同时也取决于炉内反应区的温度。

电石的实际反应速度，不仅要由化学反应的速度来决定，而且还决定于生石灰的熔化、渗透速度，炭材的崩裂和扩散速度、化学活性等。电石炉内反应区的温度是碳化钙生成速度的根本因素。其反应常数可由下式估算：

$$K=\mathrm{A}e^{-\frac{E}{RT}}$$

式中　K——反应速度常数；

　　　A——常数；

　　　E——反应的活化能（估计约为 200000cal/mol）；

R——气体常数，1.98kcal/（mol·℃）[1]；

T——反应温度，℃；

e——自然对数的底数，其值约为2.7183。

如果炉温从1800℃提高到2000℃，反应速度增加为：

$$\frac{K_1}{K_2}=e^{\frac{E}{R}\left(\frac{1}{T_2}-\frac{1}{T_1}\right)}=e^{\frac{200000}{1.98}\left(\frac{1}{2073}-\frac{1}{2273}\right)}=e^{4.287}\approx 84.8$$

如果炉温从1800℃提高到2200℃，则反应速度增加为：

$$\frac{K_1}{K_2}=e^{\frac{E}{R}\left(\frac{1}{T_2}-\frac{1}{T_1}\right)}=e^{\frac{200000}{1.98}\left(\frac{1}{2073}-\frac{1}{2473}\right)}=e^{7.88}=2644$$

从计算结果来看，炉温对反应速度的影响是十分巨大的。要想生产高质量的电石，主要是靠提高炉温，相应地也要提高电石炉的负荷。在这种情况下，炉膛内的电阻将会下降，电极不容易深入到适当的位置，甚至出现明弧操作，这就会降低各项经济技术指标。通常采用的办法是：适当提高电流电压比，使其能在电阻较小的情况下，仍然进行闭弧操作；掺用部分比电阻较大的碳素材料；适当缩小原料的粒度，增加其比电阻；提高设备的运转率等。

二、料层结构

对电石生产操作管理者来说，了解电石炉炉内料层结构，对操作电石炉非常重要。理想的料层结构如图6-1所示。

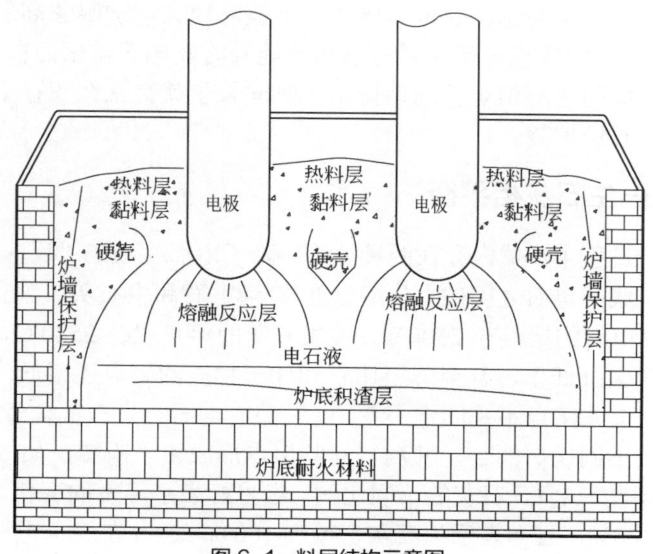

图6-1　料层结构示意图

[1] 1kcal=4.1868kJ。

① 热料层：刚刚进入炉内的炉料被炉内排出的热炉气、炉内热料的热传导、热辐射所加热，原料中的水分被蒸发，冷料温度迅速升高，炉料发红，形成热料层。同时，蒸发出来的镁、铝、硅、铁等金属蒸气凝结成气化物，形成流动性差、透气性差的硬壳。

② 黏料层：此层是炉料与含有少量碳化钙的半熔融物，炉料发黏。在此层中氧化钙、碳化钙、炭材及其他氧化物参与固、液、气相相互渗透和扩散。

③ 熔融反应层：此层是电石生成的主要区域。由上部运动下来的半熔融体在此处于高温、高压条件下传递扩散，速度极为迅速。在此区域进行着一系列复杂的主、副化学反应，碳化钙越来越多，液相共熔体混合物成分急剧增加并向下沉降。同时在此区域下部，生成的碳化钙-氧化钙混合物再次进行充分反应并提纯，此过程在不停地循环进行。影响这个过程的条件就是炉内反应区的温度。

所以在电石炉操作过程中有此经验：正常生产时，出炉次数过多、太频繁，就不能保持高炉温，电石质量就会下降。如果在配比未发生变化，但电石质量降低时，延长一些时间再出炉，以利于提高炉温，将电石中的碳化钙再提纯一下，便可提高电石质量。这种做法是符合上述规律的。

④ 硬壳层、保护层：硬壳层是因为熔融体距电弧较远，温度较低，是一种半成品物质。当电石炉负荷增大时，此区域会缩小一些；而当电石炉负荷减小时，它又会增大些，同时会形成一层新的硬壳，但是其形成速度较慢。这个区域尤其对圆形电石炉“三角区”影响极大，往往因为塌料而将电石出料的通道堵死，也使三相熔池互不流通。打乱电石生产的正常秩序。

⑤ 炉底积渣层：此区域在炉底耐火材料的上部，常因电石炉运行时间较长，或电石炉操作不稳定，负荷忽高忽低、电极上下波动较大、炉眼忽高忽低等因素，使得在生产过程中产生的硅铁、碳化硅等杂质不能及时随电石排出而在炉底积存起来。如果这些积渣不能随电石出炉而均匀排出，时间长了就会永久积存于炉底，造成炉底上涨，缩短电石炉炉龄。

三、电石-生石灰相平衡

在电石生产过程中，炉内存在两种速度，除了电石生成的“反应速度”，还有熔化的生石灰与生成的电石之间的“共熔速度”。当电石和生石灰单独存在时，它们的熔点都很高，纯电石的熔点在2300℃，纯生石灰的熔点也在2580℃，但这两者相熔时，其熔点就大大降低了，甚至降至比它们任一物质的熔点还要低，这个熔点就叫作“共熔点”。这个共熔点不是固定不变的，它随着电石与生石灰含量的不同而变化。将电石与石灰按不同比例混合，并测得其共熔点形成相平衡图，如图6-2所示。

图中横坐标表示电石-石灰的不同比例，纵坐标表示温度的变化。横坐标左端表示电石含量为100%，右端表示生石灰含量为100%，越往左表示电石含量越高，生石灰含量越少，反之亦然。从图中可以看出，100%电石的熔点是2300℃，100%生石灰的熔点是2580℃。当电石的含量达到69%，石灰的含量为31%时，它们的共熔

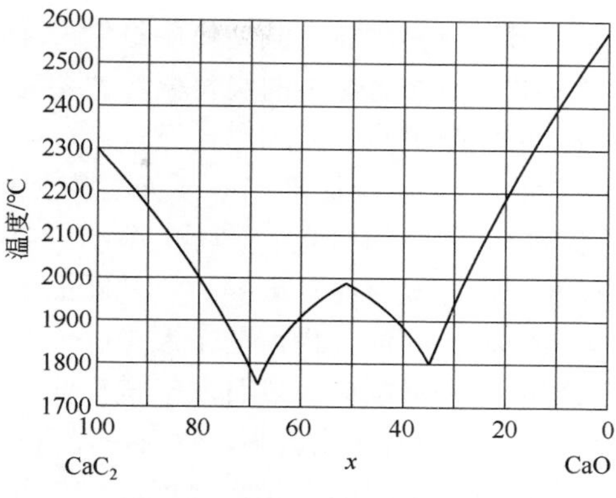

图 6-2　电石-生石灰相平衡图

点达到一个最低点，即 1750℃；如果电石含量再降低，其共熔点反而上升，电石含量达到 52.5%时，其共熔点上升至 1980℃；随着电石含量的下降，其共熔点也随之下降，当电石含量降至 35.6%，生石灰含量达到 64.4%时，其共熔点又到了一个较低点，即 1800℃；之后随电石含量的减少，生石灰含量的增加，其共熔点再次上升，一直到含量全部为生石灰时，熔点达到 2580℃。

从图中我们可得到以下结论：

① 有过量的生石灰存在时，不可能在电炉里得到与生石灰分开的纯电石。高质量的电石不是一开始就生成的，因为电石的熔点高，当它在生成的一瞬间就会与生石灰共熔，而且这个过程速度很快。电石生成过程中共熔体中生石灰的含量一般不会超过 70%，因为配比高时，炭材还来不及反应生成电石，配比低时则很容易与生石灰共熔，把电石稀释。这样在炉内就存在着两个速度：一个是炭材与生石灰反应生成电石的反应速度，另一个是生石灰与所生成的电石的共熔稀释速度。

② 如果要生产一级品电石（发气量 300L/kg），共熔体中电石的含量需在 80%以上，则炉温至少要在 1980℃以上，最好是 2000℃。炉温越高，电石成分越高。但如果配比本来就低，则再高的炉温也不可能生产出高质量的电石。要想获得含量为 60%的电石，炉温需要在 1940℃以上，可是 60%含量的电石，其质量为次品，发气量只有 224L/kg。69%含量的电石，冷却后混成一块，分不清哪是电石，哪是生石灰，看不到电石的结晶体。而成分高的电石冷却后，其断面可以看到较规则的结晶体。电石成分越高，结晶体越明显。

四、反应速度与稀释速度讨论

电石的反应速度是由什么决定的呢？从微观上讲，1 个 CaO 分子和 3 个 C 原子直接反应，在 2000℃以上的高温条件下，反应足够快，甚至可以快于共熔速度。但在电石炉内，碳素材料是以块状固体存在，而不是碳原子状态存在。因炭材没有明显的熔点，在 3000℃以上仍然是固体。所以在电石炉内电石生成反应过程中炭材始终是固体。这样，它有限的反应接触面就大大阻碍了与生石灰反应的速度，甚至比共熔的速度还要慢。

生石灰与炭材是如何反应的，具有代表性的说法是：熔化的生石灰与固体炭材表面接触并渗入微孔中。生石灰与炭材发生反应生成电石，生成的电石与生石灰共熔，使炭材变得疏松，反应过程中生成的一氧化碳又使变松的炭块裂变成小块。未崩裂的炭块与已崩裂的炭块再次与生石灰接触并渗入。边渗入，边反应，边共熔，边崩裂，大部分炭块就这样被裂解成炭微粒，悬浮在共熔体中。这时如果生石灰过量，那么炭材微粒在共熔体中继续发生扩散反应，直至全部反应生成电石。如果炭材过量，则共熔体中的炭材微粒就会有部分残留在电石中而未完全反应生成电石。

从生产实践中我们也会发现：

① 当炉内配比低，生石灰过量较多时，在炉温较高的条件下，出炉电石流速较快，发出耀眼的白光，炉嘴上凝结的电石较薄，电石在锅中比较平整，结构致密，密度大。待电石冷却破碎后，从断面中分辨不出哪些是碳化钙，哪些是氧化钙，哪些是碳材。取样分析后的余液中除了有小量硅铁残渣外，全部是氢氧化钙混悬液，未发现有炭材颗粒，电石发气量较低。

② 当炉内配比较高，生石灰没有过量时，在炉温较高的条件下，出炉电石流速较慢，发出耀眼的白光且温度高，炉嘴上凝结的电石较厚，电石在锅中比较平整，待电石冷却破碎后，从断面中可以分辨出碳化钙结晶体，结构较疏松，密度较小。取样分析后的余液中除了有少量硅铁残渣外，全部是氢氧化钙混悬液，未发现有炭材颗粒，电石发气量较高。

③ 当炉内配比较高，炭材过量时，在炉温较高的条件下，出炉电石流速较慢且发黏。如果炉温较低，有时还会出现出炉困难，流不出来的现象。炉嘴上凝结的电石较厚且不断上涨，电石在锅中七高八低不平整，待电石冷却破碎后，从断面中可以分辨出有部分碳化钙结晶体，但同时也会发现有明显未反应完的炭材混合在共熔体中，结构较疏松，密度较小。取样分析后的余液中除了有少量硅铁残渣外，还有部分炭材颗粒的存在。从中也可以说明上述理论的正确性。

从上面可以看出，电石生成的反应速度被炭材有限的表面积所限制了。所以电石的实际反应速度，不但要由其化学活性决定，而且还取决于生石灰的渗透速度、炭材的崩裂速度和扩散速度以及反应区的温度。

电石生成反应过程的同时也伴随着共熔现象。如果电石的生成速度大于稀释速度，电石成分就会增加，质量就会提高；反之，如果稀释速度大于反应速度，电石成分就会减少，电石质量就会降低。所以操作时我们要尽可能提高反应速度，适当调节稀释速度，以提高产品质量，这是一个关系到产品质量与经济电耗的问题。

以上是配比足够高的情况，如果配比本来就很低，就算炭材全部反应完，也不会得到高质量的电石。

五、电石炉的电气化学

1. 概述

电石生产是在电石炉内通过电能转换为热能把炉料加热至其反应温度，使碳素材料中的碳元素与生石灰中的钙反应。这说明在电石生产的过程中，既有电能转换为热能的过程，又有原料间化学变化的过程。所以说电石生产的工艺过程是比较复杂的。乍一看，电石的生产过程并不复杂，甚至有时操作也很简单，但这只是表面现象。事实上，炉料在电石炉内发生着各种复杂的物理、化学变化，经历着由固态到液态再到气态的过程，进行着众多复杂的反应，还需要将大量的电能转换成热能，这些都促使电石炉内部的情况变得更加复杂多变。

2. 熔池

电弧作用区就是电弧产生的高温所能作用到的区域。为了便于问题的研究，将电弧作用区叫作熔池。

当电石炉通电后，电流通过电极输入到炉内，在炉料间通过强大的电流而发热，使电极端头间的气体发生电离，并且离子化极为活跃。电离后的气体形成一个导体，在电极端头之间通过炉料产生电弧。

熔池是一个半球体，电极端头到炉底的距离 L 就是球体的半径。这个区域在电极端头至炉底从上到下可划分为电弧区，反应区和熔融区。其中电弧区和反应区的高度之和约为 $2/3L$，熔融区的高度约为 $1/3L$。这个半球体与炉底 A、B 两点相接，圆弧 AB 就是熔池的壁，OA 或 OB 就是熔池的半径。如图 6-3 所示：

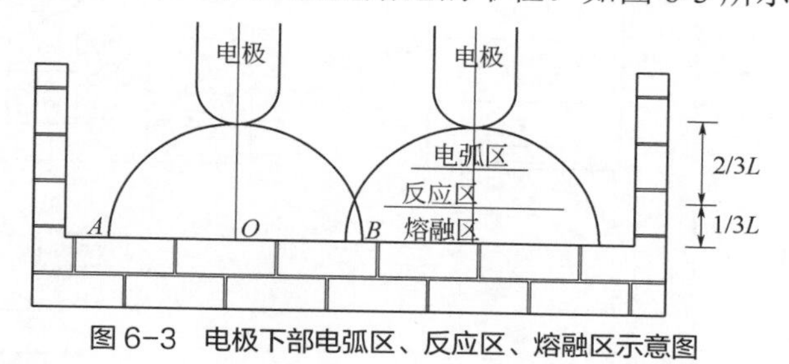

图 6-3 电极下部电弧区、反应区、熔融区示意图

由于电石炉所使用的原料质量不同，电弧电压、电弧电流、电弧长度也各不相同。一般焦炭比无烟煤和石油焦易于产生电弧。大部分电弧发生于电极端头。一般是发生在电极靠炉中心侧的电极外檬附近，随电流、电压的增大而向电极的外侧移动。

在电石炉上操作时，可以从电气设备的振动声及电弧在电极端头燃烧时所发出的电弧声音来判断其变化情况。通常在电石炉中应尽量适当控制电弧强度，因为电弧温度可达 4000℃以上，这样高的温度暴露在浅层料面时，对电石反应来说会增加热量的损失，并过度消耗电极。控制电弧强度的方法是：使用较小的炉料粒度，增加操作电阻，使电极能适当插入料层内，不发生明弧；根据炉况及时清理料面积灰，增加透气性，冷炉料能有序下沉，使电极与温度较低的疏松原料接触；正常排出一氧化碳气体，降低操作电压和调整电极位置等。

3. 电流电压比

电石炉电流电压比的定义是：通过电极的电流与电极端头至炉底中心点电压的比值。在生产实际中很难准确测得电极电流与电极端头至炉底中心点电压值。在不考虑压降及短网损耗的情况下，人们习惯于使用电极二次线电流与二次线电压的比值计算。在恒流操作过程中，二次电流相对恒定，二次电压则根据负荷的不同而随时调整。在电石炉中电压与电弧强度成正比，即入炉电压越高，电弧越强，电流电压比就越小，电极位置容易上抬，往往会造成炉底上涨，炉况恶化。反之，二次电压越低，电弧越弱，电流电压比越大，电极就越容易深入料层，若入炉过深，电石炉吃料就会变慢，电石炉的生产效果变差。一般情况下电压偏低些，电石炉比较好操作，但电石炉负荷的利用率也低，由于电压又是影响电效率的一个主要因素，功率因数也降低。

第二节　密闭电石炉生产工艺流程

下面以大型三相圆形全密闭电石炉为例介绍密闭电石炉生产工艺流程。工艺流程图如 6-4 所示：

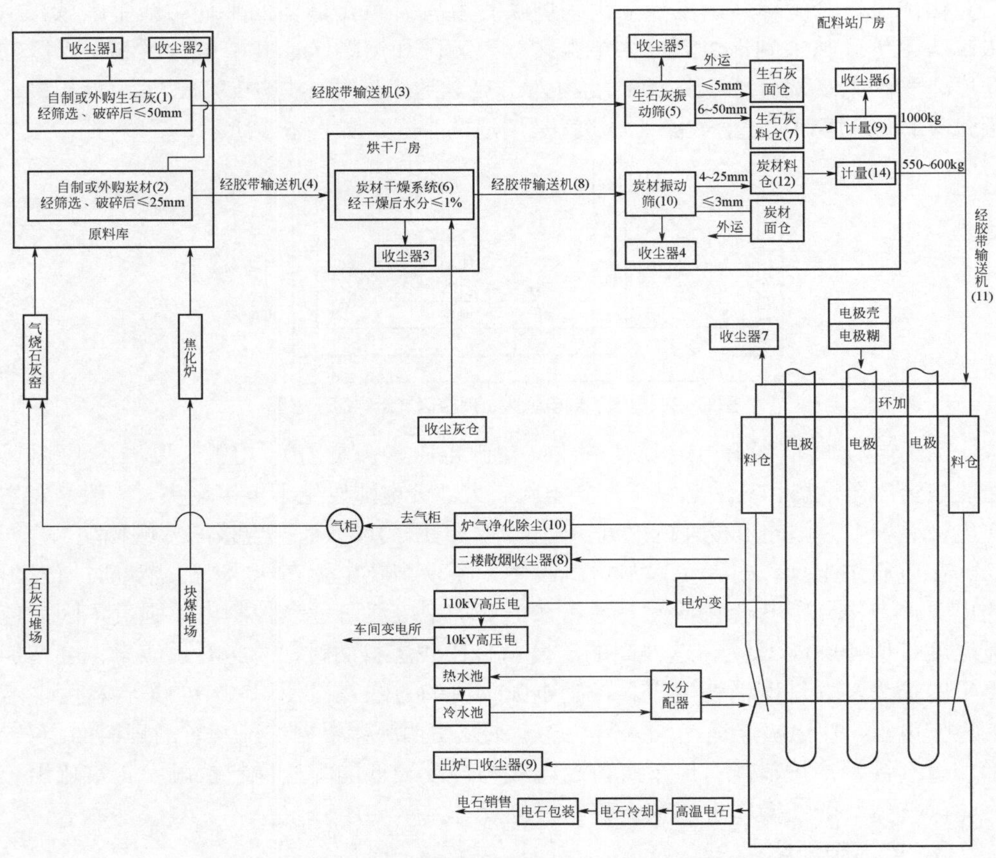

图 6-4　大型三相圆形密闭电石炉生产工艺流程图

第三节　影响电石生产的各种因素

一、生石灰中杂质对电石生产的影响

原料中的杂质主要包括氧化镁、氧化硅、氧化铁、氧化铝等。在电石生产过程中，除了进行电石生成反应，这些杂质也进行着以下反应：

$Ca_2SiO_4 = 2CaO + SiO_2 - 121.39kJ$　（杂质分解）

$SiO_2 + 2C = Si + 2CO - 573.47kJ$　（杂质还原反应）

$Fe_2O_3 + 3C = 2Fe + 3CO - 452.08kJ$　（杂质还原反应）

$Al_2O_3 + 3C = 2Al + 3CO - 1218.10kJ$　（杂质还原反应）

$MgO + C = Mg + CO - 485.56kJ$　（杂质还原反应）

上述反应中的氧化物大都是原料中带的。发生这些副反应时，不但要多消耗炭材和电能，而且还影响电石炉操作，破坏炉底炉墙，影响出炉，烧损出炉设备等。

1. 氧化镁的影响

在各种杂质中，氧化镁对电石生产的危害最大。氧化镁在熔融区迅速还原成单质镁并吸收大量的热，这部分热量要由电能来提供。反应方程式如下：

$$MgO + C = Mg + CO - 485.56kJ$$

40g	12g	486kJ
1000g	y	x

则还原 1kg 氧化镁所吸收的热量：$x = \frac{1000 \times 486}{40} kJ = 12150(kJ)$

还原 1kg 氧化镁所消耗的碳量：$y = \frac{1000 \times 12}{40} g = 300(g)$

按照《冶金石灰》（YB/T 042—2004）规定，结合当前企业所使用生石灰质量水平可知，普通电石生产用生石灰中所含 CaO 含量在 88%～90%之间，MgO 含量在 2%～5%之间，SiO_2 含量在 2%～3.5%之间，灼减量 4%～5%，还含有氧化铁、氧化铝等。

设生产 1t 电石消耗 980kg 生石灰，消耗碳含量为 86%的兰炭 550kg，MgO 含量平均按 3%计算，则用于 MgO 分解所需的热量为：

$$980kg \times 3\% \times 12150kJ/kg = 357210kJ$$

用于 MgO 分解所消耗的炭材量为：$980kg \times 3\% \times 0.3kg \div 86\% \approx 10.26kg$

折合电能：$357210kJ \div 3600kJ/(kW \cdot h) = 99.225kW \cdot h$

也就是说石灰中 MgO 含量每降低 1%，生产 1t 电石，约能节约耗电 33kW・h，节约兰炭 3.42kg。

单质镁在炉内是以蒸气的形式从炽热区逸出的，其中一部分镁在逸出的过程中与炉内一氧化碳再次发生反应，生成氧化镁并放出大量热量。此反应放出的热量会使熔池硬壳局部形成强烈的高温区，使局部硬壳遭到破坏，从而使含有大量碳化硅、硅铁等杂质的液态电石外溢而侵蚀炉底、炉墙，同时还会促使料面结块，阻碍炉气排出，增加支路电流。反应方程式如下：

$$Mg + CO = MgO + C + 485.56kJ$$

通常状况下，约有 80%的氧化镁会随着炉气被带走，在遇到冷却设备（如炉盖，烟道等）时会凝结于器壁上，形成结晶层。约有 20%的氧化镁会留在熔融区与氮反应，生成氮化镁，生成的氮化镁使电石发黏，造成出炉不畅，影响电石的安全生产。实践证明，石灰中氧化镁含量每增加 1%，则功率发气量将下降 10～15L/(kW·h)。

2. 二氧化硅的影响

二氧化硅在电石炉中被炭材还原成单质硅，一部分在炉内生成碳化硅，沉积于炉底，造成炉底升高，一部分与铁作用生成硅铁，硅铁会损坏炉壁铁壳，出炉时会损坏炉嘴、电石锅、锅车和出炉道轨等设备。反应方程式：

$$\begin{array}{llll} SiO_2 + 2C & = & Si + 2CO - 573.47kJ \\ 60g \quad 24g & & \quad 573.47kJ \\ 1000g \quad y & & \quad x \end{array}$$

则还原 1kg 二氧化硅所吸收的热量：$x = \frac{1000 \times 573.47}{60} \approx 9558(kJ)$

还原 1kg 二氧化硅所消耗的碳量：$y = \frac{1000 \times 24}{60} \approx 400(g)$

同理，设生产 1t 电石消耗 980kg 生石灰，消耗碳含量为 86%的兰炭 550kg 计算，SiO_2 含量平均按 3%计算，则用于 SiO_2 分解所需的热量为：

$$980kg \times 3\% \times 9958kJ/kg = 292765.2kJ$$

折合电能为：$292765.2kJ \div 3600kJ/(kW \cdot h) \approx 81.3kW \cdot h$

用于 SiO_2 分解所需消耗的兰炭量为：$980kg \times 3\% \times 0.4kg \div 86\% \approx 13.67kg$

也就是说石灰中 SiO_2 含量每降低 1%，生产 1t 电石约能节约耗电 27kW·h，节约兰炭约 4.6kg。

3. 氧化铝的影响

氧化铝在电石炉内不能全部还原成铝，一部分混在电石里，降低了电石的质量，而大部分成为黏度很大的炉渣，沉积于炉底，使炉底升高，严重时，炉眼位置上移，造成电石炉操作条件恶化。其反应方程式如下：

$$\begin{array}{llll} Al_2O_3 + 3C & = & 2Al + 3CO - 1218.10kJ \\ 102g \quad 36g & & \quad 1218.10kJ \\ 1000g \quad y & & \quad x \end{array}$$

则还原 1kg 氧化铝所吸收的热量：$x = \frac{1000 \times 1218.10}{102} \approx 11942(kJ)$

还原 1kg 氧化铝所消耗的碳量：$y = \frac{1000 \times 36}{102} \approx 353(g)$

同理，设生产 1t 电石消耗 980kg 生石灰，消耗碳含量为 86%的兰炭 550kg，Al_2O_3 含量平均按 3%计算，则用于 Al_2O_3 分解所需的热量为：

$$980kg \times 3\% \times 11942kJ/kg = 351094.8kJ$$

折合电能为：$351094.8kJ \div 3600kJ/(kW \cdot h) \approx 97.5kW \cdot h$

用于 Al_2O_3 分解所需消耗的兰炭量为：$980kg \times 3\% \times 0.353kg \div 86\% \approx 12kg$

也就是说石灰中 Al_2O_3 含量每降低 1%，约能节约耗电 32.5kW・h，节约兰炭约 4kg。

4. 氧化铁的影响

氧化铁在电石炉内被还原成铁后再与硅反应生成硅铁，沉积于炉底。出炉时会损坏炉嘴、电石锅、锅车和出炉道轨等设备。反应方程式如下：

$$Fe_2O_3 + 3C = 2Fe + 3CO - 452.08kJ$$

$$\begin{array}{lll} 160g & 36g & 452.08kJ \\ 1000g & y & x \end{array}$$

则还原 1kg 氧化铁所吸收的热量：

$$x = \frac{1000 \times 452.08}{160} \approx 2825.5 \div 3600 = 0.78(kW \cdot h)$$

还原 1kg 氧化铁所消耗的碳量：$y = \dfrac{1000 \times 36}{160} \approx 225(g)$

同理，设生产 1t 电石消耗 980kg 生石灰，消耗碳含量为 86%的兰炭 550kg，Fe_2O_3 含量平均按 3%计算，则用于 Fe_2O_3 分解所需的热量为：

$$980kg \times 3\% \times 2825.5kJ/kg = 83069.7kJ$$

折合电能为：$83069.7kJ \div 3600kJ/(kW \cdot h) \approx 23kW \cdot h$

用于 Fe_2O_3 分解所需消耗的兰炭量为：$980kg \times 3\% \times 0.225kg \div 86\% \approx 7.69kg$

也就是说石灰中 Fe_2O_3 含量每降低 1%，约能节约耗电 7.7kW・h，节约兰炭约 2.56kg。

5. 磷和硫的影响

磷和硫在炉内分别与生石灰中的氧化钙反应生成磷化钙和硫化钙混在电石中。磷化钙在制造乙炔气时混在乙炔中有引起自燃和爆炸的危险，硫化钙在乙炔气燃烧时，变成二氧化硫气体，对金属设备有腐蚀作用。

二、炭材中杂质对电石生产的影响

1. 水分的影响

假设兰炭投炉时为常温（25℃），则 1kg 水分由 25℃上升到 100℃，进而由 100℃液态水气化为水蒸气。[已知水的比热容为 4.2kJ/(kg・℃)，在 0.1MPa 下水蒸气的潜热为 2258kJ/kg，氢气在 460℃的定压比热容为 14.84kJ/(kg・℃)，一氧化碳气体在 460℃的定压比热容为 1.13kJ/(kg・℃)]需耗热：

$$Q_{比热} = 4.2kJ/(kg \cdot ℃) \times (100℃ - 25℃) = 315(kJ)$$

$$Q_{潜热} = 2258(kJ)$$

另外 1kg 水蒸气与碳作用：

H_2O +	C ═══	CO +	H_2 −	131.28kJ
18g/mol	12g/mol	28g/mol	2g/mol	131.28kJ
1000g	667g	1556g	111g	7293kJ

需耗热 7293kJ。

反应生成的 CO 和 H_2 由 100℃升高至 460℃所带出的热量为：

$$(1.556\times1.13+0.111\times14.84)\times(460-100)=1226(\text{kJ})$$

因此，1kg 水分影响折合电能：(315＋2258＋7293+1226)/3600＝3.08(kW・h)

设生产每吨电石的兰炭消耗量平均按 600kg 计算，兰炭中水分每增加 1%，则影响电耗增加：600kg×1%×3.08kW・h＝18.48kW・h。

经计算，1kg 水分与兰炭反应会消耗碳 0.667kg，如果兰炭平均含碳量为 86%，兰炭中水分每增加 1%，则生产 1t 电石所增加的兰炭消耗为：600kg×1%×0.667kg/86%=4.65kg。

也就是说，生产 1t 电石，如果使用炭材中所含水分每增加 1%，需要多耗电 18.48kW・h，多耗炭材 4.65kg。

2. 灰分的影响

炭材中灰分含量的升高对产品电耗及兰炭消耗具有综合的影响。灰分高即会造成固定碳含量降低，在电石生产时必然会影响炉料的配比，进而影响到炉料的电阻，造成电极上抬、热损失增大。所以在实际生产中，炭材灰分升高会造成电石电耗、兰炭消耗的上升。据有关生产试验显示，兰炭中灰分每增加 1%，则生产 1t 电石会多耗电 50～60kW・h。

3. 挥发分的影响

兰炭挥发分对电石生产的危害也是不容忽视的，实践证明，挥发分在炉内有 10%～15%被分解和碳化，使兰炭的效率降低。若兰炭中的挥发分增加 1%，则生产 1t 电石将多耗电 3～5kW・h。另外，挥发分靠近反应区，形成半熔黏结状，使反应区物料下落困难，容易引起喷料现象，使热量损失增加。

此外，炭材中挥发分含量升高，会导致炉气中氢含量上升，影响气体分析仪对炉内是否漏水的判断，容易造成误判而联锁电石炉停车。

三、生石灰中生过烧对电石生产的影响

大块石灰石中心部位来不及分解就从石灰窑中被卸出来，这个夹心料实际是碳酸钙。在电石炉内，这部分碳酸钙要进一步分解成生石灰，然后再与炭材反应生成电石，分解碳酸钙需要热量，这个热量要由电能来提供，这就增加了电耗。此外，由于石灰石的密度远大于生石灰，这样以质量配比来计算混合炉料，实际上是提高了炉料的配比。因此，还要影响炉料配比，打乱了电石炉的正常生产秩序。依据碳酸钙分解热化学反应方程式：

$$\mathrm{CaCO_3} \xlongequal{\triangle} \mathrm{CaO+CO_2}\uparrow - 178\mathrm{kJ}$$

$$\begin{array}{lll} 100\mathrm{g/mol} & 44\mathrm{g/mol} & 178\mathrm{kJ/mol} \\ 1000\mathrm{g} & y & x \end{array}$$

$$x=\frac{1000\times178}{100}=1780(\mathrm{kJ})$$

也就是说，每完全分解 1kg 碳酸钙需要耗热 1780kJ，若生产 1t 电石需要 980kg 生石灰，其中生石灰中生烧率按 8%计算，则生产 1t 电石中分解碳酸钙所需耗电：

$$980\mathrm{kg}\times8\%\times1780\mathrm{kJ}/3600\mathrm{kJ/(kW\cdot h)}\approx38.76\mathrm{kW\cdot h}$$

另外，在电石炉内分解碳酸钙生成的 CO_2 为：

$$y=\frac{1000\times44}{100}=440(\mathrm{g})$$

同理，若生产 1t 电石需要 980kg 生石灰，其中生石灰中生烧率按 8%计算，则生产 1t 电石产生的 CO_2 量为：

$$980\mathrm{kg}\times8\%\times440\mathrm{g}=34496\mathrm{g}$$

这其中约有 75%还会继续与碳作用生成 CO：

$$\mathrm{CO_2} + \mathrm{C} \xlongequal{\quad} 2\mathrm{CO} - 172.5\mathrm{kJ}$$

$$\begin{array}{lll} 44\mathrm{g/mol} & 12\mathrm{g/mol} & 172.5\mathrm{kJ/mol} \\ 1000\mathrm{g} & y & x \end{array}$$

$$x=\frac{1000\times172.5}{44}=3920(\mathrm{kJ})$$

$$y=\frac{1000\times12}{44}\approx273(\mathrm{g})$$

则需要耗电量为：$\frac{34496}{1000}\times75\%\times3920/3600\approx28.17(\mathrm{kW\cdot h})$

需耗焦炭：$\frac{34496}{1000}\times75\%\times273\div86\%\approx8213(\mathrm{g})=8.213(\mathrm{kg})$

根据热量衡算，最终生成的 CO_2 和 CO 随炉气逸出。因此生产 1t 电石按上述生烧条件计算，需要多消耗电能 38.76+28.17=66.93kW·h，需要多消耗炭材 8.213kg。也就是说，生石灰中生烧率每增加 1%，则增加电石电耗 66.93kW·h/8=8.37kW·h，增加电石炭耗约 8.213kg/8=1.03kg。

过烧石灰坚硬致密，气孔率小，相对密度大，反应接触比表面积小，活性度差，影响电石生成反应速度，从而会影响电石的产品单耗和质量。

四、熟石灰对电石生产的影响

生石灰在生产和贮存的过程中，吸入空气和碳材中的水分而产生一部分氢氧化钙，氢氧化钙（俗称熟石灰）在电石炉内发生如下反应：

$$Ca(OH)_2 \xlongequal{\quad} CaO+H_2O \quad - \quad 65.12kJ$$

$$\begin{array}{ccc} 74g/mol & 18g/mol & 65.12kJmol \\ 1000g & y & x \end{array}$$

则分解 1kg 氢氧化钙需耗热：$x = \dfrac{1000 \times 65.12}{74} = 880(kJ)$

同时会产生 H_2O 的量为：$y = \dfrac{1000 \times 18}{74} \approx 243(g)$

$$H_2O+C \xlongequal{\quad} CO+H_2 - 131.28kJ$$

$$\begin{array}{cc} 18g/mol & 131.28kJ/mol \\ 243g & z \end{array}$$

则分解 1kg 氢氧化钙产生的水需耗热：

$$z = \frac{243 \times 131.28}{18} \approx 1772(kJ)$$

分解 1kg 氢氧化钙共需要耗热 880kJ +1772kJ =2652kJ。

如果生产 1t 电石（按含 980kg 生石灰计），其入炉含粉末率按 5%计算，则总共需耗电：

$$980 \times 5\% \times 2652kJ / 3600kJ / (kW \cdot h) \approx 36kW \cdot h$$

也就是说生产 1t 电石入炉生石灰中每增加 1%的粉末，就会多耗电 7.2kW · h 左右。

在电石生产过程中，熟石灰不但要多消耗电能，而且还要多消耗碳素原料，还会影响电石炉安全稳定运行。炉料中的粉末含量较多时，容易使电极附近料层结成硬壳，产生蓬料现象。蓬料有两种害处：一是降低炉料自由下落的速度，减少加料量，使电石炉减产；二是阻碍炉气自由排出，增大炉内压力，最后发生喷料和塌料等现象，影响电石炉正常运行。

五、原料粒度对电石生产的影响

石灰粒度过大，反应接触面积小，反应速度慢；粒度过小，炉料透气性不好，影响炉气的排出，不仅影响操作，而且有碍于反应往生成电石的方向进行。

炭材粒度不同，其电阻相差很大。一般是粒度越小，电阻越大，在电石炉上操作时，电极易深入料层内，对电石炉操作有利。但粒度过小，则透气性差，容易使炉料结块，对电石炉操作反而不利。

根据层堆粒状炭材电阻测试实验结果，粒状炭材的名义结构电阻为粒状炭材的本征电阻与接触电阻之和。这样，影响粒状炭材结构电阻的诸多因素就可以分别由炭材的本征电阻和接触电阻所表现出来。炭材的本征电阻与温度的变化密切相关，温度越高，其本征电阻越小。而粒径的大小、几何形状、粒度分布和炭层上压力的变化，则会改变堆层粒状炭材的接触电阻。如果认为炭材几何形状、粒度分布及炭层上压力固定不变，仅考察焦炭粒度变化对接触电阻的影响，则炭材粒径越大，其接触电阻越小。

对于不等径炭材的粒度分布的影响，通常炭材的密堆程度越大，则其接触电阻越小。

六、原料中粉末对电石生产的影响

原料中的粉末对电石生产的影响也是显而易见的。粉末过多，会造成炉料的透气性变差，生产过程中产生的一氧化碳不能顺利地排出，影响电石生成的反应速度。同时使炉压增大，导致发生塌料现象，使部分冷料直接落入熔池，打乱了正常的料层结构，降低了熔池温度，电石的质量也会降低。再者，炉料中粉末多了，大量粉末被炉气带走，打乱了炉料的配比。最后，粉末在料层中容易烧结成硬壳而发红发黏，增加了料面支路电流，造成电极上抬，影响电石炉的正常操作。

七、炉料配比对电石生产的影响

电石生产的炉料是由生石灰和炭材构成的，其质量比是根据原料所含成分经计算得来的。通常炉料配比是以 100kg 生石灰为基准，再配以一定数量的碳素材料。对电石生产操作来说，炉料中碳素材料多时，称为高配比。使用较高的配比可以生产质量较高的电石，容易保持高炉温，但是高配比炉料的比电阻较小，容易造成电极深入料层深度浅，炉底温度低，增加出炉难度，电石炉操作困难。相反，炉料中碳素材料少时，称为低配比。低配比炉料虽然比电阻较大，电极容易深入炉内，电石炉比较好操作，但是长期使用低配比炉料，生产的电石质量较差，也不利于保持高炉温，对稳定生产是不利的。所以生产中要保持适当高的配比，且需要相对稳定的配比。

八、副石灰对电石生产的影响

在正常炉料配比之外，单独加入的生石灰称为副石灰，也称调和灰。目的是在电石炉处于异常情况下，调整电石炉的操作电阻，使炉况恢复到最佳运行状态。

对于大型密闭电石炉来说，生产一般情况下比较稳定，因此很少或几乎不使用副石灰调炉。但在炉况发生严重异常时，还是可以使用副石灰进行调整的。生石灰是一种不良导体，电阻较大，在常温时接近于绝缘体。单独加入适量副石灰时，不但可以增大炉料的操作电阻，还可以与碳化钙生成共熔体，稀释碳化钙，增加其流动性。当电石炉出现如下状况时，可以单独加入适量副石灰进行调炉操作：

① 当炉料配比较高，电石质量也高，黏度大，出现出炉困难时，这时适量加一些副石灰，可以起到稀释作用，使电石畅快地流出来，加快出炉速度。

② 当电极长期高位运行，插入困难，支路电流较大，经判断是由于炉料配比高，电极周围黏结料过多而引起的，这时适量加一些副石灰，可以切断支路电流，使电

极适当深入料层，提高炉底温度。

③ 当三相电极之间熔池不畅通，经过判断认为是由于炉料混合不均匀，致使局部炉料配比过大而造成的，这时可适量加一些副石灰调整；相反，若三相不通是由于炉料配比低，熔池料层不稳定，炉温低所造成的，这时最好不要使用副石灰进行调炉，尤其是长期使用低配比炉料生产电石时，更不能使用副石灰调整炉况了。

④ 当炉料配比较高，但电石质量不高，经判断认为是由于电极暂时不下，炉底温度低，熔池有多余的碳素材料积存在反应区，这时可适量加入一些副石灰进行调整，使电极适当深入料层，提高炉底温度，使炉底积存的炭材彻底反应充分。

总之，在电石炉生产不正常时，经过正确的判断，适当地加入副石灰进行调整炉况还是必要的。但如果是为了短时间多出电石而加入副石灰，那就会降低炉温，降低电石质量，对电石炉的长期稳定运行是有百害而无一利的。有时由于判断失误、操作不当，还会起到相反的作用。所以对副石灰的使用要谨慎。

第七章

电石生产主要设备

电石生产的主要设备就是电石炉主体设备，了解电石炉的结构及功能将有利于更好、更安全的操作管理设备，对电石生产者来说至关重要。密闭电石炉主体设备主要包括：密闭电石炉本体设备和尾气处理设备两部分。

第一节　密闭电石炉本体设备

密闭电石炉本体设备主要包括：炉体、炉盖、组合式电极柱、水分配器、液压及电极升降压放设备、料仓及料管、环形加料机、排烟设备、电石炉变压器、短网、无功补偿设备等。

一、炉体

电石炉炉体是电石生产的反应场所，也是能量交换的场所。它由炉底支撑工字钢，炉体底板，炉壳钢板，炉沿通水环梁，炉门，炉嘴，炉底送风机及导风护板装置，炉体耐火材料及炉体测温、测压（电压）装置等组成。炉底支撑由Ⅰ400～500C 工字钢按照炉体直径大小呈放射状布置，下部与炉体基础预埋件焊接，上部与炉体底板焊接，如图 7-1 所示。

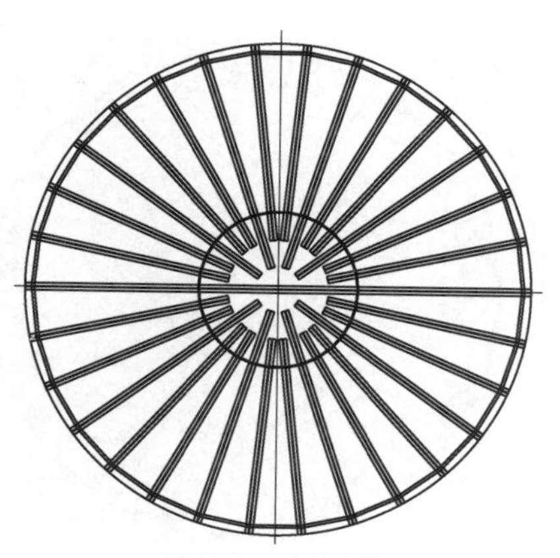

图 7-1　炉底支撑

炉体底板、壳板由厚度为 20～25mm 的锅炉钢板卷制、拼接而成，其直径大小、高度由工艺设计确定。大型密闭电石炉在炉体侧面上设置 3 个出炉口，炉膛中心点和电极中心之间连线并延长与炉壳相交，过交点在炉壳作垂线即为炉门垂直中线。炉膛底部由高铝耐火砖，自焙碳砖砌筑而成，炉墙由 LZ-65 以上高铝砖砌筑而成，炉门口由复合刚玉砖或复合碳化硅砖砌筑而成，炉门、炉嘴为通水结构。

炉底耐火材料厚度一般在 600～900mm 之间，炉底自焙碳砖总厚度一般在 1200～1400mm 之间，炉墙厚度一般在 600～650mm 之间，为双层内外错缝结构。

炉膛深度一般为电极直径的 2.3 倍左右，如图 7-2 所示。

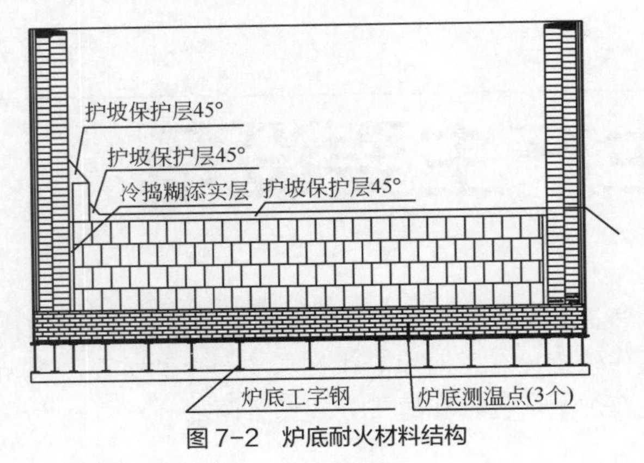

图 7-2　炉底耐火材料结构

二、炉盖

炉盖整体安放在炉壳体上沿通水环梁法兰处，炉盖与法兰之间用耐火砖隔开绝缘并调整平衡后，再用浇注料填实密封。用来密封炉膛与电极之间，共同形成一个相对封闭的空间，利于反应生成的一氧化碳气体的收集，同时隔离空气，避免与一氧化碳气体接触而发生燃烧，进而减少热损失和改善冶炼区域的工作环境。设备组装完成后是一个正十八边形锥台，平面图与剖面图如图 7-3 所示。

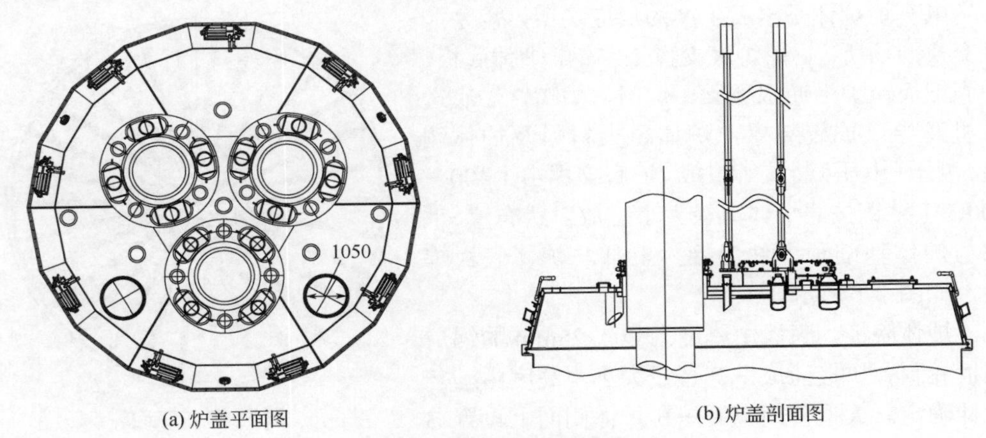

(a) 炉盖平面图　　(b) 炉盖剖面图

图 7-3　炉盖平面及剖面示意图

炉盖由 6 块边缘炉盖和 1 块中心炉盖组成，所有炉盖均为水冷结构。每个边缘炉盖由锅炉钢板焊接制成，中心炉盖由防磁不锈钢焊接制成，炉盖向火面喷涂有耐火的浇注隔热材料，一般厚度为 80～100mm。整套炉盖顶部留有 3 个电极密封套孔，每个电极密封套上均布 4 个布料器孔，同时还设置 4 个防爆孔，中心炉盖设置 1 个加料孔。边缘炉盖上设置 2 个烟气抽出孔，3 个侧面检修门。有的电石炉为了外角区布料的均匀性，增设了 3 个外角区加料孔，分布在电极同心圆附近。炉盖侧面设置 6 个检查门，6 个泄压孔（有的也称电极测量孔）。炉盖顶部还设置有 2 个炉气压力取样口，2 个炉气温度测量口。炉盖与炉壳、电极密封套、布料器、通水管道之间采用耐高温的绝缘材料作密封与绝缘。

实践证明，在料面处理操作过程中存在一定的操作盲区，尤其在使用料面处理机作业过程中，死角盲区更大，料面处理不彻底。所以建议将来大修、技改或新建电石炉时，将侧炉盖上的 6 个检查门改为 9 个，有利于机械化料面处理作业，如图 7-3（a）所示。

三、组合式电极柱

组合式电极柱是密闭电石炉主体设备中的关键核心设备，其结构复杂，装配精密，分为电极柱上部和电极柱下部两部分，如图 7-4 所示。

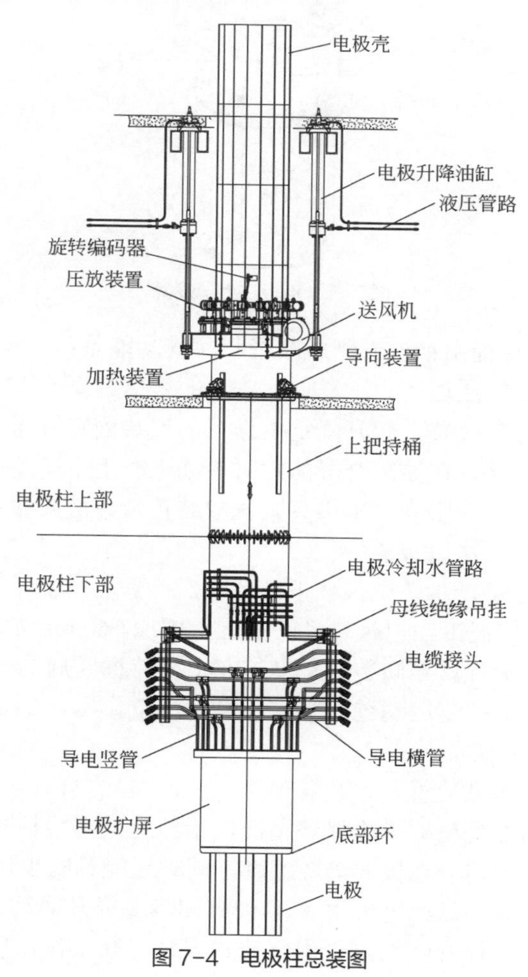

图 7-4　电极柱总装图

1. 电极柱上部

组合式电极柱上部包括电极上把持桶，电极导向装置，电极加热、送风装置，电极升降装置，电极压放装置，压放控制盘及液压管路，电极位移测量装置等，如图 7-5 所示。

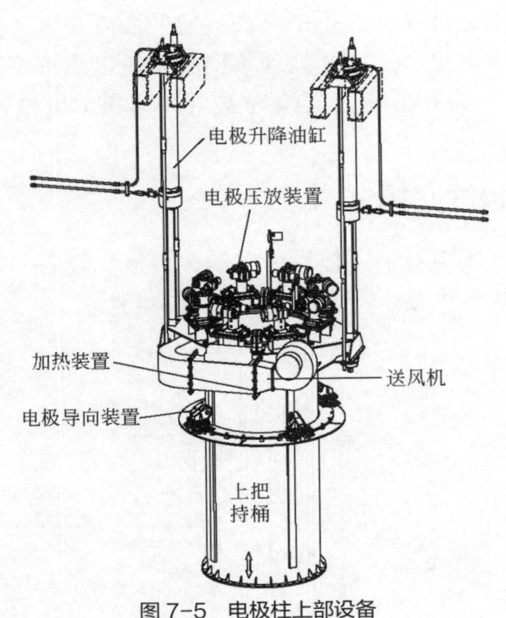

图 7-5 电极柱上部设备

（1）把持桶 把持桶由钢板卷制成圆桶状，其功能是：

① 作为电极下放的通道；

② 在外壁安装导向装置，起升降定位作用，安装固定液压管路；

③ 与升降油缸连接，在油缸升降的同时带动电极上下运动；

④ 其上法兰口平台周围安装电极夹紧压放装置及事故夹钳；

⑤ 安装电极加热、送风装置；

⑥ 与下把持桶连接，带动电极柱下部运动。

把持桶内径一般情况下在电极直径的基础上增加 160mm 左右为宜。

（2）导向装置 把持器导向装置是安装在上把持桶四周的槽钢，它与导向轮配合使用，在电极做上下往复运动过程中，一是起定位作用，二是减少把持桶与楼面建筑绝缘密封面的摩擦力。

（3）电极加热、送风装置 本装置由送风机，电加热器，导风管组成，固定在上把持器外侧。其功能是根据电极焙烧情况，给组合式电极柱把持桶与电极壳之间送热风或冷风，以利于调节电极的焙烧速度，同时还能预防少量炉气向上溢出。

（4）电极升降装置 每相电极由 2 套油缸同步完成升降动作，三相电极共有 6 套升降油缸。电石炉电极升降油缸采用倒挂式安装。其工作原理是：当液压油进入油缸有杆腔时，活塞杆被压入缸腔，电极上升；电极下降时动作相反并在电极自重作用下由电磁阀控制，它的上升和下降速度均为300mm/min左右。电极升降可由DCS自动程序控制，也可由操作工在DCS中手动集中控制，同时在检修调试时也可在现场控制盘上操作控制。

（5）电极压放装置　单相电极压放装置的数量根据电石炉容量不同而不尽相等，这与电石炉电极直径有关，也与电极壳筋板数量有关。通常每相电极压放装置的数量是电极壳筋板数量的1/2。电极压放的控制方式与电极升降控制方式相似。控制组合把持器的夹紧油缸和压放油缸是按工艺编程的工作逻辑进行顺序工作的（具体工作原理见自动控制部分）。电极每次压放量为定值20mm。压放油缸升降速度由压放盘内的流量调节阀控制，电极压放间隔时间最小不得小于35min。

（6）压放控制盘及液压管路　电极压放盘柜及油路系统每相电极1套。主要由盘柜，阀座，电磁阀，端子箱，流量调节阀及与液压驱动设备、电极本体设备相连接的管路组成，所使用的电磁阀大多是“二位三通阀”和“三位四通阀”。其工作原理是通过电气操作来控制电磁阀线圈得电或失电，通过电磁力推动电磁阀阀芯做换位运动，从而使进出油路发生通断变化，来完成相应的升降或开闭动作。

（7）位移测量装置　该装置是一种旋转位移编码器，原理是通过编码器的转动圈数折算成直线位移距离，以达到在线监测电极上下运动距离和电极压放量的目的。电极升降位移编码器一般安装在油缸静止一侧相对固定的位置，拉绳的另一端安装在电极压放平台与之对应的垂直位置，电极上下位置的变化带动拉绳的引出或收入，从而实时显示把持器距“零米”的距离；电极压放量旋转编码器安装在上把持桶压放平台上，其转动轮为绝缘材质，并且紧贴着电极壳弧板，当电极压放时带动编码器转动轮旋转，从而实时监测每次压放量是否到位或是否发生电极下滑等问题。各装置在投入使用前要对其“零点”或位移量与实际值进行标定及试验。

2. 电极柱下部

组合式电极柱下部主要包括：下把持桶，导电横管，导电竖管，电极水冷管路，接触元件及其吊挂，底部环及其吊挂，电极保护屏等，如图7-6所示。

（1）下部把持桶　下把持桶的功能与上把持桶的结构与功能基本相似，所不同的是下把持桶是由防磁不锈钢材料制成。

（2）导电横管，导电竖管　导电横管是两端与短网通水电缆相连接，中间环绕电极下把持桶的铜管母线束。导电竖管是与电极

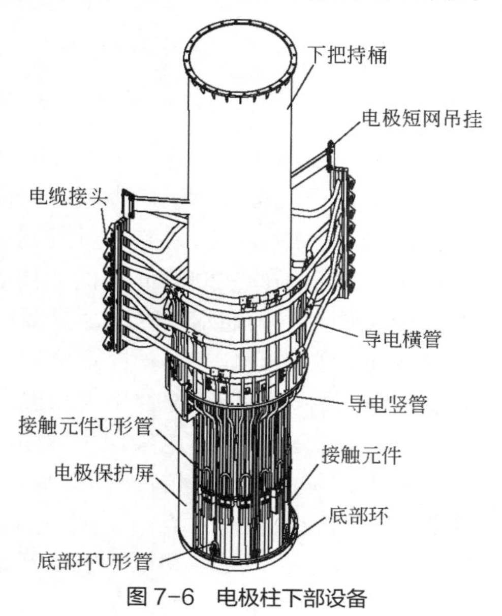

图7-6　电极柱下部设备

把持桶平行，一端与导电横管相连接，另一端与接触元件相连接的铜管母线。其功能是将电石炉变压器输出的电能输送给接触元件。导电铜管一般选用无氧紫铜管材质，具有允许通过电流密度高、阻抗小、易于弯曲加工、韧性佳、热传递速率高等优点。其大小和规格型号与电石炉容量、铜管数量等因素有关，需通过母线允许经济电流密度与总电极电流经精确计算而确定。导电铜管通水时的允许电流密度在 2.5～4A/mm^2 之间为宜，且电流密度小，有利于降低损耗。导电铜管必须与其吊挂系统、把持桶及其他非导电设备完全绝缘，阻抗应大于 4MΩ 以上，如图 7-6 所示。

（3）电极水冷管路　电极水冷管路是指给电极柱需通水冷却的设备（如接触元件，底部环，保护屏等）的冷却循环水管道。由不锈钢管制成，如图 7-4 所示。

（4）接触元件及其吊挂　接触元件是组合式电极柱内最重要的部件之一，由锻造紫铜块加工而成，分左右元件，内部为通水结构。左右两块接触元件为一组，导电接触面通过蝶形弹簧压力将电极壳筋板夹住，其上部与吊挂连接，固定在下把持桶法兰上。如图 7-7、图 7-9 所示。

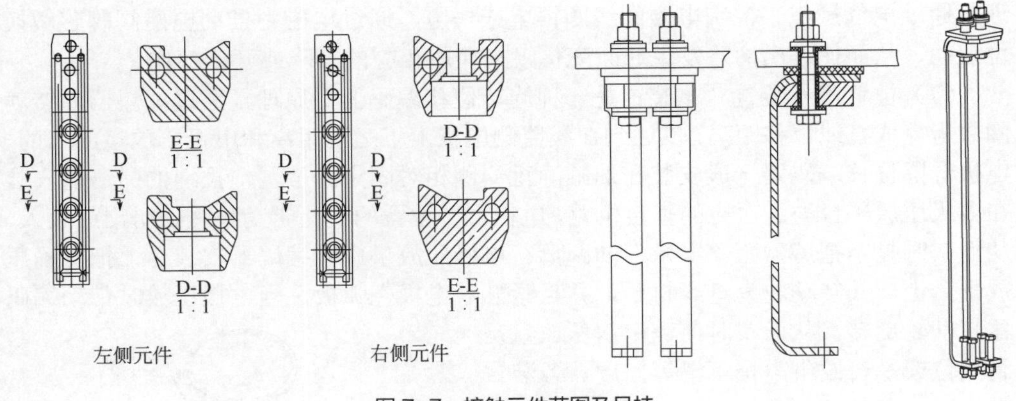

图 7-7　接触元件草图及吊挂

（5）底部环及其吊挂　电极底部环由无氧紫铜锻造或铸造而成，为通水结构。底部环的直径大小与电石炉容量、电极直径有关，一般情况下底部环内径在电极直径的基础上增加 60mm 左右，外径则根据电极保护屏内零部件安装情况确定，一般情况下宽度在 160～200mm 之间。按照底部环周长等分为几块，安装时在现场组合成一个整体，分别通水进行冷却降温，如图 7-8 所示。底部环与电极保护屏组合成一个固定直径的圆桶并起护屏定位作用；可阻止热量进入保护屏与电极之间的空腔，保护内部元件、吊挂等部件不受热侵蚀。

（6）电极保护屏　电极保护屏由防磁不锈钢板制作而成，内部为通水结构。每相电极保护屏数量不固定，一般与底部环数量相等或每两块底部环安装一块保护屏。保护屏的功能主要有三点：一是隔热，以保护电极柱上接触元件、吊挂、导电铜管等免受热侵蚀；二是它与电极密封套紧密接触起密封，防止炉气外溢的作用；三是起电极上下导向作用，如图 7-9 所示。

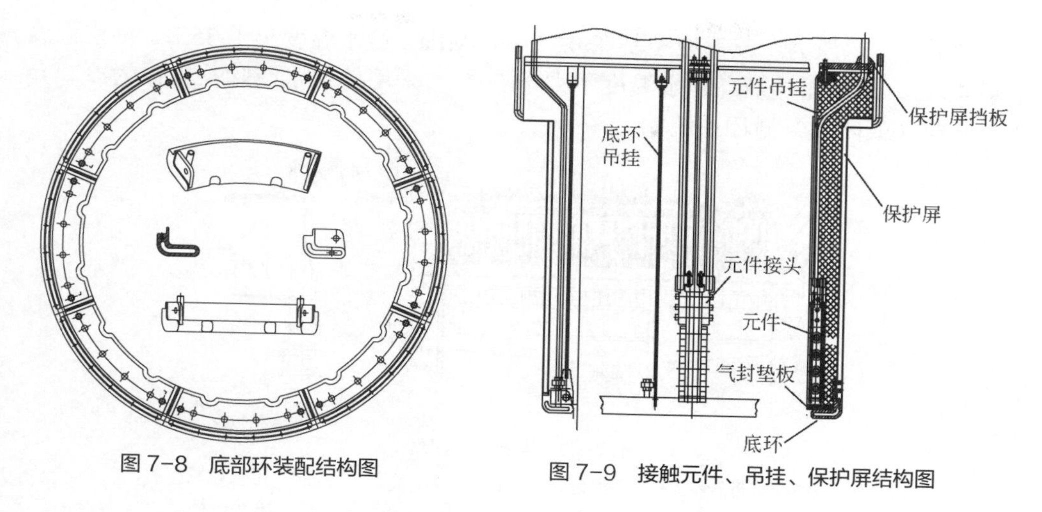

图 7-8　底部环装配结构图

图 7-9　接触元件、吊挂、保护屏结构图

四、给水系统及水分配器

电石炉给水系统及水分配器是将给水泵送来的冷却循环水根据电石炉主体中需通水冷却设备的不同要求，将冷却水分配给不同的设备。它起到分流、分压的作用，也便于随时切断任意冷却水路的供水，保证电石炉运行安全。如电石炉的炉体、炉门、炉嘴、炉盖、烟道、短网系统、接触元件、底部环、护屏、液压系统等均需要进行水冷保护。系统由水分配器、阀门、仪表、管道等组成，如图 7-10 所示。

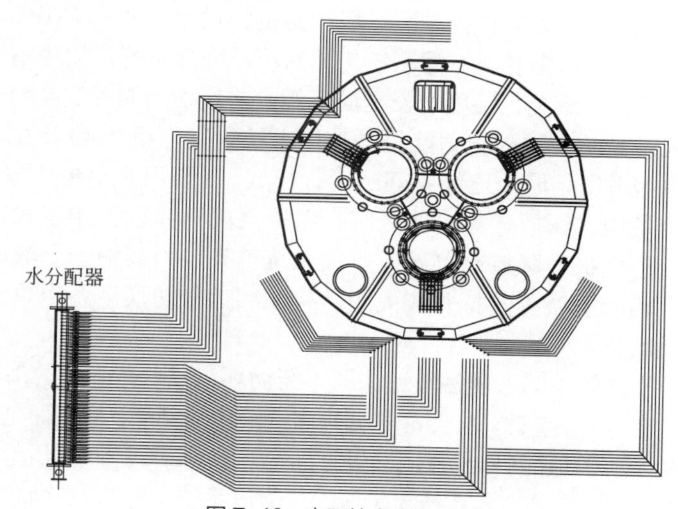

图 7-10　电石炉水路示意图

（1）水分配器　由总阀、给水母管、支路出口调节阀、温度监测仪表、流量检测仪表、压力检测仪表、给水管道、回水管道、集水槽、支架等组成，如图 7-11 所示。

（2）冷却水压力　一般应控制在 0.35～0.4MPa。给水温度小于 35℃，回水温度小于 45℃。角区元件最高回水温度不大于 50℃，采用软化水或除盐水作为冷却介质，开式（或闭式）循环系统。

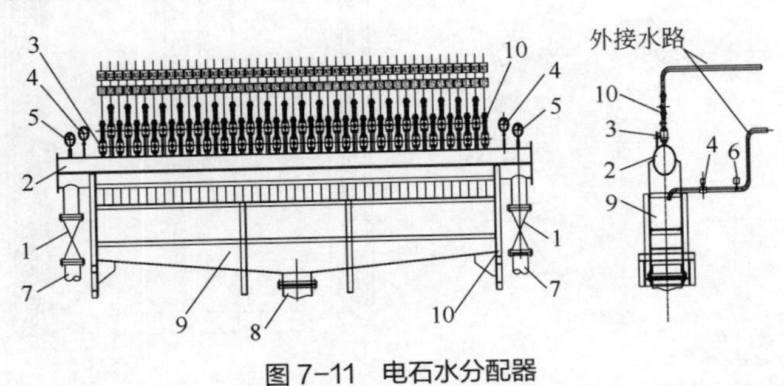

图 7-11　电石水分配器

1—总阀；2—给水母管；3—支管出口调节阀；4—温度检测仪表；5—压力检测仪表；6—流量检测仪表；7—给水管道；8—回水管道；9—集水槽；10—支架

五、液压系统设备

1. 液压站内设备

系统内设备包括站内设备和电极升降、压放设备。液压站设备设置一般情况下有两种方式：

第一种方式是站内液压系统配置一套蓄能器，则加压设备为两台齿轮泵，一用一备。油泵的启停由系统压力联锁控制，一般压力范围设定在 8～12MPa 之间，油泵处于间歇工作模式。此外，配套自过滤系统，储油箱，冷却系统，加热系统，阀座及电磁阀，端子箱，压力、流量、温度、安全溢流阀，快速切断阀等安全附件。

第二种方式是系统内不配置蓄能器，加压系统设置一组 6 台叶片泵，泵组中 3 台泵用于三相电极升降，属于连续不间断运行模式，1 台用于电极压放，1 台用于自过滤系统，1 台备用，压放、自过滤系统、备用泵属于间歇工作模式。备用泵系统的功能相当于一个电极升降控制单元或压放系统单元。当其中一个液压泵系统发生故障时，可以将相应的截止阀打开或关闭，将控制信号切换至备用单元上，即可起到替代故障单元的作用。

过滤系统是将油箱中的液压油经过滤器不断循环，以保持介质的清洁度；冷却装置是当油温超过规定上限值时，打开冷却循环水给液压油降温；加热器是当油温低于允许工作温度下限时，启动加热器给液压油进行加热升温。每个控制阀组都带有一个安全溢流阀和一个压力表用来调节各系统显示压力。液压系统及管路布置如图 7-12 所示。

液压站内设备配置不是固定不变的。根据生产经验得知，应选择按两种混合模式较为合理科学。因为三相电极是不间断工作的，因此，给三相电极升降阀座提供压力应设置为附带蓄能器模式。当系统压力低于设定压力时，启动油泵快速给蓄能器加压，达到上限值时自动停止。只要系统压力在设定压力范围内，油泵就不工作。

这样既节省电力，又延长油泵使用寿命。剩余其他功能油泵宜选择使用直接启动加压间歇工作模式。当需要系统工作时，启动加压，工作完毕后即可停止油泵工作，系统内自动泄压。

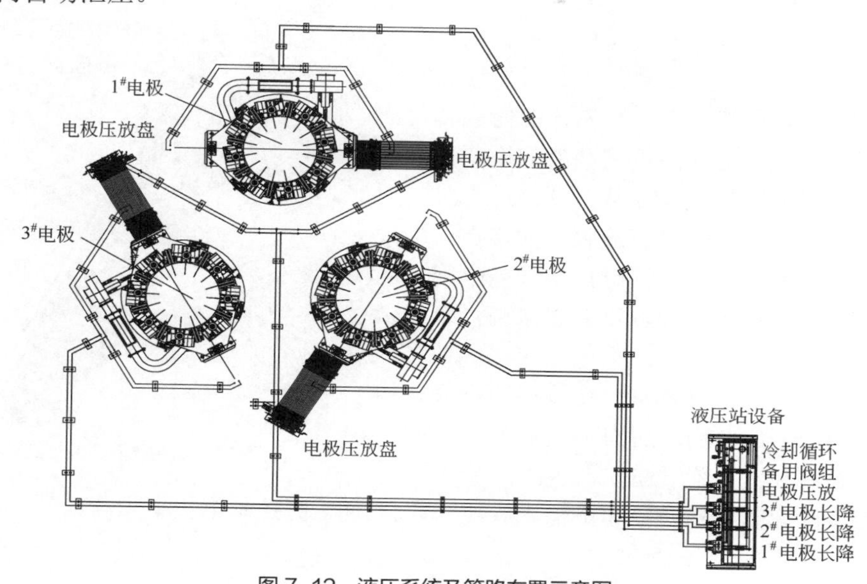

图 7-12　液压系统及管路布置示意图

电石炉液压系统所使用的油泵主要有齿轮泵、叶片泵等。齿轮泵的工作原理为两个尺寸相同的齿轮在一个紧密配合的壳体内相互啮合旋转，这个壳体的内部成“8”字形，齿轮的外缘及两侧与壳体紧密配合，来自于油箱的液压油在吸入口进入两个齿轮中间，并充满这一空间，随着齿轮的旋转沿壳体运动，最后在两齿啮合时排出。叶片泵的工作原理为叶片泵转子旋转时，叶片在离心力的作用下，尖部紧贴在定子内表面上，两个叶片与转子和定子内表面所构成的工作容积，先由小到大吸油后再由大到小排油，叶片旋转一周，完成一次吸油与排油。如图 7-13 所示。

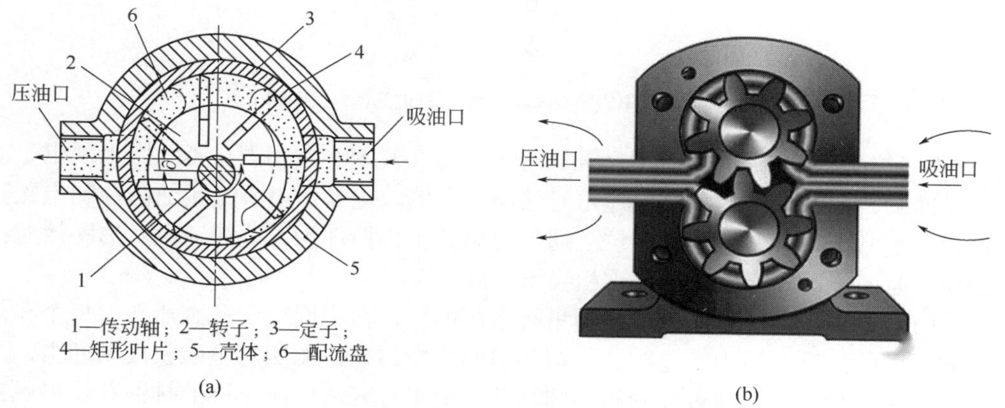

图 7-13　叶片泵（a）、齿轮泵（b）工作原理图

2. 电极升降、压放设备

电极升降、压放设备主要包括：电极升降油缸、电极压放油缸、电极夹紧油缸及压放盘等。电极升降油缸、电极压放油缸、电极夹紧油缸都属于活塞式液压油缸，如图 7-14 所示。

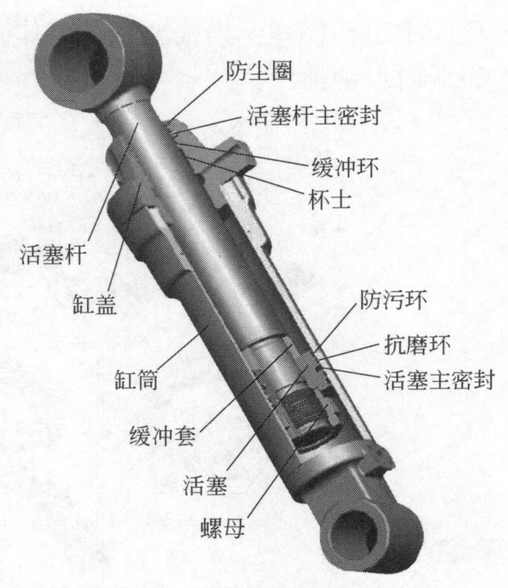

图 7-14　活塞式液压油缸结构图

液压油缸是将压入缸内液体的内能转化成活塞杆匀速直线运动的机械动能的设备。当被压缩后获得势能的液压油从无杆腔进入时，油缸活塞杆被推出，同时有杆腔的油排出；当液压油从有杆腔进入时，油缸活塞杆被收回，同时无杆腔的油排出。根据工艺要求由活塞杆带动设备做往复运动。

电极升降、压放的动作由电磁换向阀来控制。电石炉液压系统所使用的换向阀又分为“三位四通”阀和“二位三通”阀两种。其中，“三位四通”阀控制电极升降和电极压放，“二位三通”阀控制电极夹紧与松开。电磁换向阀工作原理如图 7-15 所示。

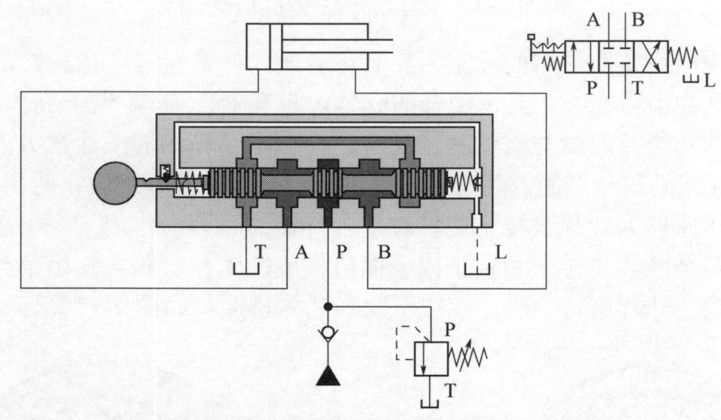

图 7-15　电磁换向阀原理图（“三位四通”换向阀）

“二位三通”液压电磁阀分为常闭型和常开型两种。常闭型是指线圈未通电时油路是断的，常开型是指线圈未通电时油路是通的。电石炉电极夹紧油缸控制电磁阀使用的是常闭型。常闭型“二位三通”电磁阀工作原理为给线圈通电，油路接通；线圈一旦断电，油路就断开，这相当于“点动”。

（1）电磁换向阀　电磁换向阀里有密闭的腔，在不同位置开有通孔，每个孔都通向不同的油管。腔中间是阀芯，两侧是两块电磁铁，哪侧的电磁铁线圈通电，阀芯就会被推到对侧，通过控制阀芯的移动位置来打开或关闭不同的排油孔。电磁铁失电后，在弹簧作用力下，阀芯回到原来的状态，而进油孔是常开的，液压油就会进入不同的排油管，然后通过油的压力来推动油缸的活塞，活塞又带动活塞杆，从而带动机械装置运动。这样，通过控制电磁铁的通断进而控制了机械装置的运动。电磁换向阀根据阀芯在阀体中的工作位置数分二位、三位等；根据所控制的通道数分二通、三通、四通、五通等；根据阀芯驱动方式分手动、机动、电动、液动等。

（2）压力调节阀 按用途分为溢流阀、减压阀。

① 溢流阀：能控制液压系统压力，在超过设定压力上限时自动泄压。用于过载保护的溢流阀称为安全阀。

② 减压阀：能控制分支回路，得到比主回路油压低的稳定压力。减压阀按它所控制的压力功能不同，又可分为定值减压阀（输出压力为恒定值）、定差减压阀（输入与输出压力差为定值）和定比减压阀（输入与输出压力间保持一定的比例），如图 7-16 所示。

(a) “三位四通”阀 (b) “二位三通”阀

(c) 压力调节阀 (d) 叶片泵

图 7-16 电磁换向阀、调节阀

六、料仓及料管

单台电石炉炉顶料仓及下料系统设备包括：12 个料仓，12 组料位仪，16 根加料管，29 台插棍阀及吊挂系统，12 台料柱帽，16 个耐热隔磁铸钢布料器。电石炉加料为连续自动下料。

（1）料仓 用于盛装按一定配比混合后的炉料。料仓呈圆柱形，由碳钢板材卷制焊接而成（图 7-17）。每个料仓直段高度约为 3800～4200mm，有效容积约 7.5～9m^3，料仓安装 1～2 组料位仪，可发出加料信号和低料位报警信号。仓内设有防堵料装置。

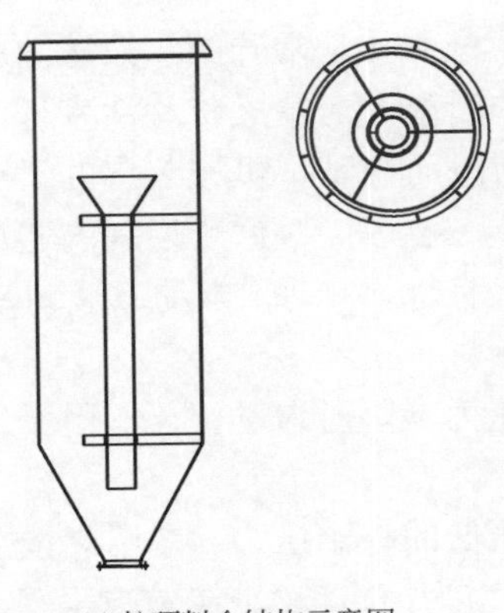

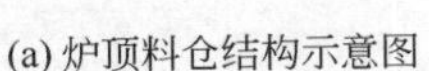

(a) 炉顶料仓结构示意图

(b) 炉顶料仓实物图

图 7-17 炉顶料仓

（2）料管　是混合炉料由料仓进入炉膛的通道。料管上部采用碳钢无缝管，料管下部采用防磁不锈钢材质，其通径一般在 250～350mm 之间，管壁厚度为 8～10mm。每相电极由 4 根料管供料，沿电极圆周 90° 对称分布。每个料管在炉盖以上和料仓以下设有绝缘法兰两处，安装插棍阀两组，如图 7-18 所示。

（3）料柱帽、布料器　料柱帽是将下料管与布料器相连通的部件，经料管下来的炉料均匀地分布给布料器，采用防磁不锈钢铸造或不锈钢板焊接而成，如图 7-19 所示。

图 7-18 料柱帽、插棍阀

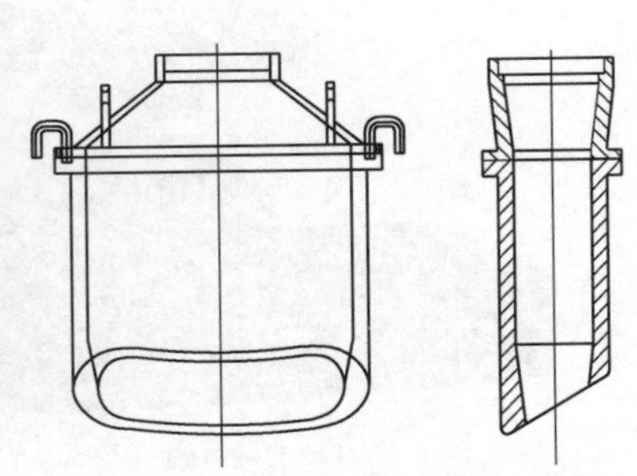

图 7-19 料柱帽、布料器结构示意图

（4）绝缘盒（垫）　其功能是使布料器与炉盖之间形成绝缘层，以防生产过程中发生短路拉弧故障。

（5）料管插棍阀　根据工作需要可以关闭任意一组料管的下料。

（6）耐热隔磁铸钢布料器　耐热隔磁铸钢布料器用于将炉料均匀地分布到炉内电极周围并控制炉内料面高度，安装时要做好布料器与炉盖电极密封套之间的绝缘。每相电极周围安装有 4 个“鸭嘴”形布料器，三相电极共 12 个，角区圆形布料器有 4 个，其中 1 个炉中心面料器，3 个外角区布料器，每台电石炉共有 16 个布料器。布料器一般长度约 900mm。

七、环形加料机

目前行业内环形加料机可分为两种加料方式：一种是环形圆盘刮板开启式，另一种是环形行走小车式。目前大多数电石炉均采用圆盘刮板开启式。其功能是将炉顶胶带输送机送来的混合炉料按照给定的路径或求料信号加入到炉顶储料仓。

1. 环形圆盘刮板开启式加料机

环形圆盘刮板开启式加料机由支撑驱动装置、环形轨道及其收料盘、刮板及其驱动装置、机架、密封罩、储气罐及其测控仪表等组成，如图 7-20 所示。

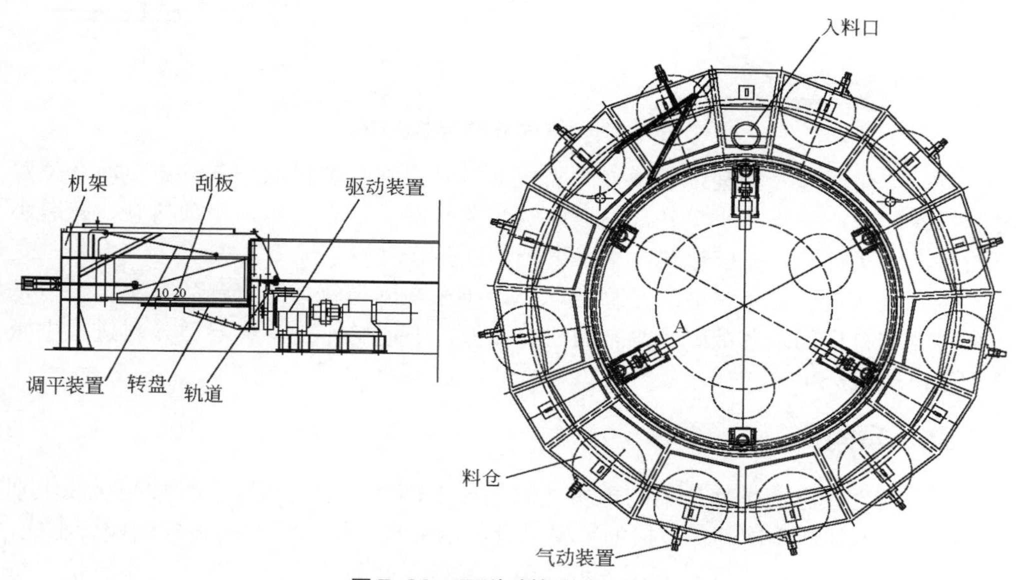

图 7-20 环形加料机结构示意图

（1）结构 3 套电动驱动装置按照安装尺寸（120° 角平分线与圆周交点）固定在五层楼面的预埋件上，三个驱动轮上接触面水平度应≤2mm，环形导轨和加料圆盘一起置于驱动装置上，将 12 块刮板的转轴固定在机架上并调整与圆盘之间的间隙≤1mm，气动驱动装置外置于机架上，密封罩安装就位。3 台驱动装置由 1 台控制器控制起停，转动要求同步且平稳。

（2）工作原理 布料圆盘的转动方向与刮板开口角方向相反。启动圆盘加料机后，胶带输送机送来的混合炉料落入圆盘的同时，随圆盘的转动混合炉料被均匀地平铺在 L 形圆盘中，当某个料仓对应的刮板开启时，炉料就被推入相应的料仓。一批料加入完成，相应刮板被拉出关闭，下一料仓对应刮板又被推进打开，完成加料，按照求料信号先后依次循环进行。

（3）优缺点 优点是设备故障率低，维修简单；缺点是三相同步器故障率高，驱动装置磨损大，刮板与圆盘间隙调整不及时或间隙过大时，有偏料现象。

2. 环形行走小车式加料机

环形行走小车式加料机由内外环形轨道，若干个头尾相连的料斗小车及底部启闭装置，机架密封罩，外置式驱动装置等组成，如图 7-21 所示。

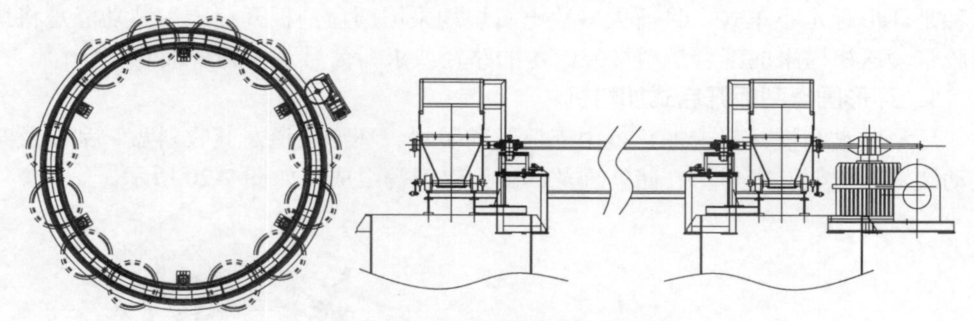

图 7-21　小车式加料机结构示意图

（1）工作原理　当某个炉顶料仓需要加料时，装有炉料的小车行走至料仓位置时，拐臂伸起，将料斗小车底部门板闭锁装置打开，混合料落入炉顶料仓，随着小车的行走依次打开，完成加料，空车离开炉顶料仓时被下一撞杆关闭。

（2）优缺点　优点是驱动平稳故障小，小车在固定轨道上行走故障少；缺点是小车料斗放料启闭装置故障率高，有时打不开，有时关不住，会导致入料过程中撒料、溢出现象严重。

八、短网

短网是连接电石炉变压器与电极之间的导电部件。由无氧紫铜管按照接线组别弯制而成，内部通水冷却，每根铜管要进行绝缘处理，每相短网由多根紫铜管组成，其数量应与电极导电横管和变压器低压侧出线接头数量相匹配。为了减小感抗，每相短网中的铜管应交错排列，并用绝缘夹具进行固定，如图 7-22 所示。

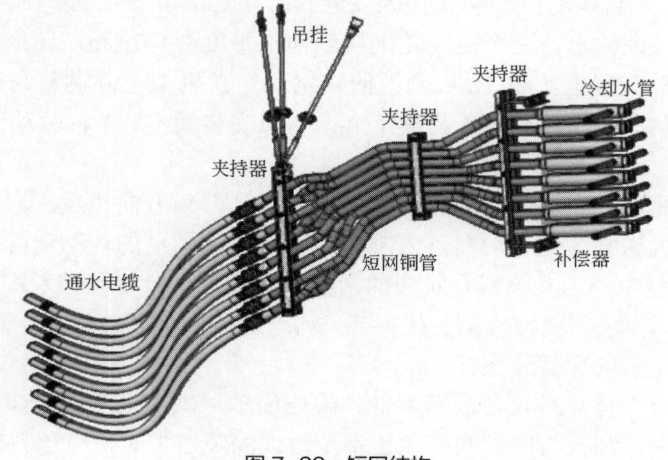

图 7-22　短网结构

九、排烟设备

排烟设备分为炉气直排烟道和净气抽出烟道及炉面散烟排放烟道三部分。直排烟道和净气抽出烟道都是由无缝钢管制作成水冷夹套结构，给通过的烟气进行降温（图 7-23）。炉面散烟排放烟道由碳钢板卷制而成。

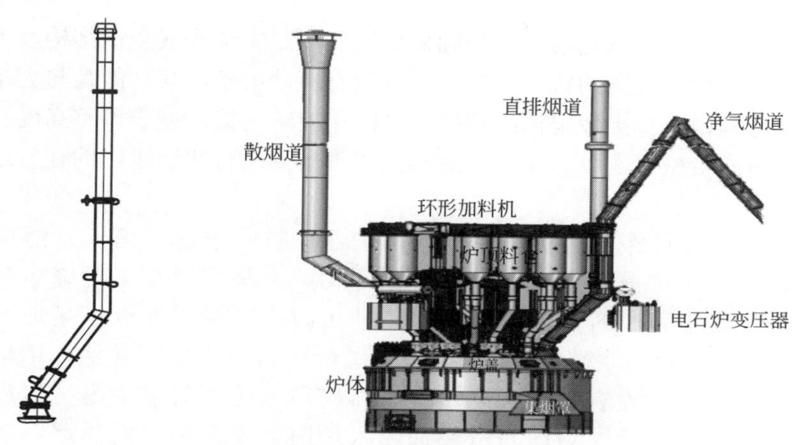

图 7-23　炉气直排烟道和炉气抽出烟道

（1）直排烟道　直排烟道由锥形短节，通水烟道，烟道调节阀，火炬口、自动点火装置等组成，其中厂房内部分为通水结构。为了安装和检修更换方便，将烟道做成多节结构，各节间采用法兰连接。直排烟道一般在 DN600～700mm 之间，需根据烟气量及流速计算配置。其功能一是当抽气系统故障时，电石炉通过直排阀调节炉压，仍可继续生产；二是当炉内气体压力异常，超过设定值时，控制系统联锁打开直排阀进行泄压，以保证电石炉安全运行。

（2）炉气抽出烟道　同样也是由锥形短节，通水烟道，烟道调节阀，厂房外无水烟道组成，最后与炉气净化除尘系统相连。通水烟道也做成多节结构，法兰连接。室外无水烟道采用焊接连接。炉气抽出烟道的通径一般在 550～650mm 之间，同样需要根据烟气量及管道流速、压力、温度等参数计算配置。

（3）炉面散烟排出烟道　炉面散烟排出烟道是由普通碳钢板卷制而成，直径在 1200～1600mm 之间。它接于电石炉三层楼顶板烟道出口，引至散烟收尘器。主要功能是将二楼炉面因炉压不稳定而冒出的烟尘收集并排出厂房外。个别企业也将电石炉车房内上（加）料系统散点扬尘并入此烟道，共同使用一台收尘器处理。

十、出炉设备

出炉设备由出炉机械手，出炉小车、电石锅、牵引系统、出炉轨道及导向轮、炉前挡屏及集烟罩、炉底风冷装置等组成。

1. 出炉机械手

出炉机械手是为了降低现场操作人员的安全风险和劳动强度而专门为电石出炉岗位设计制造的机械化、自动化成套设备。主要由机械手主体设备及其基础轨道、专用工具套件及支架、动力系统、监视系统、操作系统等部分组成。主要功能有：炉眼维护与烧穿、拉眼、堵眼、清理炉眼及出料嘴残余电石等，可实现各类工具一键启用。

（1）机械手主体及基础部分　基础采用钢筋混凝土结构或全钢结构，上面安装有供机械手进出炉眼方向的轨道，轨道两侧设有驱动齿条，其功能是与大车行走伺服电机配合达到精准行走并定位；腰部有升降和旋转功能，便于调整高度和角度；上部有工具抓取机械臂，可自动取、放不同的工具并进行快速进出的往复运动，完成各类操作。

（2）专用工具套件　包括烧穿器、堵炉器、拉眼钢钎、堵子、清理残余电石撬杠等，不同厂家产品所配备的工具不尽相同。烧穿器与手动烧穿器相似，所不同的是，烧穿器平时放在工具架上，使用时由机械手抓取；堵炉器酷似一个“散弹枪”，也是由机械手自动抓取，堵炉所用材料为电石碎渣，堵炉器后半部设有渣料仓，尾部设有脉冲阀。堵眼时将筒口近距离对准炉眼，然后利用压缩空气间隙产生的脉冲波将电石渣快速喷入炉眼，实现炉眼的封堵；其他工具与手动工具相似，只是直径远大于人工工具，靠近机械手一侧，每件工具都有统一的专用接头。

（3）动力部分　出炉机械手的动力部分因各家设备不同而有所不同。有纯液压动力驱动的，有纯伺服电动机驱动的，也有电液混合驱动的。采用电液混合驱动的还设有液压站设备。

（4）监视系统与操作系统　在出炉机械手的不同方向设置有全数字高清抗强光摄像头，并将信号实时传送至操作集控室，供操控人员观察出炉口周围情况；操作系统分为远程集中手动控制、自动控制及机旁应急手动控制。可实现出炉过程中的所有操作功能，完成出炉作业。

（5）优缺点　出炉机械手与传统手工作业的优点在于力量大，持续工作时间长，人员的操作安全风险大大降低。但其缺陷也不容忽视，一是烧眼过程中没有感知力，炉眼维护不太规则；二是拉眼钢钎过粗，炉眼过大，常伴有生料喷出现象；三是处理炉眼残存电石时稍有不慎，便有可能将炉门、炉嘴损坏甚至脱落；四是在出炉过程中机械手一旦出现突发故障，无法将机械手移开，从而占用操作位，无法进行人工应急处理，会将大量液体电石流入轨道，造成漫轨事故。

2. 出炉小车

出炉小车是将电石锅搬运进出的工具。由车架、车轮、轴、支架、车耳、销轴等组成。车架一般由槽钢焊接而成，也可用耐热铸钢浇注成型；车轮、支座由耐热铸铁浇注并机加工而成；车轴由 $45^{\#}$钢加工而成。如图 7-24 所示。

图 7-24 出炉小车

图 7-25 电石锅

3. 电石锅

电石锅是用来盛装并冷却刚出炉的高温液体电石的设备。一般由耐高温合金铸钢或铸铁一次铸造成型，成型后应进行热处理以消除其应力，减少它在使用过程中因急冷急热而发生开裂。电石锅由锅本体、锅底及插板组成。每口空锅的重量为2～2.5t不等，每锅可盛装1.0～1.5t电石，如图7-25所示。

4. 牵引系统

牵引系统设备包含卷扬机及操控系统、钢丝绳、挂钩等。其功能是在排放高温液体电石时依次更换电石锅以及在出炉完毕时将电石锅及锅车牵引至冷却厂房内，进行下一道工序，并将空锅牵引至出炉口位置。

每台电石炉配置的卷扬机数量根据出炉轨道布置的不同而不同，有的电石炉在冷却厂房内有两条轨道，3个炉眼共用2条道轨，因此配置2台卷扬机；有的电石炉在冷却厂房内有4条轨道，因此配置4台卷扬机；还有的电石炉配置独立的3套出炉轨道，则需要配置6台卷扬机。

出炉牵引卷扬机一般选用慢速卷扬机，牵引速度为12m/min左右，牵引力应大于80kN，卷筒容量应满足缠绕长度不小于180m(Φ25～28)的钢丝绳。离合器须具有牵引自动闭合，反转自动脱扣分离的功能。卷扬机实物如图7-26所示。

图 7-26 卷扬机

图 7-27 出炉轨道及导向轮

5. 出炉轨道及导向轮

（1）轨道是电石锅车行走的通道，炉眼下方为铸造轨道，由耐高温铸铁铸造而成；其他部位及冷却厂房轨道由38～43kg/m重轨加工而成。轨距（中心线）一般在800mm左右。

（2）导向轮是为了使电石锅车行走至弯道时不致使由牵引力的分力而造成翻车或脱轨事故。一般安装在需改向的位置，直轨道不需要安装导向轮，如图7-27所示。

（3）自动上道器：在出炉牵引锅车操作过程中，一些突发原因会造成锅车脱轨事故。当发生锅车脱轨时，锅内电石处于液体状态，温度极高且重量大，无论使用机械或是人工都无法处置，使其重新上道恢复正常行驶的处理过程操作风险极高。为此，专门设计了自动上道装置安装于轨道中，很好地解决了此类问题，避免了事故的进一步扩大，如图7-27所示。

6. 炉前挡屏及集烟罩

（1）炉前挡屏　每个出炉口前设置一块挡屏，用于出炉时遮挡辐射热。炉前挡屏由角钢框架与耐火砖砌筑而成，挡屏中间部位预留一个与炉眼正对的长方形操作口。有的电石炉也采用钢板焊接成通水冷却结构，但为了避免因漏水而发生爆炸事故，现已很少有电石炉采用此方案。如图7-28所示。

（2）集烟罩　集烟罩由碳钢板制作而成，形状为长方形锥斗，顶部为通水结构，四周为单层钢板结构，集烟罩内壁焊接有抓钉并浇注有耐火材料，其厚度在80～100mm之间，作用是隔热。集烟罩安装于炉门口上方，通过管道与出炉散烟收尘器相连。主要功能是收集出炉时产生的热烟气、粉尘，同时阻止热电石显热向外辐射。

图7-28　炉前挡屏

图7-29　炉底轴流风机

7. 炉底风冷装置

炉底风冷装置由轴流风机、风道、炉体导风防护板及控制系统等组成。炉底温度达到设定值时联锁启动轴流风机，给炉体底部送风进行强制通风降温，以延长炉壳及炉体耐火材料的使用寿命。轴流风机的风量一般应大于60000m^3/h，电石炉在满负荷下运行时应连续送风。如图7-29和图7-30所示。

炉底温度的设定值不是一个固定的数值，它的大小与热电偶插入炉底的深度有关。当插入深度深时，温度数值较大，当插入深度浅时，温度数值较小。一般炉底热电偶插入深度为300～600mm不等，所测炉底温度值在500～800℃之间。炉底钢板表面温度应不大于300℃。因此炉底风机的联锁启动温度应设定为≥300℃时运行。

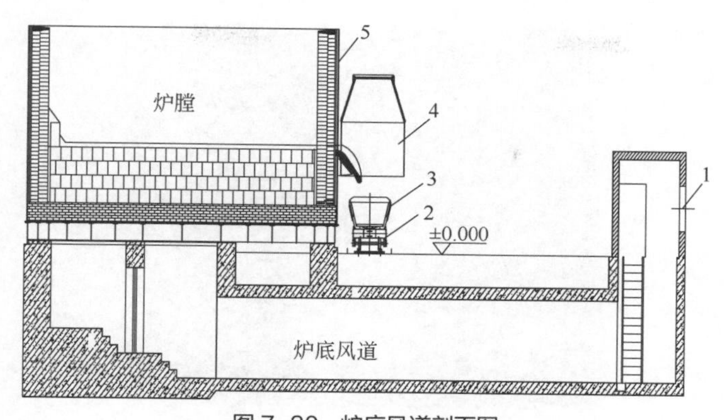

图 7-30　炉底风道剖面图

1—轴流风机；2—出炉小车；3—电石锅；4—集烟罩；5—炉体

在电石炉几何参数匹配合理且满负荷生产状态下，炉壁表面温度应不大于 180℃，炉门口周围表面温度也不会超过 220℃。温度过高，就说明几何参数偏小，负荷过高或炉墙局部有烧损现象，应引起重视。

十一、电石炉变压器

电石炉变压器属于矿热炉特种变压器的一种。主要由铁芯、绕组、变压器壳体、分接开关、油枕、高压套管、油循环冷却器、走轮、腹部出线及测控保护仪表、操作机构等组成。如图 7-31 所示。

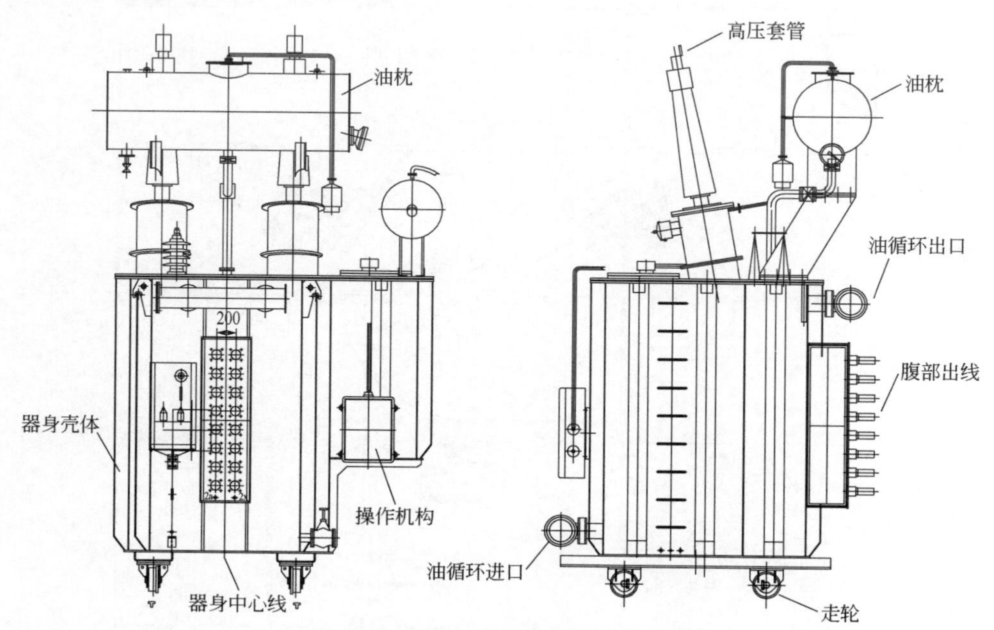

(a) 电石炉变压器示意图

图 7-31

(b) 单相电石炉变压器

图 7-31 电石炉变压器

电石炉变压器是电石炉主体设备中最主要的关键设备之一，它是将电网中高电压低电流电能转换为电石炉所需的低电压大电流电能的设备。中小型电石炉大多采用一台三相式变压器供电。此种布置方式的优点是一台电石炉使用一台变压器，占地投资小；缺点是两边相短网较长，三相电流不平衡。现在大型密闭电石炉几乎全部采用 3 台单相式变压器，采用不同的连接组别供电，缺点是初期投资较大，在厂房内占据空间多，使用高压电缆多，优点是 3 台变压器布置在距两相电极最近的位置，使得短网长度大大降低，三相短网阻抗平衡，损耗较低。如图 7-32 所示。

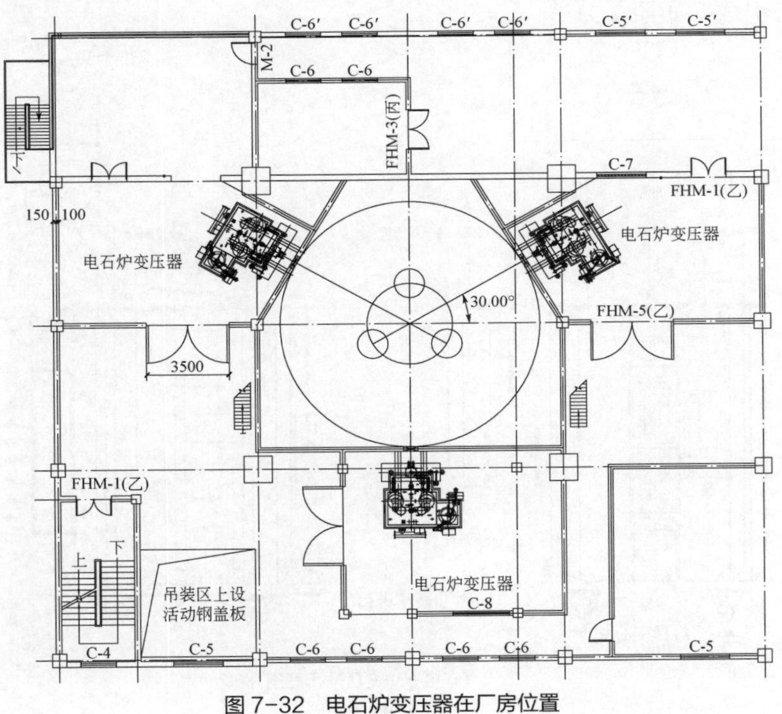

图 7-32 电石炉变压器在厂房位置

电石炉变压器结构复杂，技术要求较高。其副边电压低，一般从几十伏到数百伏，并要求能在较大范围内调节；副边电流往往达数千安至十几万安。

1. 调节方式

电石炉运行时，根据生产工艺的要求，电石炉变压器需要多级别输出电压，且需要在带负荷情况下能够调节输出电压，因此采取有载调压方式调节。

有载调压是在变压器原边绕组上引出多个抽头，将分接开关串联入原边线圈，通过改变原边匝数实现对输出电压的调节。常用分接开关有 35 级和 45 级，也可以按照用户的要求结合有载调压开关的制造能力来设计有载调压开关的调节能力。

2. 冷却方式

电石炉变压器一般采用强迫油循环水冷却或强迫油循环风冷却。

十二、无功补偿装置

电石炉无功补偿装置可分为高压补偿、中压补偿、低压补偿三种类型，补偿一般采用并联电容器补偿的方式。高压补偿是在高压系统中并联补偿变压器或高压并联电容器，来提高供电系统功率因数；中压补偿是在电石炉变压器增设 10kV 绕组，并联 10kV 电容器，以提高系统和电石炉变压器功率因数；低压补偿是在电石炉短网处并联低压电容器组，以提高电石炉运行的功率因数。中、高压补偿投资小、占地少，对电网系统功率因数有较大改善，但对电石炉运行有功并没有实质性的提高，且中压补偿常因操作不当或系统过电压，将补偿电容器击穿或将电石炉变压器烧损；低压补偿装置投资大、占地多，可根据电石炉运行自然功率因数随意投切，功率因数可达 0.92 以上，补偿效果较明显，补偿原理如图 7-33 所示。

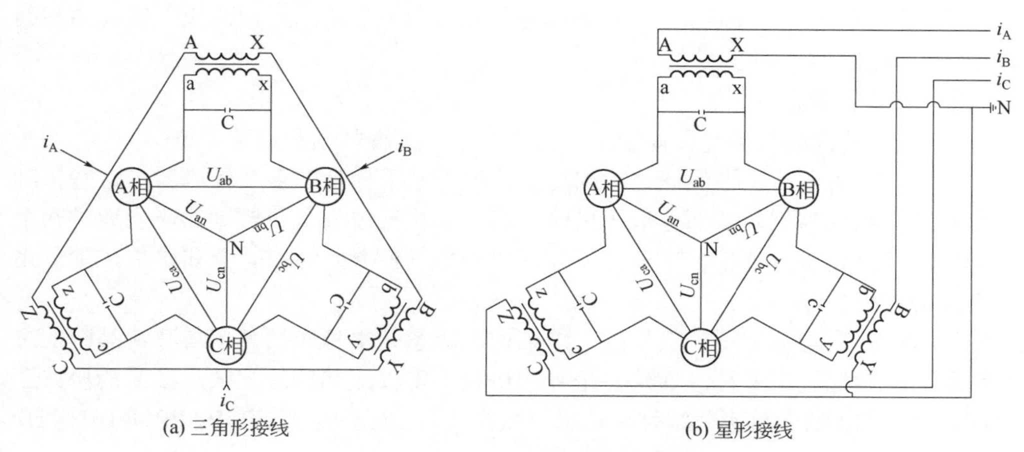

图 7-33　无功补偿在短网系统中的接线

生产实践证明，随着电石炉容量的增加，其自然功率因数将不断降低，而引起自然功率降低的主要原因是随着电石炉容量的增加，设备的感性和容性负载在不断增加，无功损耗增加。因此导致在电石炉输出的总功率当中，有功功率在降低，而不是线路或变压器损耗在增加。

因此，选用低压补偿装置并联于电极导电横管处更为合理，这样可以降低电石炉短网系统中无功电流的损耗。此外，低压补偿总容量宜分成若干组，能根据炉况及功率因数随意投切更经济合理。

使用时，电石炉送电之初不必投入电容器。待随着电石炉负荷的增加，功率因数降低至小于 0.8 时，再逐渐将电容器分组投入，且要求三相投入量相对平衡，当达到满负荷时，再根据炉况和功率因数确定投入数量，将功率因数控制在 0.9 以上；在停车时，根据电石炉负荷降低情况应及时退出部分电容器。当电石炉因异常原因紧急停电时，所有电容器应自动全部退出并具有对地自动放电功能。这样设置是为了避免对变压器或电容器造成损坏。

十三、DCS 设备

电石生产自动化控制系统一般选用分散控制系统（DCS）。主要包括现场一次测量仪表、执行机构、变送器、控制柜、扩展柜。集控室有操作员站、工程师站、操作台机柜、UPS 电源、线缆、网络系统、软件系统等。

1. DCS 配置原则

① 冗余原则：所有与控制有关的部件（如控制器、电源、通信系统等）都应按照 1∶1 冗余配置。

② 负荷原则：所有控制系统，包括控制站、操作员站、工程师站、通信系统、电源系统等，在装置投入运行时的负荷都严禁超过其控制器 CPU 负荷能力的 30%。系统的电源负荷严禁超过其能力的 50%。

③ 备用原则：所有 I/O 点应有 20%备用量，卡件数量配置预留 20%的冗余空间用于扩容安装 I/O 卡件。

2. 系统要求

① 系统的构成包括过程控制站、操作员站、工程师站和通信系统。

② DCS 的设计应当保证将控制功能分散于基于模件的多个控制器，这些控制器在物理上相互独立，从而分散了风险并简化了执行过程。各控制器应当通过冗余的通信高速公路进行连接，实现位于现场机柜室（FAR）的控制器和中央控制室系统之间的数据传输。

③ DCS 应当基于“开放”的系统架构，即系统本身应当具备与其他品牌的系统设备和平台通过工业标准通信、平台和协议实现集成和信息交换。必需的协议至少应当包括 HART（高速公路可寻址远程变换器）、Modbus、TCP/IP、PROFIBUS DP 和过程控制的 OLE（OPC）。

④ DCS 应带有自诊断功能，对故障进行诊断指示，关键的控制回路应分散在不同的控制器。短周期数据将存储在 DCS 的操作站中；长周期数据将存储在工程师站（存储组态资料）。

⑤ 所使用的标准系统、组态软件、SOE 及全部所需的使用授权应为正版、无期限授权。

3. 过程控制站（PCS）

① 过程控制站完成下列功能：I/O 处理，数据采集，模拟控制和顺序控制，RS232/485 通信等。为了保证系统的可靠性，过程控制站的电源、通信、控制器 CPU 和控制用 I/O 卡等必须按 1∶1 冗余配置。容错功能应当包括但不局限于控制处理器、电源、接线、I/O 卡和总线。

② 在工厂调试完成后，系统机柜中必须预留 20%的卡件物理空间用于将来安装扩展的 I/O 卡件；各类控制、检测点的备用量为 20%（其中每个 I/O 卡应预留不低于 10%的空余通道作为备用，另外预留 10%的空余 I/O 卡件），接线端子备用量为 20%，并在每个控制器组内完成全部接线。

③ 随 DCS 成套供货的各种辅助机柜中，应分别预留 20%的 I/O 扩展空间用于将来安装扩展硬件设备。

④ 在工厂调试完成后，控制器负荷必须低于 30%；数据通信网络的负载最高达到 30%；电源单元的负载最多达到其能力的 50%；应用软件和通信系统有 40%的扩展能力；DCS 各局域网上的节点应预留 30%的扩展空间。

4. 操作员站

① 操作员站是操作人员监视、控制生产过程，维护设备和处理事故的人机接口。其硬件和软件应具有高可靠性和容错性，软件应能从错误中迅速恢复。控制室内操作台上的所有计算机应当安装在独立的机架上。

② 任何一台操作员站都应当可以调用系统中的任何画面及完成组态内的操控。显示设备应当允许显示至少三个级别（概貌、系统、子系统）的画面。另外，系统还应当允许对象显示，应当可以直接从一个显示级别进入另一个级别。

5. 工程师站（EWS）

① 工程师站用于系统工程，如回路组态控制，编程画面生成，报表生成和参数设定等。工程师站的硬件要求应高于（或等于）操作站的硬件标准。

② 工程师站操作系统采用 Windows 系统较高或更新的版本。

6. 通信系统

① 通信系统以冗余的工业以太网（TCP/IP100/1000MB）为高速数据通路，所有的 DCS 操作站、工程师站和控制器分别通过冗余容错通信接口连接在工业以太网上。

② 系统负载：在正常情况下，数据通路和各个计算部分（如控制器、操作站、工程师站等）的估算负荷不能超过可用资源（如存储器、数据传送速度等）的 50 %。若负荷超出了这一规定，系统厂商必须无偿增加相应的软件、硬件，直到系统负荷满足负荷要求。

7. 回路组态

① 对所有的回路（简单或复杂）提供下列标准信息：I/O 类型、模拟量量程、

PID 动作、模拟输出方向、应用说明和报警/停车设定点。

② 对传统的控制系统，应当使用通用的组态工具，该工具应当允许选择控制在系统控制器或现场设备中，无论控制的位置在哪里，功能块的结构均应当是相同的。

第二节 电石尾气处理设备

一、净化系统原理简介

电石生产过程中产生的高温炉气经水冷烟道、进气阀门组、多级粉尘沉降冷却器后，50%以上的大颗粒粉尘被捕集下来，系统内炉气温度降至 350℃以下。然后经由粗气风机送入布袋过滤器，后经袋式除尘器过滤，去掉细微粉尘后经增压风机将洁净煤气送至下级用户。布袋积灰需根据清灰工艺的不同，选择氮气脉冲行喷清灰或系统煤气返回箱式反吹清灰。各个沉降冷却器、布袋过滤器积灰经由仓底出口的星形卸料机排出，最后由密封式刮板机集中送到下级设备或容器内。

二、工艺流程

炉气→抽出水冷烟道→粉尘焦油沉降器→沉降冷却器→粗煤气风机→布袋过滤器→煤气增压风机→下级用户。40500kVA 三相圆形全密闭电石炉尾气干法净化系统工艺流程如图 7-34 所示。

由图 7-34 可以看出：在电石生产过程中产生的高温炉气（正常时 500～800℃，异常时瞬时可达 1000℃以上）首先经电石炉水冷烟道初步冷却后，再经过净化除尘进口调节阀，进入冷却沉降器（冷却器的数量由电石炉容量、产气量结合散热方式及面积确定）。炉气中的大颗粒经过多级沉降后，约有 50%以上的粉尘沉降在冷却器下锥部灰仓中；同时高温气体经过几级沉降冷却器时与罐体发生对流、辐射，再经自然（或强制）与空气进行热交换，炉气温度降至 350℃以下，经粗煤气风机送入袋式除尘器中。经过精滤的电石尾气再经增压风机送至下游用户或二次放散、点燃排空。滤袋中吸附的粉尘通过氮气或回流炉气进行清灰，清理下来的粉尘沉降在罐底经星型卸灰阀排出至刮板机，最后由刮板机统一输送至临时储灰仓，再经气力输送设备送至下级用户。

三、注意事项

在整个系统运行过程中，炉气压力、炉气各段温度、出口压力、炉气中氧含量、氢含量、电石炉直排阀等设有安全联锁，系统启停在 PLC 的控制下可实现一键开、停车。在运行过程中有以下几点需要特别注意：

① 通过调控两台风机的频率实现将电石炉炉气压力控制在±10Pa 之间，微正压运行。

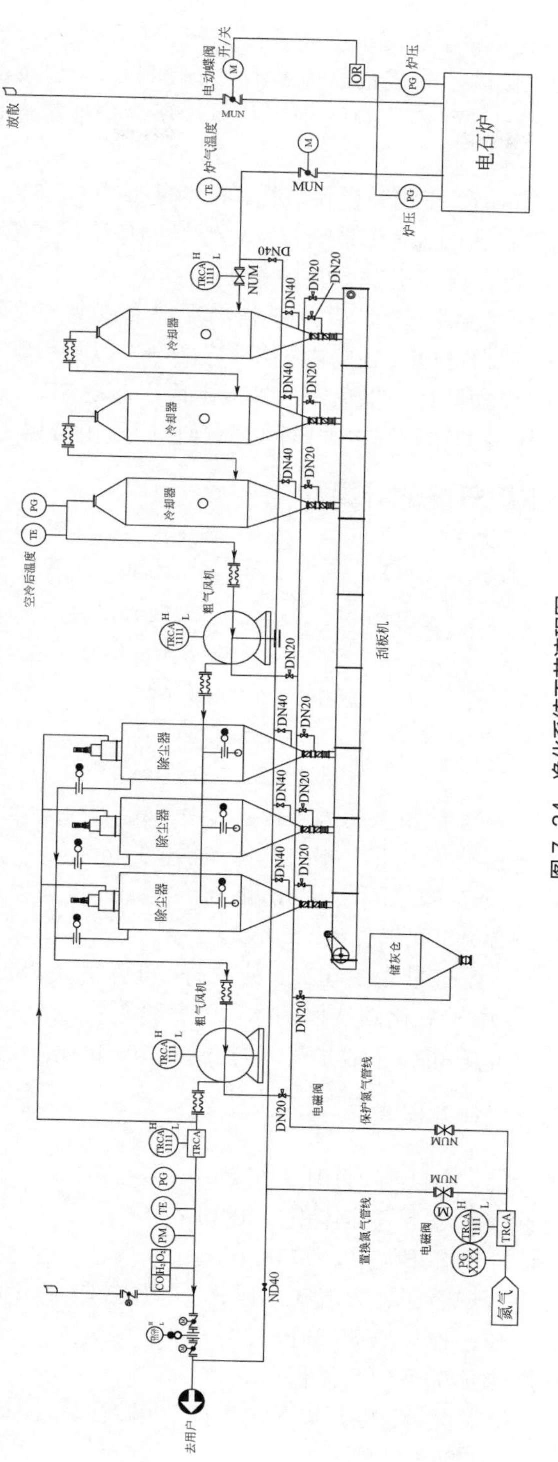

图 7-34　净化系统工艺流程图

② 在炉气进入袋式除尘器前温度必须控制在350℃以下，布袋仓的温度应控制在200～260℃之间（因除尘布袋最高耐温不大于280℃，长期超温运行除尘布袋可能会冒烟、着火、烧损；而低于200℃时，炉气中所含焦油等微量挥发分可能析出，影响布袋透气性）。

③ 要密切关注“三气”在线分析仪数据，氧含量必须<0.5%，氢含量必须<15%（因炉气中氧含量超过0.5%时净化系统有发生爆炸的危险；氢含量超过15%时，说明炉内有大量漏水，也有可能引发电石炉爆炸）。

④ 各点压力或真空度要适当，系统不得出现泄漏或空气吸入现象。

⑤ 系统内积灰应及时排出，各仓内不得积灰过多，以免引起布袋着火烧损事故，但也不得彻底排空而失去料封，以免空气被吸入而引起爆炸。

⑥ 系统运行时设备本体和周围严禁动火，操作应使用防爆工具，应消除静电等。

四、电石产生炉气量的计算

依据化学反应方程式：

$$\underset{56\text{g/mol}}{CaO} + \underset{36\text{g/mol}}{3C} \xrightarrow{\text{高温}} \underset{\substack{64\text{g/mol}\\(0.806\times1000)\text{kg}}}{CaC_2} + \underset{\substack{28\text{g/mol}\\X}}{CO\uparrow} - 465.9\text{kJ}$$

列方程得：

$$0.806\times1000\times28=64X$$

$$X=353(\text{kg})$$

$$353/28\times22.4=283(\text{m}^3)$$

式中 0.806——发气量为300L/kg的电石中CaC_2的百分含量；

22.4——标准状态下气体的摩尔体积，L/mol；

64——CaC_2摩尔质量，g/mol；

28——CO的摩尔质量，g/mol。

由此可知，生产1t发气量为300L/kg的电石，可以生成283m^{3}的一氧化碳气体。经取样分析得知，炉气中一氧化碳气体的体积百分含量在0.6～0.8之间，按平均0.70计算，则生产1t上述电石可以生成炉气：283m^3/0.70=404m^3

根据不同状态下气体方程式：$\dfrac{P_0V_0}{T_0}=\dfrac{P_1V_1}{T_1}$

式中 P_0——标准大气压强，101.325kPa；

V_0——标准状态下气体体积，404m^3；

T_0——标准状态下温度，273K(0℃)；

P_1——电石炉所在地大气实际压强（炉压控制在±10Pa，平均取0Pa及大气压；榆林取88.3kPa）；

V_1——所求工况下炉气体积，m^3；

T_1——工况温度，K（电石炉内炉气按700℃计算，净化出口按150℃计算）。

净化出口压强取6000kPa，则：

当电石炉内炉气温度按700℃计算时，代入上式可算得炉内产生的热烟气量：

$$\frac{101.325\times404}{273}=\frac{88.3V_1}{973}\Rightarrow V_1=1652(\text{m}^3)$$

当净化系统出口炉气温度按150℃计算时，代入上式算得净化出口热烟气量约为：

$$\frac{88.3\times1652}{973}=\frac{94.3V_2}{423}\Rightarrow V_2=672(\text{m}^3)$$

上述计算数据就成为给电石炉配置烟道、净化冷却面积，除尘过滤面积，风机等设备设施的理论依据。

五、电石炉尾气成分

1. 电石炉气中气体组分（表7-1）

表7-1 电石炉气体组分体积百分含量

气体名称	CO	H_2	CO_2	CH_4	N_2	O_2	粉尘	焦油
含量（体积分数）/%	60～80	12～15	2～10	0～5	5～10	0～0.5	100～150g/m^3	微量

2. 电石炉气中所含粉尘组分（表7-2）

表7-2 电石炉气中所含粉尘组分体积百分含量

粉尘名称	CaO	C	SiO_2	Fe_2O_3	Al_2O_3	其他
含量（体积分数）/%	37.2	34.1	15.8	0.96	7.1	4.84

六、炉气净化系统的主要功能

① 净化炉气：将炉气中的粉尘过滤掉，使含尘煤气变成洁净煤气送至下级用户。

② 调整炉压：在密闭电石炉生产过程中调整炉内压力以满足生产工艺要求。

七、设备功能

（1）粉尘沉降器　密闭电石炉生产过程中产生的尾气温度通常在500～800℃之间，异常情况下，瞬间温度可达1000℃以上。经过水冷烟道后进入多级冷却沉降器，将50%以下的粉尘捕集下来，温度降至350℃以下。

（2）粗煤气风机、净煤气增压风机　粗煤气风机、净煤气增压风机的主要功能是抽取炉内的高温炉气并控制炉内及除尘器的压力，将净煤气送至下级用户。

（3）布袋除尘器　布袋除尘器是将冷却降尘后的炉气进行再过滤、再冷却，使炉气中的细微粉尘彻底分离。对布袋的要求是：

① 选用氟美斯耐高温布袋，使用寿命应至少在 24 个月以上；

② 过滤风速应<0.5m/min；

③ 出口排放标准为含尘浓度≤30mg/m^3。

八、炉气净化系统安全运行操作规定

1. 设备启动前准备

炉气净化系统启动前，专业巡检人员要对风机油位、风机的冷却水、电机及联轴器、卸灰阀、刮板机、阀门、氮气压力、“三气”仪表、电气自控进行检查，一切正常后才具备启动净化系统条件。

2. 设备正常启动操作规定

① 关闭净化进气阀，关闭送气阀，微开二次放散阀，开始给净化系统、刮板机等充氮置换。

② 设备启动前，首先启动工控上位机，显示、信号传输、操控正常，确认置换合格后，再启动净化系统各设备，确保全部联锁启动正常。

③ 巡检操作人员手动打开(或远程自动开启)离净化烟道出口最远的一个炉门，电石炉送电后让炉内烟气燃烧成二氧化碳，对系统进行置换；净化中控操作人员首先远程打开进气烟道电动蝶阀，调整粗气风机、净气风机频率，同时关闭电石炉直排阀，控制炉内压力，以不向炉门冒烟为佳，观察炉气中“三气”含量。

④ 随着电石炉负荷的增加，烟气量也在增加。当净化出口炉气中氧含量降至2%以下时，即可关闭炉盖检查门，并立即将炉内压力控制为微正压，净化系统正常投入运行。

⑤ 当净化系统出口炉气中氧含量小于 0.5%时方可打开送气阀，同时关闭二次放散阀，给下级用户送气。需要注意，如氧含量长时间未降至1%以下，可将电石炉负荷适当提高，使电石炉内呈微正压，降低烟气中的氧含量。

3. 设备停车操作

（1）正常停车

① 随着电石炉负荷的降低，需要同步调整降低风机频率，使电石炉处于微正压下运行。

② 当电石炉负荷降至停车功率时，中控操作人员应首先打开少量二次放散阀，同时关闭送气阀。

③ 电石炉停车后，一键停止粗、净气风机并关闭进气烟道电动阀，给净化系统通氮气置换，同时打开电石炉直排阀。净化装置的清灰、卸灰系统正常运行 30min左右方可停车，停车后不允许关闭净化设备排空阀和打开送气阀门。

（2）紧急停车

生产过程中如遇到突发异常情况，需紧急停车时，应立即关闭烟道进气阀，一键停止净化系统运行，同时打开电石炉烟道直排阀，然后再关闭送气阀，微量打开二次放散阀，给系统充氮保护。如果净化设备长时间停车，需关闭进气烟道上的插板阀，打开氮气阀门，对系统充氮气置换，防止一氧化碳在停车后长时间滞留在设备中，进入空气引发爆炸。

九、设备在运行中发生故障的应急处理

净化设备一旦发生爆炸，第一发现人应立即通知净化中控操作人员，净化中控操作人员须立即将净化系统一键停车，同时停止其他各运转设备，关闭进气烟道电动碟阀，关闭送气蝶阀。同时，电石炉中控操作人员应打开电石炉直排阀，在确保人员安全的前提下，巡检人员应立即打开氮气置换阀，对系统进行充氮置换，待设备置换安全后，方可对设备进行检查、维修。

在净化系统运行过程中，一旦发生煤气风机跳停，不必慌张，直接在上位机画面上进行故障复位即可。如果故障复位后风机仍无法启动，应立即按紧急停车程序停车处置。重启过程中应注意炉压的变化，可根据情况适当开启部分电石炉直排阀。

十、设备巡检人员注意事项

① 系统正常运行时，巡检人员应每2h对系统关键部位进行一次全面巡查；

② 巡检人员在进入净化系统巡检前须穿戴齐全特殊劳动保护用品，尤其必须随身携带一氧化碳检测仪和防毒口罩；

③ 巡检时须两人结伴而行，前后间隔2m以上，必须避开泄爆口，相互监护；

④ 巡检人员巡检时要特别关注重点部位和关键环节：如风机、电机的振动和温升变化情况；各卸灰阀运转情况；刮板机运行情况；仓内积灰情况；各防爆膜工作情况；各仓盖、膨胀节、连接法兰等处泄漏情况；各自动阀门动作情况；各处仪表、执行器用气及压力情况；各仪表监测工作情况等；

⑤ 检查中如发现异常情况应立即报告班长并积极组织故障排除；涉及特殊危险性作业时须办理相关特种作业票证；

⑥ 在巡检过程中如发生闪爆、大量泄漏等突发事故，巡检人员在确保自身安全的情况下，须尽快撤离至安全区域并报告班长；

⑦ 巡检人员在巡检设备时，如发现有煤气泄漏，应尽量站在设备上风一侧；

⑧ 巡检人员不得使用铁质工具敲击运行设备的任何部位；

⑨ 巡检人员如发现布袋仓温度异常升高、甚至出现冒烟等现象时，须立即通知中控操作人员及班长，立即停车并使用氮气进行置换；

⑩ 净化系统周围5m范围内禁止烟火，如需动火须特殊批准。

十一、设备检修注意事项

① 设备需动火作业时，必须经置换、取样分析，一氧化碳含量≤0.5%时为合格，办理动火作业票证后方可作业；

② 检修人员需要进入有限设备空间作业时，必须经置换、取样分析，一氧化碳含量≤0.5%，空间内氧含量＞18%且通风良好，并办理受限空间作业票证后方可作业；

③ 作业点高出基准面 2m 以上时，必须系挂好安全带，办理高处作业票证方可作业；

④ 检修作业时，必须每人随身配备有毒有害气体监测报警仪，佩戴防尘或防毒口罩进行检修；

⑤ 检修作业时，作业现场必须设立专职监护人。

第八章

公用工程

公用工程系统内主要包含电气、给水、空压制氮、气柜等设备设施，这些设备设施运行的正常与否和电石生产息息相关，公用工程系统运行异常会直接导致生产不正常，甚至导致安全事故的发生。

电石生产装置涉及的电气系统分为高、中、低三个电压等级。高压系统主要包含有110kV线路部分、110kV变电站部分、配电母线及电石炉变压器等；中压系统主要包含有 10kV 配电系统及各个车间变电所中压设备；低压系统主要包含车间变电所、0.4kV 配电系统及全厂电力拖动系统等，它们构成了电石生产高、中、低压供配电网络。

给水系统是为电石炉各冷却设备设施提供冷却循环水的系统，主要包含给水泵房及机泵、管网、分水设施、冷却装置等。这些装置或工艺一旦发生异常造成断水、水质恶化，就会对电石炉关键设备造成烧损，进而引发安全事故。

空压制氮系统是为了给电石生产各气动设备提供压缩空气，给各有毒、易燃易爆设备设施提供安保惰性气体或在故障状态下进行置换，提供惰性气体。一旦空压制氮设备工作异常，所提供的气源参数不满足电石生产工艺要求，就会影响安全甚至发生火灾爆炸等事故。

气柜是储存电石尾气的容器，它起着稳定平衡电石炉净化系统压力，对炉气进行收集、储存、再分配的功能。但同时它也是一个重大危险源，使用、管理失误都会导致灾难性事故的发生。

因此，有必要对电石生产所涉及公用工程内设备设施进行简单的探讨。

第一节　电气系统及设备

电石生产所配套的电气系统主要由35kV及以上高压变配电系统，10kV中低压配电系统，0.4kV低压配电系统及直流系统等组成。35kV及以上高压系统主要用于电石炉变压器及厂用降压变；10kV 中低压系统主要用于各车间变电所电力变压器及大功率电力拖动设备供电；0.4kV 低压系统主要用于各车间变电所给中小功率交流电气设备供电；直流系统主要用于给变电站各继电保护、控制等设备供电。

一、变电站设备

为了最大限度地降低供电线路损耗，提高供电可靠性，现在大型密闭电石生产大都选择使用110kV或更高电压等级供电系统，常用的有110kV或220kV。因电石生产属于二级及以上负荷，且为了确保供电可靠，一般选择“双母双回”系统。主要包括的设备有：母线，HGIS组合开关，电压互感器，电流互感器，避雷器，隔离刀闸，接地刀闸，厂用降压变及其继电保护系统等。110kV 及以上供电系统原理如图8-1所示。

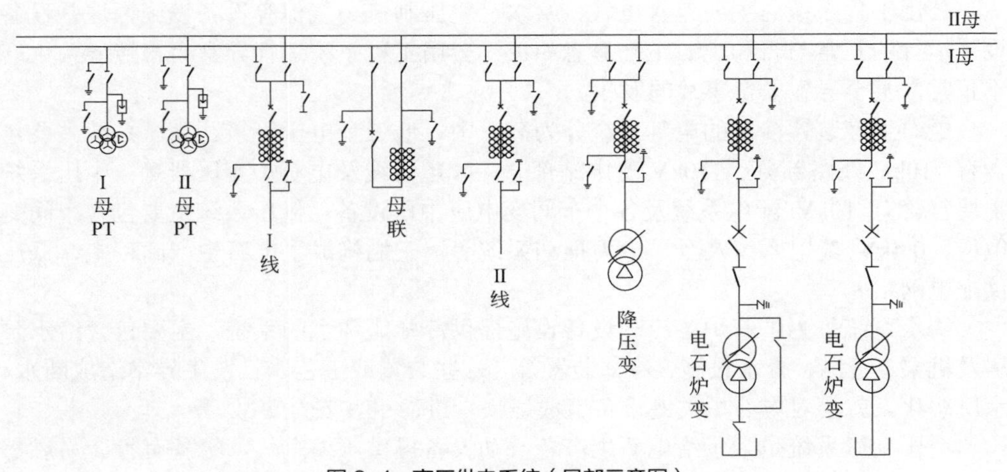

图8-1　高压供电系统（局部示意图）

1. 母线

母线是指用高导电率的铜管（铜排）、铝质材料制成的线路或变电站输送电能用的总导线。通过母线把发电机、变压器或整流器输出的电能输送给各台电石炉或其他车间变电所。在电力系统中，母线将配电装置中的各个载流分支回路连接在一起，起着汇集、分配和传送电能的作用。变电站母线因其布置方式的不同而略有差异，一般选用钢芯铝绞线、铜或铝质管型母线。如图8-2所示。

（1）母线的分类　母线按外型和结构，大致分为以下三类：

① 硬母线：包括矩形母线、圆形母线、管形母线等。

② 软母线：包括铝绞线、铜绞线、钢芯铝绞线、扩径空心导线等。

③ 封闭母线：包括共箱母线、分相母线等。

（2）母联开关　若一组开关在两排并列的母线上都有隔离开关点，则这两排母线的连接开关就是母联开关。

（3）母线分段开关　双母线的时候叫母联，单母线的时候叫分段。而母线（我们暂且称为单母分段）中间的连接开关就是母线的分段开关。任何一条回路只能接到Ⅰ段或Ⅱ段母线上。

（4）单母线分段

① 优点：母线分段后，可以对重要用户从不同段供电。另外，当一段母线发生故障时，分段断路器能够自动将故障切除，保证正常段母线不间断供电。

② 缺点：当母线故障时，该母线上的回路都要停电，而且扩建时需要向两个方向均衡扩建。

（5）双母线接线

① 优点：供电可靠，调度灵活，扩建方便，便于设计。

② 缺点：增加了一组母线，每一回路增加一组母线隔离开关，增加了投资，操作复杂，占地面积增加。

2. 组合电器（HGIS）

HGIS（hybrid gas insulated switchgear）是一种介于 GIS 和 AIS 之间的新型高压开关设备。HGIS 的结构与 GIS 基本相同，将断路器、互感器、隔离开关、接地开关等集于一体，但它不包括母线设备。其优点是母线不装于 SF_6 气室，是外露的，因而接线清晰、简洁、紧凑，安装及维护检修方便，运行可靠性高，如图 8-3 所示。对于变电站来说，HGIS 的优势在于：

图 8-2　母线

图 8-3　HGIS 组合开关

① MTS 开关设备解决了户外隔离开关运行可靠性问题，同时由于各元件组合，大大减少了对地绝缘套管和支柱数量（仅为常规设备的 30%～50%），这也减少了绝缘支柱因污染造成对地闪络的概率，有助于提高运行的可靠性。

② 由于元件组合，缩短了设备间接线距离，节省了各设备的布置尺寸，相对于传统的 AIS，大大缩小了高压设备纵向布置尺寸，减少占地面积达 40%～60%。

③ 采用在制造厂预制式整体组装调试、模块化整体运输，现场施工安装更为简单、方便，同时减少了变电站钢材需用量，基础小，工程量少，大大减少了基础工作和费用开支。

④ 由于 MTS 模块化，非常灵活，减少了对老旧变电站升级改造的施工难度和投资规模，同时提高了可靠性。

二、互感器

互感器又称为仪用变压器，是电流互感器和电压互感器的统称。能将高电压变成低电压、大电流变成小电流，用于测量或保护系统，如图 8-4 所示。

图 8-4　互感器

1．工作原理

互感器的工作原理与变压器类似，也是根据电磁感应原理工作的。绕组 N_1 接被测一次电流或一次电压，称为一次绕组（或原边绕组、初级绕组）；绕组 N_2 接测量仪表，称为二次绕组（或副边绕组、次级绕组）。

2．功能

电力系统为了传输电能，采用高电压、大电流把电力送往用户，无法用二次仪表进行直接测量。因此互感器是将电网高电压、大电流的信息传递到低电压、小电流二次侧的计量、测量、继电保护、自动装置的一种特殊变压器，是一次系统和二次系统的联络元件。其一次绕组接入电网，二次绕组分别与测量仪表、保护装置等连接。互感器与测量仪表和计量装置配合，可以测量一次系统的电压、电流和电能；与继电保护和自动装置配合，可以构成对电网各种故障的电气保护和自动控制。互感器性能的好坏，直接影响到电力系统测量、计量的准确性和继电器保护装置动作的可靠性。

3．主要分类

互感器分为电压互感器和电流互感器两大类。电压互感器可在高压和超高压的电力系统中用于电压和功率的测量。电流互感器可用于交流电流的测量、交流电度的测量和电力拖动线路中的保护。

（1）电压互感器

① 分类：按用途可分为测量用和保护用电压互感器；按绝缘介质可分为干式、

浇注绝缘式、油浸式、气体绝缘式电压互感器；按相数可分为单相和三相式；按电压变换原理可分为电磁式、电容式、光电式；按使用条件分户内型、户外型；按一次绕组对地运行状态分为一次绕组接地和不接地型；按磁路结构分为单级式、串级式、组合式互感器。

② 电压互感器的接线方式：电压互感器的接线方式很多，常见的有以下几种：

a．用一台单相电压互感器来测量某一相对地电压或相间电压的接线方式，用两台单相互感器接成不完全星形，也称 V-V 接线，用来测量各相间电压，但不能测量相对地电压，广泛应用在 20kV 以下中性点不接地或经消弧线圈接地的电网中，如图 8-5 所示。

b．用三台单相三绕组电压互感器构成 YN、yn、d0 或 YN、y、d0 的接线形式，广泛应用于 3～220kV 系统中，其二次绕组用于测量相间电压和相对地电压，辅助二次绕组接成开口三角形，供接入交流电网绝缘监视仪表和继电器用。如图 8-6 和图 8-7 所示。

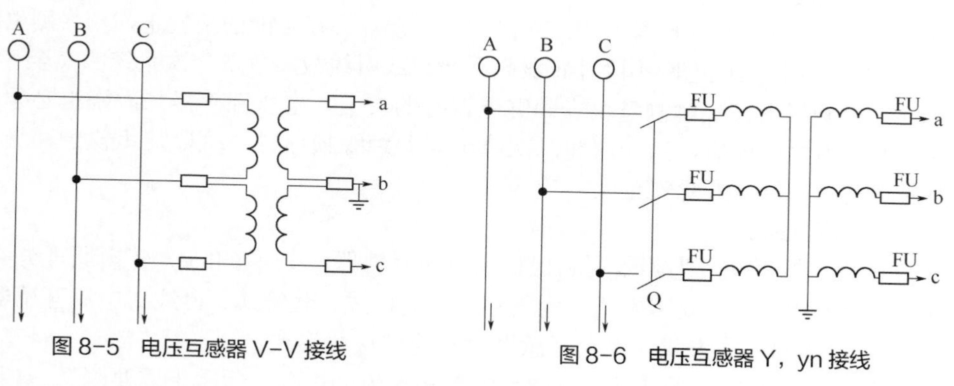

图 8-5　电压互感器 V-V 接线

图 8-6　电压互感器 Y，yn 接线

c．电压互感器开口三角接线，如图 8-8 所示。

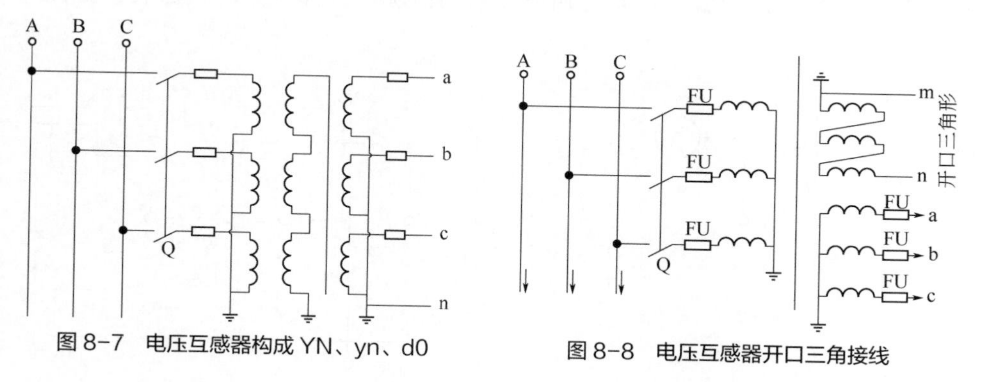

图 8-7　电压互感器构成 YN、yn、d0

图 8-8　电压互感器开口三角接线

d. 用一台三相五柱式电压互感器代替上述三个单相三绕组电压互感器构成的接线，一般只用于 3～15kV 系统。

e．在中性点不接地或经消弧线圈接地的系统中，为了测量相对地电压，电容式电压互感器一次绕组必须接成星形接地的方式。

f. 在3～60kV电网中，通常采用三只单相三绕组电压互感器或者一只三相五柱式电压互感器的接线形式。

③ 电压互感器使用须知

a. 电压互感器在投入运行前要按照规程规定的项目进行试验检查。例如，测极性、连接组别、测绝缘、核相序等。

b. 电压互感器的接线应保证正确性，一次绕组和被测电路并联，二次绕组应和所接的测量仪表、电压保护装置或自动装置的电压线圈并联，同时要注意极性的正确性。

c. 接在电压互感器二次侧负荷的容量应合适，不应超过其额定容量，否则，会使互感器的误差增大，难以达到测量准确性的要求。

d. 电压互感器二次侧不允许短路。由于电压互感器内阻抗很小，若二次回路短路，会通过很大的电流，将损坏二次设备甚至危及人身安全。电压互感器可以在二次侧装设熔断器以保护其自身不因二次侧短路而损坏。在可能的情况下，一次侧也应装设熔断器以保护高压电网不因互感器高压绕组或引线故障危及一次系统的安全。

e. 为了确保人在接触测量仪表和继电器时的安全，电压互感器二次绕组必须有一点接地。因为接地后，当一次和二次绕组间的绝缘损坏时，可以防止仪表和继电器出现高电压，危及人身安全。

（2）电流互感器

① 分类：按用途分为测量用和保护用电流互感器；按绝缘介质、变换原理分类，与电压互感器相似；按安装方式分为贯穿式、支柱式、套管式、母线式电流互感器。

② 互感器的接线方式：电流互感器只有四种接线形式。

a. 单台电流互感器的接线：只能反映单相电流的情况，适用于需要测量一相电流或三相负荷平衡，测量一相就可知道三相的情况，大部分接用电流表。如图8-9所示。

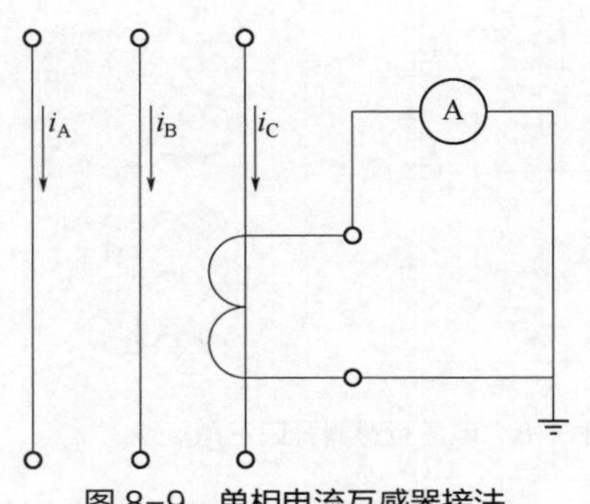

图8-9 单相电流互感器接法

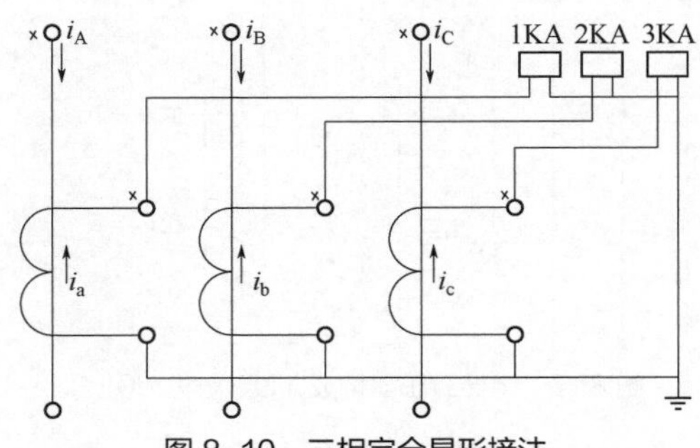

图8-10 三相完全星形接法

b. 三相完全星形接线：三相电流互感器能够及时准确地反映三相负荷的变化情况，多用在变压器差动保护接线中。只使用三相完全星形接线可在中性点直接接地系统中用于电能表的电流采集。三相三继电器接线方式不仅能反映各种类型的相间短路，也能反应单相接地短路，所以这种接线方式用于中性点直接接地系统中作为相间短路保护和单相接地短路的保护。如图 8-10 所示。

c. 两相不完全星形接线：该种接线方式在实际工作中用得最多。它节省了一台电流互感器，用 A、C 相的合成电流形成反相的 B 相电流。二相双继电器接线方式能反映相间短路，但不能完全反映单相接地短路，所以不能作单相接地保护。这种接线方式用于中性点不接地系统或经消弧线圈接地系统作相间短路保护。如图 8-11 所示。

d. 两相差电流接线：也仅用于三相三线制电路中，中性点不接地，也无中性线，这种接线的优点是不但节省一台电流互感器，而且也可以用一块继电器反映三相电路中的各种相间短路故障，即用最少的继电器完成三相过电流保护，节省投资。但故障形式不同时，其灵敏度不同，这种接线方式常用于 10kV 及以下的配电网作相间短路保护。由于此种保护灵敏度低，现在已经很少用了。两相差电流接线如图 8-12 所示。

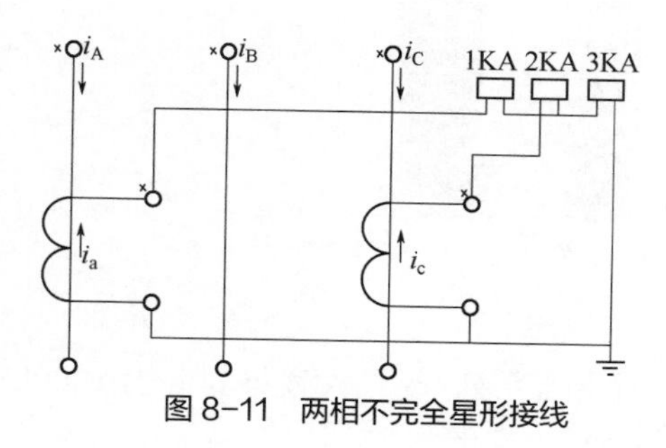

图 8-11 两相不完全星形接线

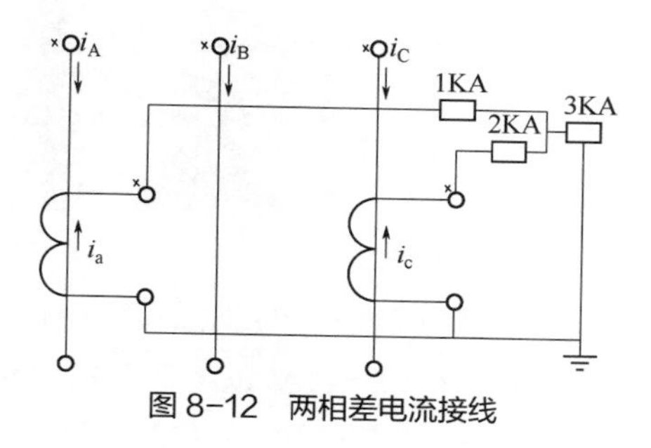

图 8-12 两相差电流接线

③ 电流互感器运行注意事项

a. 电流互感器在运行中二次侧不得开路，一旦二次侧开路，会由于铁损过大，温度过高而烧毁，或由于副绕组电压升高而将绝缘击穿，发生高压触电的危险。所以在更换仪表时应先将电流回路短接后再进行计量仪表更换。计量仪表接好后，先将其接入二次回路再拆除短接线并检查仪表是否正常。如果在拆除短接线时发现有放电火花，表明电流互感器已开路，应立即重新短接，查明计量仪表回路确无开路现象时，方可重新拆除短接线。在进行拆除电流互感器短接工作时，应站在绝缘垫板上。另外，要考虑停用电流互感器回路的保护装置，待工作完毕后，方可将保护装置投入运行。

b. 如果电流互感器有嗡嗡声响，应检查内部铁心是否松动，可将铁心螺栓拧紧。

c. 在电流互感器二次侧的一端，外壳均要可靠接地。

d. 当电流互感器二次侧线圈绝缘电阻低于 10～20MΩ 时，必须进行干燥处理，使绝缘恢复后，方可使用。

三、避雷器

避雷器具有吸收各种雷电过电压、工频暂态过电压、操作过电压的能力。氧化锌避雷器是用来保护电力系统中各种电器设备免受过电压损坏的电器产品，具有良好保护性能。因为氧化锌阀片的非线性伏安特性十分优良，正常工作电压下仅有几百微安的电流通过，便于设计成无间隙结构，具有保护性能好、重量轻、尺寸小的特点。当过电压侵入时，流过阀片的电流迅速增大，限制了过电压的幅值，释放了过电压的能量，此后氧化锌阀片又恢复高阻状态，使电力系统正常工作，如图 8-13 所示。

图 8-13　避雷器

（1）按电压等级　分为高压、中压、低压三类。

① 高压类：指 66kV 以上等级的氧化锌避雷器系列产品，大致可划分为 1000kV、750kV、500kV、330kV、220kV、110kV、66kV 七个等级。

② 中压类：指 3～66kV（不包括 66kV）范围内的氧化锌避雷器系列产品，大致可划分为 3kV、6kV、10kV、35kV 四个电压等级。

③ 低压类：指 3kV 以下（不包括 3kV）的氧化锌避雷器系列产品，大致可划分为 1kV、0.5kV、0.38kV、0.22kV 四个电压等级。

（2）按标称放电电流　分为 20kA、10kA、5kA、2.5kA、1.5kA 五类。

（3）按用途　分为系统用线路型、系统用电站型、系统用配电型、并联补偿电容器组保护型、电气化铁道型、电动机及电动机中性点型、变压器中性点型七类。

（4）按结构　分为瓷外套和复合外套两大类。

① 瓷外套：按耐污秽性能分为四个等级：Ⅰ级为普通型，Ⅱ级用于中等污秽地区（爬电比距 20mm/kV），Ⅲ级用于重污秽地区（爬电比距 25mm/kV），Ⅳ级用于特重污秽地区（爬电比距 31mm/kV）。

② 复合外套：复合外套氧化锌避雷器是用复合硅橡胶材料做外套，并选用高性能的氧化锌电阻片。其内部采用特殊结构，用先进工艺装配而成，具有硅橡胶材料和氧化锌电阻片的双重优点。该系列产品除具有瓷外套氧化锌避雷器的全部优点外，

另具有绝缘性能好、耐污秽性能高、防爆性能良好以及体积小、重量轻、平时不需维护、不易破损、密封可靠、耐老化性能优良等优点。

（5）按结构性能　分为无间隙（W）、带串联间隙（C）、带并联间隙（B）三类。

四、隔离刀闸

隔离刀闸是高压开关电器中使用最多的一种电器，它本身的工作原理及结构比较简单，但是由于使用量大，工作可靠性要求高，对变电所、电厂的设计、建立和安全运行的影响均较大。刀闸的主要特点是无灭弧能力，只能在没有负荷电流的情况下分、合电路，如图 8-14 所示。

图 8-14　刀闸

刀闸有如下 4 个方面的作用：

① 分闸后，建立可靠的绝缘间隙，将需要检修的设备或线路与电源用一个明显断开点隔开，以保证检修人员和设备的安全。

② 根据运行需要，切换线路。

③ 可用来分、合线路中的小电流，如套管、母线、连接头、短电缆的充电电流，开关均压电容的电容电流，双母线切换时的环流以及电压互感器的励磁电流等。

④ 根据不同结构类型的具体情况，可用来分、合一定容量变压器的空载励磁电流。

五、接地刀闸（开关）

接地开关是指释放被检修设备和回路的静电荷以及为保证停电检修时作业人员人身安全的一种机械接地装置。它可以在异常情况（如短路）下耐受一定时间的电流，但在正常情况下不通过负荷电流，通常是隔离开关的一部分。

接地开关和隔离开关经常被组合成一台装置使用。此时，隔离开关除了具有主触头外，还带有接地开关以用于在分闸后将隔离开关的未受电一端接地。主触头和接地开关通常实现机械联锁，即当隔离开关闭合时接地开关联锁不能闭合，而当接地开关闭合时主触头开关联锁不能闭合。

接地开关按结构形式可分为敞开式和封闭式两种。前者的导电系统暴露于大气中，类似于隔离开关的接地刀闸，后者的导电系统则被封闭在充满 SF_6 或绝缘油等的绝缘介质中。其功能有：

① 检修线路时的正常工作接地。当断路器所在线路需检修时，断路器处于分闸位置，两侧隔离开关均打开，处于分闸状态。接地开关合闸，用于正常工作接地，以保证设备和检修人员的安全。

② 切合静电、电磁感应电流。在两条或多条共塔或邻近平行布置的架空输电线路中，当某一或某几条线路停电后，停电线路与其相邻带电线路之间产生电磁感应和静电感应，在停电的回路上将产生感应电压及感应电流，接地开关用于这类线路的接地切合。

③ 关合短路电流。对具有额定短路关合电流的接地开关，应能在任何外施电压（包括其额定电压）、任何电流（包括其额定短路关合电流）下关合。接地开关具有的额定短路关合电流等于额定峰值耐受电流。

六、变压器

变压器是用来变换交流电压、电流而传输交流电能的一种静止的电器设备，它是根据电磁感应原理实现电能传递的。变压器就其用途可分为电力变压器、试验变压器、仪用变压器及特殊用途的变压器。电力变压器是电力输配电、电力用户配电的必要设备；试验变压器对电器设备进行耐压（升压）试验；仪用变压器（电压互感器、电流互感器）作为配电系统的电气测量、继电保护之用；特殊用途的变压器有冶炼用电石炉变压器、电焊变压器、电解用整流变压器、小型调压变压器等。

1. 电力变压器

电力变压器是一种静止的电气设备，是用来将某一数值的交流电压（电流）变成频率相同的另一种或几种数值不同的电压（电流）的设备。当一次绕组通以交流电时，就会在铁芯中产生交变的磁通，在二次绕组中感应出交流电动势。二次感应电动势的高低与一二次绕组匝数的多少有关，即电压大小与匝数成正比。主要作用是传输电能，用额定容量表征传输电能的大小，以 kVA 或 MVA 表示。

（1）双绕组电力变压器的接线组别　三相变压器和三相变压器组可连接成星形、三角形、曲折形，在高压侧分别用 Y、D、Z 符号表示，在低压侧分别用 y、d、z 符号表示；有中性点引出时高压侧用 YN、ZN 符号表示，低压用 yn、zn 符号表示。根据三相绕组的不同接线组合，可有 12 种接线组别。但是为了制造及使用的方便，我国原规定了 5 种接线组别：Y，Yn0（Y/Y0-12）；Y，Yn（Y/Y-12）；YN，Yn（Y0/Y-12）；Y，d11（Y/△-11）；YN，d11（Y0/△-11）。

① Y，Yn0（Y/Y0-12）用于配电变压器。一、二次绕组均为星形接线，二次绕组为中性点接地方式。

② YN，d11（Y0/△-11）用于高压输电线路，使电力系统的高压侧有可能接地。

③ Y，zn11 一次绕组为星形接线，二次绕组为中性点接地的曲折形接线（属星形接线）方式。

但上述几种接线未包括 D，Yn11。在通信行业、城市电网、工矿企业及民用建筑 10/0.4/0.23kV 的配电系统中，多年来一直采用国家定型产品 Y，Yn0 接线的三相变压器，是沿袭苏联以前采用的标准。从国外引进技术生产的配电变压器有二种接线方式（D，Yn0；D，yn11），国内外资企业所选用的变压器及多数国家的配电变压器均采用 D，Yn11 接线。

（2）双绕组电力变压器的供电方式　用户变压器大都选用 Y，Yn0 接线方式的中性点直接接地系统运行方式，可实现三相四线制或五线制供电，如 TN-S 系统。

（3）双绕组电力变压器的主要部件

① 吸潮器（硅胶筒）：内装有硅胶，储油柜（油枕）内的绝缘油通过吸潮器与大气连通，干燥剂吸收空气中的水分和杂质，以保持变压器内部绕组的良好绝缘性能，硅胶变色、变质易造成堵塞。

② 油位计：反映变压器的油位状态，过高需放油，过低则加油；冬天温度低、负载轻时油位变化不大，或油位略有下降；夏天，负载重时油温上升，油位也略有上升；二者均属正常。

③ 油枕：调节油箱油量，防止变压器油过速氧化，上部有加油孔。

④ 防爆管：防止突发事故时油箱内压力剧增造成爆炸危险。

⑤ 信号温度计：监测变压器运行温度，发出信号。它指示的是变压器上层油温，变压器线圈温度要比上层油温高 10℃左右。国标规定：变压器绕组的极限工作温度为 105℃，则上层油温度不得超过 95℃，通常以监测温度（上层油温）设定在 85℃及以下为宜。

⑥ 分接开关：通过改变高压绕组抽头，增加或减少绕组匝数来改变电压比。

一般电力变压器均为无载调压，需停电操作：常分Ⅰ、Ⅱ、Ⅲ三挡，按额定电压的+5%、0%、−5%配置，出厂时一般置于Ⅱ挡。

⑦ 瓦斯信号继电器（气体继电器）：分为轻瓦斯、重瓦斯信号保护。上接点为轻瓦斯信号，一般作用于报警，表示变压器运行异常；下接点为重瓦斯信号，发出信号的同时作用于断路器跳闸、掉牌、报警。一般瓦斯继电器内充满油说明无气体，箱体内有气体产生时会进入瓦斯继电器内，达到一定程度时，气体挤走贮油使触点发出动作。打开瓦斯继电器外盖，顶上有 2 个调节杆，拧开其中一帽可放掉继电器内的气体，另一调节杆是保护动作试验按钮。

（4）相关技术术语及数据

① 额定容量：变压器在额定运行条件下，变压器输出能力的保证值。即：

$$S=\sqrt{3}U_{\mathrm{L}}I_{\mathrm{L}}\times 10^{-3}\,\mathrm{kVA}$$

式中　U_{L}——变压器低压侧线电压，V；

I_{L}——变压器低压侧线电流，A。

② 额定电压：根据变压器绝缘强度、允许温升所规定的原、副边电压值。

③ 线圈温升：变压器温度与周围介质温度的差值。

④ 阻抗电压：也称为短路电压。即当一个线圈短路，在另一线圈达到额定电流时，所施加的电压，一般以额定电压的百分数表示。短路电压值的大小在变压器运行中有极其重要的意义，它是考虑短路电流、继电保护特性及变压器并联的依据。

⑤ 短路损耗：一个线圈通过额定电流，另一个线圈短路时，所产生的损耗。短路损耗是电流通过电阻产生的损耗，即铜损。

⑥ 空载损耗：变压器在空载状态下的损耗，基本等于铁损。

⑦ 空载电流：当变压器二次绕组开路，一次绕组施加额定频率的额定电压时，其中所通过的电流。通常以额定电流的百分数表示，变压器容量越大，其空载电流越小。

（5）巡检　变配电所有人值班时，每班巡检一次，无人值班可每周一次，负荷变化激烈、天气异常、新安装及变压器大修后，应增加特殊巡视，周期不定。检查项目如下：

① 负荷电流是否在额定范围之内，有无剧烈的变化，运行电压是否正常。

② 油位、油色、油温是否超过允许值，有无渗漏油现象。

③ 瓷套管是否清洁，有无裂纹、破损和污渍、放电现象，接触端子有无变色、过热现象。

④ 吸潮器中的硅胶变色程度是否已经饱和，变压器运行声音是否正常。

⑤ 瓦斯继电器内有无气体，是否充满油，油位计玻璃有否破裂，防爆管的隔膜是否完整。

⑥ 变压器外壳、避雷器、中性点接地是否良好，变压器油阀门是否正常。

⑦ 变压器室的门窗、百叶窗、铁网护栏及消防器材是否完好，变压器基础是否变形。

（6）变压器倒闸操作顺序　停电时先停负荷侧，后停电源侧；送电时与上述操作顺序相反。

① 从电源侧逐级向负荷侧送电，如有故障便于确定故障范围，及时作出判断和处理，以免故障蔓延扩大。

② 多电源的情况下，先停负荷侧可以防止变压器反充电。若先停电源侧，遇有故障可能造成保护装置误动。

（7）定期保养

① 油样化验耐压、杂质等性能指标每三年进行一次，变压器长期满负荷或超负荷运行时可缩短周期。

② 高、低压绝缘电阻不低于原出厂值的 70%（10MΩ），绕组的直流电阻在同一温度下，三相平均值之差应不大于 2%，与上一次测量的结果比较也应不大于 2%。

③ 变压器工作接地电阻值每 2 年测量一次。

④ 停电清扫和检查的周期需根据周围环境和负荷情况确定，一般半年至一年一

次。主要内容有：清除巡视中发现的缺陷、瓷套管外壳清扫、破裂或老化的胶垫更换、连接点检查拧紧、缺油补油、呼吸器硅胶检查更换等。

（8）电力变压器的接地

① 变压器的外壳应可靠接地，工作零线与中性点接地线应分别敷设，工作零线不能埋入地下。

② 变压器的中性点接地回路，在靠近变压器处，应做成可拆卸的连接螺栓。

③ 装有阀式避雷器的变压器接地应满足三位一体的要求；即变压器中性点、变压器外壳、避雷器接地应连接在一处共同接地。

④ 接地电阻应≤4Ω。

（9）并行条件　应同时满足以下条件：连接组别相同、电压比相等（允许有±0.5%的误差）、阻抗电压相等（允许有±10%的差别）、容量比不大于 3∶1。

2. 特种变压器

具有特殊用途的变压器通称为特种变压器。变压器除了作交流电压的变换外，还有其他各种用途，如变更电源的频率，整流设备的电源、电焊设备的电源、电石炉电源或作电压互感器、电流互感器等。由于这些变压器的工作条件、负荷情况和一般变压器不同，故不能用一般变压器的计算方法进行计算。电石生产所使用的变压器就属于特种变压器，具体见电石炉设备中电石炉变压器。

第二节　循环冷却水设备

循环冷却水给水系统是为电石炉各冷却设备提供冷却水的设施，主要包含机泵、管网、冷却装置、制水加药装置等。

一、机泵

机泵是给水系统中循环水的加压设备。根据现在大型密闭电石炉设备冷却工艺要求，大都选用大流量、高扬程、高效率、低能耗的单级双吸泵。这种泵型的叶轮实际上由两个背靠背的叶轮组合而成，从叶轮流出的水流汇入一个蜗壳中，如下图 8-15 所示。泵的具体选型及性能参数详见第二章相关内容。

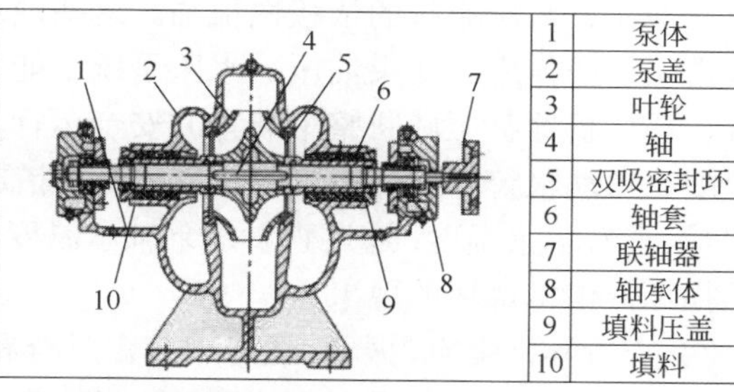

图 8-15　双吸泵外观及结构图

1. 水泵结构与功能

S型双吸清水离心泵的吸入口与吐出口均在水泵轴心线下方，水平方向与轴线成垂直位置、泵壳中开，检修时无需拆卸进排水管路及电动机，从联轴器向泵的方向看去，水泵均为逆时针方向旋转。根据用户特殊订货需要也可改为顺时针旋转。

双吸泵的主要部件有：泵体、泵盖、叶轮、轴、双吸密封环、轴套、轴承、联轴器、轴承体、填料等。除轴的材料为优质碳素钢外，其余多为铸铁。泵体与泵盖构成叶轮的工作室，在进出水法兰上部设有安装真空表和压力表的管螺孔，进出水法兰的下部设有放水的管螺孔。

泵轴由两个单列向心球轴承支承，轴承装在泵体两端的轴承体内，用锂基脂润滑，双吸密封环用以减少水泵压水室漏回吸水室的水。水泵通过联轴器由电动机直接传动，轴封为软填料密封，为了冷却润滑密封腔和防止空气漏入泵内，在填料之间有水封环，水泵工作时少量高压水通过水封管流入填料腔起水封作用。

2. 水泵运行注意事项

① 查看流量：流量是水泵在运行中最基本的参数之一，观察水泵流量可以了解水泵及整个系统的运行情况，并且可以根据需求对水泵流量进行调节。可通过调整出口阀门开度或调节电机变频器频率来调节流量。如有必要，可以采取远程在线观察和控制的方式。

② 查看压力：压力是水泵的另一个重要参数，同样可以全面了解水泵及整个系统的运行情况，也可以根据出口压力的大小，依据泵铭牌数据估计出当前的大致流量。通常在查看压力时，应该同时查看泵进、出口压力，系统压力三个数据。在泵的进口管道处安装压力表可以查看进口压力，以避免水泵出现汽蚀、缺液、进口管道漏气等现象。在水泵出口管道的截止阀前和阀后安装压力表可以分别观察水泵的排出压力和系统压力，在水泵出口只安装一块压力表的时候要注意压力表的安装位置和安装方法，以避免数据不实。

③ 查看电机电流或功率：通过查看水泵电机电流是否过载，得知水泵是否出现过载的现象。如果出现过载，可以及时调节阀门控制超流过载的现象。另外，也可以通过观察电机运行功率来了解水泵的运行流量是否达到需求。

④ 查看辅助系统的油压、水压：某些带有油压、水压系统的辅助设备的水泵机组，对油压、水压系统的依赖性很强。这些油压、水压系统的正常运行对泵机组有着非常重要的作用。如果油压、水压系统不能正常工作，将会导致泵机组无法正常运行、损坏机器甚至威胁整个装置的安全运行。因此，完全有必要对其进行检测，甚至配有自动报警、自动停车等一系列保护措施。

⑤ 查看水泵温度：通过查看水泵轴承温度可以及时避免水泵轴承温度过高导致轴承损坏，电机烧坏的现象。

⑥ 查看异常噪声、振动：运行中应定时查看或在线监测水泵有无振动异常现象，水泵出现异常的振动及噪声应该及时停机检查。

⑦ 查看泄漏、污染情况。

3. 水泵常见故障与排除

水泵作为增压连续供水设备，其轴承和密封等磨损件都会有不同程度的损耗，所以每台水泵和配件都有一定的使用寿命，如果能够合理使用、及时保养，水泵的寿命会大大延长。所以就水泵的常见故障现象和处理方法来探讨一下。

（1）机封漏水　机封漏水是比较常见的故障现象，造成漏水的原因有很多，但本质上是密封损坏。水泵的密封方式大致分为两种，一种是填料式，一种是机械式。填料式多用于冷水、泥沙量较大的输送泵，这种密封方式在使用过程中有轻微的漏水属于正常现象，这种密封需要隔段时间进行盘根压进调节或更换新填料，不然漏水现象就会越来越严重。机械式是现在水泵常用的密封方式，相比较填料式密封，机械密封的优点是密封度高，摩擦小，寿命长，适用于多种场合。缺点是价格稍贵，安装和维修需要一定的技术等。机封损坏的原因包括：

① 安装不当，机封磨损。

② 水泵无水运行，造成机封干磨损坏。

③ 水泵长时间未运行，其间未保养，启用前未检查就直接启动。

如果机封损坏发生漏水，需要及时停机，启用备用泵，对故障机泵进行维修保养，不可在漏水的情况下持续运行。

（2）水泵异响　不同故障声音也不太一样，水泵出现异响应立即停机检查，拆机后除了维修有故障部分，其他部分也需要检查、保养、润滑等。是水泵长时未用也需要定期拆机保养，避免部分配件生锈或老化影响正常使用。另外，长时间没有启动的水泵在启动前，需要手动盘车，检查转动是否灵活，如果很吃力才能转动的话，需要拆机查看，检查配件是否锈蚀、老化粘连。水泵异响常见原因有：

① 水泵轴承磨损严重。

② 叶轮摩擦泵壳。

③ 轴同心度降低，运行不平衡。

④ 风罩变形，风叶碰撞风罩。

⑤ 联轴器同心度差或缓冲垫磨损严重。

（3）电机温度过高　电动机带动水泵运行做功，电机都会发热，只要温度在正常允许范围内就没有问题，如果发现电机温度异常，这时就需要停机查看。引起电机高温的原因有：

① 水泵轴承或电机轴承磨损严重或损坏，润滑不良，摩擦力增大。如果发生轴承彻底卡死，甚至会导致电流过大烧坏电机。

② 水泵长时间处于启动状态，无法进入正常运行状态，引起电流过大，电机温度异常。

③ 水泵流量、扬程参数过大。

④ 水泵电机供电电压过大或过小、三相严重不平衡。

结合上述现象，当电机、水泵出现温度异常时应立即切换备用机，进行检查维修。

（4）流量压力不足 流量压力变小有以下几种常见可能：

① 水泵反转。这种情况一般由新泵试水或更换电机时接线错误导致。

② 水泵未排气。新泵在初次使用前和维修后第一次试水前，都需要进行排气工作。

③ 泵体或管路上发生泄漏或吸程管有漏气现象。

④ 叶轮磨损严重，出现裂痕或局部开孔。

⑤ 水泵进水口流量不足或有异物堵塞。

二、冷却散热塔

冷却塔其实就是一个散热装置。电石生产常用的冷却塔分为开式冷却塔（如图 8-16 所示）和闭式冷却塔（如图 8-17 所示）两类。开式冷却塔的工作原理是使需要冷却的水在塔内与对流冷空气进行热交换，主要借助于水的蒸发冷却作用而得到降温。冷却水直接与空气接触，水的散失量大。闭式冷却塔的工作原理是冷却水在塔内密闭的管道中流动，其过程中热水与金属管道进行热传递，管道外壁再与空气对流热交换，从而达到循环水冷却的目的。

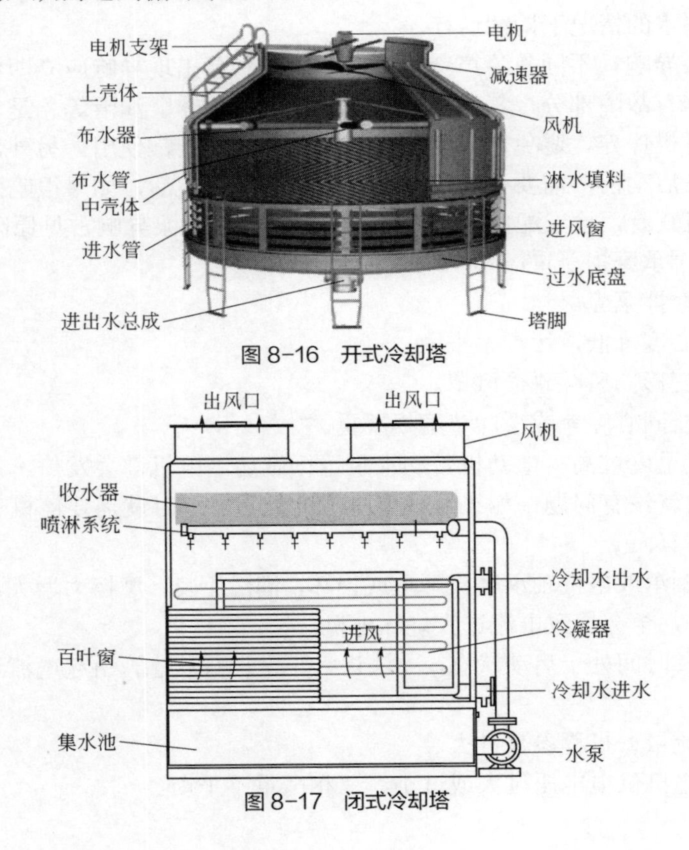

图 8-16 开式冷却塔

图 8-17 闭式冷却塔

冷却塔利用自然通风、机械强制通风或辅助喷淋冷却水的方法来加快热水降温。水在塔内散热管中流动或喷淋后落在填料层上形成均匀的水膜，与由下往上流动的空气接触进行热交换。空气流动的方式有两种，一是靠冷却塔的进风百叶窗进风，由风筒产生的自然虹吸抽力使空气由下往上流动；另一方法是安装风机使空气强制流动。此即自然通风和机械通风冷却塔。

空气经传质、传热后，温度升高，含水量增加，到塔顶接近饱和状态时排入大气，使部分水蒸发，吸收汽化潜热，将水冷却。被冷却了的水流入集水池，然后再次由水泵送至给水管道，送往冷却设备形成循环水系统。

三、加药装置

1. 循环水加药装置概述

循环水加药装置是一种全新概念的化学水处理加药设备，广泛应用于发电、石油、化工等行业原水处理系统以及废水处理系统。它由计量泵、溶液箱、控制系统、管路及阀门等组件安装在同一底座上，实现药液溶配、计量投加功能。按用途可分为缓腐蚀剂加药装置、调节 pH 值加酸（碱）装置以及硫酸亚铁镀膜加药装置等。按形式分为一泵一箱、两泵两箱、三泵两箱、多泵多箱等。

2. 循环水加药原因

工业循环冷却系统在自然运行时会因循环水的硬度、碱度、pH 值、浓缩倍数、气温、环境湿度等综合因素的影响产生结垢或腐蚀倾向，两者对循环冷却系统的安全和运行效率都会产生不良影响。为了抑制结垢或者防止腐蚀，需向水中投加相关缓蚀剂、阻垢剂等药剂。

3. 产品特点及流程概述

该类装置主要包括药液溶配系统、计量投加系统、安全系统和控制系统等四部分。固体药剂加入溶药箱中，然后按比例加入工业水搅拌溶解，由计量投加系统投加到投药点。投加控制采用手动方式，也可依据上位系统输出的控制信号，进行随动控制，自动投加，如图 8-18 所示。

图 8-18　加药装置

4. 加药装置的应用

在电石生产工艺装置中，加药装置应用于电石炉冷却循环水系统蓄水池。

四、软化水处理装置

1. 工作原理

在循环水软化过程中，当树脂吸附到一定量的钙、镁离子后必须进行再生——即用饱和盐水浸泡树脂，从而把树脂里的钙、镁离子置换出去，恢复树脂的软化及交换能力，并且在软化水设备运行的同时将废弃的液体排出。整个再生过程包括：反洗、松动树脂层、吸盐、慢洗、发生交换反应、冲洗（正洗）、将化学反应交换下来的钙、镁离子冲净、注水（为了下次再生），共计 8 个操作过程。

2. 软化方法

软化方法较多，但常用的有以下几种：

（1）离子交换法：采用特定的阳离子交换树脂，以钠离子将水中的钙、镁离子置换出来，由于钠盐的溶解度很高，所以就避免了随温度的升高而生成水垢。

① 特点及效果：效果稳定、准确，工艺成熟，可以将硬度降至 0。

② 使用范围：化工、医药、空调等领域，最常用的标准方式是在工业循环水中的应用。

（2）膜分离法：纳滤膜（NF）及反渗透膜（RO）均可以拦截水中的钙、镁离子，从而从根本上降低水的硬度。

① 特点及效果：对进水压力有较高要求，设备投资、运行成本都较高。效果明显而稳定，处理后的水适用范围广。但只能将硬度降到一定的范围。

② 适用范围：一般较少用于专门的软化处理。

（3）加药法：向水中加入专用的阻垢剂，可以改变钙、镁离子与碳酸根离子结合的特性，从而使水垢不能析出、沉积。

① 特点及效果：一次性投入较少，适应性广。软化水量大时运行成本偏高。

② 适用范围：由于加入了化学物质，所以水的应用受到很大限制，一般情况下不能应用于饮品、食品加工、工业生产等方面。

3. 工作流程（以离子交换法为例）

以离子交换法为例，软化水处理包括工作（有时叫作产水，下同）、反洗、吸盐（再生）、慢冲洗（置换）、快冲洗五个过程。不同软化水设备的所有工序非常接近，只是由于实际工艺的不同或控制的需要，可能会有一些附加的流程。任何以钠离子交换为基础的软化水设备都是在这五个流程的基础上发展来的。

① 产水：当原水通过阴、阳树脂层时，原水中各种无机盐电离生成的阳离子（主要有钙、镁、铜等离子）、阴离子（碳酸根、硝酸根、硫酸根等）与树脂中的氢离子、氢氧根离子发生置换反应而被树脂吸附，从树脂上置换下来的氢离子、氢氧根离子结合成水分子，从而达到除去原水中无机盐的效果，制得除盐水。随着树脂层的工

作，其置换能力在不断下降，当下降到一定程度时，我们就称树脂“失效”，这时就需要对树脂进行再生。

② 反洗：工作一段时间后的设备会在树脂上部拦截很多由原水带来的污物，把这些污物除去后，离子交换树脂才能完全暴露出来，再生的效果才能得到保证。反洗过程就是水从树脂的底部充入，从顶部流出，这样可以把顶部拦截下来的污物冲走。这个过程一般需要 5～15min 左右。

③ 吸盐（再生）：将盐水注入树脂罐体的过程。传统设备是采用盐泵将盐水注入，全自动的设备是采用专用的内置喷射器将盐水吸入。在实际工作过程中，盐水以较慢的速度流过树脂的再生效果比单纯用盐水浸泡树脂的效果好，所以软化水设备都是采用盐水慢速流过树脂的方法再生，这个过程一般需要 30min 左右，实际时间受用盐量的影响。

④ 慢冲洗（置换）：在用盐水流过树脂以后，用原水以同样的流速慢慢将树脂中的盐全部冲洗干净的过程叫慢冲洗。这个冲洗过程中仍有大量的功能基团上的钙、镁离子被钠离子交换，根据实际经验，这个过程是再生的主要过程，所以很多人将这个过程称作置换。这个过程一般与吸盐的时间相同，即 30min 左右。

⑤ 快冲洗：为了将残留的盐彻底冲洗干净，要采用与实际工作接近的流速，用原水对树脂进行冲洗，这个过程的最后出水应为达标的软水。一般情况下，快冲洗过程为 5～15min。

4. 软化水作用

① 软化水的使用起到了提高设备运转率的作用。水处理不达标时，通水冷却设备内壁就会结有大量水垢，形成隔热层，导致设备高温侧的热量不能及时传递给冷却水带走而使设备温度迅速升高，被迫降负荷生产或停车，从而降低了设备的运转率。

② 软化水的使用起到了“降本增效”的作用。电石炉通水冷却设备或管道结有水垢以后，非常难以清除，特别是由于水垢引起电石炉设备的腐蚀、变形、开裂泄漏等，不仅影响运转率，而且需要耗费大量人力、物力、时间去检修，从而增加了运行成本。

③ 软化水的应用降低了安全风险。电石炉通水设备因水垢引发的故障（或事故），占故障总量的比例很高，这不但造成了设备损坏，运行成本增加，甚至威胁着员工的生命安全。

第三节　空压制氮设备

空压制氮设备是电石生产工艺中重要的配套公用系统之一。它所产生的压缩空气、仪用空气是多数气动执行器、气动仪表的动力源。所分离出来的氮气是涉及有毒有害、易燃易爆气体装置的安全保护气体。这些公用气体的流量、压力、露点、纯度等工艺指标的任何异常，都可能诱发设备运行异常或发生火灾、爆炸、人员中毒等安全事故。因此，作为基层管理和操作人员，应该掌握、了解空压制氮设备的原理、操作注意事项，以确保生产安全稳定地进行。

一、空气压缩机

1. 简介

空气压缩机是一种将常压空气压缩蓄能的设备，它的工作原理与其他机泵工作原理相似。大多数空压机是往复活塞式、旋转螺杆式、或离心式压缩机。电石生产所配套使用的空气压缩机大都是旋转螺杆式压缩机，也有使用离心式压缩机的。空气压缩机的分类很多，这里只简要介绍一下螺杆空压机和离心空压机。

（1）螺杆空压机　螺杆空压机是回转容积式压缩机，两个带有螺旋形齿轮的转子相互啮合，使两个转子啮合处体积由大变小，将气体压缩并排出。螺杆空压机中的螺杆压缩组件采用最新型数控磨床制造，并配合在线激光技术，确保制造公差精确，其可靠性和性能可确保压缩机的运转费用在使用期内一直极低。螺杆空压机头如图 8-19 所示。

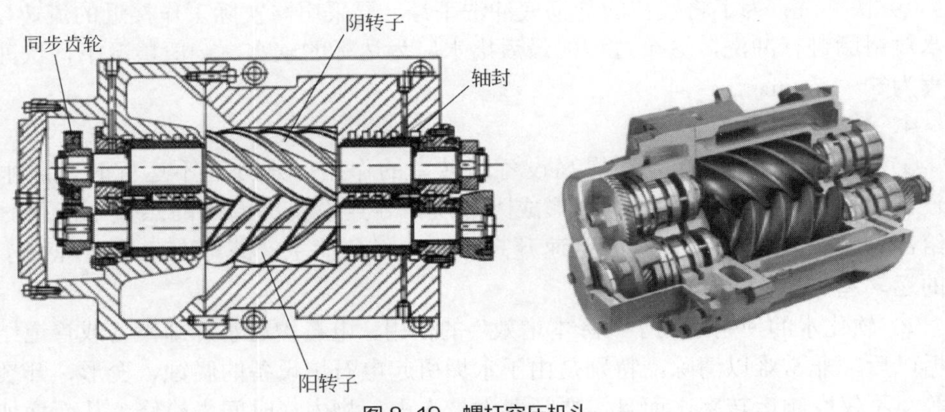

图 8-19　螺杆空压机头

（2）离心空压机　离心空压机主要由转子和定子两大部分组成。转子包括叶轮和轴，叶轮上有叶片。定子的主体是机壳，定子上还安装有扩压器、弯道、回流器、进气管、排气管及部分轴封等。离心空压机的工作原理为：当叶轮高速旋转时，气体随着旋转，在离心力作用下，气体被甩到后面的扩压器中，而在叶轮处形成真空地带。这时外界的气体进入叶轮，叶轮不断旋转，气体不断地吸入并甩出，从而保持了气体的连续流动。空气进入定子部分后，因定子的扩压作用，其速度、能量、压头转换成所需的压力，速度降低，压力升高，同时利用定子部分的导向作用进入下一级叶轮继续升压，最后由蜗壳排出。离心空压机如图 8-20 所示.

2. 主要参数及概念

（1）常规参数　常规性能参数及工作原理请参照第二章相关内容。

图 8-20　离心空压机

（2）工作压力　压缩机的吸、排气压力是指压缩机首级汽缸工作腔进气法兰和末级汽缸工作腔排气法兰接管处测得的气体压力。螺杆空压机吸、排气压力指的是整个空压机的吸、排气压力，一般说空压机的工作压力指的是排气压力。空压机常用的压力单位换算有：

1MPa（兆帕）= 10^3kPa（千帕）= 10^6Pa（帕斯卡）

1bar（巴）= 0.1MPa

1atm（标准大气压）= 0.101325MPa = 1.013bar = 760mmHg = 10.33mH_2O

1kgf/cm^2（工程千克力）= 0.981bar = 0.0981MPa

1psi(lbf/in^2) = 0.07031kgf/cm^2 = 0.06895bar = 6.895kPa

1MPa = 145psi

psi（lbf/in^2）（磅力/平方英寸），常用在欧美等英语区国家的产品参数上，在空压机行业说的“千克”通常是指“bar”。

（3）容积流量　容积流量在国内又被称为排气量或铭牌流量。通俗地讲是在所要求的排气压力下，空压机单位时间内排出的气体容积，折算成进气状态，即第一级进气接管处的吸气压力、温度和湿度时的容积值，也就是吸气的容积。按国家标准，空压机的实际排气量偏差在标称流量的±5%时均为合格。如果转速没有变化，压力变化理论上不影响排气量。具体说，影响容积流量，不影响质量流量。因为我们一般所说的排气量是指进气流量，所以是没有变化的。

（4）气体含油量　单位体积的压缩空气中所含的油（包括油滴、悬浮粒子、油蒸气）的质量，换算成绝对压力（0.1MPa）、20℃和相对湿度 65%的大气条件下的值。单位为 mg/m^3（指绝对值）。

（5）露点　湿空气在等压力下冷却，使空气里原来所含不饱和水蒸气变成饱和水蒸气的温度，此温度就是该气体的露点温度。在空压机行业中，露点表示的是气体的干燥程度。

① 压力露点：指有一定压力的气体冷却到某一温度，其所含的不饱和水蒸气变成饱和水蒸气析出，此温度就是该气体的压力露点。

② 大气露点：在标准大气压下，气体冷却到使所含的不饱和水蒸气变成饱和水

蒸气析出的温度。

（6）海拔高度 按海平面垂直向上衡量，海拔是指海平面以上的高度。海拔在压缩机工程方面是个重要因素，因为海拔高度越高，空气变得越稀薄，绝对压力变得越低。既然高海拔处的空气比较稀薄，那么电动机的冷却效果就比较差，这使得标准电动机只能局限在一定的海拔高度内运行。

（7）比功率 指压缩机单位容积流量所消耗的功率，是评价压缩机能效的重要指标。

（8）防护等级 表示电气设备防尘，防异物，防水等密闭程度的值，用 IP××表示，××为两个阿拉伯数字，其含义见表 8-1 所示：

表 8-1 电气防护等级数字含义

防护等级	第一个数字×	末位数字×
0	无专门防护	无专门防护
1	防护大于 50mm 的固体	防滴
2	防护大于 12mm 的固体	15°防滴
3	防护大于 2.5mm 的固体	60°防滴
4	防护大于 1.0mm 的固体	防溅
5	防尘	防喷水
6	密封尘	防海浪或强力喷水
7	无	防浸入
8	无	防潜水

（9）防爆等级：在可能出现爆炸性气体、蒸汽、液体、可燃性粉尘等引起火灾或爆炸危险的场所，必须对机械提出防爆要求，根据不同应用区域选择防爆形式和类别。防爆等级可以通过防爆标志 EX 及防爆内容来表示。

防爆标志内容包括：防爆形式+设备类别+（气体组别）+温度组别。

3. 安装场所要求

① 空压机须安装于宽阔且采光良好的场所，以便于操作与检修。

② 空气相对湿度宜低，灰尘少，空气清净且通风良好，远离易燃易爆、有腐蚀性化学物品及有害的不安全的物品，避免靠近散发粉尘的场所。

③ 空压机安装场所内的环境温度冬季应高于 5℃，夏季应低于 40℃。因为环境温度越高，空气压缩机排出口温度越高，这会影响压缩机的性能。必要时，安装场所应设置通风或降温装置。

④ 如果工厂环境较差，灰尘多，须加装前置过滤设备。

⑤ 空压机安装场所内机组宜单排布置。

⑥ 预留通路，具备条件者可装设行车，以利维修保养空压机设备。

⑦ 预留保养作业空间，空压机与墙体、顶部等之间距离应满足相关规范要求。

4. 操作注意事项

空压机是企业主要的机械动力设备之一，严格执行空压机操作规程，不仅有助于延长空压机的使用寿命，而且能确保空压机操作人员安全，下面我们来了解一下空压机操作中注意事项。

（1）空压机操作前注意事项

① 保持油池中润滑油在标尺范围内，油量不应超出刻度线范围值；

② 检查各转动部位是否灵活，各连接部位是否紧固，电机及电气控制设备是否安全可靠；

③ 操作启动前应检查防护装置及安全附件是否完好齐全；

④ 检查排气管路是否畅通；

⑤ 接通水源，打开各进水阀，使冷却水循环畅通；

⑥ 长期停用后首次起动前必须盘车检查，观察有无撞击、卡住或响声异常等现象。

（2）空压机操作及运行时注意事项

① 空压机必须在空载状态下起动，待空载运转正常后，再逐步进入负荷状态运转。

② 空压机正常运转后应定时检查各仪表读数，并随时予以调整。

③ 空压机操作中，还应检查下列情况：

a．电动机温度是否正常，各仪表读数是否在规定的范围内；

b．各部件运行声音是否正常；

c．吸气阀盖是否发热，阀的声音是否正常；

d．空压机各种安全防护设备是否可靠。

④ 空压机每运行 2h，需将油水分离器、中间冷却器、后冷却器内的油水排放一次，储气罐内油水应每班排放一次。

⑤ 空压机操作中发现下列情况时应立即停机，查明原因，并予以排除：

a．润滑油中断或冷却水中断；

b．水温突然升高或下降；

c．排气压力突然升高，安全阀失灵。

5．基础保养

为了使空压机能够正常安全可靠地运行，保证机组的使用寿命，须制定详细的维护计划，执行定人操作、定期维护、定期检查保养，使空压机组保持清洁、无油、无污垢。

① 维修及更换各部件时必须确定空压机系统内的压力都已完全释放，与其他压力源已可靠隔离，主电路上的开关已经断开并上锁，且已做好“设备检修，禁止合闸”的安全标识。

② 压缩机冷却润滑油的更换时间取决于使用环境、湿度、尘埃和空气中是否有酸碱性气体。新购置的空压机首次运行 500h 须更换新油，以后按正常换油周期每 4000h 更换一次，年运行不足 4000h 的机器应每年更换一次。

③ 油过滤器在第一次开机运行 300～500h 时必须更换，第二次在使用 1000h 时

更换，以后则按正常时间每2000h更换一次。

④ 维修及更换空气过滤器或进气阀时切记防止任何杂物落入压缩机主机腔内。

⑤ 更换部件尽量采用原装公司部件，否则可能会出现匹配问题。

⑥ 空压机每运行2000h左右，应对散热器表面积灰清理一次，用吹尘气枪对冷却器进行吹扫，直至散热表面灰尘吹扫干净。若散热表面污垢严重，难以吹扫干净，可将冷却器卸下，倒出冷却器内的油并将进、出口封闭以防止污物进入。然后用压缩空气吹扫两面的灰尘或用水冲洗，最后吹干表面的水渍装回原位。切勿用铁刷等硬物刮除污物，以免损坏散热器。

⑦ 空气中的水分可能会在油气分离罐中凝结，特别是在潮湿天气。当排气温度低于空气的压力露点或停机冷却时，会有更多的冷凝水析出，因此应定期排放。油中含有过多的水分将会造成润滑油的乳化，影响机器的安全运行。

6. 注意事项

① 操作人员应经专门培训，必须全面了解空气压缩机及附属设备的构造、性能和作用，熟悉运转操作和维护保养规程。

② 操作人员应穿戴好工作服，女同志应将发辫塞入工作帽内。严禁酒后上岗操作，工作期间不得从事与运行无关的事情，不得擅自离开工作岗位，不得擅自安排非本机操作人员代替工作。

③ 空气压缩机启动前，按规定做好检查和准备工作，特别要注意打开储气罐的所有阀门。电机启动后必须施以额定转速空载运转，各仪表读数正常后，方可带负荷运行。空压机应逐渐增加负荷，各部分正常后才可满负荷运行。

④ 空气压缩机运转过程中，随时注意仪表读数、各部声响，如发现异常情况，应立即停机检查。贮气罐内最大气压不允许超过铭牌规定的压力，每工作2～4h，应开启中间冷却器和储气罐的冷凝油水排放阀门一次。

⑤ 空气压缩机停机时应逐渐开启储气罐的排气阀，缓慢降压，使空压机无负荷运转5～10s。冬季温度低于5℃，停机后应放尽未掺防冻液的冷却水。

⑥ 在清扫散热片时，不得用燃烧的方法清除管道油污。清洗、紧固等保养工作必须在停机后进行。用压缩空气吹洗零件时，严禁将风口对准人体或其他设备，以防伤人毁物。

⑦ 做好机器的清洁工作。空压机长期运转后，禁止用冷水冲洗。

⑧ 定期对储气罐安全阀进行一次手动排气试验，保证安全阀的安全有效性。

二、制氮机

1. 工艺原理

变压吸附法（pressure swing adsorption，简称PSA）是一种新的气体分离技术，其原理是利用分子筛对不同气体分子“吸附”性能的差异将气体混合物分开。它以空气为原料，利用一种高效能、高选择的固体吸附剂对氮和氧的选择性吸附性能把空气中的氮和氧分离出来，在制氮、制氧领域内使用较多的是碳分子筛和沸石分子筛。分子筛对氧和氮的分离作用主要是基于这两种气体在分子筛表面的扩散速率不同。碳分子筛是一种兼具活性炭和分子筛某些特性的碳基吸附剂。它由很小的微孔组成，孔径分布在 0.3～1nm 之间。较小直径的气体（氧气）扩散较快，较多进入分子筛固相，这样在气相中就可以得到氮的富集成分。一段时间后，分子筛对氧的吸附达到平衡。根据碳分子筛在不同压力下对吸附气体的吸附量不同的特性，降低压力使碳分子筛解除对氧的吸附，这一过程称为再生。变压吸附法通常使用两塔并联，交替进行加压吸附和解压再生，从而获得连续的氮气流。

2. 变压吸附制氮机

变压吸附制氮机是按变压吸附技术设计、制造的氮气分离设备。通常使用两吸附塔并联，由全自动控制系统按特定可编程序严格控制时序，交替进行加压吸附和解压再生，完成氮氧分离，获得所需高纯度的氮气。设备如图 8-21 所示。

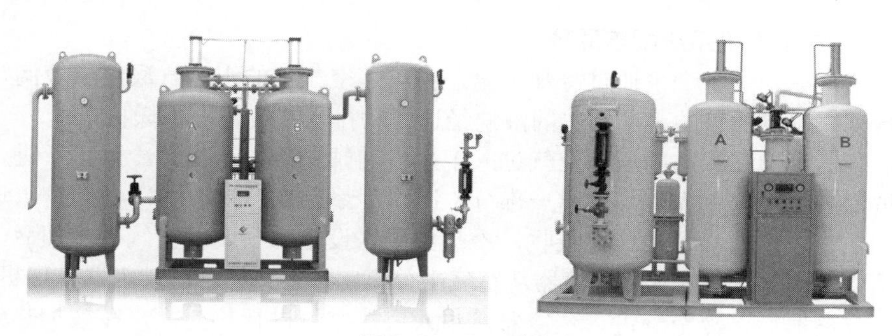

图 8-21　PSA 制氮机

3. 技术指标

流量：5～2000m³/h

纯度：95%～99.99%

露点：≤-40℃

压力：≤0.8MPa（可调节）

4. 工艺流程

原料空气经空压机压缩后进入后级空气储罐，大部分油、液态水、灰尘附着于容器壁后流到罐底并定期从排污阀排出，一部分随气流进入到压缩空气净化系统。

空气净化系统由冷干机和精度不同的过滤器及一支除油器组成，通过冷冻除湿以及过滤器由粗到精地将压缩空气中的液态水、油、尘埃过滤干净，使压缩空气压力露点降到 2～10℃，含油量降至 0.001mg/m³（0.001ppm），尘埃过滤到 0.01μm，保证了进入 PSA 制氮机的原料气的洁净度。

净化后的空气经两路分别进入两个吸附塔，通过制氮机气动阀门的自动切换进行交替吸附与解吸，这个过程将空气中的大部分氮与少部分氧进行分离，并将富氧空气排空。氮气在塔顶富集并由管路输送到后级氮气储罐，经流量计后进入洁净氮气储罐。过程工艺流程如图 8-22 所示。

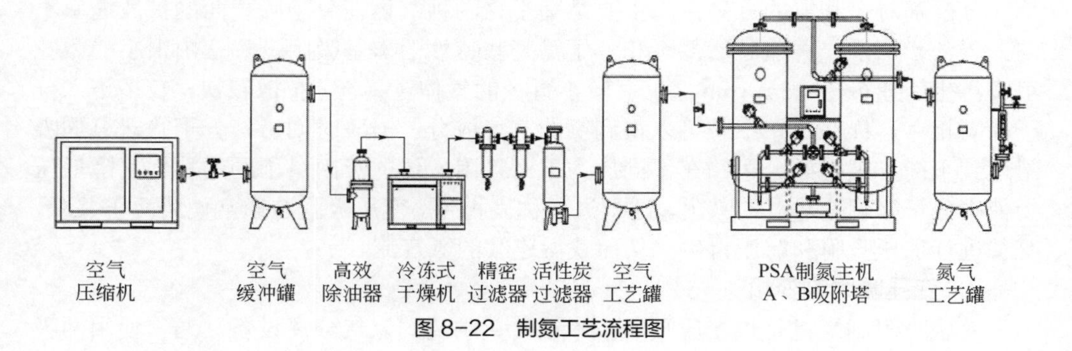

图 8-22　制氮工艺流程图

三、压缩空气干燥机

1. 冷冻式干燥机系统配置原理

冷冻式压缩空气干燥机通过冷却降温，使压缩空气中的水蒸气凝结成液滴，从而达到减少含湿量的目的。凝结出的液滴经过自动排水系统排出干燥机。

水蒸气达到饱和状态的压缩空气进入干燥机的预冷器中。在预冷器里，进入的热空气被出去的冷空气先冷却降温一部分。减少了系统的负荷。预冷后的空气进入蒸发器，空气放出的热量被冷媒吸收，冷却到预先设定的温度。空气被冷却后，水蒸气凝结成液滴，并通过气水分离器从空气中分离出来，又经自动排水器排出机外。离开气水分离器后，冷空气进入预冷器，与入口热空气进行热交换，在被加热到大约与入口空气相差 10℃时离开干燥机。这种再加热防止外部出口空气管路和下游管路的二次结露，还增加了空气的能量，提高了效率。此外，压缩空气经过干燥机后，其中的 3μm 及以上固体尘都已被滤除，气源品质达到清洁、干燥的要求。冷冻式干燥机如图 8-23 所示。

图 8-23　冷冻式干燥机

2. 微热再生吸附式干燥机工作原理

微热再生吸附式干燥机采用双塔交替工作方式。压缩空气经阀 1A（1B 闭）进入干燥器 A 塔内，在吸附剂特有的吸附作用下，气体脱水干燥。成品气体经阀 5A（5B 闭）至用气点，同时约有 5%的干燥气通过加热器加热后，经阀 4B（4A 闭）进入 B 塔，经过一定时间加热后，其内的吸附剂得到再生，停止加热后进入冷吹阶段，使干燥器 B 塔的吸附床层降温（以备下周期使用）。再经排入大气中，下半周期切换前关闭阀 2B、打开阀 1B 使两塔体均压后完成切换（保证用气压力稳定，避免干燥机冲击抖动），同时，下半周期工作开始（干燥机 B 塔工作而干燥机 A

塔再生），其流程与上半周期相似，如图 8-24 所示。

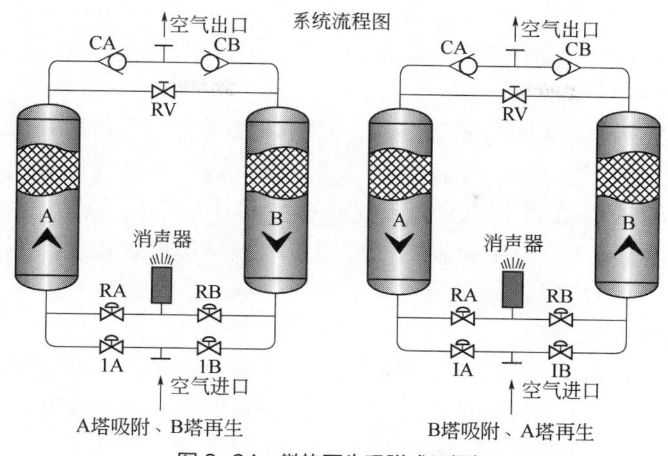

图 8-24　微热再生吸附式干燥机

3. 组合式干燥机工作原理

组合式干燥机是将冷冻式干燥机和吸附式干燥机合理地结合在一起，通过冷干机处理后的空气不通过预冷器回温，从冷干机的气水分离器排水后直接进入吸附式干燥机，此时干燥空气的温度在 2～5℃左右，露点在 5℃左右，进入吸附式干燥机继续进行深层吸附，进入吸附干燥机的温度越低于露点越好。因此组合式干燥机可以达到更稳定的压力露点。进入吸附式干燥机前已经通过冷干机将一部分水除去，减轻了吸附式干燥机工作量。因此，吸附式干燥机的切换时间可以延长，从而减少耗气量，如图 8-25 所示。

图 8-25　组合式干燥机

四、储气罐

储气罐是指专门用来储存压缩气体的设备，同时起稳定系统压力的作用。根据承受压力，储气罐可分为高压储气罐、低压储气罐、常压储气罐。根据材质，储气罐可以分为碳素钢储气罐、低合金钢储气罐、不锈钢储气罐。储气罐（压力容器）一般由筒体、封头、法兰、接管、密封元件和支座等零件和部件组成。此外，还配有安全装置、表计及完成不同生产工艺的内件。

1. 储气罐的作用

储气罐是压缩动力气体的配套设备。当气体被压缩增压后送入储气罐，然后再由储气罐分配给各管道，输送至各个用气点。储气罐在气体压缩系统中的主要作用是保证供气稳定、罐中沉淀积水，调节气动设备因用气量不平衡而造成的气压波动，储备一定量压缩气体，在压缩机发生故障时，用户使用储存压缩气体对气动设备或气动控制系统做紧急处理。

2. 储气罐的检验要求

作为简单压力容器，储气罐一直被认为是比较安全的一种特种设备，但也存在一定的危险性。在设计、制造质量、安装标准、运行管理上如果出现问题，不符合规定要求，将会埋下安全隐患，在使用过程中可能发生严重事故，造成设备损坏、人员伤亡。

新购储气罐在安装前需向有关部门报装，安装完成后需按照特种设备检验要求经验收检验合格、取得检验报告后，办理压力容器使用证，方可投入使用。使用中的储气罐按照压力级别、使用年限等要进行定期检验，未经定检合格的储气罐不得继续使用。储气罐的容积、压力高低应符合设计标准，不能随便配置。室外储气罐应避免阳光直晒，储气罐必须有检查孔，要定期清除罐内的污垢。

3. 储气罐安全附件及保护装置要求

（1）储气罐安全附件

① 安全阀　储气罐体安全阀主要作用是当压缩机出现故障而不能根据设定压力自动泄压、压力达到安全阀的泄放压力时，强制排放，不至于使储气罐压力无限制升高。因为当压力和温度一旦超过容器的承受能力就会发生机械爆炸。安全阀须按使用工作压力整定，要求安全阀灵敏可靠，并定期核验。在运行中的安全阀检验后不得自行拆封，要定期进行安全阀手动及自动启闭试验，以检验安全阀的可靠性。安全阀常见故障有达到开启压力却不开启，没有达到开启压力却自动开启。

② 储气罐压力表　储气罐压力表是显示罐体内介质压力的指示仪表。压力表每年应校验一次，有检验合格证，使用中如果发现压力表损坏，应及时更换，确保压力表指示准确。

（2）储气罐保护装置

① 储气罐必须安装超温保护装置，运行中储气罐内的温度应当保持在规定温度以下，在超温时能自动切断电源并报警。

② 在储气罐出口管路上必须加装释压阀，其口径不得小于风管的直径，释放压力应当为压缩机最高工作压力的 1.25 倍。

③ 由于压缩后的气体温度较高，在经过储气罐时会逐渐冷却，气体中的水分还

会凝结出来，所以要定期将储气罐底部排污阀打开，将凝结水排出。否则，不仅会影响压缩气体的品质，还会使储气罐锈蚀，所以必须给储气罐安装根部排水装置。排水装置应同时具备手动开关和电磁阀开关，正常情况下不需要人工定时排水，若电磁阀发生故障，也可人工开启手动开关进行排水，使得整个储气罐安全性更高，效率更高、可靠性更高、使用寿命更长。

4. 储气罐安全运行要求

① 建立健全相关的规章制度，包括操作规程、维修保养制度、运行记录、巡查记录、保护试验记录。应严格遵守操作规程，使储气罐工作压力不高于规定压力，并按时巡查，及时填写运行记录。

② 操作前，检查储气罐外表是否破损，管路连接是否密闭，压力表是否在正常压力范围内。排气阀要慢慢开启，注意罐内水分排放，无异常后再将进气阀门打开。

③ 及时检查管路及罐体有无泄漏，发现问题必须停机处理，不得带病运行。

④ 每日要定时进行设备巡查，检查压力表指示值，若工作压力高于安全阀整定压力时，安全阀应自动开启，否则应该立即停止进气，退出运行；管路出现漏气，要及时修复。

⑤ 检查储气罐根部自动排污阀排水是否正常，如未安装自动阀，则需要每班最少手动开阀排水一次。否则会因气体中太多的水分流入工艺管线，影响产品质量。

⑥ 储气罐属压力容器，其附近不允许有易燃易爆气体，应保持罐体干净、干燥、通风并且周围严禁堆放杂物。

⑦ 在运行过程中严禁用金属器具碰撞及敲打罐体。储气罐应无严重腐蚀，支撑平稳，焊接处无裂纹，运行中无剧烈晃动。

5. 储气罐的爆炸原因分析与保养

（1）储气罐爆炸的原因　储气罐内气体压力急剧上升，若超过罐体壁厚的强度极限、安全阀失效就会发生储气罐超压运行；储气罐内因为积碳，硬颗粒在运动时发生的机械冲击以及静电放电等产生火花；因冷却不良，排污不及时，致使储气罐积存大量油污和碳化物，且未及时清理，造成罐内积碳燃烧。以上三种情况均容易发生储气罐燃烧爆炸。

（2）储气罐的保养

① 储气罐的维护保养很重要，每天应检查管道连接螺丝是否松动和失效，螺丝涂抹黄油，防止螺丝锈蚀拆检不便，损伤罐体；罐身保持洁净无锈蚀，每年对罐体油漆做防锈处理；当检查修理时，应注意避免木屑、铁屑、拭布等掉入储气罐及导管内。储气罐如果长期不用，应排出罐内水分，罐内保持干燥。

② 储气罐体外观应色泽光亮、表面处理均匀，焊缝平整、线条清晰。必须有设备铭牌，铭牌上有储气罐工作压力、制造日期、容积大小、出厂编号、重量，标明该储气罐的介质、监检单位、制造单位、铭牌正下方必须有产品的钢印号。

按国家相关规定，每台储气罐出厂都必须配有质量保证书。建立储气罐设备的一机一档，包括储气罐检验报告、使用证明、相关技术资料、规章制度、图纸等内容。操作人员必须持证上岗，实现远程监控无人值守，要由专人定时巡查，发现问题及时处理。

第四节　气柜

气柜是由钢板焊接而成的用于盛装有毒或可燃气体的容器。气柜分为干式气柜和湿式气柜两类，如图8-26和图8-27所示。

图8-26　干式气柜

图8-27　湿式多节气柜

低压干式气柜由钢制柜体、活塞、橡胶密封膜、活塞调平装置、配重块、放散管、进出口及安全仪表等组成。

低压湿式气柜也是由钢板焊接而成，由水槽和钟罩及附件组成。低压湿式气柜又分为单节钟罩和多节钟罩式。具体详见《工业企业湿式气柜技术规范》（GB/T 51094—2015）。

一、湿式气柜的基本技术规范

① 计算压力宜取4000Pa；

② 气柜的径高比应在0.75～1.65之间；

③ 钟罩或中节最大起升或下降速度应在0.9～1.2m/min；

④ 水槽高度不应大于10m；

⑤ 多节气柜的活动节高度应相等；

⑥ 直升式气柜塔节间隙应在400～450mm之间，宜取450mm；螺旋气柜塔节间隙应在450～500mm之间，宜取500mm；

⑦ 在合成氨等煤化工行业，可将20min的最大用气量确定为气柜总容量；

⑧ 一般化工企业使用的低压湿式气柜的总容积不大于100000m^3。

二、气柜的安全运行管理

1. 送气操作

① 首次送气作业应由使用单位的操作人员进行，施工单位及设计单位配合；

② 首次使用的气柜在送气前应进行氮气置换；置换前应确认柜体及工艺阀门、电气开关、仪表等附属设施处于正常工作状态，应确认钟罩等活动节处于落底位置；

③ 置换介质管道与气柜柜体管口宜用软管连接，置换作业完成后应及时断开；

④ 置换过程中应适当控制进气压力。对于单节气柜，应保持进气压力小于或等于气柜工作压力；对于多节气柜，应保持进气压力小于或等于钟罩的升起压力，逐步达到气柜工作压力；

⑤ 对于易爆介质工况，应控制置换过程排出气的氧含量。排出气应经取样化验，在确认柜内气体含氧量小于或等于 0.5%后（指煤气），方可缓慢打开气柜进气口管阀门送入工作介质气，并应控制放散阀门开度，保持气柜压力稳定；

⑥ 取样化验位置应具有代表性，并应有足够数量的气体取样点，各取样点取样化验结果合格后方可关闭吹扫阀门和放散阀门；

⑦ 置换过程中，任何人员不宜停留在气柜活动节上。

2. 运行监控

运行和维护值班人员应随时监视气柜运行参数，并应按运行维护制度的要求定期通过监控仪表和现场巡视，保证气柜正常安全运行。监视和操作气柜的运行参数应至少包含的内容有：柜容、柜内压力、活动节升降速度、活动节升起高度、进出气口的介质压力、进出气口的介质温度、水封槽中的水位等。

运行过程中应包括下列监控内容及注意事项：

① 气柜活动节升降速度不应太快，并关注有无卡顿现象；

② 气柜钟罩高度指示仪表应准确并定期校准，气柜容积不得接近上限或下限设定值，接近时要及时进行加减负荷操作；

③ 气柜运行中要监测气柜钟罩是否处于倾斜状态；

④ 检查气柜进、出口总管是否畅通，阀门启闭调节是否正常；

⑤ 气柜进、出口水封如有液位指示，应检查给排水阀门是否关严；

⑥ 检查水封槽液位及溢水流量；

⑦ 实时在线监视入柜气体组分含量是否在安全规范之内，出现异常应立即停止向柜内进气；

⑧ 大型气柜应设置独立的安全仪表系统（SIS 系统）并投入使用，不得私自退出；

⑨ 气柜运行中，监控仪表发出报警信号后，值班人员应立即查找原因，及时采取应对措施；无法确定原因时，应及时解列气柜运行并上报相关部门，以便调查原因及确定对策，禁止气柜带病运行。

3. 停气操作

① 气柜停气作业要求使用单位的操作人员按停气操作规程进行；

② 当气柜钟罩降落至气柜低位报警高度时，应控制钟罩下降速度不大于0.2m/min；

③ 停气后短期停用的气柜，在钟罩落地后应将柜体与外部进出气管道可靠切断，并应定期检查气柜的状态，确认柜体及工艺阀门、电气开关等附属设施处于关闭状态，重点检测气柜压力，确保停气过程中柜内压力大于 650Pa；若无法可靠检测气柜压力，应保持钟罩处于浮动状态，钟罩浮动高度应不少于钟罩高度的15%或2m中的小值；

④ 停气后长期停用的气柜，在钟罩落地后应对柜内的气体进行置换，用惰性气体排出易燃或有毒气体，最终将气柜内的气体置换为空气。同时将与柜体连接的外部管道切断并打开气柜钟罩项部的放空口。

4. 特殊工况的操作

① 气柜在升降过程中出现导轮和导轨阻卡现象或异常响声时，应综合分析判断后采取对应措施。

② 在异常天气状况下，气柜操作应关注下列情况：

a. 大风、暴雨天气时，气柜不宜维持高限位置运行，宜采取低位安全运行；

b. 冬季运行导轨可能结冰或水槽冻结时，应启动防冻和除结冰措施。

③ 夜间气柜的照明装置应保证正常工作，确保气柜不出现高限位冒顶或低限位抽瘪现象。

④ 当气柜开展气密性试验时，应按下列规定进行检查：气柜气密性试验测试应在每天早上6：00～8：00进行，在此期间气柜内气体的温度与空气温度大致相等，且应昼夜值班。

第九章

通用设备

电石生产所使用的石灰石、生石灰、炭材等原辅材料在入炉前需要对其粒度、水分、粉末等进行预处理，合格后的原料还要进行计量、混合，才能被输送至电石炉进行冶炼生产电石，生产的电石又需要进行冷却、搬运、破碎包装等工序才能作为商品外销或供下一工序使用。这些预处理工序及计量、混合、输送、搬运、冷却、破碎包装等环节所使用的设备基本上都是通用设备，如破碎机、筛选设备、矿用输送机、计量器具、起重机、卷扬机等。这类设备运行正常与否直接影响着电石生产过程的稳定与安全。因此作为生产岗位管理及操作人员必须了解掌握通用设备的结构、性能及常见故障的处理，才能较好地保证全系统“安、稳、长、满、优”运行。

第一节　原料破碎、输送、筛分设备

一、破碎机

电石生产所用原料的粒度对电石生产工艺的影响较大，为了使入炉原料的粒度满足生产工艺的要求，在原料预处理中，对粒度不合格的原料进行破碎是重要的一环。电石生产常用的破碎机有颚式破碎机和对辊破碎机两类。

1. 颚式破碎机

颚式破碎机的工作部分是两块颚板，一块是固定颚板（定颚），垂直（或上端略外倾）固定在机体前壁上，另一块是活动颚板（动颚），位置倾斜，与固定颚板形成上大下小的破碎腔（工作腔）。活动颚板对着固定颚板做周期性的往复运动，分开时物料进入破碎腔，成品从下部卸出；靠近时，使装在两块颚板之间的物料受到挤压、弯折和劈裂作用而破碎。颚式破碎机按照活动颚板的摆动方式不同，可分为简单摆动式颚式破碎机（简摆颚式破碎机）、复杂摆动式颚式破碎机（复摆颚式破碎机）和综合摆动式颚式破碎机三种，如图 9-1 和图 9-2

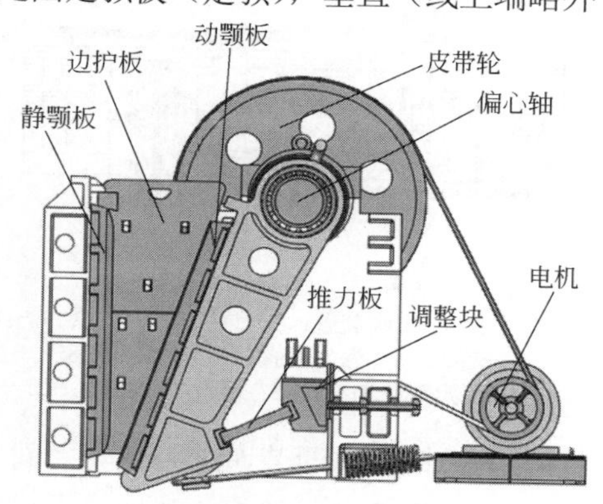

图 9-1　颚式破碎机示意图

所示。颚式破碎机在电石生产中主要用于破碎生石灰、石灰石和电石产品等。其出口粒度的大小通过调整动颚下部与静颚之间距离来实现。

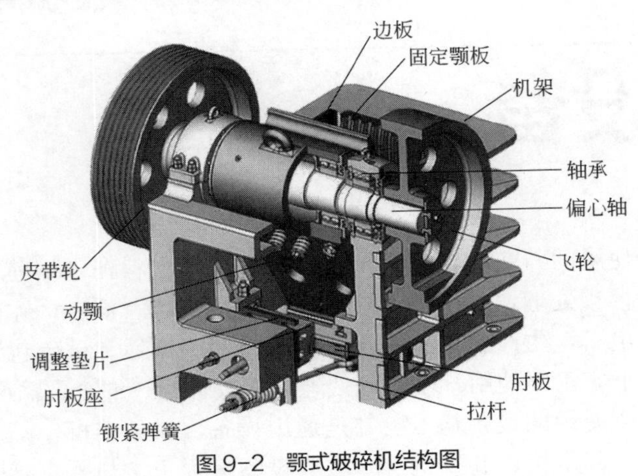

图 9-2 颚式破碎机结构图

2. 对辊破碎机

对辊破碎机主要由辊轮、辊轮支撑轴承、压紧和调节装置以及驱动装置等部分组成，如图 9-3 和图 9-4 所示。驱动机构是由两个电动机通过三角带传动到带轮上拖动辊轮，也有使用一台电机通过皮带传动带动固定轴的辊轮。固定轴的辊轮轴的另一端装有齿轮，通过齿轮带动活动辊轮。工作时两辊轮按照相对方向旋转运动。在破碎物料时，物料从进料口进入辊轮，经碾压而破碎，破碎后的成品从底架下面排出。为了安全起见，对辊破碎机的转（传）动部位应安装安全防护罩。

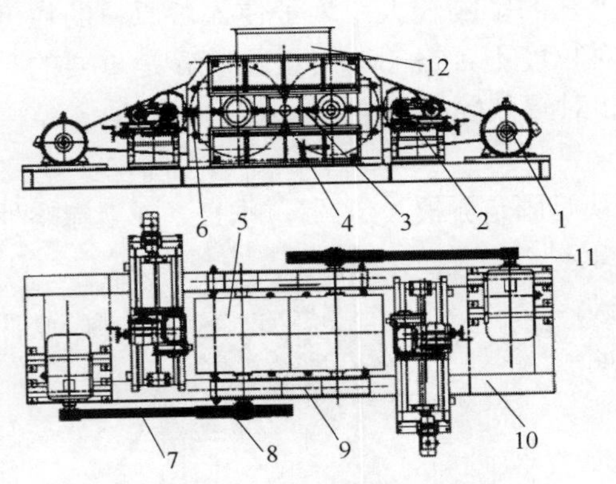

图 9-3 对辊破碎机结构图

1—电机；2—磨削装置；3—调整辊圈装置；4—除料装置；
5—辊圈；6—保险装置；7—三角带；8—大皮带轮；
9—固定架；10—地架；11—小皮带轮；12—进料斗

图 9-4 对辊破碎机外形图

出料粒度的调节通过两辊轮之间装有楔形或垫片调节装置调整，楔形装置的顶端装有调整螺栓，当调整螺栓将楔块向上拉起时，活动辊轮在拉紧弹簧的作用下远离固定轮，即两辊轮间隙变大，出料粒度增大；当楔块向下时，活动辊轮被推向靠近固定轮，即两辊轮间隙变小，出料粒度减小。

二、振动筛

1. 机械结构

振动筛一般由振动器、筛箱、支承或悬挂装置、传动装置等部分组成，如下图 9-5 所示。

图 9-5　振动筛

① 振动器：分为单轴振动筛和双轴振动筛，按偏心块重配置较好。

② 筛箱：筛箱由筛框、筛面及其压紧装置组成。筛框必须要有足够的刚性。

③ 支承装置：振动筛的支承装置有吊式和座式两种。座式安装较为简单且安装高度低，一般应优先选用。振动筛的支承装置主要由弹性元件组成，常用的有螺旋弹簧、弹簧钢板和橡胶弹簧等。

④ 传动装置：振动筛通常采用三角带传动装置，转数可随意调整，但运转时皮带容易打滑，可能导致筛孔堵塞。振动筛也有采用联轴器直接驱动的，联轴器可以保持振动器的转数稳定，而且使用寿命很长，但振动器的转数调整困难。

2. 工作原理

将颗粒大小不同的碎散物料群通过均匀布孔的单层或多层筛面，分成若干不同级别的过程称为筛分。大于筛孔的颗粒留在筛面上称为该筛面的筛上物，小于筛孔的颗粒透过筛孔称为该筛面的筛下物。实际的筛分过程是：碎散物料进入筛面后，只有一部分颗粒与筛面接触，在筛箱的振动下，筛上物料层被松散，使大颗粒本来就存在的间隙被进一步扩大，小颗粒乘机穿过间隙转移到下层，使原来杂乱的物料按颗粒大小进行了分层，形成了小颗粒在下，大颗粒居上的排列规则。到达筛面的小颗粒，小于筛孔者透筛，最终实现了不同粒径物料分离完成筛分过程。然而，充分的分离是没有的，在筛分时，一般都有一部分筛下物留在筛上物中。细粒透筛时，虽然颗粒都小于筛孔，但它们透筛的难易程度不同，物料和筛孔尺寸相近的颗粒透筛就较难，透过筛面下层的颗粒间隙就更难。

3. 标准作业流程

① 振动筛运行前检查：包括设备卫生，各部位连接螺栓齐全、紧固、完好；检查激振器是否完好；检查各弹簧有无损坏、缺少、断裂等现象；检查三角带是否张紧，有无断裂；筛箱、筛板有无损坏；检查筛板有无杂物堵塞、筛面要平整无损坏、松动现象；检查进出料溜槽是否畅通；检查横梁有无开焊等现象；检查安全防护装置是否安全可靠；检查控制箱、通信、照明是否完好，接地保护是否可靠，控制按钮是否灵活可靠。

② 启动：开启振动筛后，应站在控制箱旁监视设备起动，发现异常立即停机。启动正常后再次巡查振动筛的出料嘴有无堵塞或脱落，经常观察电动机的温度和声音，经常观察激振器的声音。观察筛子的振动情况：四角振幅是否一致，有无漏料现象，三角带是否松动或脱落。检查筛子进出料情况是否正常，有无堵塞。

③ 停机：将筛面上的物料排完后即可停机，停车时观察筛子在通过共振点时与其他设备有无碰撞。当发现以下情况时必须立即停机：危及人身安全或设备安全时；筛面积存杂物较多、下料不畅时；筛网大面积破损；筛下溜槽堵塞严重；筛箱严重摆动等其他异常情况。问题排除后方可重新启动运行振动筛。

三、振动给料机

振动给料机又称振动喂料机，是可以把块状、颗粒状物料从储料仓中均匀、定时、连续地输送到受料装置中去的一种设备，如图 9-6 所示。振动给料机是利用振动器偏心块转动产生的离心力，使槽体做强制的连续圆或近似圆的运动，使物料产生跳跃式运动，达到输送物料的目的。它由给料槽体、激振器、弹簧支座等组成。槽体振动给料的振动源是激振器，激振器由电动机和偏心块组成。

图 9-6 振动给料机

振动给料机工作参数包括振动频率、振幅、激振角、安装角等。合理选择工作参数是保证机器正常工作的重要条件，它不仅要满足生产率的需要，而且也要考虑到机器所能承受动力载荷的能力和消耗功率的大小。此外，输送效率还常常与物料的运动特性有密切关系。因此在选择工作参数时还必须考虑物料的物理性能和在输送过程中的动态特性等。

1. 机械指数和抛掷指数

大多数振动给料机在近似共振条件下工作，物料处于连续抛掷的运动状态，一般有较高的机械指数。考虑到机器生产率的高低，输送距离的长短和振动质量的大小，避免由于刚度不足而影响物料正常输送，通常将振动给料机的机械指数控制在 K=3～5，抛掷指数控制在 K_p=1.4～2.5。输送脆性物料时，为减少物料在输送过程中被过多地破碎，宜采用较小的抛掷指数，或在一定的抛掷指数下选取较高的频率和较小的振幅，以降低物料下落时与槽体的相对冲击速度。电石生产中的生石灰与烘干后的炭材属于脆性物料，破损较严重。

2. 激振角和安装角

激振角的大小根据输送速度、槽体磨损和对物料破碎程度的要求等因素来选择，理论上，可以从最大输送速度出发，由机械指数来确定最佳激振角。但实际上影响输送速度的因素很多，需全面分析。电机振动给料机一般取激振角 β=25°～35°。安装角指槽体与水平面之间的夹角（安装倾角），其值影响物料的输送速度。槽体向下安装时，输送速度显著提高。如 α=−10°时，输送速度可提高 40%左右；α=−15°时可提高 75%以上。但 α 值不宜过大，因为它不仅加剧物料对槽体的磨损，同时也受物料自然休止角的限制，一般在 10°～15°。

四、矿用胶带输送机

矿用胶带输送机又称皮带输送机，输送易于掏取的粉状、粒状、小块状的低磨琢性物料及袋装物料，如煤、焦炭、碎石、生石灰、电石碎块等。

1. 适应环境

矿用胶带输送机一般在环境温度−35℃到 40℃范围内使用，对于有防尘、防爆、防腐蚀要求的场合和输送带需可逆输送时，应另采取特殊措施。矿用胶带输送机被送物料温度一般小于 80℃。该机长度及装配形式可根据工艺或用户要求确定，传动可用电动滚筒，也可用有带式驱动架的驱动装置。

2. 常见分类

常用的胶带输送机可分为：普通帆布芯胶带输送机、钢丝绳芯高强度胶带输送机、全防爆胶带输送机、难燃型胶带输送机、双速双运胶带输送机、可逆移动式胶带输送机、耐寒胶带输送机等。

3. 固定式带式输送机带宽与带速

固定式带式输送机可输送堆积密度为 1.0～2.5t/m^3 的各种散装物料，生产带宽有 500mm、600mm、800mm、1000mm、1200mm、1400mm、1600mm 等多种规格，传动功率 1.5～800kW，带速有 0.63m/s、0.8m/s、1.0m/s、1.25m/s、1.6m/s、2.0m/s、2.5m/s、3.15m/s、4.0m/s 等多种。

4. 输送带的连接

一般应采用硫化连接，输送距离短、功率小的输送机也可使用胶带扣连接。输送带在其硫化接头处的静态强度保持率要不低于100%，使用寿命一般不少于5年，永久及弹性伸长率不大于0.2%。其技术条件必须符合MT668标准要求。

输送带生产商应提供输送带的接头方法，并提供接头的胶料，提出对接头周围环境的要求、对使用的硫化器的要求，负责对使用单位接头硫化人员的技术培训，并对接头效率负责。

5. 固定式带式输送机主要组成

固定式带式输送机一般包括：驱动部分、滚筒部分、托辊部分、卸料部分、清扫部分、制动部分、拉紧装置、胶带、机架、中间架、支腿，安全防护罩、导料槽、漏斗、护栏等钢结构件及跑偏开关、拉绳急停开关等安全附件等。如图9-7所示。

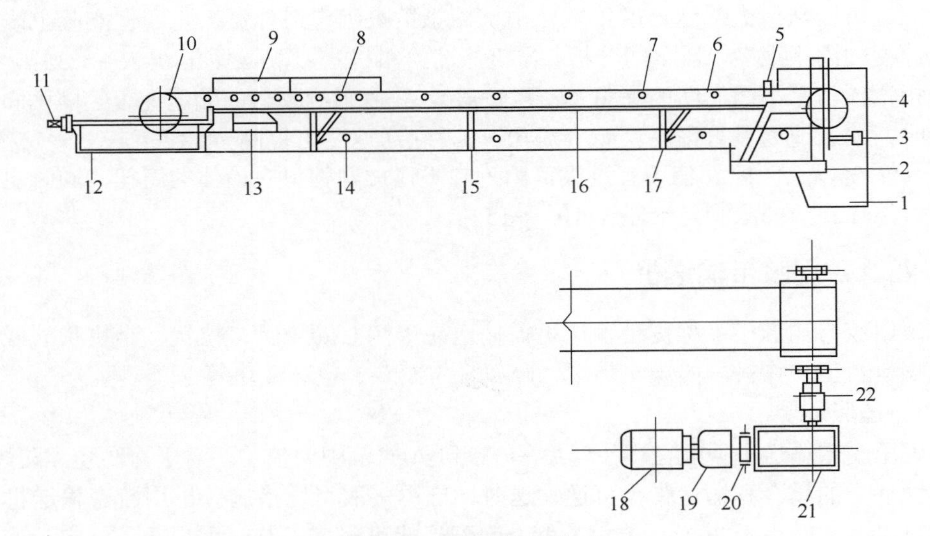

图9-7　固定式带式输送机

1—头部漏斗；2—机架；3—头部清扫器；4—传动滚筒；5—安全保护装置；6—输送带；7—承载托辊；8—缓冲托辊；9—导料槽；10—改向滚筒；11—螺旋拉紧装置；12—尾架；13—空段清扫器；14—回程托辊；15—Ⅰ型支腿；16—中间架；17—Ⅱ型支腿；18—电机；19—液力偶合器；20—制动器；21—减速机；22—联轴器

（1）驱动部分　由电动机、减速器、制动器、逆止器、高速联轴器、低速联轴器等组成驱动单元，固定在驱动架上，驱动架固定在基础上。

① 电动机：采用三相异步电动机，并能够在满负荷、电压变化在±5%额定电压、频率变化在±1%额定频率条件下无故障运行。有易燃易爆气体的场所需配用防爆电动机。

② 减速器：是将高转速、小扭矩转换为低转速、大扭矩的装置。

③ 联轴器：是电动机与减速机，减速机与驱动滚筒动能传递的连接装置。可分为高速联轴器和低速联轴器两类。其特点是：

a．弹性好，安全性高，承载能力大，拆卸安装方便，寿命长等。

b．联轴器弹性元件既有较强的弹性，也有较高的抗冲击能力和缓冲减震能力，极大地提高了联轴器传递扭矩，适用于有严重冲击载荷的大功率传动系统。

c．联轴器的额定能力不低于所传递扭矩的 1.5 倍。

d．联轴器允许转速高，在轴向、径向和角向具有良好的综合位移补偿能力。

e．联轴器具有很长的使用寿命，维护保养间隔时间长。

④ 驱动装置架：驱动装置中减速机与电动机安装在同一底座上，为钢板焊接结构，与减速机、电动机底座接触的平面应进行机械加工处理。电动机底座下设有调整垫片组，在电动机两侧各装有螺杆调整器。驱动装置架应有足够的刚度和强度，应有足够的稳定性，驱动装置架与基础间的地脚螺栓应连接紧固，无异常振动。其制造误差、所使用的金属材料的化学成分和机械性能应符合相关的标准。

（2）滚筒部分　分为驱动滚筒和改向滚筒。滚筒是带式输送机的主要传力部件，由筒皮及接盘焊接而成。一般情况下，外径在 320mm 以下的皮带机滚筒采用无缝钢管作为筒皮，超过 320mm 的将钢板卷制后对口焊接形成筒皮，称为焊接滚筒；有的用铸钢接盘与筒皮焊接后作为筒体的一部分，即铸焊结构滚筒。

① 驱动滚筒是传递动力的主要部件，分单滚筒（胶带对滚筒的包角为 210°～230°）、双滚筒（包角达 350°）和多滚筒（用于大功率）等。滚筒又可分为钢制光面滚筒、包胶滚筒和陶瓷滚筒。光面滚筒制造简单，缺点是表面摩擦因数小，一般用在短距离输送机中。包胶滚筒和陶瓷滚筒的主要优点是表面摩擦因数大，适用于长距离大型带式输送机。其中，包胶滚筒按表面形状不同可分为光面包胶滚筒、菱形（网纹）包胶滚筒、人字形沟槽包胶滚筒。人字形沟槽包胶胶面摩擦因数大，防滑性和排水性好，但有方向性要求。菱形包胶胶面用于双向运行的输送机。用于重要场合的滚筒，最好选用硫化橡胶胶面，用于高温环境时，胶面应采用阻燃胶面材料。

② 改向滚筒用于改变输送带运行方向或增加输送带在传动滚筒上的围包角，滚筒采用平滑胶面。

（3）托辊部分　用于支撑输送带及其上部的承载物料，并保证输送带稳定运行的装置。分类及参数如下：

① 槽型托辊组：用于承载分支。

② 过渡托辊组：安装在输送机承载段靠近滚筒处，采用 5°、10°、15°、20°、25°、30° 槽角的托辊组。

③ 调心托辊组：带式输送机为槽型调心托辊组，托辊组为 35°。带式输送机回程托辊使用调心托辊组可防止输送带跑偏，起中和调偏作用。

④ 缓冲托辊组：槽型橡胶圈式缓冲托辊安装在受料段导料槽的下方，可吸收输

送物料下落时对胶带的冲击动能，延长输送带的使用寿命。

⑤ 回程分支（下分支）托辊：带式输送机选用 V 形托辊组和平行下托辊组交错布置。V 形下托辊用于较大带宽，可使空载输送带对中 V 形与反 V 形组装在一起，防偏效果更好。

⑥ 托辊间距：承载分支为 1000～1200mm；回程分支为 2400～3000mm；凸凹弧段间距通过计算确定，一般为 500mm 或 600mm；缓冲托辊间距则要根据物料的松散密度、块度及落料高度而定，一般条件下可采用 1/2～1/3 槽形托辊间距。

⑦ 托辊装配后质量指标：

a．在满载条件下，带式输送机的模拟摩擦系数 $f \leqslant 0.020$；

b．托辊的使用寿命为 30000h（缓冲托辊等除外）。在使用寿命内，托辊的损坏率不得超过 3%；

c．当托辊径向负荷为 250N，以 550r/min 的速度运转，测得旋转阻力应≤3.0N，当停止 1h 后，其旋转阻力不得超过以上数值的 1.5 倍；

d．托辊外圆径向跳动量应≤0.5mm（缓冲托辊除外）；

e．托辊在 500N 轴向力作用下，轴向位移量≤0.7mm；

f．托辊在具有煤尘的容器内，连续运转 200h 后，煤尘不得进入轴承润滑脂内。在淋水工况条件下，连续运转 72h 后，进水量不得超过 150g；

g．轴向承载能力 15kN；

h．跌落试验无损伤、裂痕。

（4）拉紧装置　一般情况下，拉紧装置的形式有螺旋式、车式、垂直式、液压拉紧和拉紧绞车等，作用是保证输送带与传动滚筒不打滑，限制输送带在托辊组间的下垂度，使输送机正常运行，还可为输送带重新接头提供必要的行程。

（5）机架　机架是带式输送机的主体构架。根据典型布置设计了三种机架：头部传动机架、尾部改向机架和中间架及支腿。机架是采用 H 型钢焊接的三角形结构，与滚筒连接的平面需经过机械加工处理。主要受拉构件的焊接部件应进行探伤检查。为了运输方便，机架由两片组成，现场安装时用螺栓连接后再焊接。

① 中间架：可分标准型、非标准型及凸凹弧段几种。标准型中间架长为 6m，非标准型则小于 6m，托辊安装位置孔距有 1000mm 和 1200mm 两种，非标准型孔距在现场根据需要确定。凸弧段中间架的曲率半径可根据带宽不同分为 12m、16m、20m、24m、28m、34m 等 6 种。托辊间距为 400mm、500mm、600mm。凹弧段曲率半径为 80m、120m、150m。

② 中间架支腿：有Ⅰ型（无斜撑）和Ⅱ型（有斜撑）两种。支腿与中间架采用螺栓连接，便于运输。另外安装后也可焊接。

（6）导料槽　从漏斗中落下的物料通过导料槽集中到输送带的中心部位，导料槽的底边宽度为 1/2～2/3 带宽，断面形状为矩形。导料槽由前段、中段、后段组成，通常由一个前段，一个后段和若干个中段组成，导料槽的长度是根据用户的需要确定的。

（7）清扫器 用于清除输送带上黏附的物料。最简单的清扫装置是刮板式清扫器，另外还有P型、H型合金清扫器和空段清扫器等。P型、H型合金清扫器应按生产厂提供的使用说明书进行安装。

空段清扫器用于清除非工作面上黏附的物料，防止物料进入尾部滚筒或垂直拉紧装置的拉紧滚筒里，一般焊接在这两种滚筒前方的中间架上，并调节好吊链的长度。

（8）安全防护 包括安全栏杆和安全网罩。在机械传动的裸露部位须设安全栏杆和安全网罩，在带式输送机沿线，靠近矿用索道（架空乘人器）一侧架设安全网，防止物料飞出，发生伤害事故。

带式输送机传动滚筒、改向滚筒设安全罩；张紧装置周围设安全栏杆；其他回转或移动部位设安全栏杆或安全罩。防止人员触及，发生伤害事故。

安全罩一般由镀锌菱形网制作，便于拆装、搬运。

6. 固定式带式输送机分类

（1）普通型 通用固定式带式输送机是使用量最多的一种机型，主要用于水平或倾角小于18°的场合，分为以下两种：

① 轻型固定带式输送机：轻型固定带式输送机的输送带较薄，载荷也较轻，运距一般不超过100m，电机容量不超过22kW。

② 钢绳芯带式输送机：属于高强度带式输送机，其输送带的带芯中有平行的细钢绳，一台运输机运距可达几公里。高的强度能够实现单机长距离运输，使运输系统简化，运输效率高，设备成本及运输成本远远低于一般织物芯体胶带的输送机。钢丝绳芯胶带接头需经硫化、重新胶合，操作工艺复杂。

（2）特种结构型

① 大倾角带式输送机及垂直提升带式输送机：根据现场空间条件的要求选用，其工作原理、结构与固定式通用胶带输送机相似，所不同的是输送带是在平面胶带的基础上，增加了波纹挡边，所使用的托管是平行托管。

② 管状带式输送机：通过托辊的引导将输送带卷成一个圆管状，同时配备专用的托辊组结构和机身结构，即为管状带式输送机。输送带被卷成一个圆管可以实现密闭环境下输送物料，减轻粉状物料对环境的污染，并且可以实现弯曲和大倾角运输。

③ 可逆带式输送机：输送机可以正反向运行，用于满足两点或多点卸料。

五、计量斗称

斗称是电石生产配比计量的一种特殊计量器具，须符合国家统一规定的计量标准。它是由外购称重传感器件和自制料仓在现场组合成的电子秤，所以在全量程的任一称量段上，都要进行标准砝码的标定。电石生产配料计量所使用的计量仓一般情况下是使用钢板卷制而成的，上部为圆柱体，其直径约为

1500mm，下部为圆锥台，下出料口直径一般为 400mm 左右。其整体容积约为 2t 混合料。在直桶圆周按 120° 方向预制 3 个托架，下面安装 3 台称重传感器组合使用。每台电石炉宜配置 1 台生石灰斗称和 1 台炭材斗称，为 1 套；两台电石炉另外配置 1 套斗称作为备用称重设备，供两台电石炉公用。斗称的衡量精度应为 0.05kg。

六、收尘器

在电石生产工艺系统内，因物料的破碎、筛分、输送、称量、电石生成及后工序的各个阶段及部位，如原料的筛选、炭材烘干、物料输送、配料站、电石炉环加、电石炉盖周围、出炉口等，都会产生不同程度的扬尘或烟尘。这些散烟扬尘如不加以收集治理，就会对周围环境及大气造成污染，使工作环境变差。因此就需要给各个散烟扬尘点配置收尘设备。

收尘器应根据所收集粉尘物料的特性、功能不同而选用不同的工艺。如石灰工艺路线、配料站、炉顶环形加料机等处的扬尘因具有强碱性特性，但温度较低，因此宜选用中低温耐酸碱滤袋；因炭材烘干工序收集过程中具有水蒸气和部分挥发分、物料易燃及在高温条件下工作等特性，因此宜选用耐高温、耐酸碱、防油防水防静电滤袋；出炉口散烟扬尘所收集的粉尘内或有部分电石微颗粒，且使用温度较高，因此宜选用耐高温滤袋等。

1. 选用原则

根据国家及行业有关要求，电石生产过程中各个散烟扬尘点应选用脉冲负压收尘器。其特点是设备布置紧凑、占地少、收尘效率高、工艺成熟等。其主要由集尘（烟）罩、散点风量调节阀、收尘支管及总管、旋风分离器、布袋过滤器、引风机、出口烟道、振打器、出灰系统等组成，如图 9-8 所示。

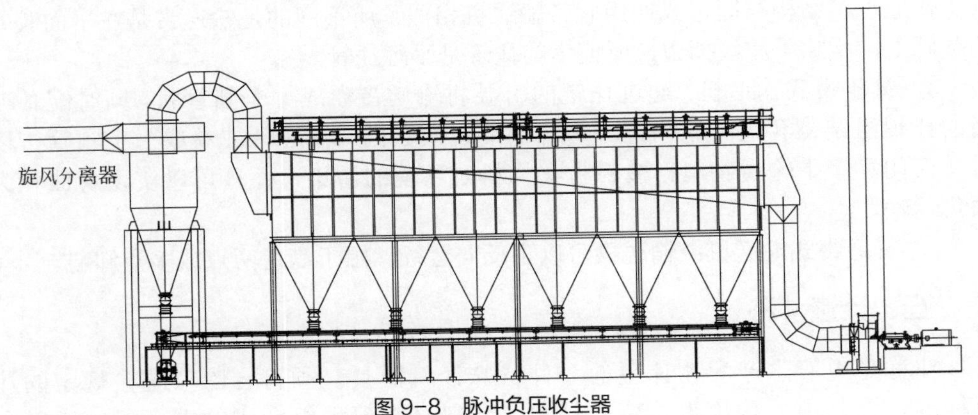

图 9-8　脉冲负压收尘器

2. 收尘器设计建议参数

① 支管及总管流速宜选取在 10～15m/s 之间。

② 管道中每个支管弯头的压力损失为50～100Pa，主管道按150～200Pa计算。

③ 直管道压力损失按10～15Pa/m计算。

④ 旋风分离器压力损失按500Pa计算。

⑤ 除尘过滤器压力损失按1500～2000Pa计算。

⑥ 吸入口负压压力损失按1500Pa计算。

⑦ 风机压头应在上述计算结果的基础上，再增加20%的富余量。

⑧ 布袋过滤风速宜≤0.8m/min，当其中一个工作仓为离线状态时过滤风速应≤1.0m/min。

⑨ 每个脉冲阀喷吹时间应＜0.5s，两阀间隔时间应在5～10s之间，不宜过快；每仓最末一个脉冲阀喷吹完成后应延时不少于15s方可打开进气阀。

⑩ 所计算得到的工况风量应经标准气体状态方程进行折算后最终确定风机总引风量。

⑪ 收尘器滤袋正常使用寿命应≥24个月。

⑫ 引风机宜采用变频控制。

3. 运行管理

① 每班应对收尘器进行一次全面巡查。主要巡查内容包括：进气阀开闭是否正常到位，脉冲阀工作是否正常，管道、仓盖是否有漏气现象，储灰仓积灰情况，排灰系统工作是否正常，风机、电机的温度、振动、电流电压是否正常，轴承箱油位是否正常，仪表用气、电气控制是否正常，尾气排放是否达标等。

② 发现异常情况应立即组织处理并汇报上级。

4. 定期保养

① 每周对风机、电机地角螺栓进行一次检查，确保其坚固。

② 每周对收尘器箱盖、刮板机箱盖等螺栓检查坚固性一次。

③ 每日对振打电机底座螺栓检查坚固性一次。

④ 每季度对收尘滤袋进行一次检查，检查是否有滤袋破损。

⑤ 风机轴承箱首次投运100～200h后必须清洗内部，并更换新润滑油；长期运行时，每半年至一年或1000～2000h更换一次润滑油。

⑥ 一般来说电机极数不同的电机，其保养周期也不尽相同，电机保养主要是检查轴承，更换机油或给轴承加油，检查接线头，检查相间和相对地绝缘等。建议6～8级电机每年一次，2～4级电机每半年一次。电机极数越高则要求越严格。

七、粉尘输送设备

各散烟（点）收尘器，净化收尘器等收集的粉尘通过气力输送系统输送至指定的灰仓中待用。气力输送系统内设备主要包括：储灰仓，进料阀，气灰发送器，排料阀，输灰管线，灰仓，控制系统等，如图9-9所示。

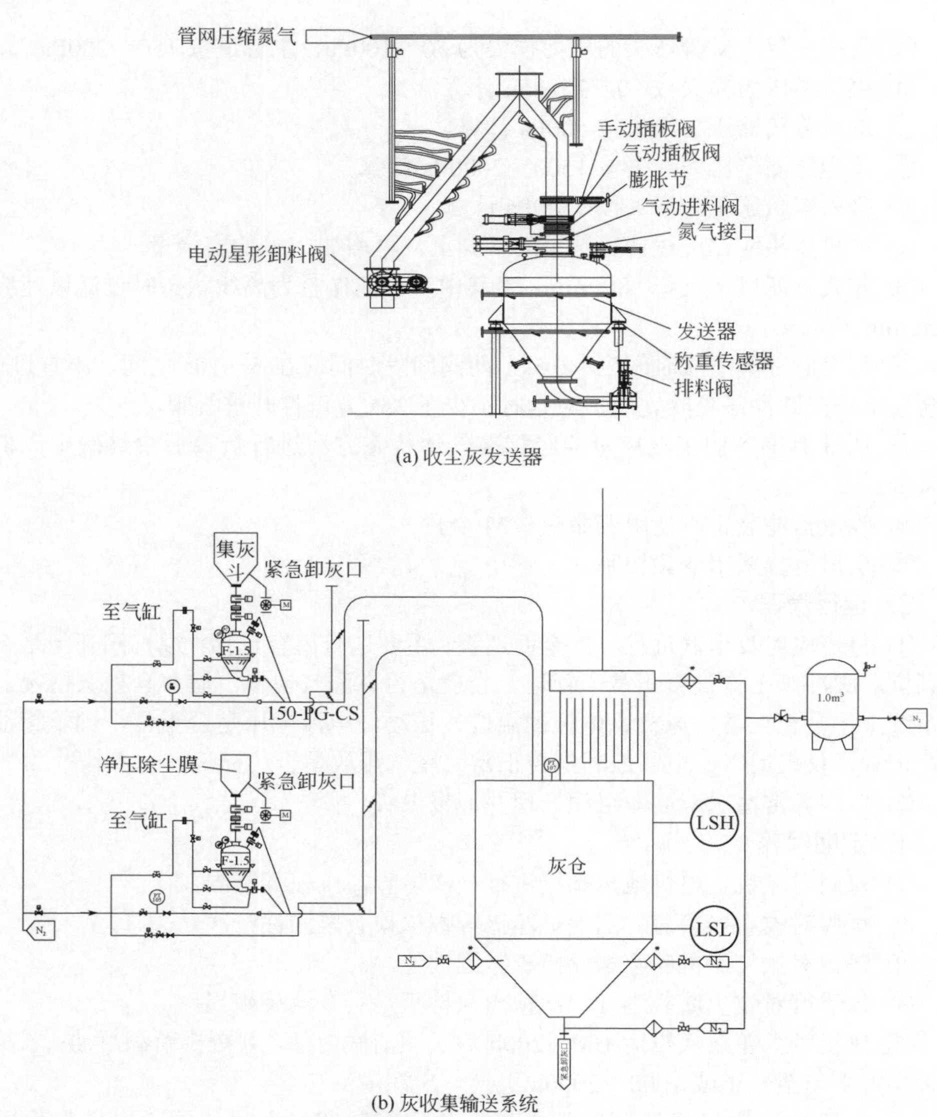

(a) 收尘灰发送器

(b) 灰收集输送系统

图 9-9　粉尘发送器及输送工艺流程图

第二节　起重、牵引设备

一、电动葫芦

电动葫芦是一种小型起重设备。主要由跑车、卷筒及外壳、电机、减速机、导绳器、限位开关、控制箱及控制手柄、钢丝绳、吊钩等组成。如图 9-10、图 9-11、

图 9-12 所示，常用参数为：

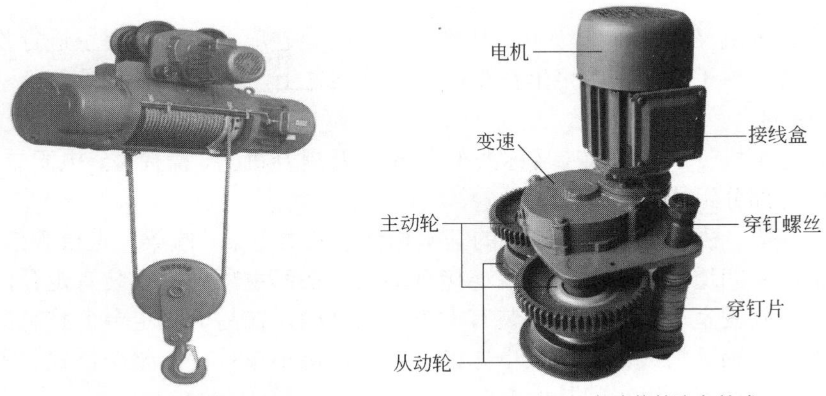

图 9-10　电动葫芦外观图　　图 9-11　电动葫芦跑车总成

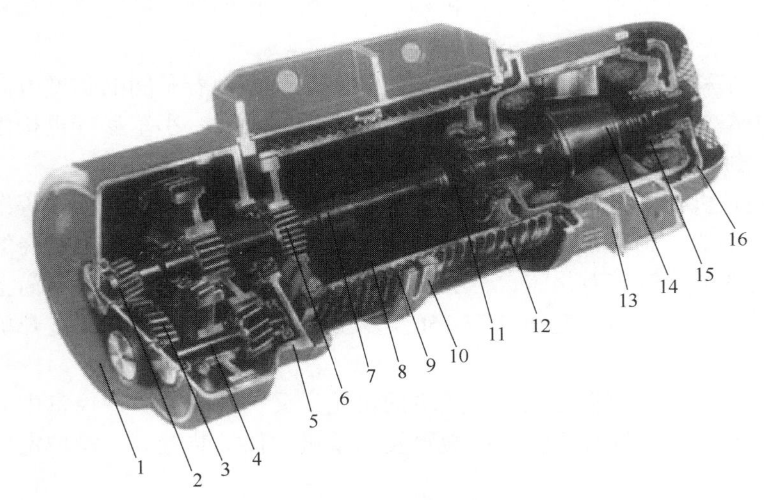

图 9-12　电动葫芦驱动总成

1—箱盖；2—第一轴；3—第二轴；4—第三轴；5—箱体；6—空心轴；7—钢性联轴器；8—中间轴；9—钢丝绳；10—导绳器；11—弹性联轴器；12—卷筒；13—定子；14—转子；15—压簧；16—制动器

提升高度：6～30m。

提升速度：8～12m/min。

提升重量：1～10t。

运行速度：20～30m/min。

控制方式：手柄操作或遥控操作。

使用场合：电石炉厂房、配料站厂房，水泵房、电极壳厂房、机修厂房、电极糊库等需要间断式装卸货物场所内。

工作级别：A3～A5。

二、桥式起重机

桥式起重机又称天车、行车，是横架于车间、仓库、料场等上空进行物料吊运的起重设备。由于它的两端坐落在车间柱上连梁之上，形状似桥而得名。

1. 结构

桥式起重机一般由桥架（又称大车），小车及提升机构、操控室，电源导电装置、安全设施等部分组成。

（1）桥架　桥架是桥式起重机的基本构件，它由主梁、端梁、走台等部分组成。主梁跨架在跨间道轨上，主梁两端连接有端梁，在两主梁外侧安装有走台，设有安全栏杆。在驾驶室一侧的走台上装有大车驱动机构，在另一侧走台上装有向小车电气设备供电的辅助滑线。在主梁上方铺有导轨，供小车移动。整个桥式起重机在大车移动机构拖动下，沿车间长度方向移动。

（2）大车移行机构　大车移行机构由电动机、传动轴、减速器、车轮及制动器等部件构成。

（3）小车移行机构　小车安放在桥架导轨上，可顺着车间的宽度方向移动。小车主要由小车架及其上的小车移行机构和提升机构组成。小车移行机构由电动机、制动器、联轴节、减速器及车轮等组成。

（4）提升机构　提升机构由提升电动机、减速器、卷筒、制动器等组成。提升电动机经联轴器、制动轮与减速器连接，减速器的输出轴与缠绕钢丝绳的卷筒相连接，钢丝绳的另一端装有吊钩，当卷筒转动时，吊钩就随钢丝绳在卷筒上的缠绕或放开而上升或下降。对于起重量在15t及以上的起重机，备有两套提升机构，即主钩与副钩。

（5）操控室　操控室是操纵起重机的吊舱，又称驾驶室。操控室内有大、小车移行机构控制装置、提升机构控制装置及起重机的保护装置等。操控室一般固定在主梁的一端。

由此可知，重物在吊钩上随着卷筒的旋转获得上下运动；随着小车在车间宽度方向获得左右运动，并能随大车在车间长度方向做前后运动。这样就可实现重物在垂直、横向、纵向三个方向的运动，把重物移至车间任意位置，完成起重运输任务。

2. 冶金专用桥式起重机

这种起重机在冶炼生产过程中可参与特定的工艺操作，基本结构与普通桥式起重机相似，但在起重小车上还装有特殊的工作机构或装置。这种起重机的工作特点是使用频繁、条件恶劣，工作级别较高。电石生产属于高温冶炼危化行业，因此须使用冶金级专用双梁桥式起重机。

3. 桥式起重机参数

桥式起重机的主要技术参数有起重量、跨度、提升高度、运行速度、提升速度、工作类型及电动机的通电持续率等。

（1）起重量　起重量又称额定起重量，是指起重机实际允许起吊的最大负荷量，以吨（t）为单位。桥式起重机起重量有 5、10（单钩）、15/3、20/5、30/5、50/10、75/20、100/20、125/20、150/30、200/30、250/30（双钩）等多种。数字中的分子为主钩起重量，分母为副钩起重量。如 15/3 起重机是指主钩的额定起重量为 15t，副钩的额定起重量为 3t。桥式起重机按起重量可以分为三个等级，5～10t 为小型起重机，10～50t 为中型起重机，50t 以上的为重型起重机。

（2）跨度　桥式起重机的跨度是指起重机主梁两端车轮中心线间的距离，即大车轨道中心线间的距离，以米（m）为单位。桥式起重机跨度有 10.5、13.5、16.5、19.5、22.5、25.5、28.5、31.5 等多种，每 3m 为一个等级。

（3）提升高度　起重机的吊具或抓取装置（如夹具、抓斗、电磁吸盘等）的上极限位置与下极限位置之间的距离，称为起重机的提升高度，以米（m）为单位。起重机一般常用的提升高度有 6、9、12、16、12/14、12/18、16/18、19/21、20/22、21/23、22/26、24/26 等几种。其中分子为主钩提升高度，分母为副钩提升高度。

（4）运行速度　运行速度是指大、小车移动机构在其拖动电动机以额定转速运行时所对应的速度，以 m/min 为单位。小车运行速度一般为 40～60m/min，大车运行速度一般 100～135m/min。有特殊要求的，供需双方可在订货时协商。

（5）提升速度　提升机构的电动机以额定转速使重物上升的速度（包括提升速度和空钓速度）。一般提升速度不超过 30m/min，依重物性质、重量、提升要求来决定。空钩速度能缩短非生产时间，可以高达额定提升速度的 2 倍。

提升速度还有个特例：重物接近地面时的低速，称为着陆低速，以保证人身和货物的安全，其速度一般为 4～6m/min。

（6）工作类型　起重机的工作类型按其载荷率和工作繁忙程度决定，可分为轻级、中级、重级和特重级四种。

① 轻级。运行速度低，使用次数少，满载机会少，通电持续率在 15%以下。用于不紧张及不繁重的工作场所，如发电厂中用作安装检修用的起重机。

② 中级。经常在不同载荷下工作，速度中等，工作不太繁重，通电持续率为 25%，如一般机械加工车间和装配车间用的起重机。

③ 重级。工作繁重，经常在重载荷下工作，通电持续率为 40%，如冶金和铸造车间内使用的起重机。

④ 特重级。经常吊额定负荷，工作特别繁忙，通电持续率为 60%，如冶金专用的桥式起重机。

（7）电动机通电持续率　桥式起重机的各台电动机在一个工作周期内是断续工作的，其工作的繁重程度用通电持续率 JC%表示。通电持续率为工作时间与工作周期之比，即

$$\mathrm{JC\%} = \frac{\text{工作时间}}{\text{工作周期}} = \frac{t_{\mathrm{g}}}{T} \times 100\%$$

式中 t_g——通电时间；

T——为工作周期，一个起重机标准的工作周期通常定为10min。

标准的通电持续率规定为15%、25%、40%、60%四种。

4. 工作环境及条件

① 起重机的电源为三相交流电，频率为50Hz或60Hz，电压≤1000V（根据需要也可为3kV、6kV或10kV，电石冷却厂房常为0.4kV）。供电系统在起重机馈电线路接入处的电压波动不应超过额定电压的±10%。

② 起重机运行的轨道安装应符合国标公差要求。起重机运行轨道的接地电阻值不应大于4Ω。起重机安装使用地点的海拔不超过1000m（超过1000m时应按GB/T 755—2019的规定对电动机进行容量校核，超过2000m时应对电器件进行容量校核）。

③ 吊运物品对起重机吊钩部位的辐射热温度不超过300℃。

④ 起重机工作时的气候条件：环境温度不超过40℃，在24h内的平均温度不超过35℃，环境温度不低于-20℃，在40℃的温度下相对湿度不超过50%。

⑤ 工作风压不应大于：内陆150Pa（相当于5级风），沿海250Pa（相当于6级风）。非工作状态的最大风压：一般为800Pa（相当于10级风）。

5. 应用

桥式起重机是现代工业生产和起重运输中实现生产过程机械化、自动化的重要工具和设备。所以桥式起重机在室内外工矿企业场所得到广泛的运用。

6. 控制

① 重物应能沿着上、下、左、右、前、后方向同时移动，除向下运动外，其余五个方向的终端都应设置限位保护。

② 要有可靠的制动装置，即使在停电的情况下重物也不会因自重落下。

③ 应有较大的调速范围，在由静止状态开始运动时，应从最低速开始逐渐加速，加速度不能太大。

④ 为防止超载或超速时可能出现的危险，要有短时过载保护措施，一般采用过流继电器作为电路的过载保护。

⑤ 要有失压保护环节。

7. 安全管理

（1）检查项目

① 起升高度限位器、行程限位开关及各联锁机构性能是否正常，安全可靠。

② 各主要零部件是否符合安全要求：板钩衬套磨损小于原尺寸的50%，板钩心轴磨损小于5%，无剥落、毛刺、焊补；吊钩挂架及滑轮无明显缺陷；钢丝绳表面钢丝磨损、腐蚀量小于钢丝直径的40%，断丝在一个捻距内小于总丝数的10%，无断头，无明显变细，无芯部脱出、死角扭拧、挤压变形、退火、烧损现象；钢丝绳端部连接及固定的卡子、压板、锲块连接完好、无松动，压板不少于2个，卡子数量不少于3个；卷筒无裂纹，连接、固定无松动，筒壁磨损小于原壁厚的20%；安全

卷不少于 2 圈，卷筒与钢丝绳直径比例符合要求；平衡轮固定完好，钢丝绳应符合要求；制动器无裂纹，无松动，无严重磨损，制动间隙两侧相等尺寸合适，有足够的制动力，制动带磨损不小于原厚度的 50%。

通过对桥式起重机的安全常规检查，对杜绝人身事故，减少设备事故，提高设备运转率，降低检修费用等均可起到显著作用。

（2）安全注意事项

① 每台起重机必须在明显位置悬挂额定起重量的标牌。

② 起重机工作中桥架上严禁有人。

③ 无操作证和酒后人员都不得驾驶起重机。

④ 操作中必须精神集中，不许做与工作无关的事情。

⑤ 车上要保持清洁干净，不许乱放设备、工具、容器。

⑥ 禁止从车上向下扔东西。

⑦ 起重机不允许超额定起重量使用。

⑧ 下列情况禁止起吊：捆绑不牢；超荷重；指挥信号不明；斜拉；与地下物相连的物件；被吊物件上有人；没有安全保护措施的容器；过满的液体物品；钢丝绳不符合安全使用要求；升降机构有故障；等等。

⑨ 起重机在没有障碍物的线路上运行时，吊钩或吊具以及吊物底面离地面不得超过 1m，需越过障碍物时须超过障碍物 0.5m。

⑩ 对吊运小于额定起重量 50%的物件，允许两个机构同时动作；吊运大于额定起重量 50%的物件，则只可以一个机构动作。

⑪ 具有主、副钩的桥式起重机原则上不允许同时上升或下降主、副钩（特殊情况时例外）。

⑫ 禁止在被吊起的物件上施焊或锤击及在物件下面工作（有支撑时除外）。

⑬ 必须在停电后，且在开关上挂有停电作业的标志时，方可做检查或进行维修工作；如必须带电作业，须有安全措施保护，并设有专人监护。

⑭ 限位开关和联锁保护装置要经常检查。

⑮ 禁止使用触碰限位开关作为停车的办法。

⑯ 被吊物件不许在人或设备上空运行越过（特殊工艺除外）。

⑰ 对起重机某部进行焊接时要专门设置地线，不准利用机身做地线。

⑱ 吊钩处于下极限位置时，卷筒上必须保留有 2 圈以上的安全绳圈。

⑲ 起重机不允许互相碰撞，更不允许利用一台起重机去推动另一台起重机进行工作。

⑳ 吊运较重的物件、液态金属、易爆及其他危险品时，必须先缓慢起吊离地面 100～200mm，试验制动器的可靠性。

㉑ 修理和检查用的照明灯，其电压必须在 36V 以下。

㉒ 桥式起重机所有的电气设备外壳均应接地，司机室或起重机体的接地位置应

多于两处，起重机上任何一点到电源中性点间的接地电阻，均应小于4Ω。

㉓ 要定期做安全技术检查，做好预检预修工作。

8. 保养

（1）桥式起重机外表　全面清扫外表，做到无积尘，检查有无裂纹、开焊。

（2）大车、小车　①检查并紧固传动轴座、齿轮箱、联轴器及轴、键；②检查并调整制动轮间隙，使之均匀、灵敏、可靠。

（3）检查桥式起重机减速器主要看其是否漏油，运行时箱体内有无异响，一般是由轴承损坏或齿轮啮合侧隙过大、齿面磨损严重等原因所致。

（4）升降卷扬　①检查钢丝绳、吊钩、滑轮是否安全可靠，磨损超过规定值应进行更换；②检查调整制动器，使之安全、灵敏、可靠。

（5）桥式起重机钢丝绳的检查　检查钢丝绳应着重观察断丝、磨损、扭结、锈蚀等情况。对某些磨损、断丝较为严重但尚未超标的位置，要做上记号，以便重点跟踪复检。要注意检查钢丝绳在卷筒中的安全限位器是否有效，卷筒上的钢丝绳压板是否压紧及压板数量是否合适。

（6）润滑　检查所有部位的油质、油量，按要求加入或更换润滑油。

（7）对桥式起重机滑轮的检查　重点在槽底磨损量是否超标和铸铁滑轮是否存在裂纹；对于俯扬机构滑轮组的平衡轮，因正常情况不动作，很容易被忽视。安装中俯扬左右钢丝绳的长短和拉力不能通过平衡轮来自动调节，以致增加了在高空调整俯扬绳的难度和作业危险程度。

（8）电气

① 检查各限位开关是否灵敏可靠。

② 检查电器箱中各电器动作是否灵敏可靠。

③ 检查电动机、电铃、导线是否安全可靠。

④ 检查信号灯是否良好。

（9）检查桥式起重机各联轴节有无松动甚至“滚键”。着重检查弹性柱销联轴节的弹性橡胶圈有无异常磨损，对齿形联轴节要特别注意其齿轮齿圈磨损状况。

第十章

电极操作管理

第一节　电极概述

在电石炉主体设备中，电极是最为重要的设备之一，有电石炉“心脏”之称，起着导电和传热的作用。在生产过程中，电流是通过电极输入电石炉内，利用电弧、电阻热将电能转化为热能，进行电石生产冶炼的。

电石生产所用的电极大多为自焙电极。这里所说的电极是指焙烧成型后的电极。使用时首先把电极壳续接安装于电石炉电极把持筒内，然后将块状电极糊装入电极筒中，在电石生产的过程中依靠电流通过时所产生的电阻热和炉内的辐射热，经软化、挥发、烧结炭化自行焙烧而成，如图10-1所示。

图10-1　焙烧电极过程

第二节　电极糊

一、制造电极糊的原料

制造电极糊的原料基本有如下两类：固体碳素材料（无烟煤、焦炭、石油焦、石墨碎）和黏结剂（煤沥青、煤焦油），各原料的性质与指标如下：

（1）无烟煤　无烟煤是电极糊的主要成分，含碳量一般在80%以上，具有较高的机械强度。可分为电煅无烟煤和普煅无烟煤。无烟煤用竖窑或回转窑在真空状态下进行高温煅烧，煅烧温度在 1300℃以上，煅烧时间为 18～24h，电阻率大于 $1000\Omega \cdot mm^2/m$。无烟煤在密闭电石炉内经过 2000℃高温煅烧，得到优质电煅无烟煤。它们都结构致密，局部石墨化，收缩率小（电煅无烟煤与普煅无烟煤收缩系数不同，两者收缩率相差 3%～5%）。当电极烧结后，它就成为电极的骨架，其特点是含碳量高，机械强度大，挥发分少，价格低，资源丰富，具有良好的导电性和热稳定性。

（2）焦炭　焦炭是几种炼焦煤按照一定的比例在焦炉内高温干馏而得到的一种固体物质。一般情况下与无烟煤混合使用，焦炭与黏结剂紧密结合，从而提高碳制品的机械强度。

（3）石油焦　石油焦是石油提炼时的残渣经过高温处理而碳化的产物。其特点是灰分杂质含量低，高温下易石墨化。

（4）石墨碎　石墨碎是在生产各种石墨制品过程中产生的废料切削物。在电极糊中加入灰分含量较低的石墨碎，可以增加电极的导电性和热稳定性。

（5）煤焦油　煤焦油是由煤干馏而得的褐色到黑色的油状产物，脱水后用于半密闭和全密闭电石炉电极糊，用来调整电极糊的软化点。

（6）煤沥青　煤沥青是炼焦工业的副产品，是炼焦油初步分馏所得的沸点大于 633K 的残留物。其流动性好，温度升高时，黏度降低，能很好地浸润和渗透各种焦炭及无烟煤的表面孔隙，使各种配料的颗粒成分能互相黏结，从而形成具有良好塑性的电极糊料。生产电极糊通常采用的是软化点为 65～75℃的中沥青，脱水后使用。

二、电极糊的生产工艺

电极糊生产的工艺流程一般是先将固体碳素原料按配方要求干混 15～25min，再加入黏结剂混捏 60min 左右，混捏温度应保持在 120～130℃之间为宜。成型的电极糊如图 10-2 所示。

图 10-2　成型电极糊块

三、电极糊的质量控制

引起电极糊质量波动的主要因素是配料、混捏及黏结剂的加入量。电极糊质量的好坏，对电石炉生产有直接的影响，如果电极糊质量差，不仅给电石生产带来一定的影响，甚至可能发生重大的设备事故及人身伤亡事故，所以对电极糊的质量必须严格加以控制。

（1）配方　在密闭电石炉电极糊中，电煅无烟煤和石油焦约占 40%～50%，沥青焦约占 10%，它能增加电极的强度；同时另加 6%～8%的石墨碎可以降低灰分和电阻，提高电极糊的导电性。焦炭约占 18%，可以增加电极糊的强度。煤沥青约占 16%，可以增加电极糊的黏结度。由于原材料的质量不一，采用的生产工艺也有差别，故各电极糊厂家的配方不尽相同。

（2）黏结剂　在电极糊中，黏结剂主要用石油焦和沥青焦。电极糊自焙烧时，黏结剂所剩下的焦化残渣能使电极强度增加，质地均匀。如果其用量过多，会造成电极不易烧结，使电极糊烧结的速度跟不上消耗的速度，电极会越使用越短。如过多压放电极容易出现软断事故，且熔化过度容易产生固体颗粒与黏结剂分层现象，会造成局部电极焙烧后孔度大、强度低，电极会发生硬断事故。通常黏结剂的加入量为固体料的 20%～24%，如果黏结剂的用量过少，电极糊烧结过快，就会出现过烧现象，使颗粒间结合力变差，强度降低，收缩性变大，容易出现电极硬断及电极糊消耗过快的情况。

固体料中大颗粒的平均粒度应为小颗粒的 10 倍以上，混合料中的小颗粒数量应占到总量的 50%～60%，控制粒度组成的目的是为了得到致密、强度高和导电性好的自焙电极。

（3）混捏　混捏必须在一定的温度下进行，以 130℃左右的温度为宜，并保持足够的搅拌时间（60min 左右），这是形成电极糊塑性的关键程序。混捏使黏结剂充分渗透到炭质原料颗粒的孔隙中去，在炭质原料的颗粒表面形成均匀的“黏结膜”，否则容易出现分层现象，造成电极事故。

四、密闭电极糊的质量指标

密闭电极糊的质量指标见表 10-1。

表 10-1　密闭电极糊质量指标

组分	指标要求	组分	指标要求
外观	黑色块状固体，长方体或椭球体可选。不得混入杂质	粒度	60～100mm，合格率≥99%
固定碳*	≥82%	灰分*	＜4%
挥发分*	12%～16%（因炉而定）	水分*	≤1%
抗压强度	≥22MPa	软化点	75～105℃
假密度	1.36～1.45g/cm³（室温）	真密度	≥1.85g/cm³
气孔率	≤25%	电阻率*	50～75Ω・mm²/m

注：1．本表质量指标参照 YB/T 5215—2015 电极糊标准制定。

2．本表中带*号项目为进厂原料必检项，其他为抽检项。

3．质量检验参照《电极糊》（YB/T 5215—2015）标准进行。

4．密闭包装，需存入阴凉干燥通风的专用库房，防水、防晒、防尘防止机械碾压。

五、电极糊的管理

① 电极糊使用前必须按批次检验各项质量指标是否合格，针对指标（挥发分、灰分、电阻率的指标）来调整电极的管理；

② 电极糊装入电极壳前必须检查其粒度的大小及有无粘连、是否混入污渍或杂物，如有，则须破碎、洗刷或清理干净，否则容易引起篷糊或黏结差而引发电极事故；

③ 电极糊应存放在清洁的仓库内，不宜露天存放，以防粉尘落入、淋雨或受日光暴晒；

④ 不同质量指标的电极糊应分开存放并设有明显的标志，以免混淆，不宜混用；

⑤ 不同厂家的电极糊应分开存放并设有明显的标志，以免混淆，不宜混用；

⑥ 严格按照安全技术操作规程进行添装电极糊操作。

第三节 电极壳

电极壳制作在电石生产辅助工序中占有极其重要的地位，常因电极壳制作精度与质量不符合工艺要求，引发元件磨损加快、电极压放困难或压不下来、电极壳焊缝破裂漏糊甚至电极折断等严重电极事故。因此必须引起生产管理人员和岗位操作人员高度重视。

一、电极壳制作主要设备及功能

电极壳制作工序内主要设备包括：单梁桥式起重机，剪板机，弧板成型机，折弯机，冲床，点焊机，交流横缝焊机，钢筋切断机，磨光机，专用卡具吊具，组装模具，直流手工弧焊机，叉车等。

1. 单梁桥式起重机

电极壳车间所使用的起重机多数为单梁桥式起重机，也称单梁行车。其结构、功能、操作注意事项等在通用设备一章中已作介绍，这里不再重复。所不同的是其工作级别为A3～A5级，一般最大起重量为3t，运行速度属于无变速低速运行模式，操作方式为手柄控制。主要用途是组装电极壳、搬运成型的电极壳、搬运半成品及原材料等。

2. 剪板机

剪板机是用一个刀片相对于另一刀片采用合理的刀片间隙作往复直线运动，对金属板材施加剪切力使板材按所需的尺寸断裂分离的机器，属于锻压机械中的一种。剪板机剪切后应能保证被剪板料剪切面的直线度和平行度要求，并尽量减少板材扭曲，以获得高质量的工件。

剪板机的上刀片固定在刀架上，下刀片固定在工作台上。工作台上安装有托料球，以便于板料在上面滑动时减小阻力及不被划伤。其工作原理是：当机器左端油缸上腔进油时活塞下降，而同时其下腔的油进入右端油缸的上腔使活塞下降，从而保证了刀架的平行移动。后料挡用于板材定位，位置由电机进行调节。压料缸用于压紧板料，以防止板料在剪切时移动。护栏是安全装置，以防止发生伤害操作人员的事故。剪板机实物如图 10-3 所示。

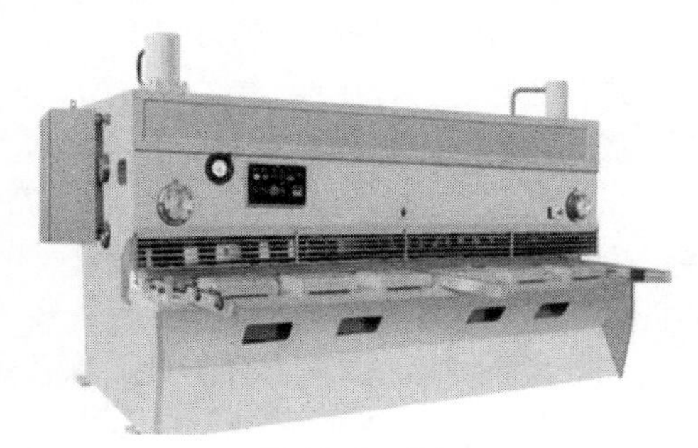

图 10-3　剪板机

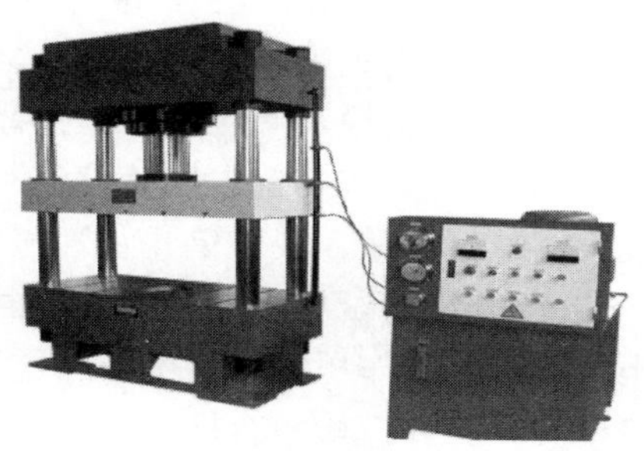

图 10-4　四柱液压机（弧板成型机）

（1）剪板机的安全技术要求

① 工作前要认真检查剪板机各部位是否正常，电气设备是否完好，润滑系统是否畅通，清除台面及其周围放置的工具、量具等杂物以及边角废料。

② 不得独自一人操作剪板机，应由 2～3 人协调进行送料、控制尺寸精度及取料等，并确定一人统一指挥。

③ 要根据规定的剪板厚度，调整剪板机的剪刀间隙。不准同时剪切 2 种不同规格、不同材质的板料；不得叠料剪切。剪切的板料要求表面平整，不准剪切无法压紧的较窄板料。

④ 剪板机的皮带、飞轮、齿轮以及轴等运动部位必须安装防护罩。

（2）电极壳制作用剪板机技术参数　最大剪切板材厚度为 6mm；最大剪切板料长度为 2500mm；剪切板材材质为冷轧钢板。

3. 四柱液压机（弧板成型机）

四柱液压机的液压传动系统由动力机构、控制机构、执行机构、辅助机构和工作介质组成。通常采用油泵作为动力机构，一般为积式油泵。为了满足执行机构运动速度的要求，选用一个油泵或多个油泵：低压（油压小于 2.5MPa）用齿轮泵；中压（油压小于 6.3MPa）用叶片泵；高压（油压小于 32.0MPa）用柱塞泵。可对各种可塑性材料进行压力加工和成型，如电极壳弧板的挤压、弯曲的冷压成型。如图 10-4 所示。

电极壳车间使用的四柱液压机是在裸的活动压板中间与工作台上安装专用的弧板模具，用以电极壳弧板成型。

（1）四柱液压机参数

① 公称压力：3150kN。

② 工作台板尺寸：1260×1160mm。

③ 滑块行程次数：10～25 次/min。

④ 滑块行程：800mm。

（2）安全操作

① 液压机操作者必须培训合格，掌握设备性能和操作技术后，方可上岗作业。

② 作业前，首先应清理模具上的各种杂物，擦净液压机杆上所有污物。

③ 液压机安装模具必须在断电、泄压情况下进行。

④ 装好上下模具后应对中调整好模具间隙，确认固定好模具后再试压。

⑤ 液压机工作前首先启动设备，空转 3min 以上，同时检查油箱油位是否正常、油泵声响是否正常、液压单元及管道、接头、活塞是否有泄漏现象。

⑥ 开动设备试压，检查压力是否达到工作压力，设备动作是否均衡正常。压力不当时应调整工作压力，但不应超过设备额定压力的 90%，试压 1 件工件，保证不损坏模具和工件，检验合格后再生产。

⑦ 机体压板上下滑动时，严禁将手和头部等人体部位伸进压板、模具工作部位。

⑧ 严禁在施压同时，对工件进行敲击、拉伸、焊割、压弯、扭曲等作业。

⑨ 液压机周边不得焊割、动火，不得存放易燃、易爆物品，做好防火措施。

⑩ 液压机工作完毕，应切断电源、将机器液压杆擦拭干净，加好润滑油，将模具、工件清理干净，摆放整齐。

（3）维护保养　液压传动系统中都是一些比较精密的零件，人们虽然觉得机械液压传动省力方便，但同时又感到它易于损坏。究其原因，主要是不太清楚其工作原理和构造特性，从而也不太了解其预防损坏的保养方法。液压系统有三个基本的“致病”因素：污染、过热和进入空气。这三个不利因素有着密切的内在联系，其中任何一个出现问题，就会连带产生另外一个或多个问题。实践证明，四柱液压机系统 75%的损坏，均是由这三个因素造成的。

解决方法是对系统中一些主要精密件的清洗和装配，均应在十分清洁的室内进行，室内应有干净的地板和密闭的门窗，温度最好保持在 20℃左右。保养要求如下：

① 液压油：低于 20℃时使用 N32，高于 30℃时可用 N46。工作用油推荐采用 32 号、46 号抗磨液压油，使用油温在 15～60℃范围内。

② 工作液压油应进行严格过滤后才允许加入油箱。

③ 工作液压油每年应更换一次，其中新机第一次更换时间不应超过三个月。

④ 滑块应经常加注润滑油，立柱外表面露出部位应经常保持清洁，每次工作前应先喷注机油。

⑤ 在公称额定压力下集中载荷工件最大允许偏心 40mm。偏心过大易使立柱拉伤或出现其他不良现象。

⑥ 每半年检查并校正一次压力表。

⑦ 机器较长时间停用，应将各部位表面擦洗干净并涂以防锈油。

4. 折弯机（压力机）

折弯机是钣金行业工件折弯成型的重要设备，其作用是将板材根据工艺需要压制成各种形状的零件，如图 10-5 所示。液压板料折弯机主要由左右立柱、工作台、横梁组成机架。左右油缸固定在立柱上，滑块与油缸的活塞连接并沿固定在立柱上的导轨上下运动。下模固定在工作台上，上模安装在滑块下端，液压系统提供动力，电气系统给出指令，在油缸作用下，滑块带动上模向下与下模闭合实现板料的折弯。

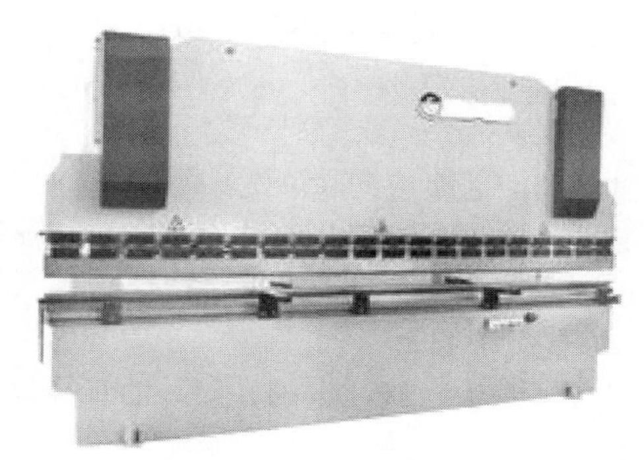

图 10-5 板料折弯机

（1）折弯机参数

① 公称压力：1000kN。

② 工作台长度：4000mm。

③ 立柱间距离：3200mm。

④ 喉口深度：320mm。

⑤ 滑块行程：100mm。

⑥ 开启高度：420mm。

（2）折弯机的使用

① 开机：首先接通电源，在控制面板上打开钥匙开关，再启动油泵。

② 调节行程：折弯机使用前必须要注意调节行程。在折弯前一定要试车，当上模下行至最底部时必须保证有一个板厚的间隙，否则会对模具和机器造成损坏，行程的调节有电动快速调整和手动微调。

③ 选择折弯槽口：一般要选择板厚的 8 倍宽度的槽口。如折弯 4mm 的板料，需选择 32mm 左右的槽口。

④ 后挡料调整：一般都有电动快速调整和手动微调，方法同剪板机。

⑤ 折弯：踩下脚踏开关开始折弯。折弯机与剪板机不同，可以随时松开，松开后折弯机便停下，再踩下时继续下行折弯。

（3）保养与维护　在进行机床保养或擦机前，应将上模对准下模后放下再关机直至工作完毕，如需进行开机或其他操作，应将模式选择为手动，并确保安全。其保养内容如下：

① 液压油路

a．每周检查油箱油位，如进行液压系统维修后也应检查，油位低于油窗应加注液压油。

b．所用液压油为ISO HM46。

c．新机工作2000h后应换油，以后每工作4000～6000h后应换油。每次换油，应清洗油箱。

d．系统油温应在35～60℃之间，不得超过70℃，油温过高会导致油质及配件的变质损坏。

② 过滤器

a．每次换油时，过滤器应更换或彻底清洗。

b．机床有相关报警或油质不干净等其他过滤器异常，应更换过滤器。

c．油箱上的空气过滤器，每3个月进行1次检查清洗，最好1年更换1次。

③ 液压部件

a．每月清洁液压部件（基板、阀、电机、泵、油管等），防止脏物进入系统。清洁时不能使用清洁剂。

b．新机使用1个月后，检查各油管弯曲处有无变形，如有异常应予更换，使用2个月后，应紧固所有配件的连接处，进行此项工作时应关机，系统无压力。

（4）安全操作注意事项

① 严格遵守机床安全操作规程，按规定穿戴好劳动防护用品。

② 启动前须认真检查电机、开关、线路和接地是否正常和牢固，检查设备各操纵部位、按钮是否在正确位置；检查上下模的重合度和坚固性，检查各定位装置是否符合被加工的要求。

③ 在上滑板和各定位轴均未在原点的状态时，运行回原点程序。

④ 设备启动后空载运转1～2min，上滑板满行程运动2～3次，如发现有不正常声音或有故障时应立即停车，将故障排除，一切正常后方可工作。

⑤ 工作时应由1人统一指挥，使操作人员与送料压制人员密切配合，确保配合人员均在安全位置方准发出折弯信号。

⑥ 板料折弯时必须压实，以防在折弯时板料翘起伤人；调板料压模时必须切断电源，停止运转后进行；在改变可变下模的开口时，不允许有任何材料与下模接触；机床工作时，机床后部不允许站人。

⑦ 严禁单独在一端处压折板料。

⑧ 运转时发现工件或模具不正，应停车校正；经常检查上、下模具的重合度，压力表的指示是否符合规定；严禁运转中用手校正。

⑨ 禁止折弯超厚的钢板或淬火的钢板、高级合金钢、方钢和超过板料折弯机性能的板料，以免损坏机床。

⑩ 关机前，要在两侧油缸下方的下模上放置木块，将上滑板下降到木块上；先退出控制系统程序，后切断电源。

5. 开式可倾压力机（冲床）

冲床的设计原理是将圆周运动转换为直线运动，由主电机带动飞轮，经离合器带动齿轮、曲轴、连杆等运转，来实现滑块的直线运动。其设计上大致有两种机构，一种为球型，另一种为销型，经由这个机构将圆周运动转换成滑块的直线运动。因此必须配合一组模具，将材料置于其间，冲床对材料施以压力而得到所要求的形状与精度，如图 10-6 所示。

（1）冲床参数

① 公称压力：800kN。

② 公称压力行程：5mm。

③ 滑块行程：130mm。

④ 行程次数：45 次/min。

⑤ 最大装模高度：290mm。

⑥ 装模高度调节量：100mm。

⑦ 滑块中心至机身距离：300mm。

（2）冲床的使用、维护保养、安全操作规程与其他机床相似，这里不再重复。

6. 交流点焊机

点焊机系采用双面双点过流焊接的原理，工作时两个电极加压工件使两层金属在两电极的压力下形成一定的接触电阻，焊接电流从一电极流经另一电极时在两接触电阻点形成瞬间的热熔接，并且不会伤及被焊工件的内部结构。交流点焊机如图 10-7 所示。

图 10-6　开式可倾压力机（冲床）

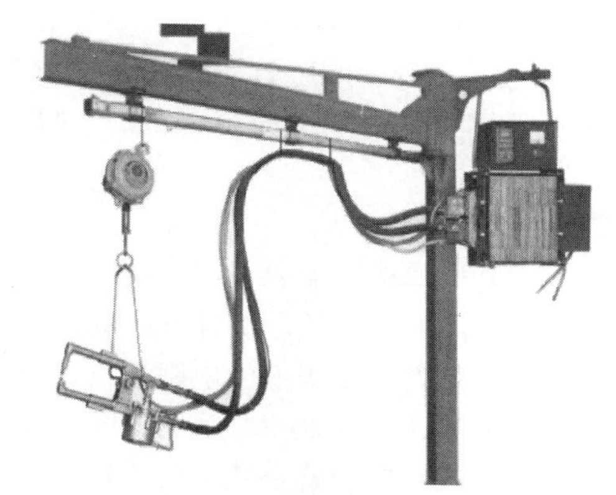

图 10-7　交流点焊机

（1）点焊机使用方法

① 焊接时应先调节两电极杆之间的距离与压力，使电极刚好压到焊件，压力适当。

② 电流调节开关级数的选择可按焊件厚度与材质选定，通电后电源指示灯应亮。

③ 在完成上述调整后，先接通冷却水，再接通电源准备焊接。

④ 焊件焊接前须清除一切脏物、油污、氧化皮及铁锈。未经清理的焊件虽能进行点焊，但是会严重减少电极的使用寿命，同时降低点焊的生产效率和质量。

⑤ 焊接首先用专用工具将焊接部位定位好，然后将点焊机的两级对准焊接部位，通过脚踏板或手柄控制，进行点动焊接。

（2）安全注意事项

① 焊接操作及配合人员必须按规定穿戴齐全劳动防护用品，并必须采取防止触电的安全措施，消防器材配备到位。

② 焊接现场10m范围内不得堆放油类、木材、氧气瓶、乙炔发生器等易燃易爆物品。

③ 次级抽头连接铜板应压紧，接线柱应有垫圈。合闸前应详细检查接线螺帽、螺栓及其他部件并确认完好齐全、无松动或损坏，接线柱处均有保护罩。

④ 使用前应检查并确认初、次级接线正确，输入电压符合电焊机的铭牌规定，清楚点焊机焊接电流的种类和适用范围。接通电源后严禁接触初级线路的带电部分。初、次级接线处必须装有防护罩。

⑤ 移动点焊机时应切断电源，不得用拖拉电缆的方法移动焊机；当焊接中突然停电时，应立即切断电源。

⑥ 焊接铜、铝、锌、锡、铅等有色金属时必须在通风良好的地方进行，焊接人员应佩戴防毒面具或呼吸滤清器。

⑦ 多台点焊机集中使用时应分接在三相电源网络上，使三相负载平衡。多台焊机的接地装置应分别由接地极处引接，不得串联。

⑧ 严禁在运行中的压力管道、装有易燃易爆物的容器和受力构件上进行焊接。

⑨ 焊接预热件时应设挡板，隔离预热焊件发出的辐射热。

7. 交流缝焊机

缝焊机是指焊件装配成搭接或拼接接头并置于两滚轮电极之间，滚轮电极加压焊件并转动，连续或断续脉冲送电，形成一条连续焊缝的电阻焊机。被焊接金属材料的厚度通常在0.5～10mm之间，如图10-8所示。电石炉生产用组合式电极壳就是使用交流横缝焊接的。横缝焊机传动机构的主要功能是获得需要的焊接速度，此外，还担负传递焊接压力和焊接电流的任务。传动机构为上电极主动。

图10-8　交流横缝焊机

（1）工作原理　缝焊接头在形成连续焊缝过程中，

每一焊点同样要经过预压、通电加热和冷却结晶三个阶段。由于缝焊时滚轮电极与焊件间相对位置迅速变化，此三阶段不像点焊时区分得那样明显。可以认为正处于滚轮电极下的焊接区和邻近它的两边金属材料，将在同一时刻分别处于不同阶段。而对于焊缝上的任一焊点来说，从滚轮下通过的过程也就是经历“预压、通电加热、冷却结晶”三阶段的过程。由于该过程是在动态下进行的，预压、通电加热和冷却结晶阶段时的压力作用不够充分，加热不够到位都会使缝焊接头质量变差，在生产运行过程中易出现裂纹而发生漏糊事故。

所以说在电极壳组装横缝焊接作业过程中，滚轮之间的压力、焊接速度（滚轮旋转速度）、焊接电流经试验合格后，不得随意调整，并且焊接强度要定时复检。

（2）注意事项

① 交流缝焊机的操作安全注意事项与点焊机相似；

② 要定期给传动压力机构加注润滑油；

③ 须定期检查电极（焊轮）外沿的磨损程度，达到极限值时应及时更换。

二、电极壳制作

电极壳的制作工艺流程为：下料、组件加工、筋板焊接、组装点焊、横缝焊接、打磨抛光、检验、下架入库等。制作完毕的电极壳如图10-9所示，电极壳俯视图如图10-10所示。

图10-9　成型电极壳

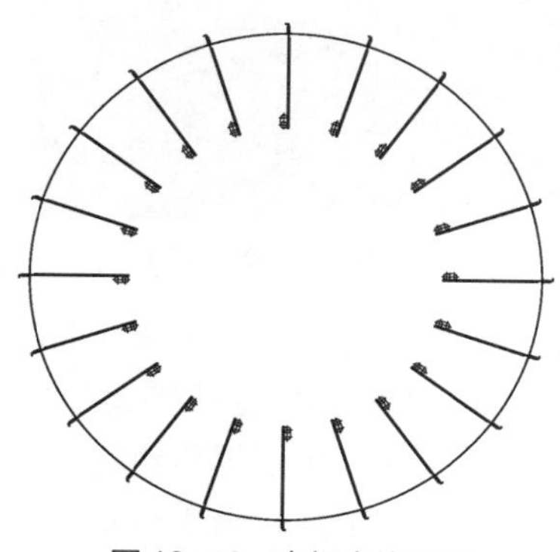

图10-10　电极壳俯视图

现以40500kVA密闭电石炉为例说明制作过程。电极直径为Φ1400mm、16组筋板结构。制作电极壳弧板所使用钢板规格为宽度1500mm×厚度2.5mm，长度可按标准盒板规格或自定义长度；筋板所使用钢板规格为宽度1500mm×厚度3.0mm，长度可按标准盒板规格或自定义长度；加强筋选用普通Φ18～20mm碳钢直筋。下面以制作1节电极壳为例说明。

1. 下料

将 3.0mm 和 2.5mm 厚冷轧钢板在剪板机上剪成符合图纸要求的弧板和筋板，板的平行度、行位公差、垂直度必须符合图纸技术要求。如：依据图纸设计要求，将 3.0mm 厚的冷轧板剪切为长 1498mm、宽 312mm 的 16 块；将 2.5mm 厚的冷轧板剪切为长 1500mm、宽 326mm 的 16 块；将 Φ18mm 的直筋截取为长 1800mm 的 16 根备用。

2. 成型加工

① 将已剪切好的 3.0mm 厚的筋板在折弯机上按图纸要求，在某一长边折起高度 10mm，角度 90° 的折边，再在冲床上冲压出符合图纸要求的方孔备用，如图 10-11 所示。要求：冲孔边缘必须光滑、平整、没有毛刺，孔与筋板边缘及孔间距应符合图纸要求。最后将 1800mm 的加强筋、小筋板、大筋板，按照图纸要求，在焊接架上使用手工弧焊机组装，组装完成后的组件要经过严格检验，符合图纸要求。

② 使用带有专用模具的弧板成型压力机将弧板压制弯曲成符合图纸要求的弧形件，成型后形位公差、垂直度必须符合图纸技术要求，如图 10-12 所示。

图 10-11 电极壳筋板

图 10-12 电极壳弧板

③ 把上述加工完成且都符合图纸技术要求的弧板和筋板组件在组装焊接架中依据图纸技术要求依次组装就位，用点焊机进行定位焊，此步骤非常关键。组装完成经检查无误后，再用缝焊机将电极壳所有组合缝全部焊接完成。焊接架如图 10-13 所示。

图 10-13 组装焊接架

④ 将焊接完成的电极壳使用专用磨光机对组合体每条筋板两侧进行精准打磨，使之符合图纸技术要求。

⑤ 最后在手动滚动架上点焊连接板，使其符

合图纸要求；同时要对组合电极壳进行整形。

⑥ 对组装焊接磨光并整形后的电极壳进行检验，做好记录，用专用夹具将电极壳从焊接架上取下来，摆放到指定位置入库待用。

3. 电极壳内筋板及加强筋的作用

① 增加电极壳与电极糊的接触面积。元件内电极的下半部分是初步烧结好的电极，上半部分是未烧结好的电极，且从外到内烧结强度在变弱，其抗拉强度较低，因而可以增加相互间的摩擦力，降低了电极发生抽芯漏糊的风险。

② 增加电极的机械强度。增加了电极壳的立筋和横截面积，可以使壳糊结合得更加牢固。

③ 增加电极的导电能力。电极在没有烧结好前，电极糊导电能力差，初期电流主要依靠电极壳和筋板以及加强筋进行导电，而且电阻热能从电极内外较均匀发热焙烧。

④ 减少集肤效应对电极的影响。直径大于 1m 的电极，集肤效应对其影响较大，造成电极靠外表面的电流密度大于中心部位电流密度，装了筋板及加强筋后，可以很好地适应这一情况，并减少其电流分布不均的影响。

4. 电极壳制作质量要求

① 电极壳使用的板材规格型号应符合图纸要求，各筋板、弧板下料误差应控制在±0.5mm 以内。

② 组合完成的电极壳直径是电极壳外径，上下口、各截面等径，其误差应控制在±1mm 内。

③ 弧板、筋板的弧形，筋板折弯要定期检验调整，弧板模具应根据磨损程度定期更换。

④ 横缝焊机的焊接电流、压力、速度调整好后，不得随意调整，且不得调小放快。

⑤ 焊接完毕，须将筋板两面打磨平整、光滑，不得有明显的凹凸、飞边毛刺。

⑥ 打磨好的电极壳要对筋片两侧做防锈蚀处理，涂抹保护层，并做好防潮措施。

⑦ 需要对横焊缝进行定期破坏性试验，以检验焊接质量。

⑧ 组装好的电极壳需要直立放置储存。

第四节　电极壳的安装与加糊

在电石冶炼过程中，随着电极的压放和消耗，需要在顶部不断地续接新的电极壳，以满足冶炼工艺的需要。电极壳在焊接前，要检查组装完成后的电极壳是否符合图纸技术要求，经检验合格的电极壳方可投入使用。

一、电极壳安装焊接技术要求

① 安装前要对电极壳进行全面检查，是否符合质量技术要求。

② 新安装电极壳与原电极壳四周上下必须保持笔直。其检测方法是：用 1m 的专

用绝缘靠尺紧贴两节电极壳外皮，并与电极壳保持竖向平行，尺、壳之间缝隙不得超过 1mm。

③ 电极壳在安装时要对角多点定位，保证电极壳的笔直度和椭圆度；四周定位点不少于 8 个点，在环缝施焊前，所有外筋片必须全部上下对齐并点焊定位。

④ 在焊接环形焊缝时应采用对角分段焊接，且每节电极壳的上下两条环缝应按顺时针和逆时针方向交替施焊，即每相电极的所有环缝不得按照施焊习惯采用同一方向连续焊接，以免电极壳因焊接应力而发生扭曲。

⑤ 两节电极壳外筋板接头处两侧焊缝须全部焊接，不得出现漏焊现象。

⑥ 焊接完毕，要对所有环缝，筋片接头处进行全面清渣检查，发现有虚焊、漏焊、沙眼等要进行二次补焊；并使用磨光机对环缝进行打磨检验，弧板焊缝处不得有明显凹凸，尤其是筋片接头两侧以及左右两侧 100mm 范围内弧板焊缝更要仔细打磨光滑、平整，不得有毛刺、凹凸感，以免影响电极压放和损坏元件导电接触面。

⑦ 在电极正常入炉深度工作时，电极壳在环加设备基准面楼板外漏长度小于 500mm 时，方可续接新电极壳。

⑧ 在安装新电极壳前应首先测量电极糊高度，应先加糊后接筒。

⑨ 有条件的单位可使用超声波探伤仪对焊缝进行质量检查。

二、电极糊的填装

① 所加电极糊在填装前要首先确认电极糊的规格、型号、粒度及各理化指标检验结果是否与该电石炉工艺要求所匹配，决不允许不同型号电极糊混用。

② 加糊前应首先测量电极糊在筒内的高度，根据测量结果确定填装数量，加糊完毕要进行二次测量，其高度误差不得超过工艺要求的±100mm；使用自动在线糊柱测量设备的也需要定时进行人工复核。

③ 电极糊填装需要使用专用工具，禁止直接使用包装袋填装。

④ 电极糊应每班检测填装一次，采用勤加少加法。

⑤ 在加糊过程中禁止将其他杂物，电极糊碎渣加入电极筒。

⑥ 电极糊填装完成后，根据现场条件需及时使用绝缘盖将筒口遮盖，但要注意正常排气。

三、现场操作注意事项

① 接筒、测量、加糊等作业需 2 人配合作业，禁止单人作业。

② 作业前操作人员需穿戴齐全劳保用品，随身佩戴一氧化碳监测仪，并有专人监护；作业前需办理相关特殊作业票证，持票作业。

③ 作业人员禁止同时接触任意两相电极，以防发生触电事故。

④ 作业人员必须与周围转动设备有效可靠隔离，以防发生机械伤害事故。

⑤ 登高作业时必须使用绝缘工具，并固定牢固，系挂安全带，以防发生坠落或

掉入电极筒内。

⑥ 电焊作业时，焊机接地线必须直接与施焊电极壳连接，不得通过其他金属材料或设备跨接，禁止将接地线连接至其他两相电极壳。

⑦ 使用磨光机等手持电动工具时，电源必须是带接地的安全专用插头，工具转动部位保护罩齐全有效，人员必须佩戴好各类防护面罩和手套，以确保作业安全。

⑧ 在焊接、加糊过程中，焊余的电焊条头或电极糊块要求全部收集起来，严禁乱丢乱放，以免掉入把持器内引起短路刺火，损坏设备，造成事故。

⑨ 在进行焊接、打磨作业时，要将电极筒与密封圈之间缝隙堵实，严防火星落入下部液压设备，引发火灾。

⑩ 作业期间，如发生异常情况，在确保人员安全的前提下，作业人应尽快撤离现场。

⑪ 作业完毕要及时清理现场工器具，切断工作电源。

第五节　电极烧结

在电石冶炼过程中，随着电极糊柱位置下移，温度逐渐升高，挥发分不断排出，电极糊中的黏结剂与颗粒碳素材料发生碳化烧结成坚固的石墨化电极，其机械强度大幅增加，导电性能增强，电极便焙烧成型了。

一、焙烧电极的热源

电极糊在烧结过程中需要一定的热量，这些热量主要来源于以下三个方面。

① 电流通过电极本身所产生的电阻热。电流通过电极本身时，由于电极具有一定的阻抗，所以流经电极的一部分电能转换为热能，为电极焙烧提供了大部分热量。焙烧电极所用的电能约占电石炉总输入功率的 4%～5%。经试验得知每烧结 1kg 的电极糊大约需消耗 1000kcal（1cal=4.1868J）的热量。33000kVA 的密闭电石炉有功功率平均按 28500kW 计算，每日不停电，24h 约耗电 684000kW·h，则用于电极焙烧的耗电约为 27360～34200kW·h。

② 电极本身的热传导。由于在电极端头产生电弧，温度高达 3000℃以上，热量从电极本身由下而上传递。电极糊由上而下移动时，受热越来越多，逐渐使电极糊烧结成电极，离电弧区越远，热传导越慢。热传导所提供的热量占电极糊烧结所需热量的比例较小。

③ 炉面的辐射热。由于炉面温度较高，密闭炉料面的温度高达 600～800℃，辐射热由电极外表面向内传导，使电极的温度升高而焙烧。电极下放后，电极表面的温度迅速升高，对电极焙烧有很大的影响。辐射热在密闭炉中占的比例较小，但在开放炉中占的比例较大。

此外，为了调节电极壳与把持筒之间的温度，在电极柱上部每相电极设置一个辅助电极加热送风系统，由加热器、送风机及调节风门等组成。

① 加热器：每相电极的加热器由6kW、6kW、12kW三组电热丝组成，分为三个挡级。一般情况下，第一级6kW为常开级，只要送风机启动，第一级加热器就随着启动，但如果电极位置接近上限位或电极过长，也可以强制把加热器停止，只送冷风。第二级和第三级加热器是否使用可根据实际情况而定，在焙烧新电极、天气变冷（尤其是北方的冬天）以及一些特殊情况下可以使用。需要在实践中逐步掌握加热器的启动规律。

② 送风机：一般情况下，风量1200m^3/h，风压941Pa时选用离心通风机。

③ 风门开度掌握的原则：

a. 电极过长、烧结过度时，风门可开大一些，加热器可关闭，送入自然风；

b. 电极过短或专门焙烧电极时，风门可开大一些，并可送入热风；

c. 炉盖上设备（水冷套，护屏，操作门等）密封不严时，风门可开大一些；

d. 如果电极糊挥发分偏小，电极烧结过快，可将风门开大一点，关闭加热器，送入冷风；反之，电极糊的挥发分大，电极焙烧慢时，启动加热器，送入热风；

e. 如果出现炉内翻电石、料面温度高、电极不下的情况，风门的开度可大一点，且送入冷风。

总之，电极加热器的挡位调节和电极风门的开度调节必须根据实际生产情况随时调整，电极不能成熟过快，也不能成熟过慢。炉内的变化比较复杂，电极变化也比较复杂，如果失去对电极的控制，就会出现电极事故或电极设备事故。

二、电极糊烧结的三个阶段

根据焙烧温度的分布，电极糊的烧结大体可分为三个阶段：软化阶段，挥发阶段，烧结阶段。这三个阶段并无特别明显的界限。

（1）软化阶段　在此阶段，固体电极糊逐步软化，电阻增大，强度降低，最后全部变成半流体状态，温度由常温上升至130～200℃，位置大约在接触元件顶部向上400～600mm处，这时仅其中的水分和低沸点成分开始挥发。

（2）挥发阶段　在此阶段，电极糊已充分熔化，沿着电极壳各层截面流动并填满糊块之间的孔隙。同时，随温度的升高，电阻不断降低，沥青分解并排出挥发分，最后呈半焦化状态。在此阶段，温度由130～200℃上升至500～600℃，位置大约在元件上部3/5位置。如果此处温度偏低，证明下放电极过多，电极偏软；如果此处温度过高，说明电极下放过少，电极过早烧结。此阶段比较关键，过烧或欠烧都有可能发生电极与元件刺火或电极软硬断及电极设备事故。

（3）烧结阶段　在此阶段，还有少量挥发分继续排出，电极糊由半焦化状态到石墨化，强度不断增加，密度增加，电阻降低，基本完成焙烧过程，位置大约在元件中下部，温度由600～750℃升至800～1000℃，进入料面变成石墨化电阻小的电极。电流由元件传递给电极，由电极传递至电极端头。

若操作人员操作精细，经验丰富，则电极烧结位置上下变化不大；反之，若操作人员操作粗放，缺乏经验，三个阶段上下位置变化很大，电极事故就会频繁发生。

三、影响电极烧结速度的因素

电极烧结速度对电极质量有较大影响，电极烧结速度过快，气孔率增加，电极的导电性和机械强度都有所下降。影响电极烧结速度的因素如下：

① 电极糊所含挥发分的多少：挥发分含量越少，焙烧速度越快。

② 电极压放周期：电极压放越快，焙烧速度越快。

③ 电极电流（或负荷）：负荷越高，电极焙烧速度越快。

④ 电极送风量及温度的高低：温度越高，风量越大，焙烧速度越快。

⑤ 电极入炉深度：电极入炉越深，焙烧速度越快。

⑥ 炉内料面温度：料面温度越高，电极焙烧速度越快。

四、电极理化要求

为了保证电石炉的正常操作，电极作为导电体与导热体，必须满足下列要求：

① 能耐高温，同时热延伸率要小。电极一端为电弧高温区，另一端则露于料面与被水冷却的把持器接触，温度变化剧烈，温差较大，所以应具有一定的拉伸强度和压缩强度。

② 具有较小的电阻率，可降低电能消耗。

③ 抗氧化性强，与其他物质不易反应，气孔率要小，热状态下氧化要缓慢。

④ 具有较高的机械强度，能承受机械与电气负荷的冲击而不致使电极折断。

⑤ 成本相对要低，性价比要高。

五、电极工作参数

① 一般电极工作长度是电极直径的 1.4～1.6 倍。

② 一般电极入炉深度是电极直径的 1.0～1.2 倍。

③ 电极每次压放长度为 20mm，电极压放间隔时间为 35～60min。

④ 电极糊柱高度一般在导电元件上端以上 3800～4500mm 之间较合适。

六、电极压放时可能发生的故障及原因

（1）故障一　电极压放时下滑过多。

原因：

① 压放油缸夹紧碟簧压力过小。（措施：调整碟簧压力或更换失效的碟簧。）

② 接触元件过度磨损或元件碟簧压力过小。（措施：更换接触元件，调整碟簧压力或更换碟簧。）

③ 电极壳筋板上沾有油污。（措施：清理油污。）

④ 计数器故障或测量数据不准。（措施：校准或更换计数器。）

⑤ 电极糊柱过高，电极自重过大。（措施：控制糊柱高度在工艺要求区间。）

（2）故障二　电极压放时压不下来。

① 电极壳漏糊，凝固后与导电元件或底部环有黏结。（措施：清理黏结物或检修调整元件或底部环，补焊漏点。）

② 电极壳有卷边现象。（措施：修复卷边或去除异物。）

③ 电极壳筋板上有油类，夹紧缸有打滑现象。（措施：清理油污和检修漏油点。）

④ 压放夹紧力不够或压放油缸内泄，压放不同步。（措施：检修压放设备或调整压力。）

⑤ 电极入炉深度过长，电极端头与炉料蹾实。（措施：适当提升电极并延长压放间隔时间，缩短电极工作长度。）

⑥ 电气控制系统故障。（措施：检修控制系统。）

⑦ 液压压力不足，缺油或油管破裂泄压。（措施：检修损坏设备或调整液压系统压力。）

⑧ 电极壳筋板锈蚀，阻力增加。（措施：打磨除锈和采取防锈措施。）

⑨ 夹钳磨损严重，摩擦力小。（措施：更换损坏的夹钳。）

第十一章

密闭电石炉新开炉操作管理

第一节　电石炉料配比的计算

炉料配比通常是以100kg生石灰为基准，再配以一定数量的炭材所表征的。计算结果为炭材与生石灰的百分比表示。根据电石反应方程式：

$$CaO + 3C \xlongequal{} CaC_2 + CO\uparrow$$

分子量：　　56　36　64

纯度：　　100%　100%　100%

则：生产1000kg碳化钙所需氧化钙 $\frac{1000}{64} \times 56 = 875(\text{kg})$

生产1000kg碳化钙所需纯碳 $\frac{1000}{64} \times 36 = 563(\text{kg})$

则纯炉料配比为 $\frac{563}{875} \times 100\% \approx 64\%$

经上述计算得知，生产1000kg碳化钙，理论上需要消耗氧化钙875kg，需要消耗纯碳563kg，配比约为64%。则生产1000kg碳化钙的原料中，

CaO约占总原料的量：$875 \div (875 + 563) \times 100\% \approx 61\%$

C约占总原料的量：$563 \div (875 + 563) \times 100\% \approx 39\%$

但在工业生产中不可能使用纯原料，也不可能得到纯的碳化钙。因此在计算过程中必须考虑原料、产品中的杂质含量、生产过程中的物料损失等因素。下列公式是经过长期生产实践，经过大数据分析计算总结的经验公式，供参考。

通过查阅相关资料及部分实际测算得知：在生产1000kg电石过程中，物料的损失量约为125kg，其中炭材损失占比约为45%，其他灰面占比约为55%。

则生产1000kg电石所需的无损失炉料配比：

$$W_1 = \text{生石灰量} = 1000 \times B \times 61\% \div A \div (1 - DE)$$

$$W_2 = \text{炭材量} = 1000 \times B \times 39\% \div C \div (1 - F)$$

入炉实物量配比：$X = \frac{W_1 + 1000I}{W_2 + 1000(G + H)} \times 100\%$

式中 A——生石灰中所含氧化钙百分含量，%；

B——电石中所含碳化钙百分含量，%；

C——炭材中所含固定碳百分含量，%；

D——石灰石烧失比，约为44%；

E——生石灰中生过烧含量，%；

F——入炉兰炭水分含量，%；

G——电石中游离氧化钙含量，%，见表11-1所示；

H——入炉原料中生石灰的损失量，6.8%；

I——入炉原料中碳材的损失量，5.6%。

表11-1 电石发气量与碳化钙、游离氧化钙含量关系

发气量/(L/kg)	CaC_2/%	游离氧化钙/%	发气量/(L/kg)	CaC_2/%	游离氧化钙/%
250	67.16	22	290	77.90	14
260	69.85	20	300	80.60	12
270	72.55	18	310	81.35	10
280	75.22	16	320	64.00	8

例如：生石灰中的氧化钙含量为90%，生过烧为8%，兰炭中固定碳含量为86%，入炉水分为1%，经查表得知，300L/kg电石中CaC_2含量为80.6%，游离氧化钙含量为12%，则A=90%，B=80.6%，C=86%，D=44%，E=8%，F=1%，G=12%，H=6.8%，I=5.6%，代入公式得：

$$\text{炭材量}(W_1) = 1000 \times B \times 39\% \div C \div (1-F)$$
$$= 1000 \times 80.6\% \times 39\% \div 86\% \div (1-1\%) \approx 369(\text{kg})$$

$$\text{生石灰量}(W_2) = 1000 \times B \times 61\% \div A \div (1-DE)$$
$$= 1000 \times 80.6\% \times 61\% \div 90\% \div (1-8\% \times 44\%) \approx 566(\text{kg})$$

混合炉料实物配比为：$X = \dfrac{W_1 + 1000I}{W_2 + 1000 \times (G+H)} \times 100\% = \dfrac{369+56}{566+188} \times 100\% \approx 56\%$

第二节 开炉前准备工作

1. 原材料准备

① 准备充足符合生产工艺指标的生石灰、碳素材料待用；

② 准备充足合格的电极糊及电极壳；

③ 启炉工器具准备充足；

④ 导电柱制作完成，烘炉燃料准备充足；

⑤ 砌筑假炉门材料及工具准备充足；

⑥ 应急物资准备完成。

2. 设备调试

① 各原料上料系统设备单机调试合格；空载试车≥24h 无异常，带料试车运行≥8h 无异常，其安全联锁系统投入并工作正常。

② 炭材烘干系统内各设备经单机调试合格；空载试车≥24h 无异常；带料试车运行≥8h 无异常，其安全联锁系统投入并工作正常，出炉水分≤1%，连续稳定运行。

③ 生石灰、炭材筛分系统内各设备调试合格；空载试车≥24h 无异常；带料试车运行≥8h 无异常，其安全联锁系统投入并工作正常。

④ 配料站各下料设备、称重设备、混料输送系统内各设备单机调试合格；输送设备空载试车≥24h 无异常；带料试车运行≥8h 无异常；称重计量设备带料试车不少于 3 次，其称重误差应≤0.02%，其安全联锁系统投入并工作正常。

⑤ 各原料输送系统内设备不得存在漏料现象。

⑥ 各散点扬尘收尘系统经单机调试、空载运行≥24h 无异常，各联锁投入运行正常；同时各扬尘点不得有扬尘飘散外溢。

⑦ 电石炉供电系统，低压配电系统经电气调试合格，空载运行≥24h 无异常，各联锁保护投入运行正常。

⑧ 电石炉短网系统，电极导电环管、竖管，导电元件接触良好，夹紧力适当；与非导电部分绝缘≥5MΩ 为良好。

⑨ 电极与把持桶，把持桶与各层建筑，把持桶、电极底环及吊挂、元件及吊挂与电极保护屏，电极密封套与炉盖，炉盖之间，炉盖与炉壳，三相电极之间绝缘均试验合格且电极在升降过程中以上部位绝缘均合格；下料柱与炉盖，下料柱与料柱帽及下料管各级绝缘均合格。

（注：在电石炉变压器低压侧出线端与短网处于断开状态时，以上三相电极短网及电极之间处于绝缘状态，电阻以不小于 5MΩ 为合格；当三相电石炉变压器低压出线端与三相电极短网完成连接或三相电极已插入料层时，因三相低压侧已形成闭合回路，这时三相电极之间绝缘，无法直接用绝缘测量仪表测量其绝缘状态，只能使用交流焊机监测电极间和电极对地之间的绝缘，电极之间、电极对地之间以不发生直接金属性接地起弧，而有微弱感应电弧产生为绝缘合格。其他不带电、不连接处应该绝缘的部件之间几乎不产生感应弧光。）

⑩ 电极升降系统，电极压放系统与电极之间绝缘应≥5MΩ，电极升降试车过程中，三相电极间、电极与建筑之间随电极运动，设备、附件均不得发生碰撞。每次压放量以（20±0.5）mm 为合格。

⑪ 电石炉各通水设备、循环水分配器在额定水压的 1.3～1.5 倍压力试验下，以不小于 1h 无漏水（渗水）现象为合格；试验合格后分配器总管压力应调整在 0.35～0.4MPa 之间，各支路出水水流均匀无断流。

⑫ 环形加料机调试合格，空载运行≥24h 运行平稳无卡顿，启停无异响，联锁

投入运行正常。

⑬ 液压系统各机构工作正常，无渗漏，油温≤55℃，油位在1/2～2/3之间。

⑭ 变压器油冷却循环、冷却器散热工作正常，联锁正常投入运行。

⑮ 电石炉低压无功补偿装置经电气试验合格。

⑯ 中控DCS工作正常，各仪表显示数据正确；同时安全联锁传动正常、可靠。

⑰ 各排烟管道远程阀门传动无异常卡顿，模拟开度正常。

⑱ 出炉系统、牵引设备、起重设备等出炉设备空载试车正常。

⑲ 净化系统、出炉散烟除尘系统试车正常。

⑳ 车间各仪表测量、设备、有毒有害气体报警装置投入使用并工作正常。

3. 管理准备

① 人员经培训考核合格，100%持证上岗。

② 劳动防护用品准备完成并发放到位。

③ 综合应急救援预案、专项预案及项目启动方案经审核批准。

④ 各类原始记录表格齐全、到位。

⑤ 其他与电石炉启动有关的准备工作。

第三节 烘炉及电极预焙烧

烘炉炼电极是为了将新砌筑完成的炉墙、炉底中所含的水分烘干，有利于炉墙耐火材料的下一步烧结，同时对新电极进行预焙烧，为后续电石启动开车做准备。

1. 烘前准备工作

（1）烘炉所需材料　直径不小于100mm圆形或方形干条形木柴5t和直径不小于200～500mm的块炭50t。

（2）给电极筒安装好锥形带底电极壳端头，在电极壳端头与直筒接缝起向上至1200～1500mm的电极壳四周均匀开直径2.5～3mm的排气孔，孔间距为250～300mm，每层孔按等边三角形交错排列。

（3）给每相电极筒内填装合格的块状电极糊，高度约在接触元件上橼起向上3～3.5m的位置。

（4）从底环下橼算起，将三相电极压放至电极直径的1.5倍长度，测量并补充电极糊至元件上橼起向上3～3.5m的位置。

2. 点火烘炉

① 首先全部打开电石炉直排阀，关闭净化烟道进气阀。

② 将适量条状干木柴加入炉膛内，靠近炉墙周围多加，炉中心处少加，并用棉纱蘸取少许废机（柴）油将炉内木柴引燃，然后关闭炉盖四周检查门，只留一个检查门进行观察。

③ 间断式地给炉内沿炉膛四周添加木柴，并可适量加入块炭，将炉内温度控制

在200～300℃之间，烘烤时间不小于24h。

④ 逐渐提高炉内温度，将温度控制在500℃左右连续烘烤72h以上后，可停止往炉内加炭，然后关闭所有炉门，进行自然冷却，约需要24～48h。

⑤ 当炉内温度降至80℃以下时，可对炉内燃灰进行清理。

3. 操作注意事项

① 清理炉灰时要注意炉内通风，对炉内氧气含量、一氧化碳含量进行定期分析，合格后方可作业，严防人员发生煤气中毒窒息，且需要采取人员防尘、防烫伤措施。

② 在烘炉期间每小时须测量一次电极糊柱高度，糊柱高度有下降时须及时填装至规定高度并做好记录。

③ 在烘炉过程中，当温度达到500℃时，每间隔8h，对三相电极各压放一次，直至停止加火时为止。3天约压放电极180mm。

第四节　装炉操作

① 预先使用4～5mm的钢板制作3个无底无盖的圆形铁桶（俗称导电柱），桶的直径为电极直径De＋300mm，桶高度根据炉型不同取电极直径De的1.0～1.15倍之间为宜。

② 砌筑假炉门：从炉门口外侧炉壳钢板向内炉墙厚度的1/3～1/2处开始延伸至炉膛内壁与电极壳之间1/2位置，在炉门底部居中位置预留一条宽200mm，高300mm的通道，其余部分使用耐火黏土砖将炉门砌实。炉膛内伸入部分通道大小与炉门口通道相同，外部砌成圆拱状，其宽度、高度应超过炉墙拱宽拱高。将预先准备好的直径150～180mm，长2000mm的圆木放入假炉门电石流出通道，在炉门外伸出不少于200mm并在炉门口用红泥封死。

③ 砌筑完成假炉门后，要清理干净炉膛内的砖块及泥浆等杂物，然后在炉内加入经烘干，水分≤1%，粒度满足工艺要求的炭材，均匀铺平，其厚度以200mm左右为宜。

④ 将预先制作好的启动导电柱放在三相电极的正下方，桶的圆心与电极圆心重合，桶内装满同样符合工艺要求的炭材。

⑤ 在三个导电柱形成的三角区用方木纵横交错堆实至导电柱高度1/2～2/3之间，然后按照320L/kg发气量标准计算炉料配比，将混合料加至炉膛靠近炉墙四周；按照310L/kg发气量标准计算炉料配比，将混合料加至炉膛中心三角区及导电柱周围。将整个炉膛内料面填加至导电柱外露100mm处，且形成四周高、中心低的“锅底形”。在加入混合料时应将导电柱顶部炭材遮盖住，不得将混合料落在导电柱上，装炉完成后再将遮盖物清理掉，并将炉面整理平整。

⑥ 将三相电极分别下降至距启动导电柱焦炭面50～100mm处悬空。

⑦ 将电石炉变压器一次接线改为Y形接线（如有星形-三角形接线切换功能），

调整有载开关至最低电压档。

⑧ 对电石炉各系统内设备进行二次复查并逐项填表确认签字后，关闭净化烟道阀，打开电石炉直排烟道阀，关闭部分操作门，方可合闸送电，进行电极焙烧和炉料升温。

第五节　送电焙烧电极及炉料升温

在初次送电时，巡检人员须远离电石炉设备，在门口拐角隐蔽处观察送电时有无短路刺火，供电系统有无异常，如有异常立即通知中控人员紧急停电，排查故障。电石炉正常带电后，电气工作人员对高、低压系统进行一次全面观察，并测量二次输出实际电压与理论电压的偏差是否在合理范围内。

① 新投运电石炉变压器按照变压器带电冲击试验方案空载运行无异常后，方可带负荷运行。

② 电石炉送电正常后，将三相电极分别下降至电极头与导电柱内炭材紧密接触为止，这时会看到电极端头与导电柱炭材接触点有放电火光。三相电极之间通过炭材形成的回路电流产生的电阻热使碳素材料、混合炉料升温。

③ 随着炭材温度升高，电阻逐渐降低，负荷逐渐增大，这时可听到隐约的电流声。三个导电柱首先冒烟、着火、发红，在此升温过程中，电极要随时跟上，始终与炭材紧密接触，不得悬空起弧。当负载电流达到中控仪表可见程度时，即可根据实际情况缓慢增加电流，使功率建立在 500kW 左右（经验值），之后按开车负荷曲线进行控制。

④ 焙烧应匀速进行，三相电流应保持平衡，同时根据电极挥发分气体逸散、电极头发红情况判断电极烧结状态并正确调节电流或给导电柱补充炭材，使负载增加速度与焙烧程序相适应。

⑤ 随着温度升高，电极发红上移及挥发分气体的散逸情况，可逐步升高二次电压，提升电极电流。此时电极端部内部尚未固化烧结，因此应十分小心。产生弧光的大小以不烧穿电极壳，造成漏糊为准。

⑥ 在焙烧电极过程中，电极在未烧结固化前，尽可能不进行提升电极操作。

⑦ 随着电极烧结逐渐成熟并上移，导电能力增加，当不加入炉料提高料面高度，焙烧区上移已十分缓慢时，电极焙烧即基本完成。此时，电极中心仍可能未焙烧成熟，但已经可以适当地进行加料。加料采取分批加料法，每次加料高度不宜过多，应控制在 200～300mm 之间，进行电极的工作焙烧。

⑧ 在电极预焙烧过程中根据电极直径、升温负荷不同约需要 4～6 天时间不等。

⑨ 在电极焙烧过程中要适当压放电极。一般在电石炉负荷已达到额定负荷的 20%以上时，根据情况每班可压放电极一次；当负荷达到额定负荷的 35%以上时，可根据焙烧情况每 4h 压放一次电极。

⑩ 电极预焙烧时其长度宜控制在正常电极工作长度的 1.2 倍。电极预焙烧基本完成时，电极电流约为额定电流的 90%，二次电压达到或超过正常工作时的最低电压值。

第六节 试生产

试生产是当电极焙烧工作已完成，炉内混合料已填装至炉沿口，可以进行自动加料，三个炉眼已全部完成首次打开出炉，炉气净化系统已经投入运行后，将电石炉负荷控制在额定负荷的 80%左右运行。其间应定时出炉，根据运行稳定情况定期停车整理料面，以培养好料层结构，提升炉温，形成较稳定的熔池为主要工作任务。主要步骤如下：

（1）电极预焙烧基本完成，各系统应均无异常后即可倒角运行。炉料配比应调整至正常生产时的配比，且对升温焙烧电极过程中已入炉高配比炉料予以考虑核减。

（2）当炉内料面升至与布料器接触时，可完全打开下料插棍阀，开始自动下料。

（3）当开始自动下料时，即可关闭各检查操作炉门，调整直排阀开度，使电石炉处于微正压状态，并根据炉气组分适时点燃放散火焰。

（4）首批装料 1～2 天后，根据下料情况、中控仪表电流波动情况，可进行第一次出炉。原则上 3 个炉眼轮流完成第一次出炉操作后，根据情况可安排停车对炉内情况进行一次检查，整理一下料面，检查炉内是否有漏水现象。

（5）经检查炉内无异常，其他设备工作正常时，即可送电进行正常试生产。此时炉气净化系统也可投入运行，“三气”分析仪投入运行，实时监控炉内气体组分变化。

（6）试生产转炉期间，如无故障尽量不要停车，应连续生产。此时应加强出炉管理，根据出炉情况适当调整炉料配比或采用副石灰进行调炉操作，尽最大努力将炉内生成的电石从炉眼放出来，尽量不发生翻电石现象，如果因出炉不及时，发生翻电石现象时，应停车将电极周围的电石硬块清理掉，再进行生产。这样有利于料层结构的培养，有利于电极深入炉内，有利于电石炉内各通水设备的安全。

（7）经过 3～5 天的连续生产，电石炉已基本稳定，料层结构、炉内坩埚熔池已初步形成，三相已贯通。电石炉有功功率应达到电石炉额定有功功率的 80%左右。

（8）当负荷达到额定有功功率的 80%左右时，即可转入正常的生产模式，按时定量出炉，以提高炉温，提高电石质量，进一步稳定炉况。并且根据炉内情况确定每天停车一次，对炉内料面、空洞等进行处理，保持当前负荷至少要运行 15 天以上。此时无功补偿可适当投入运行，使电石炉功率因数达到 0.9 以上。

（9）上述程序完成后，可根据电石炉实际情况酌情提高电石炉运行有功负荷，每次以提高 1000kW 左右为宜，并保持当前负荷运行不小于 7 天。以后的负荷情况就得根据实际情况确定了。但值得注意的是，新开炉电石炉负荷不宜一下子提高到满负荷状态，这样做是因为电石炉炉墙还未烧结，负荷过高会损坏炉墙。待较低负荷状态下生产达 2 个月后，即可满负荷生产。

（10）试生产期间要求电石热样发气量不得低于 310L/kg。

（11）当电石炉负荷达到满载运行且炉况稳定后，电石炉自控系统即可投入运行。

第十二章 密闭电石炉生产操作

密闭电石炉生产操作在电石生产操作中有着极其重要的位置，可分为正常运行操作和异常情况的处置两类。操作的好坏会影响生产经营活动的优劣，操作不当会诱发安全事故。下面就电石生产的主要关键操作分述如下。

第一节 电石炉正常开停车操作

一、电石炉正常计划停车

正常停车是指按计划检修保养，料面处理，电极测量，原料不足，产品销售，网上限电，停产转大修等原因，将电石炉有计划地进行停车。

1. 停车一般程序及操作

① 一般情况下，停车应根据计划安排。停车前30min将电石炉停车申请报告给企业调度中心并说明停车原因，由调度负责与气柜等（或下游用户）其他相关联系统管理员取得联系，得到调度回复同意停车的指令后，方可安排电石生产系统停车。

② 得到调度停车指令后，由班长安排出炉岗位开始出炉操作，同时通知炉气净化岗位人员做好净化系统停车准备。

③ 开炉时尽量将炉内电石放出来，待出炉工作即将完成时，提前5分钟，班长通知中控操作人员将DCS自动控制切换为手动控制模式，开始按操作规程对电石炉进行降负荷操作（逐级降低主变二次电压），同时中控操作人员做好炉压调整控制工作。

④ 待出炉完毕，炉眼已安全封堵完成，将电石炉有功负荷降至额定负荷的60%以下，关闭净化系统送气阀门组，同时少量打开净化二次放散阀门并自动点火。此时电石炉即可停电。

⑤ 电石炉停电后，立即打开电石炉充氮置换阀门对电石炉内进行充氮置换，并调整净化风机引风量，保持炉内微正压状态，时刻关注炉气中“三气”含量变化，待炉气中一氧化碳含量小于10%，氧气含量不超过2%时，即可停止净化系统粗、净气风机运行并关闭净化烟道进气阀，给净化系统继续充氮保护并按净化系统停车操作规程做后续处理。

⑥ 关闭净化烟道进气阀后，立即完全打开电石炉直排阀并关闭电石炉充氮置换

阀门。待炉内成完全负压状态时（炉气压力小于-100Pa），首先打开炉盖电极测量孔堵头，无异常后，再打开直排烟道对角最远处的检查门，观察炉内情况，或轮流打开其他检查门，检查炉内设备是否有漏水现象；（另外一种操作方法是自始至终都不打开电石炉直排阀，使用氮气将炉内气体置换至一氧化碳含量小于 5%，氧气含量不大于 1%的情况后，调整炉内为完全负压状态，打开检查门，然后将净化系统作为收尘器使用。但这种方法置换时间长，氮气使用量大。）如无漏水、积水情况，巡检人员必须撤离至炉盖周围 5m 以外的安全位置，方可指挥中控人员将三相电极分别提起 200～300mm，然后再逐相降至原位，将炉料蹴实，使被悬空的料层落下去，以防发生后续作业过程的塌料、喷料事故，烧伤操作人员；检查中如发现有漏水或局部积水现象，严禁升降电极。首先必须关闭相应漏水点水路的进水阀门，然后使用冷料中的石灰将炉内积水吸收分解处理后，再按前述无漏水状态操作电极。相应的漏水检修工作要随后安排。

⑦ 停电后应将无检修电极下降至最低位置（注意电极受力情况），并将红料推至电极四周，保护好外露电极，以防骤然降温，接触空气而氧化。

⑧ 停电后在《操作记录》中记录停电时间及有关指令。同时关闭停送电按钮并挂锁，以防误操作。

⑨ 上述八项工作完成后，班长可安排相关其他作业。

2. 几种不同情况停电注意事项

（1）正常周期性计划停车的操作注意事项

① 一般停电在 4h 以内，包括处理料面，测量电极长度，处理水管漏水，处理外部简单绝缘，防爆盖异常跳起恢复，炉眼堵不住，出炉系统故障，液压系统故障，电气、控制系统故障，电路切换等。

② 按照“停车一般程序及操作”执行。

（2）日常检修保养停车的操作注意事项

① 一般停电在 4h 以上，24h 以内，包括电石炉计划内小修保养，突发炉内漏水故障处理，网上限电，上料系统设备更换保养，检查、更换净化布袋等。

② 停车按照“停车一般程序及操作”执行。

③ 在停电前 4h 开始适当延长电极压放间隔时间，以减少压放量。将电极长度控制在电极直径的 1.4～1.5 倍，在停电后根据电极焙烧及工作长度检查情况，或将电极补压 2～3 次。目的是电极过烧等异常情况发生时，可适当补压电极，便于故障电极处理以及恢复送电后负荷提升。

④ 停车后，需每间隔 2h 将电极上下活动一次，幅度在 50mm 左右为宜，以防电极与熔池炉料粘连，也可避免因熔池底部料层下沉而引发塌料事故。但停车 8h 后电极不再做上下升降操作，须用热炉料将电极外露部分围严实，以防电极氧化。

（3）中修停车的操作注意事项

① 一般停电在 24h 以上，72h 以内，主要包括全部清理、调整元件或更换部分

元件，更换底部环，更换全部布料器，更换炉盖，更换料管，更换部分水路，清理送气管线内积灰，处理三相电极全部绝缘，更换环加，大面积修补炉壳或补砌炉墙，电气仪表点检等。

② 停车按照“停车一般程序及操作”执行。

③ 在停电前 8h 开始适当延长电极压放间隔时间，以减少压放量。将电极长度控制在电极直径的 1.3～1.4 倍，在停电后根据电极焙烧及工作长度检查情况，或将电极补压 4～5 次。目的是电极过烧等异常情况发生时，可适当补压电极，便于故障电极处理以及恢复送电后负荷提升。

④ 停车 8h 以内的电极保护按“日常检修保养停车操作事项”中第④点执行；停车 8h 以上，电极不再做上下升降操作。须用热炉料将电极外露部分围严实，以防电极氧化。

（4）大修停车的操作注意事项

① 停车按照“停车一般程序及操作”执行。

② 在停电前 24h 开始计划适当延长电极压放间隔时间，以减少压放量，最终将电极长度控制在电极直径的 1.3 倍以下。

③ 在停电前 8h，根据电极入炉深度、电石出炉情况可适当降低炉料配比，中途可停电将炉面硬块松动后，在电极周围单独加入部分副石灰，然后将红料推至电极周围，继续送电生产，将炉内电石尽力出空排尽。

④ 停车后，检查炉内是否存在漏水情况，如无漏水积水现象，可将电极端头提出料层或上升至上限位，关闭检查门，使电极自然降温。清扫炉盖周围卫生，转入大修清炉工序。

⑤ 清炉洒水时严禁给电极本体喷水。

二、电石炉正常送电操作

1. 送电前应具备的条件

① 在停车后所有处理过的系统或设备都必须恢复原状，达到开车工艺要求。

② 临时设备、工器具、人员必须全部撤离现场，保证现场良好卫生环境。

③ 按照开车送电要求检查各系统、各设备是否具备送电条件。

2. 送电操作

（1）正常周期性停车后的送电操作流程（停车时间在 4h 以内）

① 送电前应按照“料面处理操作法”对料面进行彻底处理。

② 料面处理完毕，将检查门关闭，电极测量孔堵头复位；给炉内通入氮气并与净化系统一起进行置换，使系统出口一氧化碳含量小于 10%且氧气含量小于 2%；在氮气置换过程中，需将炉盖周围楼层工具、积灰等清理干净。

③ 送电前应将三相电极分别提升至停车前电极位置并在此基础上再上升 200～300mm，将电石炉变压器挡位调整至最低电压挡，经各岗位人员确认后，即可送电

开车。

④ 送电后，根据“三气”数据情况，分别交替下降三相电极，使电石炉负荷快速达到额定负荷的50%左右，然后以每5～10min增加1000kW左右的速度，将负荷提升至停车前额定负荷。提升负荷可通过升高二次电压和提升电极电流的方式进行。

⑤ 提升负荷过程中要特别注意：

a．停炉期间如果有补压放电极时，应根据压放量及电极成熟情况适当减慢负荷提升速度。

b．在负荷提升过程中始终关注炉气组分变化情况，必须控制在安全范围以内。

c．在负荷提升过程中始终关注电极密封套缝隙冒烟情况，如发现冒黑（黄）烟等异常现象，必须立即停电处理。

d．待电石炉负荷达到额定负荷时方可开始计算压放电极间隔时间。

e．送电后当负荷达到额定负荷的50%以上时，即可安排处理炉眼，做好随时出炉的准备。原则上要求尽快安排，出好开车后的第一炉电石。

⑥ 另外一种炉内及净化系统置换方法是：送电前将三相电极按要求提升至适当位置，打开约50%电石炉直排烟道阀，同时打开一个净气烟道出口炉盖对角处的检查门，其他检查门全部关闭，给电石炉送电，利用炉内燃烧形成的二氧化碳尾气对系统进行置换。操作注意事项如下：

a．送电启动前净化系统内处于一氧化碳含量小于5%，氧气含量较高；或氧气含量小于2%，一氧化碳含量较高的条件。

b．送电后缓慢提升粗气风机、净气风机的频率，并与直排阀开度配合，使敞开的检查门处不向外冒烟尘为准，炉内处于负压状态。

c．在置换过程中严密注意炉气中“三气”含量的变化。正常情况下，经过几分钟后炉气中氧含量会逐渐降低，系统内主要是二氧化碳气体。

d．当净化系统尾气中氧气含量小于2%时，此时方可关闭炉盖检查门。随后中控部门关闭电石炉直排阀，并调整风机引风量，使炉内迅速变为微正压，之后因炉内隔绝空气，尾气系统内一氧化碳含量快速升高，氧气含量继续下降，直至置换完毕。再按前款规定，提升电石炉负荷。利用炉内燃烧的二氧化碳置换速度快，正常情况下仅5～10min就可置换完成，同时节约氮气使用量，降低生产成本。

（2）停车5～8h检修后的正常送电操作流程

① 开车前步骤按第一种类型（正常周期性停车后的送电操作流程）中的①～③步执行。

② 送电后，根据“三气”数据情况，分别交替下降三相电极，使电石炉负荷快速达到额定负荷的40%左右，然后以每10～15min增加1000kW左右的速度，将负荷提升至停车前额定负荷的90%。然后根据实际情况，约1～2h后将负荷提升至额定负荷。

③ 其他步骤及操作注意事项与第一种类型相同。

（3）停车 9～24h 检修后的正常送电操作流程

① 开车前步骤按第一种类型的①～③步执行。

② 送电后，根据“三气”数据情况，分别交替下降三相电极，使电石炉负荷快速达到额定负荷的 30%左右，然后以每 20～30min 增加 1000kW 左右的速度，将负荷提升至停车前额定负荷的 90%。然后根据实际情况，约 2～3h 后将负荷提升至额定负荷。

③ 其他步骤及操作注意事项与第一种类型相同。

（4）停车 25h 后的正常送电操作流程

① 开车前步骤按第一种类型的①～③步执行。

② 送电后，根据“三气”数据情况，分别交替调整三相电极，使电极均匀出现电极电流，电流应控制在 5～10kA 以内；电石炉有功负荷应控制在额定负荷的 20%以内，时间不得少于 1h；然后以每 40～60min 增加 1000kW 左右的速度，将负荷提升至停车前额定负荷的 80%。然后根据实际情况，约 4～8h 后将负荷提升至额定负荷。

③ 其他步骤及操作注意事项与第一种类型相同。

（5）大修后开车方法按新开炉启动开车方案执行。

第二节 焙烧电极操作

一、单相电极焙烧操作

① 单相电极焙烧时，应退出电极自动控制系统改为手动控制模式，可以使用高压角接方式焙烧，也可以使用星接低压焙烧，可适当降低二次电压。

② 将焙烧相电极向下蹾实并使用红料将电极埋好，通过其他两相电极电流或电压调节来控制该相电极电流，严密关注该相电极焙烧发红冒烟等情况。开始时电流不得过高，以免发生漏糊事故。

③ 为防止该相电极在焙烧过程中发生电极悬空并起弧燃烧，可将该相电极定时适当地向下蹾实，并用炉料将焙烧电极部分尽量埋住。

④ 电极焙烧过程中，严禁压放电极。

⑤ 电极焙烧时，电极电流达到焙烧曲线表的起始电流后，方可开始计算焙烧时间。

二、三相电极焙烧

三相电极同时焙烧，可按新开炉电极焙烧方案进行操作。

三、焙烧电极操作风险及预防措施

① 操作电流过大，负荷提升过快会导致电极发生漏糊或软断、硬断，引发料面

着火、爆炸事故。因此，应该严格控制焙烧操作电流与焙烧时间。

② 长时间焙烧电极，可能造成料层结块蓬料，进而引发大塌料、喷料事故。因此应该定时活动电极，松动料面，同时要根据炉内积存电石的数量，及时安排出炉操作。

③ 电极焙烧期间，如需要操作人员进入楼面进行观察或操作等任何作业，必须先停电，再适当上下活动电极将料面松动，使炉内局部悬空的料层沉下去，释放炉内熔池压力，以避免发生突发喷料伤人事故。进入楼面人员必须穿戴齐全特殊作业防护用品方可进入。

④ 严格控制进入楼层操作人员数量。

第三节　电石生产异常操作

一、运行电石炉需紧急停电的条件

电石炉在运行过程中因各种原因有可能发生突发故障，影响设备、人身安全，为了最大限度地减少损失，避免事故进一步扩大，发现以下情况时应采取紧急停电措施：

① 电石炉供电系统及其他设备发生严重短路刺火。

② 电石炉冷却水突然中断，局部水管大量冒蒸汽；系统漏水，局部水管压力下降；炉气氢、氧含量超标。

③ 下料管堵塞不下料。

④ 炉内翻电石、大塌料，炉气压力或温度严重超标。

⑤ 电极升降、压放装置或液压系统故障、起火或失压。

⑥ 电极壳铁皮卷边，漏糊或冒烟。

⑦ 电流异常，电极出现软断、硬断迹象或事故。

⑧ 炉顶料仓严重缺料。

⑨ 出炉口电石遇水发生强烈闪爆。

⑩ 炉壁或炉底严重烧穿。

⑪ 变压器室及油冷却系统发生故障，油温发生异常变化。

⑫ 净化系统防爆膜破裂漏气。

⑬ 发生火灾、人员触电事故。

⑭ 电炉变各保护异常，喷油等。

⑮ 其他危及安全的突发异常情况。

二、电极异常处理

生产过程中电极异常分为电极硬断、漏糊或电极软断、电极下滑、电极无法压放等几种情况。

1. 电极软断或漏糊

（1）电极软断或漏糊的定义

① 电极软断：指已碳化烧结的电极与未烧结的结合部之间发生折断，烧结部分脱落下滑至炉内，而未烧结电极糊因强度低，在电极筒内电极糊柱压力作用下，已软化成流动态的电极糊大量流入炉内料面的现象。

② 电极漏糊：指因电极筒局部破裂（撕裂）导致已软化的电极糊从破裂处缓慢流出的现象。

这两种现象在电石生产操作中都属于重大工艺事故。

（2）电极软断或漏糊的原因

① 电极所含挥发分偏高或软化点温度过大，电极焙烧速度慢时，按正常程序压放电极就可能发生电极软断事故。

② 电极消耗大于焙烧，电极偏短，盲目缩短电极压放间隔时间，压放量过大，导致未烧结电极进入大电流工作部分，电极壳铁皮过早熔化而发生电极软断事故。

③ 电极壳在续接过程中，因环焊缝焊接质量差，有虚焊现象，焊缝开裂，导致元件内未焙烧好的电极无法承受下部电极重量而折断，发生电极软断事故。

④ 接触元件与电极壳筋板接触不良，元件夹紧力小，发生拉弧刺火，电极壳被烧损导致电极软断事故。

⑤ 电极电流过大，使元件与筋板接触面发生电流过载，熔化筋片，导致电极软断。

⑥ 电极糊块度不均匀且块度大，有结块现象，电极糊在筒内被架空形成隔层，待架空部分进入接触元件时，铁壳熔化导致电极软断或糊柱过高也可能导致发生软断。

⑦ 电极壳在制作过程中，因横焊缝焊接质量不合格，强度不够，焊缝破裂导致电极漏糊。

⑧ 电极筒与把持筒之间绝缘不合格，局部有放电刺火现象，导致电极漏糊。

⑨ 由于电极壳续接时上下不同心，电极壳发生扭曲，局部与其他机构发生剐蹭，撕裂电极壳而发生电极漏糊。

⑩ 在焙烧电极过程中，负荷提升过快，电极壳局部过早熔化而发生漏糊。

（3）电极发生软断时的现象

① 如发现电极保护屏缝隙当中有黄烟或小火苗冒出时，可以确定保护屏内电极有少量漏糊或渗焦油现象。

② 在压放电极时，如果电流的增长超过了正常范围，说明电极有可能有下滑的现象。

③ 在电石炉运行过程中，如果电流有自动一直增大的现象，可考虑电极有自动下滑的可能，或存在升降油缸因内泄而缓慢下降的现象。

④ 在运行过程中，如发现在未活动电极时，电极电流突然急剧上升，然后又迅速降低或为零，则判断为电极发生软断；当发现电极电流有大幅度升高，而点动提升电极时，电流没有下降趋势，可判断电极发生了抽芯。

⑤ 中控仪表显示电极电流发生上述异常并电石炉伴随有燃爆声时，初步判定为电极发生软断事故。

⑥ 炉气温度突然异常升高，炉气成分突发异常。

（4）电极软断或漏糊的紧急处理

① 紧急停电并迅速关闭净气烟道阀，停止净化系统运行，给净化系统通氮气保护置换；同时立即打开电石炉直排阀，观察炉内压力情况。

② 迅速将断电极相把持器下落至最低点，并通过监控观察炉盖冒火冒烟情况。

③ 各楼层巡检人员应立即撤离至安全区域。

④ 待炉内压力为全负压，炉盖没有冒火冒烟时，穿好特殊防护服，首先打开防爆盖，确认无异常时，才可打开检查门查看。

⑤ 打开炉盖检查门，经检查再无异常后，清理料面上的电极糊和与电极糊黏结的炉料。

⑥ 检修设备存在的故障，更换损坏的部件。

⑦ 如果电极硬头没有完全掉落，电极筒内还有部分电极糊时，应将电极壳与电极头对正蹾实，在电极糊不再外流的情况下，给电极筒内补充电极糊，然后即可低压送电焙烧；如果电极头与电极筒完全脱离，电极壳内已无电极糊时，需要将电极壳底部封堵，重新加入电极糊，按电极焙烧操作程序进行电极焙烧。

⑧ 电极焙烧好后，可转入正常生产，但断电极重新焙烧后电流要适当降低，待新焙烧电极消耗完后再逐渐恢复至额定负荷生产。

⑨ 电极壳发生局部烧损、撕裂、焊缝破裂等，出现局部漏糊时，将损坏处进行修复。

⑩ 召开事故分析会，找出事故原因，增强防范措施。

（5）如何预防电极软断

① 采购使用符合质量指标的电极糊，不符合质量指标的电极糊坚决不得加入电极筒。

② 严格执行电极压放操作工艺，不得随意缩短压放间隔时间，最小间隔时间不得低于 35min；电极过短无法使用时应及时补压电极进行低负荷焙烧，不得强行冒险运行。

③ 特别注意电极壳在制作、对接过程中的焊缝焊接质量，不得有虚焊现象；电极壳续接时必须上下同心且垂直，不得发生扭曲变形。

④ 定期调整、检查接触元件与电极壳筋板夹紧力的大小、均匀性，严防因夹紧力小或不均匀发生拉弧刺火。

⑤ 严格控制电极电流不超过最大允许电流。

⑥ 加糊时严格检查电极糊块度是否均匀，发现有结块现象时应破碎，杜绝粒度不合格的电极糊加入电极筒内。

⑦ 处理好电极壳与把持筒之间的绝缘，不得发生放电刺火现象。

⑧ 定期检查电极筒与接触元件、底环之间的黏结块，防止被异物卡住。

⑨ 负荷提升过程中根据不同因素综合考虑方案，严格执行电石炉操作规程。

2. 电极硬断

（1）电极硬断　已碳化烧结的电极发生开裂、掉块或折断的现象。电极硬断也属于重大生产工艺事故的范畴。

（2）电极硬断的原因

① 电极糊所含挥发分过少，其软化点温度过低，电极焙烧速度大于消耗速度，电极压放间隔时间长，电极过度焙烧，有裂纹出现时，有可能发生硬断。

② 电极工作端过长，其自身重量超过电极抗拉强度时，可能发生电极硬断。

③ 电极过长，遇到大塌料时，因电极遭受较大侧向应力而发生硬断。

④ 停电时间长且频繁，电极冷热温差变化大，送电后负荷提升过快，因热胀冷缩电极内外应力不均，易产生裂纹而发生硬断。

⑤ 电石炉停电检修时间长，外露电极防氧化措施不力，导致电极被氧化，直径变小，抗拉强度、机械强度降低，容易折断。

⑥ 电极电流过大，超过了电极允许的最大电流时，有可能发生电极硬断。

⑦ 电石炉长时间停车时电极筒未进行适当遮盖，电极筒未进行适当遮盖，筒内落入大量粉尘或因电极糊保管不善，加糊时带入较多杂质，致使电极糊焙烧形成夹层，可能发生电极硬断。

⑧ 电极糊柱高度过低，挥发分过早挥发，焙烧压强不足使电极密度不足，强度降低，可能发生硬断。

⑨ 电极筒现场焊接质量差、有砂眼，使电极糊内挥发分外流，局部黏结性降低而过早烧结，可能发生硬断。

⑩ 电极焙烧温度上移严重且温度过高，筒内电极糊熔化过度，使糊内颗粒料沉降堆积，局部烧结质量差，易发生电极硬断。

（3）电极硬断的现象

① 运行过程中某相电极电流突然降低或降为零，说明电极发生硬断；电流降低的幅度越大，说明电极断头越长，反之亦然。如果电流突然变为零，说明电极从料层以上断裂，电极与炉料脱离，该相电极已无电流通过。

② 炉内突然出现较大的电弧燃烧声。

（4）电极硬断的处理

① 当发现电极有裂纹时应适当降负荷生产，待裂纹以下电极消耗将尽时再恢复额定负荷运行。

② 当电极断头不太长，而断头已全部掉入料层内无法拨出时，可将断头压入炉内，重新适当补压新电极并用红料尽力埋好，送电低负荷焙烧。

③ 当断电极较长，且在料层中有外露部分时，应采取机械破拆或爆破手段将其

分解，破碎取出，重新适当补压新电极并用红料尽力埋好，送电低负荷焙烧。

④ 召开电极硬断事故分析会，查找分析原因，提升管控措施。

（5）预防电极硬断的措施

① 采购使用符合质量指标的电极糊，不符合质量指标的电极糊不得加入电极筒使用。

② 严格控制电极工作端长度，使之符合工艺要求。

③ 使用合格的原材料，尽力降低粉末入炉量，严格控制兰炭水分，定期处理料面红料、板结料，增加炉料透气性，防止发生大塌料。

④ 定期保养电石炉设备，提高设备运转率和稳定性，减少停车频次，连续生产。同时，停车恢复送电后应根据停车时间长短，合理安排提升负荷速度。

⑤ 停电检修时，外露电极要做好防氧化措施，严防电极急剧降温而被氧化。

⑥ 运行时严格控制电极电流，严禁超过电极允许的最大电流运行。

⑦ 电石炉长时间停车时应给电极筒加盖，严防粉尘落入电极筒。同时电极糊应妥善保管，禁止杂质混入电极糊，也不得使电极糊暴晒、淋雨等。

⑧ 严格控制电极糊柱高度，使之符合工艺指标要求。

⑨ 严格管控电极筒制作、现场焊接质量，使之符合制作工艺要求。

⑩ 及时给电极把持筒内送风，严格控制电极糊柱内温度。

三、常见设备故障处理

1. 接触元件漏水

（1）原因

① 筋板打磨粗糙，蝶簧压力不足使筋板烧损变形，电极壳弧板鼓包，电极壳焊缝破裂漏焦油，电极壳弧板卷边等原因都有可能引起元件与电极壳、保护屏、吊杆等发生短路刺火而损坏元件，发生漏水。

② 元件与接头连接螺栓松动或密封O形圈老化，密封失效而漏水。

③ 导电竖管与接头、元件U形连接管接头处焊缝裂开而漏水。

（2）处理

① 拆卸电极护屏，更换损坏的元件；或焊接接头焊缝；或更换O形密封圈。

② 清理元件上附着的焦油，回装接触元件，更换或调整蝶形弹簧压力。

③ 清理底环、元件周围结焦块，修复元件绝缘。

④ 控制好电极电流，防止电极过烧，同时调整好电极焙烧与消耗的平衡。

2. 底部环漏水

（1）原因

① 因电极底部环处弧板过烧卷边褶皱，焦油碳化堆积结块，导致电极与底部环粘连，压放电极时阻力过大，带动底部环向下受力而拉断吊杆，使底环通水接头损坏而漏水。

② 因底部环连接过桥U形管接头松动或损坏而漏水。

③ 底部环与元件、电极保护屏等发生短路起弧烧损而漏水。

④ 底部环离高温炉面距离过近，内部冷却水气化导致断水而烧损漏水。

⑤ 电极保护屏与密封套配合间隙过小、阻力过大，保护屏下沉带动底部环下沉损坏而漏水。

⑥ 炉内有翻电石或喷料现象，使液体电石接触底部环或电极与底部环短路起弧烧损而漏水。

（2）处理

① 拆卸电极保护屏，清理底部环处卷边的电极壳铁皮及碳化烧结焦块，更换或修复底部环，恢复设备结构，处理好各部分绝缘，调整底环水平度。

② 紧固水管接头或焊接漏水点。

③ 适当控制电极工作长度、入炉深度和电极位置，调整保护屏与密封套之间的配合间隙。

④ 严把原料质量关，增加透气性，注意培养好料层结构，避免发生大塌料，严禁翻电石事故发生。

3. 电极保护屏、电极密封套漏水

（1）原因

① 电极保护屏与元件、底环、密封套之间，电极密封与炉盖之间的绝缘损坏，导致发生短路起弧，烧坏设备而漏水。

② 炉内发生喷料使黏结料接触上述设备发生短路起弧，烧坏设备而漏水。

③ 电极保护屏、电极密封套等设备使用时间过长，钢材长期在高温环境下工作，力学性能严重疲劳，在热胀冷缩条件下自然开裂而漏水。

（2）处理

① 定期处理、修复各部绝缘。

② 使用合格原料，严控入炉水分、粉末，定期处理料面板结，增加透气性，减少塌料现象发生。

③ 定期更换已老化的部件。

4. 电极压放不到位或压放不动

（1）原因

① 电极壳弧板变形或卷边褶皱，底环部位焦油堆积、碳化等与元件、底部环卡死。

② 接触元件蝶簧压力调整不当，压力过大。

③ 电极压放油缸夹紧力过小或电极壳筋板粘有油污打滑。

④ 液压系统压力过低或压放油缸内泄，升降不同步。

⑤ 个别压放电磁换向阀故障。

⑥ 电极续接不同心，上下不垂直，与把持筒内壁发生卡顿。

（2）处理

① 拆卸电极保护屏，清理弧板卷边褶皱，清理元件及底部环异物。

② 调整接触元件蝶簧压力。
③ 调整压放油缸蝶簧夹紧力，清理油污。
④ 调整液压系统压力，检查压放油缸是否有内泄现象。
⑤ 检查压放换向电磁阀工作是否正常。
⑥ 检查电极筒与把持筒之间是否有卡阻现象。

5. 电极自动下滑

（1）原因
① 压放夹紧缸摩擦元件磨损严重，蝶簧压力调整不当，压力不足。
② 电极壳筋板处粘有油污，摩擦片打滑。
③ 接触元件蝶形弹簧压力过小。
④ 电极糊柱高度过高，电极自重过大。
（2）处理
① 更换磨损的压放夹紧缸摩擦元件，调整蝶簧压力。
② 清理电极壳筋板处粘有的油污。
③ 调整增大接触元件蝶形弹簧压力。
④ 控制电极糊柱高度至合理位置。

6. 液压油泵声音异常

（1）原因
① 液压油温低，油的黏度大，使得油泵进出口阻力增大。
② 系统有漏油现象，油箱液位低，油泵偶尔进入空气，发生汽蚀现象。
③ 叶片或齿轮磨损，间隙大。
④ 油质恶化杂质多。
（2）处理
① 开启液压油加热元件，保持正常的工作油温。
② 消除系统漏油点，及时补充符合质量标准的液压油。
③ 更换使用过长的油泵。
④ 定期对液压油进行除杂过滤。

7. 液压油管爆裂漏油或着火

（1）原因
① 液压油管质量不符合系统工艺要求，耐压不足。
② 液压油管接头处密封圈质量差或规格不符合设计要求、紧固件松动。
③ 油管绝缘损坏或金属管道触碰带电元件。
④ 发生火灾，烧坏液压油管。
（2）处理
① 紧急停车，立即停止油泵工作，关闭蓄能器，截断液压油泄漏。
② 采购使用符合质量、工艺要求的液压油管。

③ 采购使用符合质量、工艺要求的液压密封圈、定期检查、紧固松动接头。

④ 定期检查、处理损坏的油管绝缘，禁止金属液压管道触碰带电元件。

⑤ 及时清理设备点油污，严防发生火灾。

8. 液压系统温度过高

（1）原因

① 液压油箱冷却水中断或水量过小。

② 液压系统工作压力调整不当，安全溢流阀调整不当使压力过大或过小。

③ 液压油黏度选择不当，黏度过大，增加了系统阻力。

④ 液压设备装置间隙不当，做功增加。

⑤ 油箱储油量过小，油循环频率过大，来不及降温。

⑥ 液压油中进入空气，汽蚀现象严重。

（2）处理

① 定期检查冷却水循环量。

② 调整系统工作压力。

③ 选择符合工艺的液压油。

④ 装配液压设备时适当调整装置活动间隙。

⑤ 检查并保持油箱合理油位，及时补充符合工艺要求的液压油。

⑥ 检查系统中的负压区是否有漏气现象，杜绝汽蚀现象。

9. 布料器烧损频繁

（1）原因

① 布料器铸件选材不当，不是耐高温防磁材料。

② 铸造过程中存在制造缺陷，有开裂掉块现象。

③ 电极入炉深度浅，料面温度过高，有明弧现象。

④ 料面板结严重，红料多，炉内有翻电石现象，导致黏料、电石与布料器接触起弧烧损。

（2）处理

① 选用符合工艺要求的耐高温防磁不锈钢合金材料。

② 严格按照铸造工艺制作布料器，消除铸造缺陷。

③ 控制好电极工作长度和入炉深度，降低料面温度；定期处理料面，清理板结料块，增加炉料透气性，杜绝明弧操作现象。

④ 严格控制入炉原料质量，培养好料层结构，加强出炉管理，杜绝炉内翻电石现象。

10. 环形加料机运行不稳，电机烧损频繁

（1）原因

① 三台驱动装置转动速度快慢不一，托轮直径大小不一，有的磨损严重，电机转速不统一，导致驱动装置运行不同步。

② 环形加料机底部轨道固定松动，轨道变形移位，其椭圆度不符合设计工艺要

求，挡轮受力不均。

③ 环形加料机安装制造或检修后未进行调平，倾斜度较大，驱动装置受力不均。

④ 电机功率不匹配，运行中单台电机烧坏而未及时发现或更换。

⑤ 频繁全频启动，冲击电流过大。

（2）处理

① 定期检查驱动装置各部件的磨损情况，及时检修或更换。

② 配置功率、转速相同的电机，尤其是烧毁后重新绕制的电机，须测定其转速。

③ 定期检查轨道是否有松动、变形故障，及时维护；每次检修后要对环形加料机进行调平。

④ 及时检查电机的工作情况是否正常；尽量减少环形加料机的启停，应使用变频启动控制。

11. 炉顶料仓出现偏料现象

（1）原因　环形加料机各刮板与圆盘之间的间隙大小不一，刮板开启不到位。

（2）处理

① 定期检查、调整刮板与圆盘之间的间隙，使之能尽力将炉料刮净。

② 检查刮板开启与关闭是否到位，存在不到位故障时应及时修复。

12. 炉顶料仓出现爆仓或缺料

（1）原因

① 料位仪故障，液位显示不准确，导致加料过多或长时间不加料。

② 环形加料机个别刮板开启不到位，导致卸料不均匀。

③ 操作或控制失误，导致多加料或长期未加料。

④ 炉内某布料器周围长期不下料，在遇到大塌料时，个别料仓瞬间排空。

⑤ 料位巡检不到位。

（2）处理

① 经常检查、校验料位仪工作是否正常，操作人员要做好各仓加料记录，发现长时间不加料或加料过多时要提醒巡检人员现场检查。

② 检查刮板开启与关闭是否到位，存在不到位故障时应及时修复。

③ 精心操作，做好记录，杜绝发生加料误操作行为。

④ 保持高料位运行，严防料仓排空事故发生。

⑤ 定时对料仓料位进行人工核实。

13. 料管不下料

（1）原因

① 炉顶料仓中混入杂物，在下料管中堵塞。

② 炉内布料器出口原料被液体电石或黏结料堵死。

③ 检修时将料管插棍阀关闭，启动时未打开。

（2）处理

① 给料仓入口处增设篦子，输送机增加除铁器，严防杂物送入料仓。

② 控制电极入炉深度，杜绝翻电石现象发生，定期处理料面，清理积灰。

③ 检修完毕确认插棍阀是否打开。

14. 胶带输送机跑偏、打滑

（1）原因

① 安装时机头、机尾、机架不在一条直线或检修后机架发生偏移。

② 落料点不在胶带正中向下，而是侧面进入，料流冲击力致使胶带跑偏。

③ 托辊安装不符合要求，调心托辊调整不当。

④ 胶带两侧周长长度偏差较大。

⑤ 拉紧调节装置调整不当或松动。

⑥ 带料启动或驱动滚筒、胶带粘有油污、水分或结冰而打滑。

（2）处理

① 重新找正机架。

② 调整导料装置，使物料垂直落入胶带。

③ 调整托辊安装或调整调心托辊。

④ 重新硫化胶带接头。

⑤ 调整拉紧装置并固定，张力适当。

⑥ 空载启动，清理胶带、驱动滚筒油污、水分和结冰。

15. 炉门、炉嘴损坏频繁

（1）原因

① 炉门、炉嘴等铸造件所用材质不符合耐高温合金材料的工艺，加工成型后未进行应力消除工序，质量不符合电石出炉特殊工艺要求。

② 出炉时电石中所含硅铁较多，烧损严重。

③ 在炉眼维护、烧眼过程中因烧穿器使用不当，碳棒误碰炉门、炉嘴而致短路起弧烧损。

④ 绝缘损坏，使操作工具与炉门、炉嘴发生短路起弧烧损。

⑤ 在高温环境中长期使用，自然损坏。

（2）处理

① 选用符合电石出炉工艺要求的耐高温合金材料，消除应力。

② 尽量选用杂质含量小的原料，稳定炉眼高度，将炉内的硅铁均匀地放出来。

③ 及时处理损坏的绝缘，正确使用工具，严防发生短路起弧现象。

④ 使用到期的炉门、炉嘴应按计划及时更换。

16. 炉墙、炉底高温烧损

（1）原因

① 在新建、改扩建电石炉时，电石炉参数选择不合理，炉膛内径偏小。

② 电石炉炉衬设计结构不合理，筑炉工艺不符合设计要求，耐火材料质量不符合工艺要求。

③ 新开炉时负荷提升过快，在炉墙耐材未烧结时就满负荷运行或正常运行过程中超负荷运行。

④ 原料质量差，所含镁、铁、铝等的氧化物较多，原料板结严重，透气性差，炉内熔池周围炉料保护层被掏空，上层炉料又不能及时下落，导致高温电石或弧光直接烧蚀耐材。

⑤ 电极上下波动较大，炉底忽高忽低，炉眼上下波动，导致熔池忽高忽低波动也大，破坏炉门口耐火材料。

⑥ 电极工作长度过长，电极深入电石炉过深，电弧直接作用于炉底炭材，烧穿炉底。

⑦ 炉底冷却送风装置故障或送风过小，炉底、炉壳散热不佳。

（2）处理

① 在新建、改扩建电石炉时，慎重选择合理的电气、几何参数。

② 大修电石炉炉衬时合理设计结构，筑炉时要严格按照筑炉工艺施工，耐火材料质量必须符合工艺要求及质量指标。

③ 新开炉时应缓慢提升负荷，负荷在 2 个月内不超过额定有功负荷的 90%。正常生产时依据电石炉具体情况确定负荷大小，不得盲目随意提升负荷。

④ 严把原料质量关，严控入炉粉末、水分含量，定期清理炉面积灰，松动炉料，减少板结，培养好料层结构，使原料有顺序地下降，防止炉内熔池周围炉料保护层被掏空，杜绝高温电石或弧光直接烧蚀耐材。

⑤ 严格控制电极工作长度及入炉深度，定时定量出炉，稳定电石炉操作，做到稳定生产。

⑥ 定时巡检炉底通风装置工作是否正常，风量是否适当，加强通风冷却。

17. 出炉小车脱轨

（1）原因

① 出炉轨道设计不合理，转弯半径过小。

② 铸铁轨道或钢制弧形轨道轨距宽窄不统一，安装时内外高低误差较大。

③ 导向位置布置不合理，弯道处钢丝绳牵引力方向与小车行进方向夹角过大。

④ 钢丝绳在小车的挂点过高，弯道处钢丝绳容易脱离导向轮而导致牵引力方向改变。

⑤ 小车轮、轨道有破损，小车行走在损坏处时容易脱轨。

⑥ 小车车轮轴承保养不到位，车轮被卡死，四轮阻力不同，行进到弯道容易脱轨。

（2）处理

① 在新建、改扩建电石炉时，重新设计轨道转弯半径，在不影响其他工序时，

转弯半径尽力偏大些。

② 轨距须统一，误差控制在2mm以内，安装时各点水平度控制在5mm以内，轨道安装要牢固。

③ 弯道处要合理布置导向轮，尽力减小侧向分力；小车牵引点不得过高。

④ 及时修复或更换损坏的车轮、轨道；定时保养小车，加强润滑管理。

四、常见工艺问题处理

1. 电石尾气中氢含量升高

（1）原因

① 炉内有设备漏水。

② 入炉烘干兰炭水分含量超标。

③ 入炉兰炭所含挥发分超标。

④ 在线气体分析仪异常。

（2）处理

① 停车检查炉内设备是否有漏水现象，如有漏水现象应及时修复。

② 严格控制入炉兰炭水分≤1%，尽力降低挥发分含量。

③ 定期标定气体分析仪。

2. 电石尾气温度升高

（1）原因

① 电极工作长度较长，而入炉深度浅，大量高温电极暴露在料层外，同时电弧作用于浅层炉料，致使炉料发红，炉面温度高而导致尾气温度升高。

② 入炉原料中杂质含量超标，炉料高温后发黏、结块严重，流动性差，电极周围有明弧现象；料层中有熔洞，一氧化碳气体集中从熔洞排出，带出熔池中大量热量而使尾气温度升高。

③ 料层结构差，炉内有频繁塌料现象或翻电石现象，导致尾气温度升高。

④ 部分料管堵塞不下料，其周围料面下降而不能及时补充炉料，出现大量高温黏料，导致尾气温度升高。

⑤ 长时间较大负压操作，使空气进入炉内，一氧化碳大量燃烧，导致尾气温度升高。

（2）处理

① 严格控制电极放炉深度达到电极直径的1.0～1.2倍，保持适当的入炉深度。

② 严格控制入炉原料的质量。

③ 定期处理料面，清理料面结块，增加炉料透气性，捣实熔洞。

④ 稳定生产，做到产出平衡，培养好料层结构，减少塌料现象发生，杜绝翻电石事故。

⑤ 定时巡检料管下料情况，发现异常及时处理。

⑥ 保持电石炉微正压操作，减少炉内一氧化碳燃烧。

⑦ 定期检查、处理炉盖的绝缘与密封。

3. 炉压升高、炉盖冒火

（1）原因

① 操作人员调整炉压不及时，或自动调节系统设定值不合理。

② 炉内塌料频繁。

③ 因抽出烟道内壁结焦积灰，烟道内径变小，通风量减小，炉压升高。

④ 烟道流量调节故障、动作滞后或拒动。

⑤ 引风机调节后动作滞后或拒动。

（2）处理

① 中控操作人员认真及时调整炉压或设定合理的自动调节参数，使之符合工艺要求。

② 严格控制入炉原料的质量，定期处理料面，清理炉面粉末，培养好料层结构，减少塌料。

③ 定期检查、清理烟道内的积灰，疏通烟道。

④ 定期检查处理烟道阀、引风机、变频器、执行器等设备故障，保证其灵活好用。

4. 炉内频繁发生大塌料

（1）原因

① 炉内设备有漏水现象或入炉炭材水分超标，致使石灰粉化严重，同时入炉原料筛分不彻底，入炉粉末增多，导致料层透气性差。

② 炉料所含杂质过多，黏性高，流动性差，料层板结严重，打乱了炉料自然下降的顺序。

③ 出炉不畅，有翻电石现象，液体电石与炉料混合后结成硬块，阻碍炉料自然下沉和炉气的正常排出。

④ 电极入炉过深或过浅，入炉过深时料面吃料口变窄；入炉过浅时，电弧作用于浅层原料使之发黏，这都影响炉气的正常排出及炉料的自由下落。

（2）处理

① 及时停电或定期处理料面，清理料面中的结块和积灰，增加透气性，培养好料层结构。

② 严格控制入炉兰炭水分，严格控制入炉原料的粉末率，严把原料质量关。

③ 加强出炉管理，维护好炉眼，定时定量出炉，做到加料量与出炉量的平衡，杜绝翻电石现象发生。

④ 控制合理的电极工作长度和入炉深度。

5. 炉内发生翻电石

（1）原因

① 电石炉运行负荷低，未在额定负荷下长期运行，致使三相电极熔池互不连通，

未出炉电极熔池内电石积聚过多而发生翻电石现象。

② 电极入炉深度浅，熔池上移，炉底温度低，出炉困难而发生翻电石现象。

③ 因炉眼维护不到位，不能及时打开与封堵炉眼，出炉不畅，致使炉内积存电石过多而发生翻电石现象。

④ 因出炉设备故障导致无法按时出炉，电石炉负荷调整不及时，炉内积存电石过多而发生翻电石现象。

⑤ 因频繁发生大塌料，破坏了正常的料层结构，导致发生翻电石现象。

（2）处理

① 电石炉应在额定负荷下运行，保证三相电极熔池互通，三相炉眼定时轮换出炉。

② 严格控制电极入炉深度，避免熔池上下波动，提高炉底温度。

③ 加强出炉管理，维护好炉眼，定期检查保养出炉设备，定时定量出炉，做到物料进出平衡，杜绝翻电石现象发生。

④ 严格控制入炉原料质量，定期处理料面，培养好料层结构，减少或杜绝大塌料的发生。

6. 料层出现熔洞

（1）原因

① 因原料中镁、铝，兰炭中挥发分含量超标，致使高温炉料发黏结块，加之受粉末的影响，料层透气性差且不均匀，电石反应生成的一氧化碳气体从料层薄弱口集中排出，导致局部产生高温，熔化形成空洞。

② 因炉料夹杂粉末，杂质烧结成硬壳后，打乱了炉料自由下落的次序，当下部电弧作用区炉料熔化下沉后，上部炉料被硬壳架空，使下部形成空洞。

（2）处理

① 严格控制入炉原料中杂质含量，控制兰炭入炉含水量，尽量降低原料粉末率，控制好入炉原料的粒度，培养好料层结构，使炉料能自由、顺序下沉。

② 定期处理料面，清理结块和积灰，捣实料层内熔洞，给缺料区域及时补充炉料。

7. 净化煤气中氧含量超标

（1）原因

① 因抽气烟道被积灰堵塞，净化系统真空度增加而吸入空气。

② 系统管道、仓体等处有裂纹而吸入空气。

③ 爆破片、卸灰阀、布袋仓顶盖等处密封不严，吸入空气。

④ 在线氧含量分析仪表异常。

⑤ 反吹氮气中氧含量超标。

（2）处理

① 定期检查、清理抽气烟道内壁积灰，保持烟道畅通。

② 及时检查管道、仓体等设备的焊缝是否有开裂现象，发现问题及时停车处理。

③ 定期更换爆破片、密封盖、密封条并紧固螺栓；灰仓内灰面不得完全卸空，否则将失去料封作用。

④ 定期标定在线氧含量分析仪。

⑤ 控制氮气纯度≥99.5%。

8. 炉眼打不开，电石流速慢

（1）原因

① 电极入炉浅，熔池上移，炉底温度低，电石流动性差且发黏。

② 炉底积存杂质多，熔池已上移而炉眼靠下，炉眼打不开，电石难以流出且慢。

③ 电石炉负荷低，熔池缩小，炉眼深度浅，炉眼打不开且流速慢。

④ 塌料频繁，熔池内落入生料，温度低，电石流出困难。

⑤ 炉底积存的炉渣等杂质流至正炉眼时凝固堵塞通道。

（2）处理

① 控制电极，适当地深入料层，避免电极上下波动，稳定熔池位置，提高炉底温度。

② 控制好炉眼位置，杜绝炉眼忽高忽低，找准正炉眼，使炉内杂质及时排出。

③ 保持电石炉满负荷稳定运行，保持高配比，高炉温，扩大熔池。

④ 使用合格原料，控制入炉水分和粉末，培养好料层结构，杜绝频繁塌料。

9. 炉眼堵不住

（1）原因

① 炉眼维护不到位，炉眼形状烧成外小内大的“倒喇叭”形，不符合工艺要求。

② 炉眼烧得过大，堵炉泥球或炉渣不能集中于电石流出口，炉眼难以封堵。

③ 电石流出时发黏，大量堆积于炉门口，堵炉时未能彻底清理，找不到正炉眼。

④ 原料中氧化铁含量高，电石中硅铁流出时冲刷炉眼形成暗沟，难以封堵。

⑤ 料面透气性差，熔池内压力高，炉眼难以封堵。

（2）处理

① 将炉眼维护成外大里小的“喇叭”形，保持适当的炉眼深度。

② 堵炉前必须彻底清理炉门口堆积的电石，找准正炉眼位置，适当烧穿修理炉眼。

③ 保持炉眼与熔池位置相对合理，每炉将炉内硅铁等杂质均匀排出，减少铁水对炉眼的冲刷。

④ 使用合格原料，定期处理料面，增加其透气性，降低熔池内压力。

10. 电石“跑眼”

（1）原因

① 炉眼根部烧得过大，堵炉过深，当熔池温度升高，熔池直径扩大时，原炉眼坩埚壁熔化而电石自动流出。

② 炉眼维护不符合工艺要求，炉眼下部有铁水冲刷形成的暗沟未被填平，堵炉后仍有铁水从此暗沟流出，随着炉温的恢复，炉眼被烧开，电石“跑眼”。

③ 出炉口熔池坩埚壁有多个炉眼，堵炉结束后仍有其他炉眼断续外流电石，将泥球或电石渣冲刷熔化，电石自动流出而“跑眼”。

④ 刚堵眼结束时，因炉内压力变化过大，将炉眼冲开，电石流出。

（2）处理

① 将炉眼维护成外大里小的“喇叭”形，深浅恰当，不得堵眼过深。

② 铁水较大时，堵炉前必须适当烧穿修理炉眼，处理炉眼下部暗沟将炉眼彻底封死，不得有电石或铁水外流，并且要有人监护。

③ 保持一个正炉眼位置出炉，非必须时不得使用氧气频繁开眼，杜绝出现多个电石流出通道。

④ 使用合格原料，定期处理料面，增加其透气性，降低熔池内压力。

⑤ 出现“跑眼”事故而又一时无法封堵炉眼时，应紧急停电处理。

11. 出炉时电石夹杂生料

（1）原因

① 炉层结构差，塌料较频繁，有半成品、生料直接落入熔池而随电石流出。

② 出炉时，靠近炉眼的电极升降幅度过大，导致生料落入熔池，随电石流出。

（2）处理

① 控制原料质量，培养好料层结构，定期处理料面，增加透气性，减少塌料现象发生。

② 出炉时应适当控制电极活动幅度及频率，电极入炉深度要适当，不得过深。

12. 出炉时电石发黏

（1）原因

① 入炉原料配比高，电石质量高，电极上移，炉底温度偏低，导致电石流出发黏。

② 石灰中生过烧比例大，严重影响炉料配比，电石质量高，导致电石发黏。

③ 原料中镁、铝、硅的氧化物含量严重超标，还原后混在电石中使电石发黏。

（2）处理

① 适当控制入炉配比，提高炉料电阻，电极适当深入炉内，提高炉底温度。

② 严格控制生石灰中的生过烧比例，稳定炉料配比。

③ 严把原料质量关，杜绝使用高杂质含量的原料。

13. 出炉时电石流速快颜色发红，周围温度较低

（1）原因 入炉原料配比低，炉底温度偏低，生石灰严重过量，电石质量差。

（2）处理

① 适当提高入炉配比，电极适当深入炉内，提高炉底温度。

② 适当延长冶炼时间，以提高电石质量。

第四节　电石炉料面处理操作

为了不断提高电石生产运行管理的规范性，确保生产安全、稳定、有序进行，杜绝安全事故的发生，结合生产运行管理经验、行业内发生的安全事故案例进行类比、排查、总结，特制定本操作规范。

一、术语定义

（1）料面　由生石灰、炭材按一定比例混合均匀后加入到电石炉炉膛内，炉料堆积所形成的厚度从表面向下约为0～800mm范围内的料层。

（2）透气性　电石生成过程中产生的副产品CO气体从熔池反应区经上部低温料层颗粒缝隙中排出的均匀性。

① 产生的炉气能从整个料层中均匀排出，炉料能匀速有序下降时视为透气性良好。

② 产生的炉气因料面板结，无法从料层中均匀排出，而是集中在电极周围“吃料”口或局部料层熔洞部位集中排出时视为透气性差。

（3）料面板结　上层炉料在炉气显热、传导热、电阻热的共同作用下，由生石灰、炭材、原料中被还原的金属及非金属单质、粉末等在高温下黏结成硬壳料层。

其特点及危害是：①炉料流动性差，打乱了炉料正常的下降顺序；②透气性恶化，其阻碍了炉气的正常均匀排出；③操作电阻降低而产生较大的支路电流，影响电极的深入。

（4）塌料　当电石生产经过一段时间后，炉内料层下部炉料被熔化“吃空”，上层炉料因板结而悬空，当硬壳层无法承受上部物料及炉气阻力时，被悬空的炉料发生塌方式下沉的现象。

（5）处理料面　通过专用工具或借助外力清理料面上层积灰，捣碎黏结的料层结块的过程。

二、料面处理操作规定

① 料面处理计划：根据原料质量、炉况变化情况确定，一般规定为3～7天不等。

② 处理料面人员数量及组成：车间、班组负责人，炉面巡检人员等。进入二楼工作面人员数量根据具体管理要求确定，以人员最小化为原则，严格控制作业人员数量，无关人员不得进入。

③ 处理料面作业必须在出炉完毕后停电状态下进行，严禁带电作业。

④ 严禁在交接期间进行料面处理作业。

⑤ 作业前需办理相关危险性作业票证，经各级批准后方可作业。

⑥ 所有进入炉面的指挥、作业人员，必须穿戴好特殊劳动防护用品，方可进入。

⑦ 在处理料面过程中必须保证有一个检查门始终处于常开状态，以保证炉内处

于绝对负压状态。

⑧ 在处理料面期间，禁止在炉盖上方或周围区域进行其他任何作业。

⑨ 在处理料面期间，严禁上下升降电极。

⑩ 炉内清理出的灰面、积块必须合理堆放，有效隔离，防止人员误入热灰中发生烧伤事故；炉面严禁大量堆放积灰，影响炉面操作和通行。

三、处理料面的条件

① 按照月度料面处理计划，达到规定时限时。

② 发现或判断炉内设备有漏水，炉气中 H_2 含量超过 15%而无下降或 H_2 含量连续上涨时。

③ 炉内塌料频繁、发生大塌料或有翻电石现象时。

④ 某个料仓料位变化异常，某根料管下料不畅或料管堵塞时。

⑤ 炉气温度突然升高，超过规定值无下降或净化系统除尘器布袋室温度接近上限无下降时。

⑥ 炉壁或炉底发红或烧穿冒火时。

⑦ 炉气压力变化幅度较大且频繁，调整控制难度增大时。

⑧ 其他原因（电极异常，液压异常，短路刺火，下料中断，出炉异常，设备断水、断气、断电等）引起的停电处理。

四、电石炉停车操作流程

分别按正常（或异常紧急）停车操作规程操作（见本章第一节）。

五、料面处理操作流程

① 停电后使炉内处于绝对负压状态且压力稳定。

② 安排 1 名巡检人员手动或通过自动装置将电极测量孔打开，并观听炉膛内情况。

③ 安排 1 名巡检人员手动或通过自动检查门开启装置将烟道对角最远处的检查门打开。手动操作方法是：在打开第一个检查门时，首先应打开检查门两侧的安全锁，然后操作人员须侧位站立在炉门合页一侧，背朝检查门，使用单手连续闪开两次检查门，经闪动无异常后方可一次性快速打开检查门并顺势后退至 5m 以外的安全区域，待炉内烟气散尽，视线清晰后，观察炉内是否有异常情况；然后根据检查需要轮流按前法打开其他检查门。

④ 由班长再次检查确认炉内是否有漏水积水情况，以确定下一步的具体操作。

⑤ 如炉内无漏水、积水情况时，则先将其他操作人员撤离至二楼区域外后，由班长指挥，将三相电极分别提升 200～300mm，然后再将各项电极分别下降蹾实，使蓬料层塌下去。

⑥ 如发现炉内设备有漏水或料面有积水现象，须首先关闭漏水设备相应水路的

给水阀门，切断水源，确认设备不漏水后，使用耙子将炉内湿料拔出；如发现炉内局部有积水，须使用耙子将新石灰块缓慢推入积水区周围，让石灰与积水充分接触、反应并吸收积水，待积水消除后，方可将湿料、黏料耙出。将炉内积水或湿料处理完毕后按上述第⑤条规定操作。

⑦ 待电极蹾实，悬空炉料塌陷，消除塌料风险后，由班长现场具体指挥，由两名操作人员协同配合，清理料层表面及炉沿积灰、松动料面并将结块捣碎或将大块清理出来、捣实熔洞，适当更换、填补冷炉料。根据工作量和工作时间，中途更换下一组操作人员。依此类推，完成每个检查门部位的料面处理。

⑧ 其他检查、检修项目，在处理料面完毕后方可进行。

⑨ 对电极焙烧质量、电极长度等进行检查、测量、并记录。

⑩ 料面处理完毕，检查检修项目完成后，依次关闭好各检查门。

⑪ 检查电极密封套所有防爆盖是否正常，复位所有电极测量孔盖，清理楼面的积块与灰面，方具备送电条件。

六、操作风险及防护措施

① 炉压处于正压状态时，有可能发生热烟气喷出伤人事故；采取的措施是：完全开启直排阀或加大引风机风量，使炉压处于绝对稳定负压状态。

② 料层蓬料，熔池内压力较高，料层内有熔洞或炉料悬空时，作业过程中有可能发生大塌料，引发喷料、二次闪爆着火烧伤事故；采取的措施是：上下升降电极，松动料面，打破现有料层平衡状态，使熔池内悬空物料自然下沉填实，杜绝突发塌料事件。

③ 料面积水进入熔池与热融电石接触发生闪爆事故；采取的措施是：处理前排除料面积水。

④ 受热工具烫伤；工器具跌落砸伤；操作人员使用工器具将他人碰伤；料面处理机械夹伤；人员误踩入高温灰面、高温电石烧伤；人体各部位受热辐射烧伤；粉尘、小颗粒等进入眼睛、与皮肤接触造成烫伤、化学伤害等。采取的措施是：穿戴齐全特殊防火隔热防护服；使用加厚隔热手套；穿戴抗高温防砸鞋；戴好隔热防护面屏、防尘口罩；扣好衣领、袖口、裤角；合理使用工具，抓取放工具准确、配合一致；合理安排人员相互间距；执行人车（机械）避让规范；将清理出来的灼热灰面、黏结料有效隔离警戒等。

第五节 人工测量电极操作

一、测量电极的安全操作条件

① 在测量电极操作前，电石炉应在出炉完毕后且必须处于停电状态，禁止带电

测量电极。

② 测量电极操作指挥人员必须穿戴好特殊劳动防护用品（防火服，防护头盔，防护手套），佩戴好防护面罩等，方可进入操作。

③ 测量电极的操作必须在处理料面完毕后进行。

④ 测量电极操作期间，电石炉炉膛内必须处于绝对负压状态，至少须有一个检查门处于开启状态。

⑤ 测量电极前应根据电极入炉深度，适当将三相电极提起 200～300mm，测量电极操作期间禁止升降电极。

二、操作流程及方法

① 使用直径 22～25mm，长度为 4000～6000mm 的六角钢，从电极测量孔斜向下（角度根据预估电极长度估算）正对电极插入料层，直至与电极外皮接触；感觉顶到电极外皮时，需抽出钢钎将钢钎插入角度增大（抬高炉外钢钎末端），重新插入，直至感觉钢钎刚好贴着电极头插入电极熔池为止；如果感觉钢钎未触及电极头而直接插入电极熔池，需将钢钎插入角度减小（放低炉外钢钎末端）。重新插入，同样感觉钢钎刚好贴着电极头插入电极熔池为止。

② 使用专用量角器测量钢钎与垂直直线之间的夹角并记录。

③ 查表及套用公式即可计算出此相电极的工作长度。

④ 测量计算示意图如图 12-1 所示：

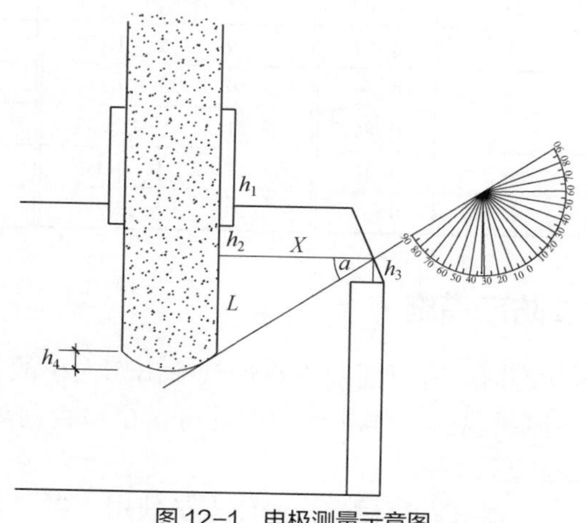

图 12-1　电极测量示意图

图中　X——表示炉盖测量孔至电极外壳之间的水平距离（固定值）；

h_1——表示电极升降高度（集控室 DCS 显示电极把持器位置）；

h_2——电极向下零行程时底部环距炉盖测量孔之间的垂直距离（固定值）；

h_3——炉盖测量孔距炉壳上沿法兰之间的垂直距离（固定值）；

h_4——电极端头弧垂高度；

a——量角器实测角度。其对应函数值见表 12-1。

根据直角三角形函数定理得知：

$$\frac{L}{X} = \mathrm{tg}a \Rightarrow L = X \cdot \tan a$$

则电极工作长度：$A = L + h_1 + h_2 + h_4 = X \cdot \tan a + h_1 + h_2 + h_4$

电极入炉深度：$B = L - h_3 + h_4 = X \cdot \tan a - h_3 + h_4$

例如，经测量，得知量角器读数角度为 30°，把持器位置 h_1=450mm，X=2150mm，h_2=150mm，h_3=350mm，h_4=200，则根据公式计算得：

电极工作长度：$A = X \cdot \tan a + h_1 + h_2 + h_4 = 2150 \times 0.577 + 450 + 150 + 200 = 2040\mathrm{mm}$

电极入炉深度：$B = X \cdot \tan a - h_3 + h_4 = 2150 \times 0.577 - 350 + 200 = 1090\mathrm{mm}$

表 12-1　不同角度的正切函数值

a	tan$a$	a	tan$a$	a	tan$a$	a	tan$a$
15	0.268	28	0.532	41	0.869	54	1.376
16	0.287	29	0.554	42	0.900	55	1.428
17	0.306	30	0.577	43	0.933	56	1.483
18	0.325	31	0.601	44	0.966	57	1.540
19	0.344	32	0.625	45	1.000	58	1.600
20	0.364	33	0.649	46	1.036	59	1.664
21	0.384	34	0.675	47	1.072	60	1.732
22	0.404	35	0.700	48	1.111	61	1.804
23	0.424	36	0.727	49	1.150	62	1.881
24	0.445	37	0.754	50	1.192	63	1.963
25	0.466	38	0.781	51	1.235	64	2.050
26	0.488	39	0.810	52	1.280	65	2.145
27	0.510	40	0.839	53	1.327	66	2.246

三、作业风险及防范措施

① 炉压处于正压状态时，有可能发生热烟气喷出伤人事故。采取的措施是：完全开启直排阀或加大引风机风量，作业期间保证有一个检查门处于开启状态，使炉压处于绝对稳定的负压状态。

② 受热工具烫伤；工器具跌落砸伤；操作人员使用工器具将他人碰伤；人员误踩入高温灰面、高温电石烧伤；人体各部位受热辐射烧伤；粉尘、小颗粒等进入眼睛、与皮肤接触造成烫伤、化学伤害等。采取的措施是：穿戴齐全特殊防火隔热防护服；使用加厚隔热手套；穿戴抗高温防砸鞋；戴好隔热防护面屏、戴防尘口罩；扣好衣领、袖口、裤角；合理使用工具，抓取放工具准确、配合一致；合理安排人员相互间距；将清理出来的灼热灰面、黏结料有效隔离警戒等。

第六节　破拆电极及板结料破碎操作

一、定义

（1）破碎电极　指将炉内异常电极进行破拆，清理出炉的作业。分三类，第一类是因电极工作长度过长，电极升降调节范围受限，影响电流正常控制或因电极壳导电筋板烧损，接触元件脱落，无法正常回装，需下放大量新电极，而炉内电极升降行程受限，需将已焙烧好的电极头进行破拆、取出的作业类型；第二类是连续停产时间过长或大修后启动前，因电极暴露在空气中时间太久，原焙烧好的电极外表面氧化脱落，直径变小严重或产生裂纹等，送电后发生电极硬断的风险较大，需将严重氧化变细、开裂部分破拆的作业；第三类是发生电极硬断，断头较大，无法从检查门取出时，需将断电极破拆的作业。

（2）板结料块破碎　指因炉内大量翻电石或炉料板结严重，结块巨块无法使用常规工具机械松动、撬起、破碎、取出时，必须使用特殊破拆工具处理的作业。

二、可采取的方式

（1）采用雷管、适量炸药进行定点爆破作业处理　此方法在灼热环境中操作风险极大；其次需要有资质的专业爆破手操作；最后，作业用雷管、炸药火工品及作业许可证需要国家相关部门批准。由于风险高，需专业人员操作，申请审批流程复杂且时间长，现已无法运作。

（2）采用“蒸汽破拆器”处理　此方法只要操作方法得当，规范标准，当量控制得当，管理措施到位，是目前最行之有效的作业方式。

三、“蒸汽破拆器”的原理及使用要求

1. 工作原理

选取一段直径合适的低压流体焊接钢管，一端加入心塞并焊好，不得有虚焊、气孔、沙眼等缺陷，保证其内部液体不得渗出；另一端加工成螺纹心塞结构，给管内装入一定量的液体，将心塞拧紧。在需要破拆处打好孔洞，然后将破拆器插入孔洞，利用孔洞内热量将破拆器内液体加热并汽化，从而产生一定的蒸汽压力，使钢管破裂，借助此爆破力将电极或板结料巨块破碎。

2. 制作流程和规格

① 选取ϕ32mm×(3.0～3.5)mm低压流体输送用焊接钢管，截取长度为350mm，将一端放入大小与管内径匹配的心塞并焊接；另一端将机加工好的带螺纹心塞插入管口焊接。

② 选取一根ϕ20mm×2000mm圆直钢筋，一端将机加工与心塞配套的内螺纹接

头焊接好，另一端制作并焊接一个直径为20mm的圆环。

③ 准备一根ϕ8mm×20000mm软质钢丝绳，用作牵引之用。

蒸汽破拆器和操作杆结构图如图12-2所示。

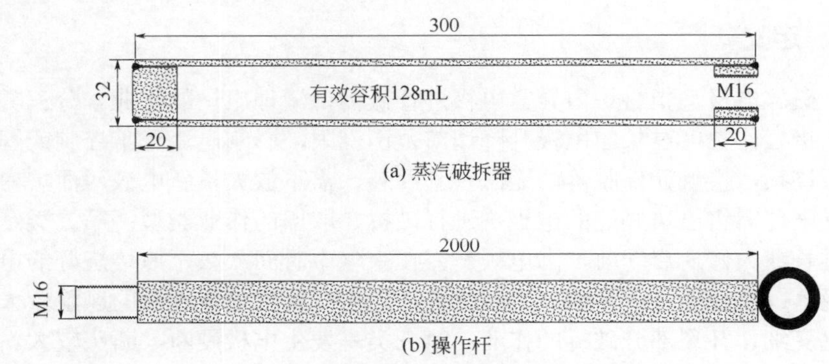

图12-2　蒸汽破拆器和操作杆结构图

3. 使用操作标准及流程

① 给已制作好的破拆器内加入60～80mL自来水，给操作杆一端螺纹缠绕适量生料带，然后与破拆器拧紧，以确认不渗水为准，并将软质钢丝绳一端套入操作杆圆圈内系好，另一端拉至安全区。

② 选用ϕ40mm矿用风镐钻头，并配用一定长度的六角空心钻杆，使用气动风镐，对准需要定点破拆的电极或板结料块中央位置打孔，孔深度须大于500mm。

③ 上述准备工作完毕，将无关人员全部撤离至室外安全地带，由1名有经验的操作人员将破拆器准确插入钻孔内，迅速撤离至钢丝绳另一头安全区。根据孔内温度不同，需要2～5min左右时间，等破拆器内液体气化并破裂后，破拆完成。然后通过远端钢丝绳将破拆器拉出至低温区自然冷却。

④ 如遇破拆器因焊接质量差导致漏水漏气、温度低，插入后等待5～10min破拆器未破裂，则应通过远端钢丝绳将破拆器拉出并等待10min以上，温度降至室温时，方可拆下破拆器，拆下后应将破拆器分解废弃。

四、安全措施

① 炉内设备不得有漏水现象存在，料面不得有积水。

② 插入破拆器操作人员须穿戴齐全特殊防火、防爆、防尘装备。

③ 直排阀要求全开，净化系统不得投入运行，炉内须保持绝对负压状态。

④ 破拆器插入后须将所有检查门全部关闭。

⑤ 无关人员全部撤离作业区域。

五、管理要求

① 未经主要领导审批同意，不得私自使用。

② 使用时需要办理相关危险性作业票证并经各级审批同意。

③ 制作好的破拆器应登记建档，做好使用记录，同时由专人保管，废弃的破拆器应及时销毁。

④ 请遵守相关法律、法规和当地应急管理部门相关规定。

第七节　出炉操作

一、出炉标准

① 一般大型密闭电石炉规定每间隔1小时出炉操作一次，其中冶炼时间应≥40min，出炉时间＜20min；当电石质量低，炉底温度低，出炉不畅等特殊情况出现时可适当延长单炉次冶炼时间，但最长不宜超过30min。炉况恢复正常状态时应及时调整回规定出炉时间。

② 正常情况下，每班应轮流对三个炉眼进行出炉操作，不得长期使用一个炉眼出炉，也不宜每炉次更换炉眼出炉。更换炉门、炉嘴，炉眼封堵等特殊情况除外。

③ 正常工况下出炉前所挂载锅车及电石锅数量应达到正常出炉量的150%以上。

④ 在出炉过程中，从第二锅电石开始，向后每间隔一锅抽取2～3个试样，然后初步冷却至100℃以下，将各试样粗碎混合缩分至200g左右，其中应剔除明显的硅铁、兰炭等异常杂质，作为炉前热样分析的试样。取样时应在流满拖出的电石锅内操作，使用专用取样勺，轻敲电石液面，从破口处深入电石液内约200mm深度，盛取1勺即可。

二、炉眼维护标准

① 炉眼应经常维护成外口大，里口小的“圆喇叭口”形，外口直径在300～350mm之间，内口直径为100～150mm为宜，炉眼深度从炉门口算起向内约500～800mm。

② 炉眼位置应尽量控制在炉门底部，出电石正炉眼应靠近外炉眼下部，不得随意抬高。

③ 每次出炉完毕，除了需要彻底清理炉嘴上残存的电石外，还需要使用钢钎及时清理掉炉眼内部临时凝固的电石残块，必要时需要使用烧穿器对炉眼进行维护。

④ 出炉完毕，清理维护完炉眼后，建议在炉嘴根部铺一薄层电石碎渣或灰面泥浆，以利于下次出炉后清理残存电石。

⑤ 炉眼使用时间较长，炉门顶部出现空洞或向外冒火喷气现象时，应及时使用液体电石将炉门彻底封堵，等待冷却24～48h后，按照炉眼工艺标准，重新烧眼。

三、操作要求及安全注意事项

① 出炉操作时应按时开，定量出，按时堵，控制好出炉量与入炉量的物料平衡。

② 在出炉过程中，应根据流出速度适当使用钢钎进行深捅浅带的拉眼操作，但也不得过于频繁，以免引起炉内塌料，带出生料；应尽量加快出炉速度。

③ 出炉过程中应及时清理电石流出通道中已凝结电石，使电石顺畅地流入电石锅。

④ 出炉前应准备充足堵眼炉渣或泥球。

⑤ 出炉前须给每个电石锅内平铺 5～10mm 电石渣，以防电石、硅铁与锅底粘连。

⑥ 清理下来的炉嘴电石块不得高出锅沿，且每锅放入的电石块不宜超过容积的一半。

⑦ 每锅电石液不宜过满使之向外流出，电石液在锅内冷却时间，夏季应大于 3.5h，寒冬季节应大于 3h，否则不得拨锅操作；刚出锅的红热电石坨应轻取轻放，搬运堆放过程杜绝发生碰撞现象，以免发生破裂烧伤事故；同时电石坨堆码高度不宜超过 2 层（或超过 1.5m）。

⑧ 未经相关领导批准，操作人员不得私自使用氧气开炉且需要控制使用数量；在特殊情况使用过程中，氧气瓶、连接胶管接口、开启工具、空心六角钢及手套等作业工具不得粘有油脂类物质。

⑨ 出炉操作期间，任何人不得站立在出炉操作工具后面，也不得站立在出炉机器人四周，须留有必需的安全距离。

⑩ 出炉期间任何人不得站立在炉眼正前方，以防突发喷料伤人；任何时间人员不得在炉嘴下方停留或通过，在清理炉嘴下方道轨的电石残渣时，操作人员须与炉嘴保持不小于 2m 的水平安全距离并有专人监护炉眼情况。在更换炉门、炉嘴或修补炉嘴下部炉壳时，必须将炉眼彻底封堵并冷却一段时间后，方可进行作业。

⑪ 在人工安装锅插板时，两脚应分开不小于 400mm 宽，双手从插板大头儿一侧抱起，慢慢使插板小头儿一侧首先放入电石锅缺口根部，然后顺势向外搬出，安装到位，严防插板脱落砸伤腿脚。

⑫ 拨出的电石坨如与插板发生粘连，应使用大锤或撬杠等工具侧位站立进行敲击撬动，严防插板落下砸伤脚面；当电石坨与锅底发生粘连被带出时，应将其放在安全地带，待冷却后将电石坨提起 50～100mm，使用撬杠将其剥离，操作中严防撬杠跳起伤害自己，同时防止锅底落在脚面上。

⑬ 出炉期间，锅车及钢丝绳两侧 10m 范围内不得有人员停留或通过，炉壳周围操作区域距离不足时应设置隔离护栏。

⑭ 电石锅冷却区在行车作业期间，区域边界四周 5m 范围内不得有人员停留，如需操作人员配合作业，人员作业期间，行业须停车等待，不得作业。

⑮ 出炉区域和冷却区域除本岗位人员外，未经批准其他人员一律不准入内。

⑯ 所有进入人员必须穿戴齐全劳动防护用品。

第八节 清炉操作

电石炉在经过几年的生产运行后，因炉底积存的硅铁、碳化硅等杂质不断上涨，炉膛内炉墙耐火材料烧蚀严重，炉壳钢结构变形严重，炉料中各类杂质含量增多，出现电极下插困难，料面支路电流增大，炉盖等电石炉通水部件漏水频繁，产品工艺单耗、产质量、消耗等各项生产技术指标严重超标，生产成本明显上升等问题时，经综合考虑就需要对电石炉进行停炉大修，其中一项最重要的工作就是清炉。清炉就是电石炉停车后，将炉内混合炉料以及炉墙砖、炉底部分碳素材料清理出去的过程。电石炉从新开炉到停车清炉大修的总时间叫作炉龄。一般大型密闭炉的炉龄在5 年以上或者更长。炉龄的长短与日常生产时所使用原料的质量好坏，操作管理水平高低、精细程度，电石炉的几何参数是否合理等因素有关。

一、清炉前准备工作

1. 工器具准备

① 拆除局部侧炉盖所需的手拉葫芦、电焊机、扳手、榔头、起吊钢丝绳等。

② 准备好防爆轴流风机及通风软管，有毒有害、易燃易爆气体监测仪。

③ 准备好清理炉渣所使用的铁锹、镐头、撬杠、大锤、卷扬机、钢丝绳、手推车、气动或电动风镐等清炉工具。

④ 准备好披肩帽、防尘眼镜、防尘防毒口罩、防烫棉手套、防火阻燃工作服、防烫防砸鞋、防悬空垫板等安全防护用品。

2. 停炉前操作准备工作

① 计划停炉前 48h 开始适当降低炉料配比，使得电极能插入更深，将炉底积存的各类杂质尽可能从炉眼排出。

② 适当延长电极压放间隔时间，使电极在停炉前缩短。

③ 可每 8h 停炉一次，将炉内外围结块松动、捣碎推至电极四周，尽量伴随炉料消耗下去；根据实际情况在停炉前 8h，可将净化系统退出运行，改为开放炉操作法，进行适当干烧操作并配以适量的副石灰进行调炉，尽可能将炉内红料黏料推至电极周围烧掉并降低料面高度。

④ 在停炉前要有计划地将炉顶料仓的混合料使用完，并在停电后将料管在炉盖处使用插棍阀关闭。

⑤ 出炉完毕，则可停车。经检查炉内无漏水时，可将三相电极提起，拔出料层。

⑥ 打开全部直排烟道阀，打开全部检查门，对电石炉进行自然冷却降温。

⑦ 在冷却期间，可安排机修人员将直排烟道对角侧炉盖拆除移开。

二、清炉操作

① 安排 1 人穿戴好特殊防护用品，给料面轻微喷水，喷水时应在整个料面交替进行，不得集中一处大量放水。

② 根据产生的蒸汽量适时开启防爆轴流风机进行强制通风，在整个清炉过程中不得随意动火作业（炉内点火除外）。

③ 待炉内物料表层有相当数量炉料被水打湿冷却，空间水蒸气散尽后，将防悬空垫板放入炉内，经受限作业监测合格，具备作业条件时，清炉人员方可进入炉内将湿料清出楼面。（注：只允许清理湿料，如遇干、红料时停止作业，进入炉内作业人员应控制为 2 人，其他人员分批轮流作业，也可配以小型挖机作业。）

④ 清理完毕，按前法再次给炉内物料洒水，进行相似重复作业。在清理湿料作业时，要求首先清理炉中心物料，保持炉中心低，四周高的形状，目的是使炉内形成“锅底”形，容易积水，积水不易外流。

⑤ 经过多次上述重复作业直至见到明显的硅铁、碳化硅出现时，应分次给炉内注水，积水不宜过多，待蒸发将近完毕时再进行二次补水。（注：再补水开始前，如炉膛内可见易燃气体，应先试点火，后进行注水作业，以防发生爆炸事故。）

⑥ 清理至炉底硅铁层时，根据开裂情况酌情喷水分解，让灼热硅铁、碳化硅趁热迸裂成小块，以利清理。也可使用风镐之类工具，找一个明显松动点，寻找突破口，顺着裂纹逐块清理。如果无法松动清理，只能再次放水浸泡。

⑦ 以上是刚停炉，炉内物料还是红热状态的作业办法。如果电石炉停电时间过长，炉内物料已没有温度，清理难度更大，耗时也会增长。

⑧ 在清炉过程中，炉墙砖拆除可同步进行，也可待清理炉内炉料、硅铁完成后，再从顶部逐层拆除耐火材料。只是同步进行会增加物料分类管理的难度，也会影响炉内物料的分类销售。

⑨ 如果是清炉连同炉壳钢板、炉底碳砖一同拆除，清炉工作会容易很多。可采取边清理上层炉料，边切割炉壳钢板，清理至炉底出现硅铁层时，可使用小型工程机械协助一起破拆。

三、清炉作业安全注意事项

① 向炉内洒水时，应缓慢喷洒，控制水量，不得一次性喷入过多，形成大量积水，这样会引剧烈反应，有可能发生爆炸事故，应采取勤放少放的方式，逐渐降温分解。

② 定时监测和实时监测相结合，随时关注炉内产生的气体成分，将气体及时排出厂房外。

③ 清炉期间，厂房内严禁动火作业。

④ 严格控制现场清炉作业人数，不得过多人员集中停留在炉盖周围，无关人员

不得进入。

⑤ 进入炉内作业人员应随身配有毒气体报警仪，加强炉内通风，穿戴好劳保用品。

⑥ 人工进入炉内清理物料时，必须设置防踩空、烫伤踏板。

⑦ 在清炉作业全过程中要时刻注意受限、动火、高处、机械伤害等作业安全。

第十三章

密闭电石生产安全管理

第一节　特殊危险性作业管理

电石生产工艺以及电石产品、一氧化碳属于国家重点监管的危险化工工艺和危险化学品，生产所使用的部分原材料同样具有有毒有害、易燃易爆的特性。特别是在作业过程中因作业不规范，存在有“三违”行为，时常有火灾、爆炸、窒息、中毒、高空坠落、烧烫伤、机械伤害等各类安全事故的发生，给员工生命安全与健康及企业造成不同程度的损失。为了加强各类危险性作业安全管理，规范作业现场安全行为，减少和杜绝生产安全事故，保护员工生命安全与健康和企业财产安全，按照《化学品生产单位特殊作业安全规范》要求，特做如下介绍。

一、术语及定义

（1）危险性作业　是指设备检修过程中可能涉及动火、进入受限空间、盲板抽堵、高处作业、吊装、临时用电、动土、断路等，对操作者本人、他人及周围建（构）筑物、设备、设施的安全可能造成危害的作业。

（2）易燃易爆场所　《建筑设计防火规范（2018 年版）》（GB 50016—2014）、《石油化工企业设计防火标准（2018 年版）》（GB 50160—2008）中火灾危险性分类为甲、乙类区域的场所。

（3）动火作业　是指能直接或间接产生明火的工艺设备以外的禁火区内可能产生火焰、火花和炽热表面的非常规作业。如使用电焊、气焊（割）、喷灯、电钻、砂轮等进行的作业。

（4）受限空间　是指进出口受限，通风不良，可能存在易燃易爆、有毒有害物质或缺氧，对进入人员的身体健康和生命安全构成威胁的封闭、半封闭设施及场所。如反应器、塔、槽、罐、炉膛、管道以及地下室、阴井、坑（池）、下水道或其他封闭、半封闭场所。

（5）受限空间作业　是指进入或探入受限空间进行的作业。

（6）吊装作业　是指利用各种机具将设备、工件、器具、材料等吊起，使其发生位置变化的作业过程。

（7）高处作业　是指在距基准面2m及以上高处进行的有可能坠落的作业。

（8）盲板抽堵作业　是指在设备、管道上开启或关闭盲板的作业。

（9）动土作业　是指挖土、打桩、钻探、坑探、地锚入土深度0.5m以上；使用推土机、压路机等施工机械进行填土或平整场地等可能对地下隐蔽设施产生影响的作业。

（10）断路作业　是指在生产单位内，交通主、支路与车间引道上进行工程施工、吊装等各种影响正常交通的作业。

（11）临时用电作业　是指使用正式运行的电源上所接的非永久性用电作业。

（12）设备检修作业　是指为了保持和恢复设备、设施规定的性能而采取的技术措施，包括检测和修理。

二、机构划分及职责

（1）安全环保部门　按照国家有关危险性作业管理规范或要求制定企业危险性（特殊）作业安全管理办法，对企业各单位危险性（特殊）作业管理情况统一进行监督与考核，具体负责动火、受限作业的安全管理，审批动火、受限作业许可证。

（2）生产技术部门　负责盲板抽堵、临时用电作业的安全管理与日常监督检查，审批盲板抽堵、临时用电作业许可证。

（3）设备管理部门　负责吊装、高处、断路、动土和设备检修作业的安全管理与日常监督检查，审批吊装、高处、断路、动土和设备检修作业许可证。

（4）作业属地管理部门　负责本单位各类危险性作业的日常安全管理，按流程审批各类危险性作业许可证，落实现场安全防范措施并监督作业实行。按照属地监管的原则，对新、改、扩建项目现场危险性作业进行监督、检查，发现违规、违章问题及时制止、考核。

三、危险性作业安全管理基本要求

① 作业前，申请作业单位和实施作业单位应对作业现场和作业过程中可能存在的危险、有害因素进行辨识，制定相应的安全措施。

② 作业前，作业负责人应对参加作业的人员进行安全教育，主要内容如下：

a．有关作业安全的规章制度；

b．作业现场和作业过程中可能存在的危险、有害因素及应采取的具体安全措施；

c．作业过程中所使用的个体防护器具的使用方法及使用注意事项；

d．事故的预防、避险、逃生、自救、互救等知识；

e．相关事故案例和经验教训。

③ 作业前，申请作业单位应进行如下工作：

a．对设备、管线进行隔绝、清洗、置换，并确认满足动火、进入受限空间等作业安全要求；

b．对放射源采取相应安全处置措施；

c．对作业现场的地下隐蔽工程进行交底；

d．腐蚀性介质的作业场所应配备应急冲洗水源；

e．夜间作业的场所设置满足要求的照明装置；

f．会同实施作业单位组织作业人员到作业现场，了解和熟悉现场环境，进一步核实安全措施的可靠性，熟悉应急救援器材的位置及分布。

④ 作业前，实施作业单位对作业现场及作业涉及的设备、设施、工器具进行检查，并使之符合以下要求：

a．作业现场消防通道、行车通道应保持畅通，影响作业安全的杂物应清理干净；

b．作业现场的梯子、栏杆、平台、箅子板、盖板等设施应完整、牢固，使用的临时设施应确保安全；

c．作业现场可能危及人身安全的坑、井、沟、孔洞等应采取有效的防护措施，并设警示标志，夜间应设警示红灯，需要检修的设备上的电器电源应可靠断电，在电源开关处加锁并加挂安全警示牌；

d．作业现场应配备相应的安全防护用品（具）及消防设施与器材，作业使用的个体防护器具、消防器材、通信设备、照明设备等应完好；

e．作业使用的脚手架、起重机械、电气焊用具、手持电动工具等各种工器具应符合作业安全要求，超过安全电压的手持式、移动式电动工器具应逐个配置漏电保护器和电源开关。

⑤ 作业现场应设置警戒区域，进入作业现场的人员应正确佩戴安全帽。作业时，作业人员应遵守本工种安全技术操作规程，按规定着装并正确佩戴相应的个体防护用品，多工种、多层次交叉作业应统一协调，规范作业行为。特种作业和特种设备作业人员应持证上岗，患有职业禁忌证者不应参与相应作业。

⑥ 所有危险性作业应实施现场专人监护，监护人必须具有1年以上本作业岗位工作经验，熟悉本岗位危险、有害因素，具备基本救护技能和作业现场的应急处理能力，作业过程中应坚守岗位，不得离开。如确需离开，应有具备监护能力的专人替代监护。

⑦ 作业前，申请作业单位的作业负责人应办理作业审批手续，并经相关责任人签名确认。

⑧ 在涉及动火、进入受限空间、盲板抽堵、高处作业、吊装、临时用电、动土、断路中的两种或两种以上时，除应同时执行相应的作业要求外，还应提前办理相应的作业审批手续，并在各作业许可证中明确相关作业及作业许可证编号。

⑨ 作业时审批手续应齐全、安全措施应全部落实、作业环境应符合安全要求。对作业审批手续不全、安全措施落实不到位、作业环境不符合安全要求的，作业人员有权拒绝作业。

四、作业相关人员安全职责

（1）作业措施落实人　参与危险、有害因素识别，按照作业负责人要求和作业许可证、相关方案认真并逐项落实现场安全措施。

（2）作业负责人　详细了解作业内容及周围情况，组织作业过程中的危险、有害因素识别，并制定安全措施方案。督促作业落实人落实安全防范措施，对作业人员进行安全培训教育，协调作业过程中的相关事宜。作业完成后，组织现场验收，确认无安全隐患。

（3）作业人员　参与危险、有害因素识别和安全措施的制定，清楚作业内容及其危险性，作业前逐项确认安全措施的落实情况，严格按规程、规定作业，及时了解作业环境变化，遇特殊或异常情况及时报告，停止作业或请求撤离现场。

（4）化验分析人员　按要求认真分析取样样品指标，提供准确的分析数据，对作业取样分析结果负责。

（5）作业监护人　负责现场的安全监护与检查，建立应急联络方式，制止违章作业行为。坚守岗位，不准脱岗，不准兼做其他工作。发现异常情况应立即通知作业人员停止作业或撤离作业现场，并及时联系有关人员采取措施。作业完成后，会同有关人员清理现场，消除安全隐患。

（6）安全措施审查人　对现场安全措施落实情况进行逐项审查，对不符合项责令逐项落实整改；提出需要完善的其他安全措施，向作业负责人、现场监护人、作业人员进行安全培训教育或交代安全注意事项。

（7）安全措施审核人　审核各项安全措施是否合理有效，是否落实到位，对不符合项措施提出整改意见；补充完善需要落实的其他安全措施，向作业负责人、现场监护人、作业人员交代安全注意事项。

（8）作业审批人　审查作业许可证是否填写准确，是否按流程经过审查、审核，最终确认各项安全措施是否落实到位并签字批准。

五、其他要求

① 当生产装置出现异常，可能危及作业人员安全时，申请作业单位应立即通知作业人员停止作业，迅速撤离；当作业现场出现异常，可能危及作业人员安全时，作业人员应停止作业，迅速撤离，实施作业单位应立即通知申请作业单位。

② 作业完毕，实施作业单位应恢复作业时拆移的盖板、箅子板、扶手、栏杆、防护罩等安全设施的安全使用功能；将作业用的工器具、脚手架、临时电源、临时照明设备等及时撤离现场；将废料、杂物、垃圾、油污等清理干净。

六、危险性作业安全管理要求

1. 动火作业

（1）动火作业分级

固定动火区域外的动火作业分为二级动火、一级动火、特殊动火三个级别，遇节假日或其他特殊情况，动火作业应升级管理；作业许可证审查人、审核人、审批人可以由值班同级别的人员进行，并到现场监督。

① 二级动火作业：除特殊动火和一级动火作业以外的所有动火作业。

② 一级动火作业：在易燃易爆场所进行的除特殊动火作业以外的动火作业。厂区所有管廊架上的动火作业均按一级动火作业管理。

③ 特殊动火作业：在生产运行状态下的易燃易爆生产装置、输送管道、储罐、容器等部位及其他特殊危险场所进行的动火作业，带压不置换动火作业按特殊动火作业管理。

各分厂或车间必须根据本单位生产区域特点，严格执行二级、一级、特殊动火作业区域以及固定动火区划分标准。

（2）动火作业基本要求

① 动火作业前必须办理动火作业许可证，应设有专人监火；固定动火区不需要办理动火作业许可证。

② 作业前应清除动火现场及周围易燃物品，或采取其他有效安全防火措施，配备消防器材，满足作业现场应急需求。动火点周围或其下方的地面如有可燃物、空洞、窨井、地沟、水封等，应检查分析并采取清理或封盖等措施；对于动火点周围有可能泄漏易燃、可燃物料的设备，应采取隔离措施。

③ 凡在盛有或盛过危险化学品的设备、管道等生产、储存设施及处于甲、乙类区域的生产设备上动火作业，应将其与生产系统彻底隔离，并进行清洗、置换，分析合格后方可作业；因条件限制无法进行清洗、置换而确需动火作业时，按特殊动火作业的安全防火要求执行。

④ 拆除管线进行动火作业时，先应查明其内部介质及走向，并根据所拆除管线的情况制定安全防火措施。

⑤ 在有可燃物和使用可燃物做防腐内衬的设备内部进行动火作业时，应采取防火隔绝措施。

⑥ 在生产、使用、储存氧气的设备上进行动火作业时，设备内氧含量不得超过23.5%。

⑦ 动火期间距动火点30m内不应排放可燃气体；距动火点15m内不应排放可燃液体；在动火点10m范围内及动火点下方不应同时进行可燃溶剂清洗或喷漆等作业。

⑧ 使用气焊、气割动火作业时，乙炔瓶应直立放置；氧气瓶与乙炔气瓶间距不应小于5m，二者与动火点不应小于10m，应设置防晒设施。

⑨ 作业完毕应清理现场，确认无残留火种后方可离开。

⑩ 五级（含五级）风以上天气，原则上禁止露天动火作业。因生产需要确需动火作业时，应升级管理。

（3）特殊动火作业要求　在符合上述基本要求的同时，还应符合以下规定：

① 在生产不稳定的情况下不应进行带压不置换动火作业。

② 应预先制定作业方案，落实安全防火措施，必要时可请专职消防队到现场监护。

③ 动火所在分厂应预先通知生产调度及有关单位，使之在异常情况下能及时采取相应的应急措施。

④ 应在正压条件下进行作业。

⑤ 应保持作业现场通排风良好。

（4）动火分析及合格标准要求

① 动火作业前应进行动火分析，由动火负责人提出具有代表性的取样点。

② 在较大的设备内动火，应对上、中、下部位进行监测分析；在较长的物料管线上动火，应对彻底隔绝区域内分段分析。

③ 在设备外部动火，应在不小于动火点10m范围内进行动火分析。

④ 动火分析与动火作业间隔一般不超过30min，如现场条件不允许，间隔时间可适当放宽，但不应超过60min。

⑤ 作业中断时间超过60min，应重新分析，每日动火前应进行动火分析；特殊动火作业期间应随时进行监测分析。

⑥ 使用便携式可燃气体检测仪或其他类似手段进行分析时，检测设备应经标准气体样品标定合格。

⑦ 动火分析合格判定：当被测气体或蒸气的爆炸下限大于或等于4%时，其被测浓度应不大于0.5%（体积百分数）；当被测气体或蒸气的爆炸下限小于4%时，其被测浓度应不大于0.2%（体积百分数）。

⑧ 动火作业现场涉及易燃易爆、有毒有害气体除符合《化学品生产单位特殊作业安全规范》（GB 30871—2014）中5.4.2规定，有毒气体（物质）浓度还应符合《工作场所有害因素职业接触限值 第1部分：化学有害因素》（GBZ 2.1—2019）中的毒性气体防护规定，佩戴匹配的劳动防护用品。（例如电石生产中常见的一氧化碳，当16ppm＜CO浓度≤100ppm[1]时，佩戴防毒口罩工作应≤1h；当空间浓度大于100ppm时原则不进行作业；工作需要时，100ppm≤CO浓度≤400ppm时，必须佩戴防毒面具工作，时间不得多于1h，当浓度＞400ppm时必须正确佩戴正压式呼吸器。）

2. 受限空间作业

（1）作业前必须办理《受限空间作业许可证》，应设有专人监护，并按以下要求对受限空间进行安全隔绝：

① 与受限空间连通的可能危及作业安全的管道应插入盲板或拆除一段管道进行有效隔绝。

② 与受限空间相连通的可能危及作业安全的孔、洞应进行严密地封堵。

③ 受限空间内用电设备应停止运行并有效切断电源，在电源开关处上锁并加挂警示牌。

---

[1] CO环境下，1ppm=1.15mg/cm^3。

（2）作业前，应根据受限空间盛装（过）的物料特性，按以下要求对受限空间进行清洗和置换：

① 氧含量为18%～21%，在富氧环境下不得大于23.5%。

② 有毒气体（物质）浓度应符合《工作场所有害因素职业接触限值　第1部分：化学有害因素》（GBZ 2.1—2019）表1中的规定。

③ 可燃气体浓度：当被测气体或蒸气的爆炸下限≥4%时，其被测浓度≤0.5%（体积百分数）；当被测气体或蒸气的爆炸下限<4%时，其被测浓度≤0.2%（体积百分数）。

（3）应保持受限空间空气流通良好，并采取以下措施：

① 打开人孔、检查孔、进出料孔、阀门、烟道门等与大气相通的设施进行自然通风。

② 必要时，应采用风机强制通风或管道送风，管道送风前应对管道内介质和风源进行分析确认。

（4）应对受限空间内的气体浓度进行严格监测，监测要求如下：

① 作业前30min内，应对受限空间内氧气含量、易燃易爆和有毒气体进行分析，分析合格后方可进入，如现场条件不允许，时间可适当放宽，但不应超过60min。

② 监测点应有代表性，容积较大的受限空间，应对上、中、下各部位进行监测分析。

③ 分析仪器在校验有效期内，使用前应保证其处于正常工作状态。

④ 监测人员深入或探入受限空间监测时应采取符合规定的个体防护措施。

⑤ 作业中应定时监测，至少每2h监测一次，如监测分析结果有明显变化，应立即停止作业，撤离人员，对现场进行处理，分析合格后方可恢复作业。

⑥ 对可能释放有害物质的受限空间，应连续监测，情况异常时应立即停止作业，撤离人员，对现场进行处理，分析合格后方可恢复作业。

⑦ 涂刷具有挥发性溶剂的涂料时，应做连续分析，并采取强制通风措施。

⑧ 作业中断时间超过60min时，应重新进行分析。

（5）进入下列受限空间作业应采取如下防护措施：

① 缺氧或有毒的受限空间经清洗或置换，有毒、可燃气体浓度仍达不到要求时，应佩戴正压式呼吸器，必要时应拴戴救生绳。

② 易燃易爆的受限空间作业时，经清洗或置换，可燃气体浓度仍达不到要求时，应穿防静电工作服及防静电工作鞋，使用防爆型低压灯具及防爆工具。

③ 酸碱等腐蚀性介质的受限空间作业时，应穿戴防酸碱防护服、防护鞋、防护手套等防腐蚀护品。

④ 进入有噪声产生的受限空间，应佩戴耳塞或耳罩等防噪声护具。

⑤ 进入有粉尘产生的受限空间，应佩戴防尘口罩、眼罩等防尘护具。

⑥ 进入低温受限空间时应穿戴低温防护用品，必要时采取供暖、佩戴通信设备

等措施。

⑦ 在风险较大的受限空间作业时，应增设监护人员，并随时与受限空间内作业人员保持联络。

（6）照明及用电安全要求如下：

① 受限空间照明电压应小于或等于 36V，在潮湿容器、狭小容器内作业时电压应小于或等于 12V。

② 在潮湿容器中，作业人员应站在绝缘板上，同时保证金属容器接地可靠。

（7）应满足的其他要求如下：

① 受限空间外应设置安全警示标志，备有空气呼吸器（氧气呼吸器）、消防器材和清水等相应应急用品。

② 受限空间出入口应保持畅通。

③ 作业前后应清点作业人员和作业工器具。

④ 作业人员不应携带与作业无关的物品进入受限空间，作业中不得抛掷材料、工器具等物品；在有毒、缺氧环境下不得摘下防护面具；不应向受限空间充氧气或富氧空气；离开受限空间时应将气割（焊）工具带出。

⑤ 难度大、劳动强度大、时间长的受限空间作业应采取轮换作业方式。

⑥ 作业结束后，由受限空间所在单位和作业单位共同检查受限空间内外，确认无问题后方可封闭受限空间。

⑦ 最长作业时间不应超过 24h。

3. 吊装作业

（1）吊装作业分级 吊装作业按吊装重物质量（m）不同分为：

① 一级吊装作业：$m>100$t。

② 二级吊装作业：40t$\leqslant m \leqslant$100t。

③ 三级吊装作业：$m<40$t。

（2）基本要求

① 吊装作业前必须办理《吊装作业许可证》，应设有专人监护。吊装质量小于 10t 的倒链、厂房内频繁起吊使用的行车进行的吊装作业可不办理《吊装作业许可证》。其他（如外来吊车以及大于 10t 的吊装作业）一律办理《吊装作业许可证》。

② 三级以上的吊装作业，应编制吊装方案。吊装物体质量虽不足 40t，但形状复杂、刚度小、长径比大、精密贵重，以及在作业条件特殊的情况下，也应编制吊装作业方案，并经分管领导审批。

③ 吊装现场应设置符合《安全标志及其使用导则》（GB 2894—2008）规定的安全警戒标志，非作业人员禁止入内。

④ 不应靠近输电线路进行吊装作业，确需在输电线路附近作业时，其机械的安全距离应大于起重机械的倒塌半径并符合《电业安全工作规程（电力线路部分）》（DL

409—1991）的要求，不能满足时，应停电后再进行作业。吊装场所如有含危险物料的设备、管道，应制定详细吊装方案，并对设备、管道采取有效的防护措施，必要时停车、放空物料、置换后进行吊装作业。

⑤ 大雪、暴雨、大雾及5级以上风时，不应露天作业。

⑥ 作业前，作业单位应对起重机械、吊具、索具、安全装置等进行检查，确保处于完好状态。应按规定负荷进行吊装，吊具、索具应经计算选择使用，不得超负荷吊装。

⑦ 不应利用管道、管架、电杆、机电设备等作吊装锚点。未经土建专家审查核算，不应将建筑物、构筑物作为锚点。

⑧ 起吊前应进行试吊，试吊中检查全部机具、地锚受力情况，发现问题应将吊物放回地面，排除故障后重新试吊，确认正常后，方可正式吊装。

⑨ 吊装作业时应明确指挥人员，指挥人员应佩戴安全帽和明显的标志，并按《起重吊运指挥信号》（GB/T 5082—2019）规定的联络信号进行指挥。

（3）起重机械操作人员应遵守如下规定：

① 按指挥人员发出的指挥信号进行操作，任何人发出的紧急停车信号均应立即执行，吊装过程中出现故障，应立即向指挥人员报告。

② 重物接近或达到额定起重吊装能力时，应检查制动器，用低高度、短行程试吊后，再起吊。

③ 利用两台或多台起重机械吊运同一重物时应保持同步，各台起重机械所承受的载荷不应超过各自额定起重能力的80%。

④ 下放吊物时，不应自由下落（溜），不应利用极限位置限制器停车。

⑤ 不应在起重机械工作时对其进行检修，不应在有载荷的情况下调整起升变幅机构的制动器。

⑥ 停工和休息时，不应将吊物、吊笼、吊具和吊索悬在空中。

⑦ 在以下情况下，起重机操作人员不应起吊：

a．无法看清场地、吊物，指挥信号不明；

b．起重臂吊钩或吊物下面有人或浮置物；

c．重物捆绑、紧固、吊挂不牢，吊挂不平衡，绳打结，绳不齐，斜拉重物，棱角吊物与钢丝绳之间没有衬垫；

d．重物质量不明、与其他重物相连、埋在地下或与其他物体冻结在一起。

（4）司索人员应遵守如下规定：

① 听从指挥人员的指挥，并及时报告险情。

② 不应使用吊钩直接缠绕重物或将不同种类、不同规格的索具在一起混用。

③ 吊物捆绑要牢靠，吊点和吊物的重心应在同一垂直线上，起升吊物时应检查其连接点是否牢固、可靠；吊运零散件时，应使用专门的吊篮、吊斗等器具，吊篮、吊斗等不应装满。

④ 起吊重物就位时，应与吊物保持一定的安全距离，用拉伸或撑杆、钩子辅助其就位。

⑤ 起吊重物就位前，不应解开吊装索具。

⑥ 出现与司索人员有关的不应起吊的情况，司索工应做相应处理。

（5）其他

① 用定型起重吊装机械（履带吊车、轮胎吊车、桥式吊车等）进行吊装作业时，除遵守上述要求外，还应遵守该定型机械的操作规程。

② 作业完毕应做如下工作：

a．将起重臂和吊钩收放到规定位置，所有控制手柄均应回到零位，电气控制的起重机械的电源开关应断开；

b．对在轨道上作业的吊车，应将吊车停放在指定位置有效锚定；

c．吊索、吊具应收回，放置到规定位置，并对其进行例行检查。

4．高处作业

（1）高处作业分级　作业高度 h 分为四个区段：2m≤h≤5m，为一级高处作业；5m<h≤15m，为二级高处作业；15m<h≤30m，为三级高处作业；h>30m，为特级高处作业。

（2）直接引起坠落的客观危险因素分为 9 种，具体如下：

① 阵风风力 5 级（风速 8.0m/s）以上。

② 平均气温≤5℃的作业环境。

③ 接触冷水温度≤12℃的作业。

④ 作业场地有冰、雪、霜、水、油等易滑物。

⑤ 作业场所光线不足或能见度差。

⑥ 作业活动范围与危险电压带电体距离小于表 14-1 的规定。

表 14-1　作业活动范围与危险电压带电体的距离

危险电压带电体的电压等级/kV	≤10	35	63～110	220	330	500
距离/m	1.7	2.0	2.5	4.0	5.0	6.0

⑦ 摆动，立足处不是平面或只有很小的平面，即任一边小于 500mm 的矩形平面、直径小于 500mm 的圆形平面或具有类似尺寸的其他形状的平面，致使作业者无法维持正常姿势。

⑧ 存在有毒气体或空气中含氧量低于 19.5%的作业环境。

⑨ 可能会引起各种灾害事故的作业环境和抢救突然发生的各种灾害事故。

（3）不存在上述所列 9 条任一种客观危险因素的高处作业按表 14-2 规定的 A 类法分级，存在上述所列 9 条的一种或一种以上客观危险因素的高处作业按表 14-2 规定的 B 类法分级。

表 14-2 高处作业分级分类

分类法	高处作业高度 h/m			
	2m≤h≤5m	5m<h≤15m	15m<h≤30m	h>30m
A	Ⅰ（一级）	Ⅱ（二级）	Ⅲ（三级）	Ⅳ（特级）
B	Ⅱ（二级）	Ⅲ（三级）	Ⅳ（特级）	Ⅳ（特级）

（4）作业要求

① 高处作业前必须办理《高处作业许可证》，并设有专人监护。作业人员应正确佩戴符合《安全带》（GB 6095—2009）要求的安全带，带电高处作业应使用绝缘工具或穿均压服，特级高处作业（30m 以上）宜配备通信联络工具。

② 作业前由作业人员确认安全措施落实后，方可施工，否则有权拒绝施工作业；作业过程中不应在高处作业处休息，安全带应高挂低用。

③ 应根据实际需要配备符合《吊笼有垂直导向的人货两用施工升降机》（GB 26557—2011）等标准安全要求的吊笼、梯子、挡脚板、跳板等，脚手架的搭设应符合国家有关标准。作业使用的工具、材料、零件等应装入工具袋，上下时手中不应持物，不应投掷工具、材料及其他物品。易滑动、易滚动的工具、材料堆放在脚手架上时，应采取防坠落措施。

④ 在彩钢板屋顶、石棉瓦、瓦棱板等轻型材料上作业，应铺设牢固的脚手板并加以固定，脚手板上要有防滑措施。

⑤ 在临近排放有毒、有害气体、粉尘的放空管线或烟囱等场所进行作业时，应预先与作业地点单位负责人或调度（班长）取得联系，确定联络方式，并为作业人员配备必要且符合相关国家标准的防护器具。

⑥ 雨天和雪天作业时，应采取可靠的防滑、防寒措施，遇有 5 级以上强风、浓雾等恶劣天气，不应进行高处作业、露天攀登与悬空高处作业。

⑦ 与其他作业交叉进行时，必须按指定的路线上下，不应上下垂直作业，如果确需垂直进行作业，应采取可靠的隔离措施。

⑧ 因作业必需，临时拆除或变动安全防护设施时，应经作业审批人员同意，采取相应的防护措施，作业后应立即恢复。

⑨ 作业人员在作业中如果发现异常情况，应及时发出信号，并迅速撤离现场。

⑩ 拆除脚手架、防护棚时，应设警戒区并派专人监护，上、下部不应同时施工。

5. 盲板抽堵作业

① 盲板抽堵作业前必须办理《盲板抽堵作业许可证》，并设有专人监护。

② 申请作业分厂或车间应预先绘制盲板位置图，对盲板进行统一编号，并设专人统一指挥作业。

③ 应根据管道内介质的性质、温度、压力和管道法兰密封面的口径等选择相应材料、强度、口径和符合设计、制造要求的盲板及垫片；高压盲板使用前应经超声波探伤，并符合《锻造角式高压阀门技术条件》（JB/T 450—2008）的要求。

④ 作业单位应按图进行盲板抽堵作业，并对每个盲板设标牌进行标识，标牌编号应与盲板位置图上的编号一致，分厂或车间应逐一确认并做好记录。

⑤ 作业时，作业点压力应降为常压。

⑥ 在有毒介质的管道、设备上进行盲板抽堵作业时，作业人员应按《个体防护装备选用规范》（GB/T 11651—2008）的要求选用防护用具。

⑦ 在易燃易爆场所进行盲板抽堵作业时，作业人员应穿戴防静电工作服、工作鞋，并应使用防爆灯具和防爆工具；距盲板抽堵作业地点 30m 内不应有动火作业。

⑧ 在强腐蚀性介质的管道、设备上进行盲板抽堵作业时，作业人员应采取防止酸碱灼伤的措施。

⑨ 介质温度较高、可能造成烫伤的情况下，作业人员应采取防烫措施。

⑩ 不应在同一管道上同时进行两处及两处以上的盲板抽堵作业。

⑪ 盲板抽堵作业结束，由作业单位和分厂专人确认。

⑫ 对作业审批手续不全、安全措施不落实、作业环境不符合安全要求的，作业人员有权拒绝作业。

6. 动土作业

① 动土作业前必须办理《动土作业许可证》，并设有专人监护。

② 作业前，应检查工具、现场支撑是否牢固、完好，发现问题应及时处理。

③ 作业现场应根据需要设置护栏、盖板和警告标志，夜间应悬挂红灯警示。

④ 在破土开挖前，应先做好地面和地下排水，防止地面水渗入作业层面造成塌方。

⑤ 作业前应首先了解地下隐蔽设施的分布情况，动土临近地下隐蔽设施时，应使用适当的工具挖掘，避免损坏地下隐蔽设施，暴露出电缆、管线以及不能辨认的物品时，应立即停止作业，妥善加以保护，报告动土审批单位处理，采取措施后方可继续动土作业。

⑥ 挖掘坑、槽、井、沟等作业时应遵守下列规定：

a．挖掘土方应自上而下进行，不应采用挖底脚的办法挖掘，使用的材料、挖出的泥土应堆放在距坑、槽、井、沟边沿 0.8m 处，挖出的泥土不应堵塞下水道和阴井；

b．不应在土壁上挖洞攀登；

c．不应在坑、槽、井、沟上端边沿站立、行走；

d．应视土壤性质、湿度和挖掘深度设置安全边坡或固壁支撑；作业过程中应对坑、槽、井、沟边坡或固壁支撑架随时检查，特别是雨雪后和解冻时期，如发现边坡有裂缝、松疏或支撑有折断、走位等异常情况，应立即停止工作，并采取相应措施；

e．在坑、槽、井、沟的边缘安装机械、铺设轨道及通行车辆时，应保持适当距离，采取有效的固壁措施，确保安全；

f．在拆除固壁支撑时，应从下而上进行；更换支撑时，应先装新，后拆旧；

g．不应在坑、槽、井、沟内休息。

⑦ 作业人员在沟（槽、坑）下作业应按规定坡度顺序进行，使用机械挖掘时不应进入机械旋转半径内；深度大于2m时应设置人员上下的梯子等，保证人员快速进出设施；两个以上作业人员同时挖土时应相距2m以上，防止工具伤人。

⑧ 作业人员发现异常时，应立即撤离作业现场。

⑨ 在化工危险场所动土时，应与有关操作人员建立联系，当排放有害物质时，操作人员应立即通知动土作业人员停止作业，迅速撤离现场。

⑩ 施工结束后应及时回填土石，并恢复地面设施。

⑪ 不得擅自变更动土作业内容、扩大作业范围或转移作业地点，对审批手续不全、安全措施未落实的施工，施工人员有权拒绝作业。

7．断路作业

① 断路作业前必须办理《断路作业许可证》，并设有专人监护。

② 作业前，作业申请单位应会同本单位相关主管部门制定交通组织方案，方案应能保证消防车和其他重要车辆通行，并满足应急救援要求。

③ 断路作业单位应根据需要在断路路口和相关道路上设置交通警示标志，在作业区附近设置路栏、道路作业警示灯、导向标等交通警示设施。

④ 在道路上进行定点作业，白天不超过2h、夜间不超过1h即可完工的，在有现场交通指挥人员指挥交通的情况下，只要作业区设置了相应的交通警示设施，即白天设置了锥形交通路标或路栏，夜间设置了锥形交通路标或路栏及道路作业警示灯，可不设标志牌。

⑤ 在夜间或雨、雪、雾天进行作业应设置道路作业警示灯，警示灯设置要求如下：

a．采用安全电压；

b．设置高度应离地面1.5cm，不低于1.0m；

c．其设置应能反映作业区的轮廓；

d．应能发出至少自150m以外清晰可见的连续、闪烁或旋转的红光。

⑥ 断路作业结束后，作业单位应清理现场，撤除作业区、路口设置的路栏、道路作业警示灯、导向标等交通警示设施。申请断路单位应检查核实，并报告有关部门恢复交通。

8．临时用电作业

① 临时用电作业前必须办理《临时用电作业许可证》。

② 在运行的生产装置、罐区和具有火灾、爆炸危险场所内不应接临时电源，确需接临时电源时应对周围环境进行可燃气体检测分析，分析结果应符合动火分析合格标准要求。

③ 各类移动电源及外部自备电源，不应接入电网。

④ 动力照明线路应分路设置。

⑤ 在开关上接引、拆除临时用电线路时，其上级开关应断电上锁并加挂安全警示标牌。

⑥ 临时用电应设置保护开关，使用前应检查电气装置和保护设施的可靠性，所有的临时用电均应设置保护接地。

⑦ 临时用电设备和线路应按供电电压等级和容量正确使用，所有的电气设备应符合国家相关产品标准及作业现场环境要求，临时用电电源施工、安装应符合《施工现场临时用电安全技术规范》（JG J46—2005）的有关要求，并有良好的接地，临时用电还应满足如下要求：

a．火灾爆炸危险场所应使用相应防爆等级的电源及电气元件，并采取相应的防爆安全措施；

b．临时用电线路及设备应有良好的绝缘，所有的临时用电线路应采用耐压等级不低于500V的绝缘导线；

c．临时用电线路经过有高温、振动、腐蚀、积水及产生机械损伤等区域，不应有接头，并应采取相应的保护措施；

d．临时用电架空线应采用绝缘铜芯线，并应架设在专用电杆或支架上，其最大弧垂与地面距离，在作业现场不低于2.5m，穿越机动车道不低于5m；

e．对需埋地敷设的电缆线路应设有走向标志和安全标志。电缆埋地深度不应小于0.7m，穿越道路时应加设防护套管；

f．现场临时用电配电盘、箱应有电压标识和危险标识，应有防雨措施，盘、箱、门应能牢靠关闭并能上锁；

g．行灯电压不应超过36V；在特别潮湿的场所或塔、釜、槽、罐等金属设备内作业，临时照明行灯电压不应超过12V；

h．临时用电设施应安装符合规范要求的漏电保护器，移动工具、手持式电动工具应逐个配备漏电保护器和电源开关。

⑧ 临时用电单位不应擅自向其他单位转供电或增加用电负荷，以及变更用电地点和用途。

⑨ 临时用电有效期限原则上应与相应的动火及其他危险性（特殊）作业有效期保持一致。

⑩ 其他临时用电时间一般不超过15天，需延长临时用电使用期限的，应提前与电气部门联系，经同意后补办《临时用电作业许可证》，使用期最长不能超过一个月。

⑪ 用电结束后，用电单位应及时通知供电单位拆除临时用电线路。

9. 设备检修作业

① 关键设备、重点设施等较大的检修作业前必须办理《设备检修作业许可证》，并设有专业监护人。

② 向外来检修单位承包的检修项目，应签订设备检修合同和安全协议。检修作

业前应审查外来检修单位相应资质的有效性，并在其等级许可范围内开展检修施工业务。

③ 设备所属单位在设备检修前应进行工艺危害辨识，落实工艺方面的安全措施，并办理交接手续。

④ 检修施工单位接到工艺相关人员的移交手续后，应进行检修作业危害辨识，落实检修方面的安全措施，并对作业人员进行安全培训教育，经审核、审批后方可检修。

⑤ 具体检、维修管理严格执行《检维修相关管理办法》。

七、危险性作业管理及许可证审批流程

1. 危险性作业管理流程

岗位人员提前将特殊作业项目上报本单位申请许可，经同意后按以下流程实施：

① 作业申请单位和实施作业单位作业负责人组织人员进行危险、有害因素识别，逐项落实现场安全措施。

② 现场安全措施落实完成后，申请作业单位的作业负责人负责办理作业许可证，并准确填写票证。同时，对需要进行取样分析的作业，通知化验室人员在指定的部位进行取样、化验分析。

③ 通知分析化验的同时，作业负责人分别通知作业审查、审核、审批相关人员到现场对安全措施落实情况进行审查。

④ 分析化验合格且现场审查具备作业条件的，作业审查、审核、审批人依次在作业许可证上签字确认。

⑤ 作业许可证审批完毕后，作业负责人及相关管理人员对作业人员进行安全教育培训和安全技术交底，并指定具备条件的监护人进行现场监护作业。

⑥ 监护人员必须是作业负责人或熟悉作业的本岗位人员，其他不具备监护资格的人员不得监护。

⑦ 作业结束后，现场监护人或作业负责人对作业现场进行完工验收、消除隐患并恢复现场。

2. 危险性作业许可证审批流程

（1）《动火作业许可证》审批流程

① 特殊《动火作业许可证》由动火所在分厂（或车间）岗位当班班长、分厂（或车间）安全员组织落实安全措施，动火所在分厂（或车间）厂长或副厂长（或主任）审查，安全环保科科长审核，经理或安全总监或总工程师审批。

② 一级《动火作业许可证》由动火所在分厂（或车间）岗位当班班长组织落实安全措施，分厂（或车间）安全员审查，分厂厂长（或主任）审核，安全环保科审批。

③ 二级《动火作业许可证》由动火所在分厂（或车间）岗位当班班长组织落实

安全措施，分厂（或车间）安全员审查、审核，分厂厂长（或主任）审批。

④《动火作业许可证》一式三联，第三联由作业人员或现场监护人随身携带，第二联交动火所在分厂（或车间）保存，第一联由安全环保科保留查存，保存期限至少为1年。

⑤ 特殊和一级《动火作业许可证》的有效期为8h；二级《动火作业许可证》有效期为72h；动火作业超过有效期，应重新办理《动火作业许可证》，不得延期使用。

（2）《受限空间作业许可证》审批流程

①《受限空间作业许可证》由作业所在分厂（或车间）岗位当班班长组织落实安全措施，分厂（或车间）安全员审查，分厂厂长（或主任）审核，安全环保科审批。

②《受限空间作业许可证》一式三联，第三联由作业人员或现场监护人随身携带，第二联交作业所在分厂（或车间）保存，第一联由安全环保科保留查存，保存期限至少为1年。

③ 每一处受限空间、同一作业内容办理一张《受限空间作业许可证》，使用期限最长不超过24h。当受限空间工艺条件、作业环境条件改变时，应重新办理《受限空间作业许可证》。

（3）《吊装作业许可证》审批流程

① 三级《吊装作业许可证》由作业所在分厂（或车间）岗位当班班长组织落实安全措施，分厂（或车间）设备技术员审查，分厂厂长（或主任）审核，设备管理科审批。

② 一级、二级和吊装质量大于等于40t的重物和土建工程主体结构，或吊装物体虽不足40t，但形状复杂、刚度小、长径比大、精密贵重或在条件特殊的情况下，需要编制吊装作业方案的吊装作业，《吊装作业许可证》由作业所在分厂（或车间）岗位当班班长、分厂（或车间）设备技术员组织落实安全措施，分厂厂长（或主任）审查，设备管理科审核，总经理或分管设备副总经理或总工程师审批。

③《吊装作业许可证》一式三联，第三联由现场监护人随身携带，第二联交作业所在分厂（或车间）保存，第一联由设备管理科查存，保存期限至少为1年。

④ 每张《吊装作业许可证》只准一个地点使用，使用期限不超过24h。

（4）《高处作业许可证》审批流程

① 一级《高处作业许可证》由作业所在分厂（或车间）岗位当班班长组织落实安全措施，分厂（或车间）设备技术员审查审核，分厂厂长（或主任）审批。

② 二级、三级《高处作业许可证》由作业所在分厂（或车间）岗位当班班长组织落实安全措施，分厂（或车间）设备技术员审查，分厂厂长（或主任）审核，设备管理科审批；另外，以下情形的高处作业也按此程序审核、审批：

a．在升降（吊装）口、坑、井、池、沟、洞等上面或附近进行的高处作业；

b．在易燃、易爆、易中毒、易灼伤的区域或转动设备附近进行的高处作业；

c．在平台，无护栏的塔、釜、炉、罐化工容器、设备及架空管道上进行的高处作业；

d．在塔、釜、炉、罐等设备内进行的高处作业；

e．在临近排放有毒、有害气体、粉尘的放空管线，烟囱及设备的高处作业。

③ 特级《高处作业许可证》由作业所在分厂（或车间）岗位当班班长、设备技术员组织落实安全措施，分厂厂长（或主任）审查，设备管理科审核，总经理或分管设备副总经理或总工程师审批。另外，对以下情形的高处作业也按此程序审核、审批：

a．在阵风风力为5级及以上情况下进行的强风的高处作业；

b．在高温或低温环境下进行的异常温度的高处作业；

c．在降雪时进行的雪天高处作业；

d．在降雨时进行的雨天高处作业；

e．在室外完全采用人工照明进行的夜间高处作业；

f．在接近或接触带电体条件下进行的带电高处作业；

g．在无立足点或无牢靠立足点的条件下进行的悬空高处作业。

④《高处作业许可证》一式三联，第三联由作业人员或现场监护人随身携带，第二联交作业所在分厂（或车间）保存，第一联由设备管理科查存，保存期限至少为1年。

⑤ 一处高处作业使用一张《高处作业许可证》，有效期为24h。若作业条件发生重大变化，应重新办理《高处作业许可证》。

（5）《盲板作业许可证》审批流程

①《盲板作业许可证》由作业所在分厂（或车间）岗位当班班长组织落实安全措施，分厂（或车间）工艺技术员审查，分厂厂长（或主任）审核，生产技术科审批。

②《盲板抽堵作业证》一式三联，第三联由作业人员或现场监护人随身携带，第二联交作业所在分厂（或车间）存档，第一联由生产技术科保留查存，保存期限至少为1年。

③ 盲板抽堵作业实行一块盲板一张许可证的管理方式，有效期为24h，变更盲板位置或增减盲板数量时，应重新办理许可证。

（6）《动土作业许可证》审批流程

①《动土作业许可证》由动土区域所在分厂（或车间）岗位当班班长落实安全措施，动土区域分厂（或车间）设备技术员审查，安全环保科、动土区域所在分厂（或车间）共同审核会签，设备管理科审批。

②《动土作业许可证》一式三联，第三联由作业人员或现场监护人随身携带，第二联交动土申请单位保存，第一联由设备管理科查存，保存期限至少为1年。

③ 动土作业单位，按照图纸进行作业，一个施工点、一个施工周期内办理一张

《动土作业许可证》。

（7）《断路作业许可证》审批流程

①《断路作业许可证》由断路区域所在分厂（或车间）岗位当班班长落实安全措施，分厂（或车间）设备技术员审查，安全环保科、断路区域所在分厂（或车间）共同审核会签，设备管理科审批。公共区域或后勤服务区域由综合管理科参与审核会签。

②《断路作业许可证》一式三联，第三联由作业人员或现场监护人随身携带，第二联交断路申请单位留存，第一联由设备管理科查存，保存期限至少为 1 年。

③ 一个断路施工点、一个施工周期内办理一张《断路作业许可证》。变更作业内容、扩大作业范围、转移作业部位或在规定的时间内未完成作业的，应重新办理《断路作业许可证》。

（8）《临时用电作业许可证》审批流程

①《临时用电作业许可证》由用电单位岗位当班班长落实安全措施，配送电单位电气线路安装人进行措施审查，配送电单位电气岗位当班负责人审批。

② 一处临时用电地点办理一张《临时用电作业许可证》，有效期限应与相应的动火及其他危险作业许可证有效期一致。

③ 其他无对应危险性作业的临时用电使用期限为 7 天，期满需继续使用时，需提前一天办理临时用电许可证；最长使用期不能超过一个月，超过一个月须报主管部门批准后使用。

④《临时用电作业许可证》一式三联，第三联由临时用电申请单位留存或相应危险性作业人员或现场监护人随身携带，第二联由电气部门存档，第一联交生产技术科保留查存，保存期限至少为 1 年。

（9）《设备检修作业许可证》审批流程

①《设备检修作业许可证》由设备所在分厂（或车间）设备包机人或检修人员提出检修申请。

② 设备所在车间工艺技术员组织生产运行人员进行工艺危害辨识，落实工艺方面的安全措施后移交给检修作业单位。

③ 检修作业单位接到设备移交手续后，由设备技术员或检修作业负责人组织人员进行检修作业危害辨识，并落实检修方面的安全措施。

④ 检修作业负责人及相关人员对作业人员进行安全培训教育，经设备所属分厂（或车间）设备技术员审查，分厂厂长（或主任）审核，设备管理科审批后方可作业。

⑤ 检修完毕后，设备所属分厂（或车间）设备技术员组织检修作业负责人及作业人员进行完工验收，清理检修现场，消除现场安全隐患。

⑥《设备检修作业许可证》一式三联，第三联由作业人员或现场监护人随身携带，第二联交检修所在分厂（或车间）保存，第一联由设备管理科查存，保存期限至少为 1 年。

⑦ 单台设备或同名牌设备，每一个项目的检修办理一张《设备检修作业许可证》，变更检修设备、项目，扩大检修范围的，应重新办理《设备检修作业许可证》。

八、危险性作业许可证管理要求

① 对不需要进行填写或签字的空白栏应划“/”。

② 各类危险性作业许可证必须按票面要求准确填写，严禁涂改。

③ 必须按票证上规定的时间段进行作业。

④ 一个作业点、一个作业周期内只使用一张作业许可证，不得变更作业内容、扩大作业范围、转移作业部位或异地使用。

⑤ 不得随意代签、转借、丢失作业许可证，各类使用后的危险性（特殊）作业许可证必须存档保存至少 1 年。

⑥ 遇节假日，所有危险性作业需进行升级管理和审批，作业许可证审查人、审核人、审批人可以由同级别的值班人员担任，并到现场监督。

第二节　检修作业安全管理规定

一、检修前准备工作及要求

① 检修前应由设备所属分厂（或车间）提前编制检修计划，做到内容详细、责任明确，措施具体。

② 检修前应由设备所属分厂（或车间）运行人员按照方案将设备停车，并隔离、清洗、置换，分析合格后，办理相关作业票证，与检修单位负责人共同确认无误后，进行现场交接。

③ 检修负责人在检修前，对检修过程中的安全事项及安全措施落实负责，并对参加检修作业的人员进行安全培训教育及技术交底，须组织人员做好检修工器具、备品备件检查和准备工作，做到机具齐全，确保完好可靠。

④ 介质取样和数据分析由质检部门执行并对检验结果负责。

⑤ 所有检修作业开始前，相关作业人员必须严格按照相关作业类别，分别佩（穿）戴相关安全劳动保护用品，方可作业。

⑥ 检修作业涉及《九大危险性作业》的，严格遵其规范。

二、检修安全行为规范

① 所有检修作业现场必须出示或张贴检修项目明示牌，必须拉好警戒带（线）并专人监护。

② 所有特种作业人员必须持证上岗。

③ 打大锤、扶钎子者必须佩戴特殊防护面罩。

④ 氧气、乙炔等检修用易燃易爆品使用、放置必须执行相关标准及管理规定。

⑤ 检修要文明有序，检修工器具、材料必须分类有序定置摆放。

⑥ 检修作业现场不准吸烟。

⑦ 所有管理人员不准违章指挥，所有作业人员不准服从违章指挥，不准违章作业。

⑧ 任何人发现有违章作业时都有权制止并举报，任何作业人员发现有发生事故的风险都有权停止作业，立即脱离危险区域并上报。

三、竣工验收要求

① 检修竣工后，检修单位要细致检查静电、安全防护罩（栏）、设备孔洞等安全措施，切勿将工器具、材料等遗漏在机械设备内，并将搭设的工作台架、拉设的临时电源全部拆除，做到工完、料尽、场地清。

② 检修移交验收前，不得拆除悬挂的警示牌和开启切断的物料、管道阀门，运行部门验收后，对检修前所堵设的盲板和切断的管线等要安排专人操作处理。

③ 竣工验收时，运行单位和检修单位双方要执行交接验收手续，双方负责人当场检查质量是否全部符合检修标准，安全装置是否恢复齐全，并由工艺人员和检修人员共同对设备进行详细检查后各自汇报相关领导，得到批准后由现场运行操作人员开启设备进行试运转。

④ 检修人员填写《设备检修验收记录》，并与工艺人员当场签字确认检修工作完成。

第三节　电、气焊作业规范

一、气瓶储存安全注意事项

① 气瓶领用时检查瓶帽是否齐全，氧气瓶表面为天蓝色，瓶身用黑漆标明“氧气”字样，乙炔瓶表面为白色，用黑漆标明“乙炔”字样。

② 气瓶表面须有明显标志，标志内容须包含：瓶号、工作压力、试验压力、下次检验日期、检验员、检验单位、容量和重量、制造商、出厂日期等。

③ 检查气瓶有无凹陷、变形、裂纹、泄漏等缺陷。

④ 乙炔气瓶与氧气瓶不得同室存放，气瓶周围 10m 内不得有易燃、易爆物品。

⑤ 气瓶须存放在阴凉干燥的地方，禁止将气瓶置于太阳底下暴晒或置于高温热辐射区，也不得将气瓶置于易腐蚀、潮湿的环境中。

⑥ 存放乙炔气瓶的环境须通风良好，使用轴流风机进行通风时，轴流风机须使用防爆型风机。

⑦ 气瓶须直立放置，每个气瓶设置 2 个减震圈，禁止卧放、斜放等。

⑧ 乙炔瓶在库房内存储时不得存放在橡胶等绝缘体上，以防止静电积聚。

⑨ 存放气瓶的场所必须上锁，由专人进行管理。

⑩ 储存气瓶的场所必须设置明显的“禁止烟火”等标志，设置相应的消防器材或设施。

⑪ 空瓶与满瓶分开存储，以防止混淆。

⑫ 每天对气瓶的存储情况进行检查，检查是否符合以上存储要求。

二、气瓶使用安全注意事项

① 气瓶搬运时须轻拿轻放，使用专用小车进行搬运，禁止拖拉、滚动，气瓶间不得碰撞。

② 气瓶须直立放置，设置防倾倒装置以及 2 个减震圈。

③ 持有气焊、气割特种作业证操作，其他人员不得操作。

④ 取气瓶安全帽时须使用扳手或用手旋转，不得敲击。

⑤ 乙炔气瓶内必须留有不小于 0.03MPa 的气体，氧气瓶内留有 0.05～0.1MPa 气体。

⑥ 更换气瓶时须先关闭气瓶出口阀、再退出减压器调压阀并将气带泄压；气瓶更换后须先开启气瓶出口阀，再打开减压器调压阀调节压力、流量。

⑦ 冬季瓶阀冻结需要解冻时，使用蒸汽或热水解冻，禁止使用明火、电加热等。

⑧ 气瓶安装减压阀之前，应首先微量开启气瓶出口阀，将出气口杂质吹掉，随后关闭阀门，装上减压器后，再缓慢开启出口阀，人员不得站在出气口正前方。

⑨ 减压阀与瓶口连接应紧固可靠，无漏气或开气时脱开的现象。

⑩ 气瓶阀、减压器、割炬、焊炬、胶管等部件不得粘有油污、油脂等可燃物。

⑪ 乙炔气瓶出口需安装干式阻火器。

⑫ 气瓶不用或操作人员离开时必须将气瓶阀门关闭。

三、胶管使用安全注意事项

① 新胶管使用前必须先把胶管内壁的滑石粉吹扫干净，以防止堵塞枪嘴。

② 胶管与割（焊）枪、气瓶减压阀等管径相匹配，插接处必须使用不锈钢高压扎带紧固，不得使用铁丝、绳索等紧固，中间接头要使用专用气管接头并扎紧。

③ 严禁胶管穿过高温、腐蚀区域，胶管不得与尖锐物体接触，必须穿过高温、腐蚀区域、尖锐物体、马路时，要进行专门防护。

④ 使用前检查胶管有无挤压硬伤、磨损、腐蚀、老化龟裂等现象，胶管有泄漏点时禁止使用胶带包扎后使用。

⑤ 乙炔胶管与氧气胶管不得混用。

⑥ 胶管保存应避免阳光暴晒、雨雪浸淋，防止与酸、碱、油及其他有机溶剂接触，用毕应盘放于工具架上。

⑦ 发生过回火点燃的胶管应更换，禁止使用。

⑧ 气焊（割）作业中，氧气管、乙炔管发生脱落、破裂、着火时，应先将焊炬或割炬的火焰熄灭，然后立即关闭气瓶阀，停止供气。禁止用弯折气带的方法断气灭火。

四、减压器使用安全注意事项

① 使用前应检查确定减压器压力表、进出口螺纹、调节螺栓等各部件是否完好，并检查有无油脂污染，特别是进口处的污物及灰尘应及时清除。

② 氧气、乙炔等不同气体的减压器严禁混用。

③ 气体减压器与气瓶连接前，应首先将减压器调节螺杆逆时针旋转，直到调节弹簧不受压力为止；然后将气体减压器高压接口对准气瓶接口，使用扳手或专用工具拧紧。

④ 操作人员站在气瓶出口对面，使用专用工具轻微打开气瓶阀门少许，并观察减压器压力表，使指针缓慢上升至高压表指示出瓶内压力为宜，不得开启过快，以免损坏减压器。同时检查高压接口处是否有漏气现象，如有漏气现象，应关闭气瓶阀门，重新调整安装减压器。

⑤ 开启气瓶阀门时，其旋转开度在1/2～3/4圈为宜，最大不得超过1.5圈。

⑥ 在未拧入调节螺杆前检查减压器低压出口是否有气体排出，以完全不排气为合格，如有微量排气现象，说明减压器有内泄故障，需检修或更换减压器。

⑦ 经检查减压器工作正常后，将气带或阻火器与减压器低压出口连接并拧紧。

⑧ 根据使用压力（或流量）要求，顺时针方向旋转减压器调节螺杆，使低压表达到所需的工作压力（或流量）。在工作过程中，应顺时针或逆时针少量旋转调节螺杆，以增大或降低流量，操作时应柔和缓慢。

⑨ 当工作结束后，应先关闭气瓶阀，然后打开焊（割）炬的阀门把减压器内的气体全部排出，使减压器流量表指针归零，而后把焊（割）炬的阀门关好，最后逆时针旋转调节螺杆，一直到弹簧调节不受压力为止，拆除收藏各部件。

⑩ 减压器应妥善保存避免撞击振动，不得放在露天和有腐蚀性介质的地方。

⑪ 减压器冻结时，应采用热水或蒸汽加热解冻，严禁使用明火烘烤。

⑫ 减压阀须定期检查维护，压力表须定期校验。

五、焊炬、割炬使用安全注意事项

① 点火前检查射吸性能，连接部位、调节手轮是否漏气。

② 各部件是否完好齐全，割（焊）嘴是否有堵塞现象，高压氧管或混合气管是否变形、有裂纹，手柄是否完好。

③ 气割作业时，应先少量打开乙炔气并点火，然后再打开氧气进行混合气调节；当被切割工件达到氧化燃烧温度时，立即打开高压氧进行切割。关闭操作时与之相反。

④ 气焊作业时，应先少量打开乙炔气并点火，然后打开氧气进行混合气调节；焊接作业结束后应先关闭混合氧气调节阀，再关闭乙炔阀；焊接作业时根据焊接火

焰要求，及时调整乙炔、氧气混合配比，以达到合适的火焰温度。

⑤ 焊（割）炬使用过程中发现漏气须立即停止使用，消除故障后方可继续使用。

⑥ 焊（割）炬使用过程中发生回火时，应立即关闭调节控制阀。

⑦ 不准将正在燃烧的焊炬、割炬放在地面或工件上。

⑧ 不得使用焊炬、割炬敲击工件，焊嘴、割嘴堵塞时应在关闭情况下用通针进行处理，不得采用在工件上摩擦等非常规操作手段。

⑨ 工作结束后，应将焊炬、割炬与气带分离，并放入专用工具箱内保存。

六、其他要求

① 工作结束后，胶管、减压阀、气瓶、割（焊）炬必须全部分离，分别保存。

② 本规范所涉及的作业人员必须经培训合格，持有效期内特种作业证上岗。

③ 作业期间的乙炔气瓶、氧气瓶之间距离应不小于 5m，气瓶与动火点之间距离应大于 10m，符合动火作业相关要求。

七、电焊作业安全注意事项

由于电焊作业利用的是电能。电弧在燃烧过程中产生高温和弧光，药皮在高温下产生有害气体和尘埃，在操作过程中存在触电、弧光伤害，有毒有害气体侵蚀，火灾，爆炸等不安全因素。因此，制定如下操作规范：

① 作业前必须穿戴好防护用品。操作时（包括敲渣）所有工作人员必须戴好防护眼镜或面罩。仰面焊接应扣紧衣领，扎紧袖口，戴好防火帽。

② 电焊作业涉及“九大危险性作业”的，必须严格遵守其规定。

③ 雨雪天气时不得进行露天施焊作业。

④ 焊接作业时不得将焊接电缆盘圈放置或放在电焊机上；横跨通道时须采取防护措施，临时架空时须满足相关人员或车辆通行标准。

⑤ 焊机电源线不宜过长，一般情况下不超过 5m。二次焊接线不宜过长，一般应根据工作时的具体情况而定。

⑥ 在施焊过程中，当电焊机发生故障而需要检查时，须切断电源，禁止在通电情况下进行拆机检查或维修，以免发生触电事故。

⑦ 严禁将焊接电缆与气焊的胶管相互缠绕在一起。

⑧ 在焊接时，不得将工件拿在手中或用手扶着工件进行焊接作业。

⑨ 露天放置电焊机应放置在干燥的场所，并应有遮阳防雨设施。

⑩ 电焊机的外壳必须可靠接地，接地电阻不得大于 4Ω，不得多台串联接地；电焊钳把、焊接导线等不得有裸露点。

⑪ 严禁将穿线管、电缆金属外皮、易燃易爆管线或起重机械等作为电焊接零导线。电焊导线不得靠近热源，严禁接触钢丝绳或转动机械。

⑫ 对压力容器、密封容器、易燃易爆容器、管道的焊接，必须事先泄压、置换、

清洗除掉易燃有毒有害物质，敞开通风并取样分析合格后方可施焊。

⑬ 在焊接、切割密闭空心工件时，必须留有排气孔。禁止在已做油漆或喷涂过塑料的容器内进行焊接作业。

⑭ 作业完毕，检查焊接场地情况无异常后，切断电源，熄灭火种。

第四节　指标控制

一、安全指标

① 炉气压力：−10～10Pa。

② 炉气（炉盖内）温度：≤800℃。

③ 炉气中氢气含量：使用焦炭时≤12%；使用兰炭时≤15%。

④ 炉气中氧气含量：≤0.5%。

⑤ 净化除尘器（布袋室）温度：≤280℃。

⑥ 净化系统出口压力：≤10kPa。

⑦ 各系统（设备）工作或保护氮气：0.3MPa≤工作压力≤0.6MPa，含氧量≤0.5%。

⑧ 各系统（设备）压缩空气：0.3MPa≤工作压力≤0.8MPa，露点−40℃。

⑨ 电石炉液压系统工作压力：9MPa≤工作压力≤12MPa。

⑩ 工作场所空气中一氧化碳含量：≤30mg/m^3（24ppm）。

⑪ 电石炉循环水：0.3MPa≤工作压力≤0.4MPa；给水温度<35℃，回水温度≤45℃；pH 值 7～9。

⑫ 电石炉变压器绕组最高极限温度≤105℃，上层油温≤95℃，上层油温监视温度≤85℃。

⑬ 电石炉无功补偿电容器温度：≤55℃。

⑭ 泵与风机转动设备轴承温度：<60℃；垂直振动/水平振动<80μm。

二、卫生、环保指标

① 除尘系统排气含尘≤20mg/m^3。

② 工作环境中粉尘含量<5mg/m^3，短时间（15min）内≤10mg/m^3。

③ 噪音（连续工作 8h）≤80dB(A)。

第五节　危化企业安全风险隐患排查治理

一、企业被判定为重大生产安全事故隐患的条件

① 企业未制定实施生产安全事故隐患排查治理制度或未建立安全生产责任机制。

② 精细化工企业未按要求开展反应安全风险评估工作。

③ 企业主要负责人安全职责不符合《安全生产法》要求。

④ 企业主要负责人，分管安全、生产、技术负责人未能在规定期限内通过安全生产知识和管理能力考核。

⑤ 未建立与岗位相匹配的安全生产责任制。

⑥ 专职安全管理人员未能在规定期限内通过安全生产知识考核。

⑦ 特殊作业人员无证上岗。

⑧ 涉及“两重点一重大”的生产装置，储存设施外部安全防护距离不符合国家标准要求。

⑨ 建设项目未经过正规设计或未开展安全设计诊断的现象。

⑩ 使用淘汰落后安全技术工艺、设备目录列出的工艺、设备。

⑪ 企业控制室或机柜间面向具有火灾、爆炸危险性装置一侧不满足国家标准关于防火防爆要求。

⑫ 地区架空电力线路穿越生产区且不符合国家标准要求。

⑬ 重大危险源的化工生产装置未装备满足安全生产要求的自动化控制系统。

⑭ 一、二级重大危险源，未设置紧急停车系统。

⑮ 重大危险源中的毒性气体、剧毒液体和易燃气体等重点设施未设置紧急切断装置。

⑯ 涉及毒性气体、液化气体、剧毒液体的一级或者二级重大危险源未装备独立安全仪表系统。

⑰ 涉及重点监管危险化工工艺的装置未实现自动化控制，系统未实现紧急停车功能，装备的自动化控制系统、紧急停车系统未投入使用。

⑱ 化工生产装置未按国家标准要求设置双重电源供电，自动化控制系统未设置不间断电源。

⑲ 新开发的危险化学品生产工艺未经小试、中试、工业化试验直接进行工业化生产，国内首次使用的化工工艺未经过省级人民政府有关部门组织的安全可靠性论证。

⑳ 新建装置未制定试生产方案就投料开车。

㉑ 未制定操作规程和工艺控制指标。

㉒ 涉及可燃和有毒有害气体泄漏的场所未按国家标准设置检测报警装置。

㉓ 液化烃、液氨、液氯等易燃易爆、有毒有害液化气体的充装未使用万向管道充装系统。

㉔ 全压力式储罐未采取防止液化烃泄漏的注水措施。

㉕ 未按国家标准分区分类储存危险化学品，超量、超品种储存危险化学品，存在相互禁配物质混放、混存等现象。

㉖ 全压力式液化烃储罐未按国家标准设置注水措施。

㉗ 光气、氯气等剧毒气体及硫化氢气体管道穿越除厂区（包括化工园区、工业

园区）外的公共区域。

㉘ 易燃易爆作业场所未使用防爆电器。

㉙ 安全阀、爆破片等安全附件未正常投入使用。

㉚ 未按照国家标准制定动火、进入受限空间等特殊作业管理制度，或者制度未有效执行。

依据《化工和危险化学品生产经营单位重大生产安全事故隐患判定标准》，企业存在重大事故隐患的，必须立即排除，排除前或排除过程中无法保证安全的，属地应急管理部门应依法责令暂时停产停业或者停止使用相关设施、设备。

《安全生产法》第六十二条规定：重大事故隐患排除前或排除过程中无法保证安全的，应当责令从危险区域内撤出作业人员，责令暂时停产停业或者停止使用相关设施、设备；重大事故隐患排除后，经审查同意，方可恢复生产经营和作用。

二、企业安全风险隐患排查治理知识点

1. 基本概念

（1）安全风险　某一特定危害事件发生的可能性与其后果严重性的组合。

（2）安全风险点　指存在安全风险的设施、部位、场所和区域，以及在设施、部位、场所和区域实施的伴随风险的作业活动，或以上两者的组合。对安全风险所采取的管控措施存在缺陷或缺失时就形成事故隐患，包括物的不安全状态，人的不安全行为和管理上的缺陷等。

（3）基于风险的安全管理核心　对危险源进行风险辨识，依据辨识出的风险采取管控措施，通过对管控措施的有效监控，保证装置的安全生产运行。因此，对管控措施的监控便是常说的安全风险隐患排查；对失效或缺失的管控措施进行恢复、建立、便是隐患治理。

（4）“五定”　指定责任人、定整改措施、定整改时限、定整改资金和定安全措施。

（5）“三查四定”　“三查”是指查设计漏项，查工程质量及安全隐患，查未完工程量；“四定”是指对检查出来的问题定任务、定人员、定时间、定措施，限时完成。

2. 常用安全风险评估工具及隐患排查识别方法

① 安全检查表法（SCL）

② 工作危害分析法（JHA）

③ 故障类型和影响分析法（FMEA）

④ 危险与可操作性分析法（HAZOP）

⑤ 风险评估矩阵法（RAM）

⑥ 作业条件危险性分析法（LEC）

⑦ 故障树分析法（FTA）

三、安全风险隐患排查形式

安全隐患排查的形式有日常排查，综合性排查，专业性排查，季节性排查，重点时段及节假日前排查，事故类比排查，复工复产前排查和外聘专家诊断式排查等。

（1）日常排查　是指基层单位班组、岗位员工的交接班检查和班中巡回检查以及基层单位（厂）管理人员和各专业技术人员的日常性检查；要加强对关键装置，重点部位，关键环节，重大危险源的检查。

（2）综合性排查　指以安全生产责任制、各项专业管理制度、安全生产管理制度和化工过程安全管理各要素落实情况为重点开展的全面检查。

（3）专业性排查　指工艺、设备、电气、仪表、储运、消防和公用工程等专业对生产各系统进行的检查。

（4）季节性排查　指根据各季节特点开展的专项检查。春季以防雷、防静电、防解冻泄漏、防解冻坍塌为重点；夏季以防雷暴、防设备容器超温超压、防台风、防洪、防暑降温为重点；秋季以防雷暴、防火、防静电、防凝保温为重点；冬季以防火、防爆、防雪、防冻防凝、防滑、防静电为重点。

（5）重点时段及节假日前排查　指在重大活动、重点时段和节假日前，对装置生产是否存在异常状况和事故隐患、备用设备状态、备品备件、生产及应急物资储备、保运力量安排、安全保卫、应急、消防等方面进行检查。特别是要对节假日期间领导干部带班值班、机电仪保运及紧急抢修力量安排、备件及各类物资储备和应急工作进行重点检查。

（6）事故类比排查　指对企业内或同类企业发生安全事故后举一反三的安全检查。

（7）复产复工前排查　指因节假日、设备大检修、生产原因等停产较长时间，在重新恢复生产前，需要进行人员培训，对生产工艺、设备设施进行综合性隐患排查。

（8）外聘专家诊断式排查　指聘请外部专家对企业进行的安全检查。

四、安全隐患排查频次

① 装置操作人员现场巡检间隔不得大于 2h，涉及“两重点一重大”的生产、储存装置和部位的操作人员现场巡检间隔不得大于 1h。

② 基层车间（装置）直接管理人员（工艺、设备技术人员）、电气仪表人员每天至少对装置现场进行相关专业检查 2 次。

③ 基层车间应结合班组安全活动，每周至少组织安全风险隐患排查 1 次；基层单位应结合岗位责任制检查，每月至少组织安全风险隐患排查 1 次。

④ 企业应根据季节性特征及本单位的生产实际，每季度开展有针对性的季节性安全风险隐患排查 1 次；重大活动、重点时段及节假日前必须进行安全风险隐患排查。

⑤ 企业至少每半年组织1次综合性排查和专业检查，基层单位至少每季度组织1次，两者可结合进行。

⑥ 当同类企业发生安全生产事故时，应举一反三，及时进行事故类比安全隐患专项排查。

⑦ 当发生以下情形之一时，应根据情况及时组织进行相关专业性排查：

a．公布实施相关的新法律法规、标准规范或原有适用法律法规、标准规范重新修订的；

b．组织机构和人员发生重大调整的；

c．装置工艺、设备、电气、仪表、公用工程或操作参数发生重大改变的；

d．外部安全生产环境发生重大变化的；

e．发生安全事故或对安全事故、事件有新认识的；

f．气候条件发生大变化或预报可能发生重大自然灾害前。

⑧ 企业对涉及“两重点一重大”的生产、储存装置运用HAZOP方法进行安全风险辨识分析，一般每3年开展一次；对涉及“两重点一重大”和首次工业化设计的建设项目，应在基础设计阶段开展HAZOP分析工作；对其他生产、储存装置的安全风险辨识分析，针对装置不同的复杂程度，可采用《危险化学品企业安全风险隐患排查治理导则》第2.3所述的方法，每5年进行一次。

五、企业主要负责人安全生产责任制履职情况

① 建立健全本单位安全生产责任制；

② 组织制定本单位安全生产规章制度和操作规程；

③ 组织制定并实施本单位安全生产教育和培训计划；

④ 保证本单位安全生产投入的有效实施；

⑤ 督促、检查本单位的安全生产工作，及时消除事故隐患；

⑥ 组织制定并实施本单位的安全事故应急预案；

⑦ 及时、如实报告安全事故。

六、企业主要负责人及分管生产、安全、技术负责人学历、培训要求

危险化学品等生产经营单位负责人，自任职之日起6个月内，必须经安全生产监管监察部门对其安全生产知识和管理能力考核合格。各负责人应当具备一定的化工专业知识或相应的专业学历。同时，初次安全培训时间不得少于32学时，每年再培训时间不得少于12学时。

七、安全管理机构设置及安全管理人员的配备要求

①《关于危险化学品企业贯彻落实〈国务院关于进一步加强企业安全生产工作的通知〉的实施意见》（安监总管三〔2010〕186号）规定：企业要设置安全生产管

理机构或配备专职安全生产管理人员。安全生产管理机构要具备相对独立的职能。

② 专职安全生产管理人员应不少于企业员工总数的2%（不足50人的企业至少配备1人），要具备化工或安全管理相关专业中专以上学历，有从事化工生产相关工作2年以上经历。

③《注册安全工程师管理规定》要求：从业人员300人以上的危险物品生产、经营单位，应当按照不少于安全生产管理人员15%的比例配备注册安全工程师，安全生产管理人员在7人以下的，至少配备1名注册安全工程师。

八、企业员工培训规定

① 企业对从业人员进行安全生产教育和培训是《安全生产法》规定的要求，也是从业人员应尽的义务。“教育”与“培训”的含义是有所区别的。“教育”是工作基础，是使一名刚招录入厂的从业人员具备相应的安全意识，掌握安全生产法规要求，知悉自身在安全生产方面的权利和义务，遵法守法，遵守企业的规章制度；“培训”是使员工具备所在岗位的操作技能及应急处置能力，使员工在岗位上会操作、能独立操作。

② 应急管理部相关要求规定：化工等高危企业在岗和新招录从业人员必须100%培训考核合格后上岗；特种作业人员必须100%持证上岗。

③ 《生产经营安全培训规定》（国家安全监管总局令第3号）规定：危化品生产经营单位新上岗的从业人员安全培训时间不得少于72学时，每年再培训的时间不得少于20学时。从业人员在本单位内调整工作岗位或离岗一年以上重新上岗时，应当重新接受车间和班组级安全培训。企业的人员、工艺技术、设备设施发生改变，涉及到操作要求的变化时，必须及时对操作人员进行再培训。

九、试生产前期工作准备情况

试生产前期工作准备情况主要包括：

① 总体试生产方案、操作规程、应急预案等相关资料的编制、审查、批准、发布实施。

② 试车物资及应急装备的准备。

③ 人员准备及培训。

④ “三查四定”工作的开展。

十、《化学工业建设项目试车规范》规定总体试车方案内容

试车方案内容主要包括：

① 建设项目工程概况。

② 编制依据与原则。

③ 试车组织机构及职责分工。

④ 试车目的及应达到的标准。

⑤ 试车应具备的条件。

⑥ 试车程序。

⑦ 操作人员配备及培训。

⑧ 技术文件、规章制度和试车方案的准备。

⑨ 水、电、气、汽、原料、燃料和运输量等外部条件。

⑩ 总体试车计划时间表。

⑪ 试车物资供应计划。

⑫ 试车费用计划。

⑬ 试车的难点和对策。

⑭ 试车期间的环境保护措施。

⑮ 职业健康、安全和消防。

⑯ 事故应急响应和处理预案。

十一、可燃及有毒气体检测报警设施设置及相关规定

在作业现场可能发生危险化学品泄漏的场所设置可燃或有毒气体检测器，并具备声光报警功能。《石油化工可燃气体和有毒气体检测报警设计标准》（GB 50493—2019）规定了气体检测器的设置要求，主要有：

① 在生产或使用可燃气体及有毒气体的生产设施及储运设施的区域内，泄漏气体中可燃气体浓度可能达到报警设定值时，应设置可燃气体探测器；泄漏气体中有毒气体浓度可能达到报警设定值时，应设置可燃气体探测器；既属于可燃气体又属于有毒气体的单组分气体介质，应设置有毒气体探测器；可燃气体与有毒气体同时存在的多组分混合气体泄漏时，可燃气体浓度和有毒气体浓度有可能同时达到报警设定值，应分别设置可燃气体探测器和有毒气体探测器。

② 可燃气体和有毒气体的检测报警应采用两级报警。同级别的有毒气体和可燃气体同时报警时，有毒气体报警级别优先。

③ 可燃气体和有毒气体的检测报警信号应送至有人值守的现场控制室、中心控制室等进行显示报警；可燃气体二级报警信号、可燃气体和有毒气体的检测报警系统报警控制单元的故障信号应送至消防控制室。

④ 可燃气体和有毒气体的检测报警系统应独立于其他系统单独设置。

⑤ 检测比空气重的可燃气体或有毒气体时，探测器的安装高度宜距地坪（或楼地板）0.3～0.6m，检测比空气轻的可燃气体或有毒气体时，探测器的安装高度宜高出释放源 2m 内。检测比空气略重的可燃气体或有毒气体时，探测器的安装高度宜在释放源下方 0.5～1m，检测比空气略轻的可燃气体或有毒气体时，探测器的安装高度宜高出释放源 0.5～1m。

⑥ 报警设定值应符合下列规定：可燃气体的一级报警设定值应小于或等于 25%

爆炸下限（LEL）；可燃气体的二级报警设定值应小于或等于 50%爆炸下限；有毒气体的一级报警设定值应小于或等于 100%职业接触限值，有毒气体的二级报警设定值应小于或等于 200%职业接触限值。

有毒气体检测报警值的换算公式为：

$$1ppm=(22.4\times 1mg/m^3)/有毒气体分子量$$

⑦ 可燃气体和有毒气体的检（探）测器的探测点，应根据气体的理化性质、释放源的特性、生产场地布置、地理条件、环境气候、操作巡检路线等条件，选择气体易于积累和便于采样检测之处布置。

⑧ 可燃气体和有毒气体的检测报警系统的气体探测器、报警控制单元、现场报警器等的供电负荷，应按一级用电负荷中特别重要的负荷考虑，宜采用 UPS 电源装置供电。

⑨ 必须建立仪表报警管理制度，并建立报警处置台账。

十二、重大危险源安全控制设施设置及投用情况

重大危险源安全控制设施的设置及投用主要包括：

① 重大危险源应配备温度、压力、液位、流量等信息的不间断采集和监测系统以及可燃气体和有毒有害气体泄漏检测报警装置，并具备信息远传、记录、安全预警、信息存储等功能；

② 重大危险源的化工生产装置应装备满足安全生产要求的自动化控制系统；

③ 一级或者二级重大危险源应设置紧急停车系统；

④ 对重大危险源中的毒性气体、剧毒液体和易燃气体等重点设施，设置紧急切断装置；

⑤ 对涉及毒性气体、液化气体、剧毒液体的一级或者二级重大危险源，应具有独立安全仪表系统；

⑥ 对毒性气体的设施，设置泄漏物紧急处置装置；

⑦ 对重大危险源中储存剧毒物质的场所或者设施，设置视频监控系统；

⑧ 处置监测监控报警数据时，监控系统能够自动将超限报警和处置过程信息进行记录并实现留痕。

十三、在装卸过程中的设计要求

包括输送管道的设计、紧急切断阀的安装位置设计、泵房或泵棚的位置设计、泄漏监测的设计等方面，必须按相应的标准规范严格执行。

1. 涉及装卸系统的要求

① 罐组的专用泵区应布置在防火堤外，与储罐的防火间距应满足规范要求。

《石油化工企业设计防火标准（2018 年版）》（GB 50160—2008）5.3.5

② 甲 B、乙、丙 A 类液体的铁路卸车严禁采用沟槽卸车系统；在距装车栈台边

缘10m以外的可燃液体（润滑油除外）输入管道上应设便于操作的紧急切断阀。

《石油化工企业设计防火标准（2018年版）》（GB 50160—2008）6.4.1

③ 甲B、乙、丙A类液体的汽车装车应采用液下装车鹤管；站内无缓冲罐时，在距装卸车鹤位10m以外的装卸管道上应设便于操作的紧急切断阀。

《石油化工企业设计防火标准（2018年版）》（GB 50160—2008）6.4.2

④ 液化烃铁路和汽车的装卸设施应符合“液化烃严禁就地排放、低温液化烃装卸鹤位应单独设置”的要求。

《石油化工企业设计防火标准（2018年版）》（GB 50160—2008）6.4.3

⑤ 液化烃、液氯、液氨管道不得采用软管连接，可燃液体管道不得采用非金属软管连接。

《石油化工企业设计防火标准（2018年版）》（GB 50160—2008）7.2.18

2. 涉及储存系统的标准规范和要求

① 罐组内相邻可燃液体地上储罐的防火间距应满足规范要求。

《石油化工企业设计防火标准（2018年版）》（GB 50160—2008）6.2.8

② 立式储罐至防火堤内堤脚线的距离不应小于罐壁高度的一半。

《石油化工企业设计防火标准（2018年版）》（GB 50160—2008）6.2.13

③ 储罐的进出口管道应采用柔性连接。

《石油化工企业设计防火标准（2018年版）》（GB 50160—2008）6.2.25

④ 液化烃的储罐应设液位计、温度计、压力表、安全阀，以及高液位报警和高高液位自动联锁切断进料装置。对于全冷冻式液化烃储罐还应设真空泄放设施和高、低温度检测，并应与自动控制系统相连。

《石油化工企业设计防火标准（2018年版）》（GB 50160—2008）6.3.11

⑤ 气柜应设上、下限位报警装置，并宜设进出管道自动联锁切断装置。

《石油化工企业设计防火标准（2018年版）》（GB 50160—2008）6.3.12

⑥ 罐壁高于17m的储罐、容积等于或大于10000m^{3}的储罐、容积等于或大于2000m^{3}的低压储罐应设置固定式消防冷却水系统。

《石油化工企业设计防火标准（2018年版）》（GB 50160—2008）8.4.5

⑦ 构成重大危险源的储罐信息采集、监测系统应满足AQ 3035—2010和AQ 3036—2010的要求。构成一级、二级重大危险源的危险化学品罐区应实现紧急切断功能，并处于投用状态。

《危险化学品重大危险源监督管理暂行规定》（国家安全生产监督管理总局令 第40号）

⑧ 储存1级和1级毒性液体的储罐、容量大于或等于3000m^{3}的甲B和乙A类可燃液体储罐、容量大于或等于10000m^{3}的其他液体储罐应设高高液位报警及联锁，高高液位报警应联锁关闭储罐进口管道控制阀。

⑨ 防火堤及隔堤的设置应符合下列规定：液化烃全压力式或半冷冻式储罐组宜

设高度为0.6m的防火堤，全压力式、半冷冻式液氨储罐的防火堤和隔堤的设置同液化烃储罐的要求。

《石油化工企业设计防火标准（2018年版）》（GB 50160—2008）6.3.5

十四、安全附件的维护保养

压力容器的安全附件主要包括安全阀、爆破片和紧急切断阀等，安装的仪表有压力表、液位计等。常压储罐上的安全附件主要有阻火器、呼吸阀、泡沫发生器、通气管等。

（1）对压力容器上安全阀、爆破片、紧急切断阀、压力表的管理要求

①《固定式压力容器安全技术监察规程》（TSG 21—2016）规定：易爆介质或者毒性危害程度为极度、高度或者中度危害的压力容器，应当在安全阀或者爆破片的排出口增设导管，将排放介质引至安全地点，并进行妥善处理，毒性介质不得直接排向大气；新安全阀校验合格后方可使用；安全阀应垂直安装。

②《安全阀安全技术监察规程》（TSG ZF001—2006）规定：安全阀的进出口管道一般不允许设置截断阀，必须设置时，需要加铅封锁定，并保持在阀门全开状态。同时还规定，安全阀的校验一般每年至少1次，经解体、修理或更换部件的安全阀，需重新进行校验。

③《固定式压力容器安全技术监察规程》（TSG 21—2016）规定了压力表的管理要求：压力表表盘刻度极限值应当为工作压力的1.5～3.0倍；压力表安装前应进行检定，在刻度盘上划出指示工作压力的红线，注明下次检定日期，压力表检定后应加铅封。

④《爆破片装置安全技术监察规程》（TSG ZF003—2011）规定：爆破片装置定期检查周期可以根据使用单位具体情况作出相应的规定，但是定期检查周期最长不得超过1年。爆破片更换周期应根据设备使用条件、介质性质或者设计预期使用年限等具体影响因素合理确定，一般为2～3年，对于腐蚀性、毒性介质以及苛刻条件下使用的爆破片，应缩短更换周期。

⑤《弹性元件式一般压力表、压力真空表和真空表检定规程》（JJG 52—2013）规定了压力表的检定周期，可根据使用环境及使用频繁程度确定，一般不超过6个月。

⑥《锅炉安全技术监察规程》（TSG G0001—2012）规定；每台锅炉应至少装设2个安全阀，每台蒸汽锅炉锅筒至少应装设2个彼此独立的直读式水位表。

（2）对常压储罐中的阻火器、呼吸阀、泡沫发生器、通气管等安全附件的管理要求　由企业自行建立相应制度并定期开展检查，一般阻火器每季度或半年检查一次，呼吸阀和泡沫发生器每月检查一次。检查内容包括阻火器防火网或波纹形散热片是否清洁畅通，有无冰冻，垫片是否严密；呼吸阀内部的阀盘、阀座、导杆、导孔、弹簧等有无生锈和积垢，阀盘活动是否灵活，有无卡死现象；密封面（阀盘与阀座的接触面）是否良好；阀休封口网是否完好，有无冰冻、地塞等现象；压盖衬垫是否严密等；通气管检查是否畅通；泡沫发生器是否有堵塞等。

（3）对设备其他安全设施的管理　包括对转动设备安全罩、作业平面、护档、

爬梯、输送皮带拉线开关等的管理。主要有：

①《化工企业安全卫生设计规范》（HG 20571—2014）规定了高速旋转或往复运动的机械零部件位置应设计可靠的防护设施、挡板或安全围栏。

②《固定式钢梯及平台安全要求 第1部分：钢直梯》（GB 4053.1—2009）规定了梯段高度大于3m时宜设置安全护笼，单梯段高度大于7m时应设置安全护笼。

③《固定式钢梯及平台安全要求 第2部分：钢斜梯》（GB 4053.2—2009）规定了固定式钢斜梯与水平面的倾角应在300～750°范围内，优选倾角300～350°。

④《固定式钢梯及平台安全要求 第3部分：工业防护栏杆及钢平台》（GB 4053.3—2009）规定了距下方相邻地板或地面1.2m及以上的平台、通道或工作面的所有敞开边缘应设置防护栏杆，当平台、通道及作业场所距基准面高度小于2m时，防护栏杆高度应不低于900mm，2～20m的作业场所防护栏杆高度应不低于1050mm。

⑤《机械安全防止意外启动》（GB/T 19670—2005）规定了企业应设置机组、机泵防止意外启动（如断开、分离、拆除等）的措施。

第六节　变更管理

为了持续改进、优化和提升工艺、设备，使管理不断满足新工艺、新标准的要求，就需要有适当、合理的改变。变更是企业生存和发展的基本需求，它贯穿于工厂的全生命周期，80%的过程安全事故都与不适当的变更有关。因此，需要将变更纳入系统化管理。

电石企业在工艺、设备、仪表、电气、公用工程、备件、材料、化学品、生产组织方式和人员等方面发生的变化，都要纳入变更管理，并要建立变更管理制度。

变更管理制度至少应包含以下内容：变更的事项、起始时间，变更的技术基础、可能带来的安全风险，消除和控制安全风险的措施，是否修改操作规程，变更审批权限，变更实施后的安全验收等。实施变更前，企业要组织专业人员进行检查，确保变更具备安全条件；明确受变更影响的本企业人员和承包商作业人员，并对其进行相应的培训。变更完成后，企业要及时更新相应的安全生产信息，建立变更管理档案。

一、规范性引用文件

《化工企业工艺安全管理实施导则》AQ/T 3034—2010

《石油化工企业安全管理体系实施导则》AQ/T 3012—2008

《国家安全监管总局关于加强化工过程安全管理的指导意见》安监总管三〔2013〕88号

二、术语

（1）工艺、设备设施变更　工艺技术、设备设施、工艺参数等超出现有设计范围的改变（如压力等级改变、压力报警值改变等）。

（2）同类替换　符合原设计规格的更换。设备设施、化学品等的改变完全符合原始设计规格书的要求或在其原始设计范围内的调整。

（3）微小变更　工艺技术、设备设施等永久性或暂时性的一般变化，或可能涉及安全稳定、环保经济、质量等影响一般的变更。

（4）重大变更　工艺技术、设备设施等永久性或暂时性的重大变化，或可能涉及安全稳定、环保经济、质量等影响较大的变更。

（5）临时变更　工艺、设备设施在一段时间内的变更。

（6）紧急变更　需要在48h内实施的工艺、设备设施的变更。

三、变更定义、分类

1. 变更定义

变更是指对工艺技术、设备设施、管理等永久性或暂时性变化进行有计划的控制，确保变更带来的危害得到充分识别，风险得到有效控制。

（1）工艺技术变更　产品的加工制造方法的改变。主要包括生产能力，原辅材料（包括助剂、添加剂、催化剂等）和产品配方（包括配料比例，反应时间、压力、温度等的变化），操作条件，操作方法，指标范围，联锁逻辑、定值，水、电、汽、气公用工程等方面的改变。

（2）设备设施变更　更换与原设备不同的设备或部件、设备材料的代替、设备设施控制方式改变。主要包括设备专业、电气专业、仪表专业、安全专业所涉及设备设施的更新改造、非同类型替换（包括型号、材质变更）、布局改变，备件、材料的改变，监控、测量仪表、软件的改变等。

（3）管理变更　主要包括人员、供应商和承包商、管理机构、管理职责、管理制度和标准发生的变化。

2. 变更分类

① 变更按照时间分为永久变更、临时变更和紧急变更。

② 变更按照内容分为工艺技术变更、设备设施变更、管理变更、其他变更。

③ 变更应实行分级管理，包括重大变更、一般变更、微小变更。

④ 变更应实行专业化管理，包括工艺专业、设备专业、电气专业、仪表专业、安全环保专业、质量及售后专业。

四、变更管理程序

1. 变更申请

① 变更申请人为班长以上技术人员。申请人应初步判断变更类型、变更原因、内容范围、预期效果等情况，做好实施变更前的各项准备工作，填写变更申请审批表。

② 变更应充分考虑健康安全环境影响，并做初步的工艺危害分析；根据变更影响范围的大小以及所需调配资源的多少，决定变更类型与级别。

2. 专业审核/审查

① 变更应由专业小组进行审核/审查，专业审核/审查应有不同专业的审查者，一般包括工艺、设备、安全、电气、仪表等专业技术人员，如果公司技术力量不能满足专项审查的需求，可以向外申请专业人员支持。

② 变更专业审核/审查小组成员应熟悉 SCL、JHA、故障假设法等风险分析方法。对于涉及仪表联锁系统的重大变更，至少要有一名成员通过 HAZOP 分析培训并取得培训合格证；涉及联锁或安全仪表变更的，专业审核/审查组成员至少要有一名成员通过功能安全工程师培训并取得培训合格证，掌握 SIL 验证方法，且在变更前做 SIL 等级验证，使变更内容符合《安全仪表功能安全管理体系》相关要求。

③ 微小变更由分厂（或车间）技术员或专业工程师组成变更审核/审查小组进行审查；重大变更由公司职能科室专业审核/审查小组进行审查，一般包括工艺、设备、安全、电气、仪表等专业技术工程师、主任工程师等，变更项目所涉及的专业人员均需参加。

④ 审核/审查小组负责审查内容：

a．审查变更的技术可行性（包括但不限于法律法规、技术标准、专业原理、预期效果等）；

b．识别和分析变更可能带来的风险，提出防止或减弱风险的建议；

c．提出变更需要的专项研究和分析；

d．对变更进行初步审查及提出变更效果验证期限；

e．跟踪落实变更审批表上提出的相关连带变更的信息（如：操作、维修规程、培训、相关图纸及工艺安全信息等）；

f．密切跟踪变更的实施进程和建议的落实情况。

⑤ 变更管理专业风险分析小组

a．工艺组成员：公司总工程师、工艺主任工程师（或工艺工程师）、工艺技术员、工艺安全技术员等。

b．设备组成员：公司总工程师、设备主任工程师（或设备工程师）、设备技术员、设备安全技术员等。

c．电气组成员：公司总工程师、电气主任工程师（或电气工程师）、电气技术员等。

d．仪表组成员：公司总工程师、仪表主任工程师（或仪表工程师）、仪表技术员。

要求：变更项目风险分析应从变更项目投运后对系统造成的风险进行全面分析，根据变更项目的类型，使用合适的风险分析方法。变更进行前需对将进行的变更做危害识别，对于大的工艺变更，需要将设计院设计的危害识别分析结果一并提交，并在设计院完成设计图纸定稿后马上开展 HAZOP 分析；对更换 SIF 回路的部件，要做 SIL 验证；对摘除连锁要进行保护层分析（LOPA）。

五、变更审批

公司相关专业主任工程师（或工程师）负责审批微小变更；公司总工程师负责审批重大变更，审批内容包括：

① 变更目的及预期效果。

② 变更涉及的相关技术资料。

③ 变更的风险是否可接受或可控。

④ 对人员培训和沟通的要求。

⑤ 变更的限制条件（如时间期限、物料数量等）。

⑥ 强制性批准和授权要求。

⑦ 是否符合法律法规、标准、技术原理。

⑧ 投资及效益。

六、变更实施

① 变更单位应严格按照变更审批确定的内容和范围实施，并对变更过程实时跟踪。

② 变更审批完成后，申请单位应在 3 个月内开始组织实施，变更完成期限不超过 1 年，超过 1 年的应重新发起变更申请。

③ 变更实施若涉及作业许可，应办理作业许可证，具体执行参见《危险性作业管理规定》。

④ 变更实施若涉及启动前安全检查及开停车的，具体执行开停车相关规定。

⑤ 应确保变更涉及的所有工艺安全相关资料以及操作规程得到审查、修改或更新，按照工艺安全信息管理相关要求执行。

⑥ 完成变更的工艺、设备设施在运行前，应对变更影响或涉及的人员进行培训或沟通。必要时，针对变更制定培训计划，培训内容包括变更目的、作用、程序、变更内容，变更中可能存在的风险和影响，以及同类事故案例。

七、变更验收

① 变更实施完成后，应对变更是否符合规定内容，以及是否达到预期目的进行验证，提交工艺、设备设施变更验收报告，并完成以下工作：

a．所有与变更相关的工艺技术信息都已更新；

b．规定了期限的变更，期满后应恢复变更前状况；

c．试验结果已记录在案；

d．确认变更结果。

② 变更项目实施完成后 3 个月内，公司或职能科室依据变更审批权限分别对微

小变更、重大变更进行验收。

③ 变更文件归档。变更文件包括变更申请审批表，变更论证资料及风险分析评估记录、变更登记表、变更验收表，变更结项报告，培训记录，变更总结等。

八、紧急变更

① 在不能满足执行正常变更程序所需的时间要求情况下，即需要立即采取行动来避免设备损坏、人员伤害、环境破坏或严重经济损失的情况，需要在 48h 内实施的工艺及设备设施变更，可申请紧急变更。

② 紧急变更申请由分厂（或车间）专业工程师提出并做好风险评估后，由公司总工程师同意后方可实施。

③ 紧急变更完成后，紧急变更的申请人需在 3 个工作日内按照正常流程补报书面变更审批。

④ 因生产系统异常，需紧急处置而采取临时措施的，涉及变更时，采用书面方案进行审批，方案内容包括（但不限于）：应急处置步骤、变更相关内容、预计恢复时间、风险分析、紧急状态的应急处置等内容。由公司总工审批后执行，但需在规定时间内恢复原状态（预计恢复时间最长不超过五天）。

九、考核

① 职责履行不到位的。

② 未经变更审批，私自组织变更的。

③ 变更实际内容与审批不符的。

④ 变更结束后未进行变更验收的。

⑤ 变更审批后未实施。

第七节　应急处置

一、应急管理体系的建立与完善

应急管理体系的建立完善主要体现在三个方面：

① 应急预案体系的建立。

② 应急器材装备的配置。

③ 应急人员及能力的配置。

应急预案是企业应急管理工作的基础，是企业启动应急响应后应急处置的指导性文件。通过应急预案，明确企业各部门、各人员在应急组织中的位置及作用，进一步明确在应急状态下各自的责任内容和责任范围。根据《生产经营单位生产安全事故应急预案编制导则》（GB/T 29639—2020）的要求，电石企业的应急预案体系主要由综合应急预案、专项应急预案和现场处置方案构成。

① 综合应急预案：是企业应急预案体系的总纲，主要从总体上阐述事故的应急工作原则，包括企业的应急组织机构及职责、应急预案体系、事故风险描述、预警及信息报告、应急响应、保障措施、应急预案管理等内容。

② 专项应急预案：是企业为应对某一类型或某几种类型事故，或者针对重要生产设施、重大危险源、重大活动等内容而定制的应急预案。专项应急预案主要包括事故风险分析、应急指挥机构及职责、处置程序和措施等内容。

③ 现场处置方案：是企业根据不同事故类型，针对具体的场所、装置或设施所制定的应急处置措施，主要包括事故风险分析、应急工作职责、应急处置和注意事项等内容。企业应根据风险评估、岗位操作规程以及危险性控制措施，组织本单位现场作业人员及安全管理等专业人员共同编制现场处置方案。

《生产安全事故应急条例》（中华人民共和国国务院令 第708号）具体规定了安全生产应急管理监督职责、事故应急救援职责、应急救援队伍和人员的素质要求、事故应急救援预案及演练等内容。

及时修订应急预案是因为预案体现的是合规有效性和可操作性，要根据实际面临的安全风险、事故种类特点、现有应急资源状况合理调整预案。如果预案不能有效发挥其指导作用，则不具备指导性。

《生产安全事故应急条例》（中华人民共和国国务院令 第708号）规定了有下列情形之一的，预案制定单位应当及时修订相关预案：

① 制定预案所依据的法律、法规、规章、标准发生重大变化。

② 应急指挥机构及其职责发生调整。

③ 安全生产面临的风险发生重大变化。

④ 重要应急资源发生重大变化。

⑤ 在预案演练或者应急救援中发现需要修订的重大问题。

⑥ 其他应当修订的情形。

二、应急预案基本内容

应急预案编制符合《生产经营单位生产安全事故应急预案编制导则》（GB/T 29639—2020）的要求，与周边企业和地方政府的应急预案衔接。

1. 总则

（1）编制目的　简述应急预案编制的目的。

（2）编制依据　简述应急预案编制所依据的法律、法规、规章、标准和规范性文件以及相关应急预案等。

（3）适用范围　说明应急预案适用的工作范围和事故类型、级别。

（4）应急预案体系　说明生产经营单位应急预案体系的构成情况。

（5）应急预案工作原则　说明生产经营单位应急工作的原则。

2. 事故风险描述

简述生产经营单位存在或可能发生的事故风险种类、发生的可能性、严重程度及影响范围等。

3. 应急组织机构及职责

明确生产经营单位的应急组织形式及组成单位或人员，明确构成部门的职责。应急组织机构根据事故类型和应急工作需要，可设置相应的应急工作小组，并明确各小组的工作任务及职责。

4. 预警及信息报告

（1）预警 根据生产经营单位检测监控系统数据变化状况、事故险情紧急程度和发展势态或有关部门提供的预警信息进行预警，明确预警的条件、方式、方法和信息发布的程序。

（2）信息报告 主要包括信息接收与通报、24h应急值守电话、事故信息接收、通报程序和责任人。

（3）信息上报 明确事故发生后向上级主管部门、上级单位报告事故信息的流程、内容、时限和责任人。

（4）信息传递 明确事故发生后向本单位以外的有关部门或单位通报事故信息的方法、程序和责任人。

5. 应急响应

（1）响应分级 针对事故危害程度、影响范围和生产经营单位控制事态的能力，对事故应急响应进行分级，明确分级响应的基本原则。

（2）响应程序 根据事故级别的发展态势，明确应急指挥机构启动、应急资源调配、应急救援、扩大应急等响应程序。

（3）处置措施 针对可能发生的事故风险、事故危害程度和影响范围，制定相应的应急处置措施，明确处置原则和具体要求。

（4）应急结束 明确现场应急响应结束的基本条件和要求。

6. 信息公开

明确向有关新闻媒体、社会公众通报事故信息的部门、负责人和程序以及通报原则。

7. 后期处置

主要明确污染物处理、生产秩序恢复、医疗救治、人员安置、善后赔偿、应急救援评估等内容。

8. 保障措施

（1）通信与信息保障 明确可为生产经营单位提供应急保障的相关单位及人员通信联系方式和方法，并提供备用方案。同时，建立信息通信系统及维护方案，确保应急期间信息通畅。

（2）应急队伍保障 明确应急响应的人力资源，包括应急专家、专业应急队伍、兼职应急队伍等。

（3）物资装备保障　明确生产经营单位的应急物资和装备的类型数量、性能、存放位置、运输及使用条件、管理责任人及其联系方式等内容。

（4）其他保障　根据应急工作需求而确定的其他相关保障措施（如经费保障、交通运输保障、治安保障、技术保障、医疗保障、后勤保障等）。

9. 其他要求

《生产安全事故应急条例》（中华人民共和国国务院令 第708号）规定了生产经营单位应当针对本单位可能发生的生产安全事故的特点和危害，进行风险辨识和评估，制定相应的生产安全事故应急救援预案，并向本单位从业人员公布。同时规定了易燃易爆物品、危险化学品等危险物品的生产、经营、储存、运输单位，应当将其制定的生产安全事故应急救援预案报送县级以上人民政府负有安全生产监督管理职责的部门备案并依法向社会公布。

企业应急预案体系要与周边企业和地方政府的应急预案相衔接。因为单个企业发生事故，往往会波及周边企业。如果事故后果严重，影响范围广，还可能动用社会力量参与救援。

企业编制的应急预案需要经过相关专家的评审，审查其预案内容的符合性、风险辨识的完整性、事故后果的合理性、安全设施的可靠性、处理措施的针对性以及整体方案的可行性，经过评审，可操作性强的预案才能作为企业的应急指导方案。

《生产安全事故应急预案管理办法》（国家安全生产监督管理总局令 第88号）对预案的评估修订提出了要求：易燃易爆物品、危险化学品等危险物品的生产、经营、储存企业、使用危险化学品达到国家规定数量的化工企业，应当每3年进行一次应急预案评估。

10. 应急处置卡

应急处置卡是应急预案的简化版。《生产安全事故应急预案管理办法》（国家安全生产监督管理总局令 第88号）规定：生产经营单位应当在编制应急预案的基础上，针对工作场所、岗位的特点，编制简明、实用、有效的应急处置卡。应急处置卡应当简要规定重点岗位、部位紧急情况下人员的应急处置程序和措施，相关联络人员和联系方式，并便于从业人员携带。

三、其他管理要求

完善的应急管理体系需要制度的保障，应急救援队伍的建设对预案的有效实施起着关键的作用，应急救援队伍是实施事故应急处置的中坚力量，直接决定着事故应急处置工作的成败。

1. 企业应急管理机构及人员配置，应急救援队伍建设，预案及相关制度的执行情况

企业应建立相关制度，完善应急管理的相关要求，对应急预案的修订、应急器

材的维护保养、应急预案的培训演练、应急队伍的能力建设、应急资金保障等方面的管理进行明确。《生产安全事故应急条例》规定了应急队伍有建设要求：大中型化工企业应当建立应急救援队伍，小型或微型企业可不建立应急救援队伍，但应当指定兼职的应急救援人员，并与相邻的应急救援队伍签订应急救援协议。同时还规定：危险物品的生产经营、储存、运输单位及其他行业单位应建立应急值班制度，配备应急值班人员；规模较大、危险性较高的易燃易爆物品、危险化学品等危险物品的生产、经营、储存、运输单位应当成立应急处置技术组，实行24h应急值班。

2. 应急救援装备、物资、器材、设施配备和维护，消防系统运行维护情况

① 配备完善的应急器材是保证应急能力的有力体现。企业应根据自身生产危害性特点，配备相应的应急器材装备。如可能发生火灾的单位应配备消防灭火系统，可能出现人员中毒的企业应配备空气呼吸器或过滤式防毒面具。《危险化学品单位应急救援物资配备要求》（GB 30077—2013）规定了不同规模的化工企业需要配备的应急器材的种类和数量。

②《关于加强化工过程安全管理的指导意见》（安监总管三〔2013〕88 号）对应急器材管理的要求是：企业要建立应急物资储备制度，加强应急物资储备和动态管理，定期核查并及时补充和更新。

③《关于印发〈首批重点监管的危险化学品安全措施和应急处置原则〉的通知》（安监总厅管三〔2011〕142 号）和《关于公布〈第二批重点监管危险化学品名录〉的通知》（安监总管三〔2013〕12 号）对重点监管的危险化学品所需要的应急装备进行了规定，尤其是对配备正压式空气呼吸器和重型防护服的危险化学品种类进行了明确。

④ 应急照明和灭火器是应急器材中必不可少的物资。《建筑设计防火规范（2018年版）》（GB 50016—2014）对应急照明的管理要求有：消防控制室、消防水泵房、自备发电机房、配电室、防排烟机房以及发生火灾时仍需正常工作的消防设备房应设置备用照明，同时要求其作业面的最低照度不应低于正常照明的照度；《建筑设计防火规范（2018 年版）》规定了应急照明的连续供电时间不低于 30min；《石油化工企业设计防火标准（2018 年版）》（GB 50160—2008）规定了消防水泵房及其配电室的消防应急照明采用蓄电池作备用电源时，其连续供电时间不少于 3h。

⑤《建筑灭火器配置验收及检查规范》（GB 50444—2008）规定了灭火器的检查要求：灭火器应每月进行一次检查，堆场、罐区、石油化工装置区、锅炉房等场所的灭火器应每半个月进行一次检查。此外，企业还应根据实际情况，配备适当的消防沙、灭火毯等消防设施。

⑥《石油化工企业设计防火标准（2018 年版）》（GB 50160—2008）、《消防给水及消火栓系统技术规范》（GB 50974—2014）、《火灾自动报警系统设计规范》（GB 50116—2013）和《泡沫灭火系统设计规范》（GB 50151—2010）等消防规范对于消防水系统和泡沫系统的配备、运行及维护管理提出了要求。如：

a．全厂消防水系统根据生产特点可配备临时高压水系统或稳高压水系统，临时高压系统可以在事故发生时启动消防主泵供应消防用水，对于稳高压水系统必须配备稳压泵连续运行。《石油化工企业设计防火标准（2018 年版）》（GB 50160—2008）规定了大型石油化工企业的工艺装置区、罐区等应设独立的稳高压消防给水系统，其压力宜为 0.7～1.2MPa。

b．消防水泵、稳压泵应分别设置备用泵；消防水泵应设双动力源；当采用柴油机作为动力源时，柴油机的油料储备量应能满足机组连续运转 6h 的要求。为保证柴油发电机在紧急情况下能够及时启动，企业应建立柴油发电机定期启动试运行的管理制度。

c．消防泡沫液应在有效期内使用，并将泡沫液的更换信息张贴在泡沫储罐上。

d．企业消防控制室应有相应的竣工图纸、消防设备使用说明书、系统操作规程、应急预案、值班制度、消防设施维护保养制度及值班记录等文件资料。

e．消防水池应设置就地水位显示装置，并应在消防控制中心或值班室等地点设置显示消防水池水位的装置，同时应有最高和最低报警水位。

f．消防水泵和稳压泵等供水设施的维护管理应符合下列规定：

i．每月应手动启动消防水泵运转一次，并检查供电电源的情况；

ii．每周应模拟消防水泵自动控制的条件自动启动消防水泵运转一次，且应自动记录自动巡检情况，每月应检验记录；

iii．每日对稳压泵的停泵、启泵压力和启泵次数等进行检查和记录运行情况；

iv．每日应对柴油机消防水泵的启动电池的电量进行检测，每周应检查储油箱的储油量，每月手动启动柴油机消防水泵运行一次；

v．每季度应对消防水泵的出流量和压力进行一次试验；

vi．每月应对气压水罐的压方和有效容积等进行一次检测。

⑦《石油化工企业设计防火标准（2018 年版）》（GB 50160—2008）同时还对含可燃液体的生产污水、事故下水管线的管理提出要求：

a．生产污水管道的下列部位应设水封，水封高度不得小于 250mm：

i．工艺装置内的塔、加热炉、泵、冷换设备等区围堰的排水出口；

ii．工艺装置、罐组或其他设施及建筑物、构筑物、管沟等的排水出口；

iii．全厂性的支干管与干管交汇处的支干管上；

iv．全厂性支干管、干管的管段长度超过 300m 时，应用水封井隔开。

b．罐组内的生产污水管道应有独立的排出口，且应在防火堤外设置水封，并应在防火堤与水封之间的管道上设置易开关的隔断阀。

3．应急预案的培训和演练，事故状态下的应急响应情况

①《关于进一步加强生产经营单位一线从业人员应急培训的通知》（安监总厅应急〔2014〕46 号）指出：企业一线从业人员是安全生产的第一道防线，是生产安全事故应急处置的第一梯队。进一步加强企业一线从业人员的应急培训，既是全面提

高企业应急处置能力，也是有效防止因应急知识缺乏导致事故扩大的迫切要求。企业要将应急培训作为安全培训的应有内容，纳入安全培训年度工作计划，与安全培训同时谋划、同时开展、同时考核。

②《关于加强化工过程安全管理的指导意见》（安监总管三〔2013〕88 号）对应急培训及演练管理的要求是：企业要建立完整的应急预案体系，定期开展各类应急预案的培训和演练，评估预案演练效果并及时完善预案。

③《危险化学品应急救援管理人员培训及考核要求》（AQ/T 3043—2013）规定了应急救援管理人员的基本要求：对应急预案进行演练，是锻炼企业应急人员实际应急处置技能的有效方式。通过演练，提高员工对预案的熟悉程度，明确自己在应急预案中的角色及职责，熟练应对真正的事故。

④《生产安全事故应急演练基本规范》（AQ/T 9007—2019）规定了应急演练目的是：检验预案，发现应急预案中存在的问题，提高应急预案的科学性、实用性和可操作性；锻炼队伍，熟悉应急预案，提高应急人员在紧急情况下妥善处置事故的能力；磨合机制，完善应急管理相关部门、单位和人员的工作职责，提高协调配合能力；宣传教育、普及应急管理知识，提高参演和观摩人员风险防范意识和自救互救能力；完善应急管理和应急处置技术，补充应急装备和物资，提高其适用性和可靠性。

⑤《生产安全事故应急预案管理办法》（国家安全生产监督管理总局令第 88 号）规定：生产经营单位应当制定本单位的应急预案演练计划，根据本单位的事故风险特点，每年至少组织一次综合应急预案演练或者专项应急预案演练，每半年至少组织一次现场处置方案演练。应急预案演练结束后，演练组织单位应当对应急预案演练效果进行评估，撰写应急预案演练评估报告，分析存在的问题，并对应急预案提出修订意见。

⑥ 事故状态下的应急响应要求企业在发生事故的第一时间，迅速启动应急响应机制，分析事故险情和可能造成的事故后果大小，确定启动预案的级别。各级别应急人员应迅速赶到相应工作岗位，行使应急职责。一线处置人员应按照“救人优先”的原则迅速将处于危险场所的受伤人员移至安全地带，再进行下一步的处置。企业应根据事故危害程度、影响范围和控制事态的能力，对事故应急响应进行分级，明确各级响应的基本原则。在应急响应状态下，根据应急预案体系及事态发展趋势，启动现场处置方案（包括应急处置卡）、专项应急方案，保证应急指挥机构、应急资源调配、应急救援、扩大应急、与政府及相关单位的联动等机制有效运行。

4. 应急人员的能力建设情况

① 负有应急救援使命的专业或兼职应急救援人员是事故发生时第一时间承担救援任务的队伍，其个人救援能力和应急处置水平决定着救援的成效，这就要求应急救援人员必须具有过硬的素质和能力，保证事故发生后“黄金五分钟”的有效救援。

②《生产安全事故应急条例》（国务院令第 708 号）规定了应急人员队伍建设的相关要求：应急救援队伍的应急救援人员应当具备必要的专业知识、技能、身体素

质和心理素质；应急救援队伍建立单位或者兼职应急救援人员所在单位应当按照国家有关规定对应急救援人员进行培训；应急救援人员经培训合格后，方可参加应急救援工作；应急救援队伍应当配备必要的应急救援装备和物资，并定期组织训练。

③ 正确佩戴空气呼吸器是员工应急能力的基本体现。《工业空气呼吸器安全使用维护管理规范》（AQ/T 6110—2016）明确了空气呼吸器的佩戴要求，规定 1min 内正确佩戴到位为合格标准。

④ 消防救援人员“四懂四会”能力建设的要求是：

a．四懂：即懂火灾危险性，懂预防火灾的措施，懂火灾扑救的方法，懂火场逃生的办法；

b．四会：即会报火警，会使用灭火器材，会扑救初期火灾，会组织人员疏散。

附 录

附录一：常见可燃气体燃料热值一览表

序号	名称	分子式	高位热值/（$kcal/m^3$）	低位热值/（$kcal/m^3$）
1	氢气	H_2	3044	2576
2	甲烷	CH_4	9510	8578
3	乙炔	C_2H_2	13968	13493
4	LPG		25442	25442
5	LNG		9197	9197
6	煤气		3994	3994
7	一氧化碳	CO	3018	3018

注：1. 燃料热值也称燃料发热量，是指单位质量（指固体或液体）或单位体积（指气体）的燃料完全燃烧，燃烧产物冷却到燃烧前的温度（一般为环境温度）时所释放出来的热量。燃料热值有高位热值与低位热值两种。高位热值是指燃料在完全燃烧时释放出来的全部热量，即在燃烧生成物中的水蒸气凝结成水时的发热量，也称毛热。低位热值是指燃料完全燃烧，其燃烧产物中的水蒸气以气态存在时的发热量，也称净热。

2. 高位热值与低位热值的区别在于燃料燃烧产物中的水呈液态还是气态，水呈液态是高位热值，水呈气态是低位热值。低位热值等于从高位热值中扣除水蒸气的凝结热。

3. 1cal=4.186J。

附录二：管道内介质常用流速范围表

工作介质	管道种类及条件	流速/（m/s）	管材
压缩性气体	真空	5～10	钢
	$P\leq 3kgf/cm^2$（表）	8～12	钢
	$P\leq 6kgf/cm^2$（表）	10～20	钢
	$P\leq 10kgf/cm^2$（表）	10～15	钢
煤气	管道长：50～100m		
	$P\leq 200mmH_2O$	0.75～3	钢
	$P\leq 2000mmH_2O$	8～12	钢
半水煤气	P=1～1.5（绝）	10～15	钢
交换气	P=1～20（绝）	10～15	钢
氧气	$P<6kgf/cm^2$（表）	7～8	钢
	$P<20kgf/cm^2$（表）	4～6	钢
	$P<30kgf/cm^2$（表）	3～4	钢

续表

工作介质	管道种类及条件		流速/（m/s）	管材
气体	鼓风机吸入管		10～15	钢
	鼓风机排出管		15～20	钢
	压缩机吸入管		10～20	钢
	压缩机排出管		15～20	钢
	P＜10kgf/cm^2		8～10	钢
	P=10～100kgf/cm^2		10～20	钢
	往复式真空泵吸入管		13～16	钢
	往复式真空泵排出管		25～30	钢
	油封式真空泵吸入管		10～13	钢
通风、旋风	通风机	吸入口	10～15	钢
		排出口	15～20	钢
	旋风分离器	进气	15～25	钢
		出气	4～15	钢
排气、换气	车间换气通风（主管）		4～15	钢
	车间换气通风（支管）		2～8	钢
	风管距风机	最远处	1～4	钢
		最近处	8～12	钢
	工业烟囱（自然通风）		2～8	钢
			3～4（实际）	钢
	石灰窑窑气管		10～12	钢
	废气	低压	20～30	钢
		高压	80～100	
	化工设备排气管		20～25	钢
	烟道（自然通风）		3～5	砖或混
			8～10	金属
	烟道（机械通风）		6～8	砖或混
			10～15	金属
水及黏度相似液体	P=1～3kgf/cm^2（表）		0.5～2	钢
	P≤10kgf/cm^2（表）		5～3	钢
	热网循环水、冷却水		0.5～1	钢
	压力回水		0.5～2	钢
	无压回水		0.5～1.2	钢
	工业供水 8kgf/cm^2（表压）以下		1.5～3.5	钢
	排出废水		0.4～0.8	钢
	石灰乳（粥状）		≤1	钢

续表

工作介质	管道种类及条件		流速/（m/s）	管材
水及黏度相似液体	泥浆		0.5～0.7	钢
	易燃易爆液体		<1	钢
	往复泵	吸入管	0.5～1.5	钢
		排出管	1～2	钢
	离心泵	吸入口	1～2	钢
		排出口	1.5～2.5	钢
	齿轮泵	吸入管	≤1	钢
		排出管	1～2	钢
自来水	主管，3kgf/cm^2（表压）		1.5～3.5	钢
	支管，3kgf/cm^2（表压）		1～1.5	钢
油及黏度大的液体	油及相似液体		0.5～2	钢
	黏度 50cP	Dg25	0.5～0.9	钢
		Dg50	0.7～1	钢
	黏度 100cP	Dg25	0.3～0.6	钢
		Dg50	0.5～0.7	钢
	黏度 1000cP	Dg25	0.1～0.2	钢
		Dg50	0.16～0.25	钢
		Dg100	0.25～0.35	钢
		Dg200	0.35～0.55	钢

资料来源：表中数据摘自《化工工艺设计》《热力管道设计与安装手册》《化学世界》等文献。

注：1．对于较长的水平烟道，为防止积灰，在全负荷下流速不宜低于 7～8m/s。

2．烟道中灰分多时，为防止烟道磨损，烟气流速不宜大于 12～15m/s。

3．1kgf/cm^2=98.0665kPa，1cP=1mPa・s。

附录三：电石炉常用导电母线（接触导电）允许电流密度

导线类型（接触材质类型）	条件	允许电流密度
软母线（裸绞线）	铜质	＜1.2 A/mm^2
薄铜带		＜1.2 A/mm^2
矩形铜母线	铜质	＜1.5 A/mm^2
短网水冷铜管母线		＜4 A/mm^2
导电竖管水冷铜管		＜3 A/mm^2
铜与铜接触允许电流密度	＜2000A	＜0.31 A/mm^2
	＞2000A	＜0.12 A/mm^2
钢与钢接触允许电流密度	＜2000A	＜0.069 A/mm^2
	＞2000A	＜0.036 A/mm^2
铜与钢接触允许电流密度	＜2000A	＜0.115 A/mm^2
	＞2000A	＜0.06 A/mm^2

续表

导线类型（接触材质类型）	条件	允许电流密度
铜铸件与石墨电极接触	水冷条件	＜5.5 A/cm^2
黄铜铸件与石墨电极接触	自然	＜2 A/cm^2
铜铸件与自焙电极接触	水冷条件	＜2 A/cm^2

附录四：电石炉常用导电铜管、接触元件导电面积

名称	规格型号	导电（接触）面积/mm^2
导电铜管截面积	ϕ75mm×δ12.5mm	2454
	ϕ75mm×δ15mm	2827
	ϕ80mm×δ12.5mm	2650
	ϕ80mm×δ15mm	3063
	ϕ85mm×δ12.5mm	2847
	ϕ85mm×δ15mm	3298
接触元件导电面积	635mm×100mm×80mm	17145
	685mm×100mm×80mm	18495
	735mm×100mm×80mm	19845
	785mm×100mm×80mm	21195

附录五：常见各种容量密闭电石炉参数汇总表

电石炉标称容量 S_n/kVA	参数					
	最佳自然功率因数 $\cos\varphi_1$	最佳有功功率 P_a/kW	补偿后功率因数 $\cos\varphi_2$	变压器实际运行视在功率 S_a/kVA	电极同心圆系数	年产量/t
30000	0.88	26400	0.92	28839	2.75	65782
33000	0.87	28710	0.92	31363	2.80	71538
36000	0.86	30960	0.92	33820	2.83	77144
40500	0.85	34425	0.92	37606	2.89	85778
48000	0.82	39360	0.92	42997	2.97	98075
54000	0.80	43200	0.92	47191	3.03	107643
63000	0.78	49140	0.92	53680	3.12	122444
81000	0.70	56700	0.92	61930	3.22	141282

电石炉标称容量 S_n/kVA	参数					
	电极直径/mm	同心圆直径/mm	炉膛内径/mm	炉壳内径/mm	炉膛深度/mm	炉壳高度/mm
30000	1250	3450	8600	9900	2800	5000
33000	1285	3600	9000	10300	2900	5100

续表

电石炉标称容量 S_n/kVA	参数					
	电极直径/mm	同心圆直径/mm	炉膛内径/mm	炉壳内径/mm	炉膛深度/mm	炉壳高度/mm
36000	1315	3720	9300	10600	3000	5200
40500	1360	3930	9830	11130	3060	5260
48000	1415	4200	10500	11800	3200	5400
54000	1450	4400	11000	12300	3260	5460
63000	1510	4710	11770	13070	3400	5600
81000	1560	5030	12560	13860	3520	5720

电石炉标称容量 S_n/kVA	参数					
	一次电压 U_{1AB} /kV	一次电流 I_{1AB} /A	二次电压 U_{2AB} /V	二次电流 I_{2AB} /A	电极相电流 I_A /A	电极相电压 U_A /V
30000	110	151	199	83730	48343	115
33000	110	165	205	88209	50929	119
36000	110	178	211	92403	53350	122
40500	110	197	220	98788	57037	127
48000	110	226	233	106731	61623	134
54000	110	248	242	112634	65031	140
63000	110	282	255	121704	70268	147
81000	110	325	275	130160	75150	159

电石炉标称容量 S_n/kVA	参数					
	流压比 I_A/I_B	炉底平均电能强度 /（kW/m^2）	炉膛平均电能强度 /（kW/m^2）	极心圆平均电能强度 /（kW/m^2）	电极运行电阻 /（Ω·cm）	电极间距 /mm
30000	421	454	161	2837	0.54	1738
33000	430	452	156	2825	0.54	1833
36000	437	455	154	2846	0.55	1907
40500	449	454	148	2839	0.55	2043
48000	459	455	143	2844	0.56	2222
54000	466	455	139	2842	0.57	2360
63000	478	452	133	2822	0.57	2569
81000	474	457	130	2858	0.60	2796

参考文献

[1] 熊谟远．电石生产及其深加工产品［M］．北京：化学工业出版社，1985．

[2] 郭爱民．冶金过程检测与控制［M］．北京：冶金工业出版社，2010．

[3] 厉玉鸣．化工仪表及自动化［M］．北京：化学工业出版社，2017．

[4] 张培武．密闭电石炉电极管理［M］．北京：化学工业出版社，2008．

[5] 刘强．化工过程安全管理［M］．北京：中国石化出版社，2014．

[6] 应急管理部．危险化学品企业安全风险隐患排查治理导则［Z］．北京：中国石化出版社．